女人养颜

大讲堂
双　色
图文版

刘凤珍◎主编　徐冉◎编著

中国华侨出版社
北京

图书在版编目（CIP）数据

女人养颜大讲堂/徐冉编著 . —北京：中国华侨出版社，2016.12
（中侨大讲堂/刘凤珍主编）
ISBN 978-7-5113-6502-6

Ⅰ.①女… Ⅱ.①徐… Ⅲ.①女性—美容—基本知识
Ⅳ.① TS974.1

中国版本图书馆 CIP 数据核字（2016）第 285895 号

女人养颜大讲堂

编　　著 / 徐　冉
出 版 人 / 刘凤珍
责任编辑 / 千　寻
责任校对 / 王京燕
经　　销 / 新华书店
开　　本 / 787 毫米 × 1092 毫米　1/16　印张 /24　字数 /491 千字
印　　刷 / 三河市华润印刷有限公司
版　　次 / 2018 年 3 月第 1 版　2018 年 3 月第 1 次印刷
书　　号 / ISBN 978-7-5113-6502-6
定　　价 / 48.00 元

中国华侨出版社　北京市朝阳区静安里 26 号通成达大厦 3 层　邮编：100028
法律顾问：陈鹰律师事务所
编辑部：（010）64443056　　64443979
发行部：（010）64443051　　传真：（010）64439708
网　　址：www.oveaschin.com
E-mail：oveaschin@sina.com

前言

爱美之心，人皆有之。对于女人而言，美丽更是一种长久的追求。自古代起，人们就在追求美丽的道路上开始了自己的探索，并在不断的尝试和实践中，得出了许多有益的经验。如今有些女性，在追求美丽的过程中，更是不惜花费金钱和精力，付出百般努力，用药物来攻克各种肌肤问题或推迟更年期，并通过整形手术除去岁月在脸上留下的痕迹。然而，现代美容引发的各类损伤人体机能和健康的问题层出不穷，令爱美人士望而却步，人们转而追求健康、自然、安全、无毒副作用的美容方式。于是，蕴含有数千年发展精粹的中医美容方法受到越来越多的人追捧。"道法自然"，回归传统中医文化成为热潮。

中医对于美容养颜的研究由来已久，数千年来，人们已经发现很多促进健康、使人变美丽和永葆青春的巧妙方法，相关的理论论述和养颜秘方在历代医学典籍中都有记载。成书于战国的中医学典籍《黄帝内经》中，不仅记载了年龄与容貌变化的关系、有碍面容的疾病，还全面介绍了按摩、针灸、养颜方剂等美容方法。此书为中医美容学的形成奠定了坚实的基础，也对后世中医美容的发展和实践起到了很好的指导和借鉴作用。

从《黄帝内经》中寻觅女人养颜真经，需要技巧，需要智慧。如果说要从《黄帝内经》去寻找具体的美白方法、减肥方法，那当然是找不到的，因为它不是以记载美容方为宗旨的书。《黄帝内经》是中华医学之宗，奠定了后世中医理论基础。它关于美容、养颜的相关理论论述都是一种深刻的道，蕴藏着无穷的智慧。它告诉人们一些最为朴素的道理：养颜先要养阳气，要养精气神，要补足气血，要安抚好五脏，要顺应天时，要调理饮食……这一切都教你从根本上调理身体，使经络畅通，养足气血，由内而外地美丽起来。

这是中医的养颜观，也是最天然、最健康的养颜观：人是一个有机的整体，颜面五官、发肤须甲，只是整体的一部分；要想局部美丽，必须先保证整体的阴阳平衡。阴阳平衡，就是需要脏腑安定、经络通畅、气血流通。这样才能由内而外地美丽起来，这才是真正的美丽。而现代美容技术与之相反，多是利用各种现代科学手段，从外在进行美白、去皱、除斑等，由于并未改变根本，很快又现出肌肤粗糙、面无光泽、斑点丛生的原形。不从根本上去改变气血不足、经络淤阻的身体状况，这种美丽怎么可能永恒呢？

《黄帝内经》是中国人的医学典籍，它更适合中国人的体质，是值得挖掘的养生养颜智慧宝库。鉴于此，我们组织相关专业人士精心编写了这部《女人养颜大讲堂》，旨在帮助读者读懂《黄帝内经》中的养颜智慧，学会在日常生活中调养身体、打通经络、补养气血，从内而外地美丽起来。本书深入挖掘国医经典著作《黄帝内经》中有关美容养颜的理论精髓，多角度多层次进行现代解读，汇集古往今来有关美容养颜的各种美容秘方：经络抗衰方、经络美白养颜方、补血方、养颜粥、养颜汤、四季养颜秘诀等，收录古今医家养颜绝学，参考各类著作中记载的养颜秘方。本书共分六章，分别为"《黄帝内经》中的养颜方""保养五脏，容颜常驻""流传千年的美丽之道""饮食起居中的养颜法则""时刻养护，时刻靓丽""《黄帝内经》中的养生法"。最后还附录了《黄帝内经》原文，供读者研读。

但愿这本书能让读者谨慎选择各类价格昂贵的化妆品和美容技术，但愿读者的发肤不再受化学制品、手术刀的伤害。但愿这部专属于女性的养颜、养生、养心秘籍会带给读者最熨帖的关怀，呵护读者一生美丽如花。

目录

第一章　《黄帝内经》中的养颜方

第一节　阳气是人体最好的养颜药 2

阳光美女离不开阳气的呵护 2
阳气旺盛，百病不侵人不老 3
湿邪作祟，阳虚的女人老得快 4
经常上火、长痘痘就是因为体内寒湿重 5
人体哪些部位最易受寒气侵袭 6
判断体内是否有湿邪的方法 7
胶筋煲海马帮女人补充阳气 8
做个暖女人就是对自己最好的呵护 9
泻去体内湿寒气，用姜红茶温暖脏腑 11
葵花子多得太阳之气，可温暖身心 11

第二节　养颜必养精气神 13

每个女人都应该懂得养精气神 13
养足"精、气、神"，女人自然就美了 15
十分钟的冥想，一整天的美丽 17
养生养颜也要达到一种精神"静"界 19
关注神门穴——精气神出入的门户 20
微笑导引养神法是最好的养颜调神法 21

第三节　芳华流转，容颜依旧的魔方 22

补血，女人一生的必修课 22
血，以奉养身，莫贵于此 23
用眼过度的"电脑族"美女更要补血 24
补血养血的第一女人汤——四物汤 25
每个女人都要掌握一些补血良方 26
善补女人血的家常食物 27
告别贫血，做红润女人 29

第四节　经络养颜，安全又天然 31

经络学说是古代中医最神奇的发明 31
经络美容法——让我们变美的魔法 32
不老秘方——天天敲大肠经和胃经 33
肾经是给女人带来一生幸福的经络 35
衰老早现，从脾经上着手解决 36
驱除体内毒素，非大肠经莫属 38
双手摩面能让你保持年轻 38
内关穴——打开心结，养颜养心的美丽穴 39

第二章　养好五脏，容颜常驻

第一节　五脏六腑决定青春美丽 42

从《黄帝内经》藏象学说看人体的五脏六腑 42
腹部影响女人的青春和衰老 43
大部分外表瑕疵都是由脏腑失调导致的 44
美目盼兮，眼睛的问题可能在脏腑 46
想知道五脏六腑的盛衰就要关注"眉毛" 47
养脏腑养容颜也应关注"面王"——鼻 47
动动手、动动脚，调养脏腑就这么简单 48

第二节　养颜要从保养五脏开始 50

女人以肝为天，养肝最当先 50
把心养好才能拥有形神兼备的美 51
补肾不是男人的专利，女人同样需要 53
嘴唇干瘪、过度消瘦的美女一定要养脾 56
要想皮肤好，一定要把肺养好 57
花容月貌都来自胃的摄取 59
壮"胆"，启动健康美丽的"枢纽" 61
肠道不健康，美丽就会化为乌有 62

第三章　流传千年的美丽之道

第一节　《黄帝内经》教你打造无瑕肌肤 66

保养肌肤，先分清肤质 66

肤色不好,问题可能在五脏六腑 68

让你拥有一张清透白皙的脸 68

在《黄帝内经》中寻找肌肤水润的秘诀 71

"下斑"以后更美丽 73

美容先要抽"丝"剥茧 75

做十足美女,先要去掉黑头 76

就要完美主义,拯救"熊猫眼"小绝招 78

轻松去油的养护方案 79

天然去雕饰,痘痘去无踪 80

每个女人都能面若桃花 82

第二节 《黄帝内经》中的养生美容法 84

做女人永不老,紧致肌肤有妙法 84

排出毒素,散发青春魅力 85

养好卵巢,女人才能更年轻 87

别在你的脸上留下岁月的"纹路" 89

补阴就是最有效的抗衰老面霜 91

第三节 《黄帝内经》中的塑身秘方 93

减肥塑身要用"绿色"方法 93

几个小招数让你轻松拥有迷人平坦小腹 94

几个方法让你拥有迷人胸部 96

每个女人都能拥有玲珑身材 98

臀部问题大抄底 100

美女的纤腿秘籍 101

将健壮手臂按摩出柔美线条 103

太瘦也不美,不胖不瘦两相宜 105

第四节 《黄帝内经》养颜全方案 107

了解秀发乌黑柔顺的秘密 107

女人一定要有"美眉"的点缀 109

美丽容颜配上如水双眸才够完美 110

健康红润的双唇是美女的特有标签 112

齿如编贝,为你的笑容增添魅力 114

呵护颈部,你就是美丽优雅的白天鹅 115

蝴蝶锁骨、纤巧双肩,增加女人味 117

玉背光滑细腻,演绎完美风情 119

双手堪为女人的魅力点睛之笔 121

关注细节,让烂漫的花朵盛开在指甲上 123

足部保养,让你步步留香 125

《黄帝内经》中的祛除口腔异味大法................................127

第四章　饮食起居中的养颜法则

第一节　中医教你吃对就美丽................................130

食物中有神秘的、最好的养颜能量................................130
再掀素食养生美颜革命................................131
"粮"全"食"美，慧眼识杂粮................................133
早饭吃饱、午饭吃好、晚饭吃少................................135
每个女人都与水有一段不解之缘................................136
中医补水，由内而外润出来................................138
靓汤，饱腹养颜两不误................................139
不要忘了粥补这款养颜良方................................141
适度节食是可以延续的养颜主旋律................................143
茶清香，人清秀——加入"爱茶一族"................................144
水果养生抗衰老，常吃能把青春葆................................146
女人的养颜回春酒................................148

第二节　睡眠好，女人才能美到老................................151

睡眠养颜真法................................151
给身体"松绑"，睡个轻松"美容觉"................................153
失眠的完美解决方案................................154
告别睡眼迷蒙，做有精神的美女................................157
睡好三种觉让你比实际年龄更显年轻................................158

第三节　运动打造健康美人................................160

瑜伽之魅——练就身轻骨柔的氧气美女................................160
美女甩手功，轻松甩走亚健康................................162
打坐，以静制动的养生美颜功................................163
游泳健身又美体，做一条快乐"美人鱼"................................164
健美操——时尚人士的爱美选择................................165
缓解疲劳，保持向上的青春活力................................166
形劳而不倦，畅享运动带来的动感魅力................................167
不恰当的运动是美容的大忌................................169
冬天也不要忘记运动................................170

第四节　《黄帝内经》中的美丽之道................................172

闺中房事，特殊而又无价的养颜方................................172

唾液就是我们生而带来的养颜圣品·······················174

好心情的女人更温婉动人····························175

生气是养颜大忌——美丽需要调节情绪·················175

忧郁是养颜的大敌······························177

感受音乐魔力，养心又养颜·························178

沐浴、保健、美容，一举三得·······················179

精油美颜，开启一生幸福的芳香之旅·················181

第五章　时刻养护，时刻靓丽

第一节　四季养颜各不同·························186

养颜也要顺应四季的"生长收藏"法则···············186

春季是保养容颜的最好季节·······················189

春季护肤关键词：少油、多水·····················192

做个夏季里如花般娇艳的女人·····················193

夏季美食谱，爱美就要这么吃·····················195

秋冬到，该给肌肤排排毒了·······················197

秋"收"，容颜也要跟着收获·······················198

冬"藏"，养颜就要做好饮食、保暖工作···············199

冬日护肤要做好，小心肌肤也"感冒"·················201

第二节　从早到晚的养颜真经·····················203

清晨一杯水，肌肤水灵灵·························203

早盐晚蜜，简单至上的女性养颜经·················204

下午3点到5点，减肥最是好时机···················205

晚餐时刻，要美丽就要管好你的嘴·················205

睡前泡泡脚，调理脏腑容颜好·····················206

夜晚来临，别让夜色吞噬了美丽···················207

第三节　特殊时期给予特殊的关爱·················209

月经初潮，绕开误区让青春更富光彩···············209

快乐食物齐登场，还经期无恙心情·················210

青春期保健乳房影响女人一生的秀挺···············212

在最佳怀孕期要孩子····························213

呵护生命的摇篮——子宫·························213

阴部保养——关乎女人一生的幸福·················215

呵护乳房，成全女人的骄傲与荣光·················217

做健康美丽女人要从调经开始·····················218

孕期保养——准妈妈应该是最美的女人 220

会坐月子的女人才好恢复元气 222

剖宫产后愈合"美容刀口"需要智慧 224

产后总动员,让美貌回到少女时代 224

让更年期来得更晚一些 225

第六章 《黄帝内经》中的养生法

第一节 善用《黄帝内经》,女人健康才美丽 228

按摩经络能使女人远离易患的很多疾病 228

"太冲"和"膻中"是乳腺疾病的克星 229

肥胖症的补法治疗原则 230

内分泌失调——从三焦经寻找出路 231

防治崩漏,重点是要辨证施护 232

子宫脱垂,就按足三里、百会和关元 234

应对宫颈糜烂,日常保健加食疗 234

气海、关元和血海,对付慢性盆腔炎 235

内调加外用,治疗阴道炎 236

第二节 精心养护,女性"三期"平安度过 237

更年期综合征,按压三阴交穴最可靠 237

经前综合征,心腧、神门来解决 238

经期腹泻,驱除脾虚是关键 238

经期头痛,得从补充气血上下手 239

孕期呕吐,要学会与经络切磋 239

附录 《黄帝内经》全本

上古天真论篇第一 242

四气调神大论篇第二 243

生气通天论篇第三 244

金匮真言论篇第四 245

阴阳应象大论篇第五 246

阴阳离合篇第六 249

阴阳别论篇第七 249

灵兰秘典论篇第八 250

六节脏象论篇第九 251

五脏生成篇第十……………………………………………253

五脏别论篇第十一………………………………………254

异法方宜论篇第十二……………………………………254

移精变气论篇第十三……………………………………255

汤液醪醴论篇第十四……………………………………256

玉版论要篇第十五………………………………………256

诊要经终论篇第十六……………………………………257

脉要精微论篇第十七……………………………………258

平人气象论篇第十八……………………………………260

玉机真藏论篇第十九……………………………………262

三部九候论篇第二十……………………………………265

经脉别论篇第二十一……………………………………266

藏气法时论篇第二十二…………………………………267

宣明五气篇第二十三……………………………………269

血气形志篇第二十四……………………………………269

宝命全形论篇第二十五…………………………………270

八正神明论篇第二十六…………………………………271

离合真邪论篇第二十七…………………………………272

通评虚实论篇第二十八…………………………………273

太阴阳明论篇第二十九…………………………………275

阳明脉解篇第三十………………………………………276

热论篇第三十一…………………………………………276

刺热篇第三十二…………………………………………277

评热病论篇第三十三……………………………………278

逆调论篇第三十四………………………………………279

疟论篇第三十五…………………………………………280

刺疟篇第三十六…………………………………………282

气厥论篇第三十七………………………………………283

咳论篇第三十八…………………………………………284

举痛论篇第三十九………………………………………285

腹中论篇第四十…………………………………………286

刺腰痛篇第四十一………………………………………287

风论篇第四十二…………………………………………288

痹论篇第四十三…………………………………………289

痿论篇第四十四…………………………………………291

厥论篇第四十五…………………………………………292

病能论篇第四十六………………………………………293

奇病论篇第四十七………………………………………294

大奇论篇第四十八………………………………………295

脉解篇第四十九…………………………………………296

刺要论篇第五十...297

刺齐论篇第五十一...298

刺禁论篇第五十二...298

刺志论篇第五十三...299

针解篇第五十四...300

长刺节论篇第五十五...300

皮部论篇第五十六...301

经络论篇第五十七...302

气穴论篇第五十八...302

气府论篇第五十九...303

骨空论篇第六十...304

水热穴论篇第六十一...306

调经论篇第六十二...307

缪刺论篇第六十三...310

四时刺逆从论篇第六十四.....................................311

标本病传论篇第六十五.......................................312

天元纪大论篇第六十六.......................................313

五运行大论篇第六十七.......................................315

六微旨大论篇第六十八.......................................317

气交变大论篇第六十九.......................................320

五常政大论篇第七十...324

六元正纪大论篇第七十一.....................................329

刺法论篇第七十二（遗篇）...................................342

本病论篇第七十三（遗篇）...................................346

至真要大论篇第七十四.......................................350

著至教论篇第七十五...360

示从容论第七十六...361

疏五过论篇第七十七...362

徵四失论篇第七十八...363

阴阳类论篇第七十九...363

方盛衰论篇第八十...364

解精微论篇第八十一...365

第一章

《黄帝内经》中的养颜方

阳气是人体最好的养颜药

阳光美女离不开阳气的呵护

走在街上，最惹人注目的就是那些阳光的女孩子。她们的容貌可能并不令人惊艳，脸上也并没有精致的妆容，但是她们的朝气就是青春最好的注脚，那种鲜活的生命力会感染所有人。那么，如何才能成为阳光美女呢？首先是要养阳，也就是养阳气。

1. 阳气为人之大宝

人体内的阳气在中医里又叫"卫阳"或"卫气"，这里的"卫"就是保卫的意思，阳气就是人体的卫士，它分布在肌肤的表层，能够抵制外邪、保卫人体安全。人生活在天地之间，"六淫邪气"即大自然中的风、寒、暑、湿、燥、火时时都在威胁着我们的健康，有的人总是爱生病就是因为体内的阳气不足，病邪很容易穿过肌肤表层进入体内；而体内阳气充足的人则能够抵挡外邪的入侵，身体素质也比较好，脸色红润有光泽，整个人显得有精神和朝气。

关于阳气，《黄帝内经》中有相关论述："阳气者，若天与日，失其所则折寿而不彰，故天运当与日光明。"阳气对于人体的重要性就好比大自然不能没有太阳一样，自然界的正常运转主要靠太阳的推动，人体生命活动的运行主要靠阳气的推动。故明代医学家张景岳说："天之大宝，只此一丸红日；人之大宝，只此一脉真阳！"

2. 阳气应该怎么养

阳气如此重要，但是在日常生活中，我们却总是在不经意间损耗阳气。

比如女孩子多痛经、手脚冰冷、宫寒不孕……但偏偏爱吃冰激凌、爱穿露脐装，导致阳气受损，病邪乘虚而入。那么，我们应该怎样把阳气养起来呢？

《黄帝内经》告诉我们：人为天地所生，天以气养人之阳，地以食物养人之阴。这就提示我们，养阳气应该从调整呼吸和饮食做起。在呼吸方面，多呼吸那种带着上天灵气和草木万物生机的新鲜空气。在饮食方面，要利用食物的特性来帮助阳气生发，体内有湿气是现代人的通病，湿为阴邪，能遏制阳气，那么我们就应该多吃祛除湿气的食物，如薏米、红豆等。另外，动属阳，静属阴。现代人大部分都是静多动少，缺乏足够的锻炼，导致阴气过剩，因此要多注意运动，并且要选择适合自己的运动方式。

为了养好阳气，我们还建议大家经常抽出时间晒晒太阳，特别是在寒冷的冬季。阳光不仅养形，而且养神。养形，就是养骨头。用西医的说法就是：多晒太阳，可以促进骨骼对钙质的吸收。对于养神来说，常处于黑暗中的人看事情容易倾向于负面消极，处于光亮中的人看事情正面积极，晒太阳有助于修炼宽广的心胸。

不过，晒太阳的时间不要太长，半小时左右就行，什么时候的太阳感觉最舒服就什么时候去晒。这样阳气才能更好地进入体内。

3. 湿热长夏尤重养阳

《黄帝内经·素问·四气调神大论》中说："夏三月，此谓蕃秀，天地气交，万物华实。夜卧早起，无厌于日，使志无怒，使华英成秀，使气得泄，若所爱在外，此夏气之应、养长之道也。"

夏季属火，暑邪当令，人体出汗过多，耗气伤津，体弱者易为暑邪所伤而致中暑。人体脾胃此时也趋于减弱，食欲降低，若饮食不节，贪凉饮冷，容易损伤脾阳，出现腹痛、腹泻等脾胃病症。古人还认为长夏属土，其气湿，通于脾，湿邪当令，易损伤人体阳气。因此，湿热之夏，养生须防损伤阳气，不要过于贪凉，不要在露天及阴冷的地方过夜，饮食要清淡，少吃味道过于浓重的东西，少吃特别凉的冰激凌等，身体不舒服时应尽早看病。

总之，女人一定要知道，我们的身体与容颜跟世间万物是一样的，都需要阳气的呵护。养好阳气，才能养好身体，我们的容颜才能一如既往的灿烂美好。

◉ 阳气旺盛，百病不侵人不老

一个美丽的女人首先应该是健康的，西施捧心般的柔弱之美已经不符合现代人的审美标准了，现代美女就是要健康、阳光、充满活力。这就要求我们一定要养住体内的阳气，只有阳气旺盛，我们才能百病不侵容颜不老。

前面我们已经提到阳气就是人体的卫士，能够保证人体安全。现在我们经常说有的人体质不好，爱生病，同样是流感，有的人每次都逃不过，有的人就能安然无恙，这是为什么呢？体质不好的人其实就是因为体内阳气虚弱，无法抵御外邪的入侵，而体质健壮的人就是拥有了充足的阳气。那些身患难杂症、重病或慢性病的人，也基本上都是卫阳不固、腠理不密的，以致外来的各种病毒陆续占领人体并日积月累而形成疫病。

导致人生病的原因除了外界的"六淫"外，还有人自身的七情，即：喜、怒、忧、思、悲、恐、惊。《黄帝内经》中提到：大喜伤心，大怒伤肝，忧思伤脾，大悲伤肺，惊恐伤肾，激烈的情绪波动很可能导致五脏的病变。这与阳气又有什么关系呢？在生活中，有的人很乐观，心胸宽广、豁达，对事情比较看得开，这样的人一般都阳气充足；而阳气不足的人则容易悲观绝望、忧虑惊恐。所以，把阳气提起来，人的精神面貌也会有一个大的改观，我们的身体也能免受"七情"过度的侵扰，保持一种平和稳定的状态。

对于女人来说，最怕的莫过于衰老，衰老是自然规律，是谁都无法避免的。但我们可以通过自身的努力来延缓衰老。养好体内的阳气就能让衰老来得慢一些、更慢一些，享受身体温暖舒适、容颜青春秀丽的惊喜，任时光流去，犹自美丽无敌。

总而言之，只要阳气旺盛，你就可以不怕衰老得过快，从容地生活着、美丽着。而这一切的前提就是：你应该学会如何固摄阳气、养护阳气，让自己的体内一年四季温暖如春。做到这些，健康美丽才会与你如影随形。

🌀 湿邪作祟，阳虚的女人老得快

30岁是人生的一道分水岭，告别了20多岁的单纯浪漫，又远离40岁的深沉厚重，30岁的女人应该是一朵盛放的花，灿烂芬芳。但是，很多30多岁的女人却仿佛正经历一场噩梦，不少人开始出现衰老的症状，皮肤粗糙、皱纹横生、烦躁、焦虑等，这些本应到40岁以后才出现的更年期现象都提前露出了狰狞的面目，困扰着很多女人。而导致这一切的罪魁祸首就是：阳虚。

《黄帝内经·素问·调经论》中提到："寒湿之中人也，皮肤不收，肌肉坚紧，荣血泣，卫气去，故曰虚。"虚证是因为体内有寒湿，而且中医认为虚证的本质就是衰老。所以，很多女性的更年期提前就是由于寒湿在体内作祟。外寒跟体内的热交织在一起，又为湿邪。湿为阴邪，遏伤阳气，阻碍气机。换句话说，阳虚的原因是体内湿邪当道。

我们都知道：夏季人们感冒很大一部分都是"热伤风"，对此有人可能不太理解，冬天气温低，受寒湿侵犯感冒很容易理解，可夏天那么热怎么还会感冒？其实，这个问题并不难理解。现在人们的生活条件好了，夏有空调冬有暖气，一年四季的感觉越来越不分明，夏天坐在凉爽的空调房里冻得发抖，冬天穿着衬衣在暖气屋里冒汗，这样该挥发出来的汗液挥发不出来而淤积在体内，该藏住阳气的时候藏不住都开泄掉了，体内的湿邪越堆越多，阳气逐渐虚弱。皮肤的开合功能下降，抵抗力越来越差，也就越来越爱生病。

而且，夏天人们过分贪凉，喝冷饮，吃凉菜，一杯冰镇啤酒下肚，从里到外、从头到脚都透着凉快劲儿。殊不知，湿邪就趁此机会深深地埋在了我们体内，成为我们健康和美丽的一大隐患。

有人可能会有些疑惑，湿邪真的这么可怕吗？有句古话："千寒易除，一湿难去。湿性黏浊，如油入面。"被湿邪侵害的人好像身上穿了一件湿衣服，头上裹了一块湿毛巾，潮湿难耐。湿与寒在一起叫寒湿，与热在一起叫湿热，与风在一起叫风湿，与暑在一起就是暑湿。湿邪不去，吃再多的补品、药品，用再多的化妆品都只是在做表面功夫，起不到根本作用。

不过，大家也不用太担心，湿邪再可怕还是有对付它的办法，那就是养阳。这才是祛除体内湿气的最好武器。充足的阳气就如同我们体内的一轮暖阳，会温暖我们的身体并保持我们的容颜。

❀ 经常上火、长痘痘就是因为体内寒湿重

有的女性经常"上火"，脸上时不时地冒几颗痘痘，去看医生，却被医生告知是因为寒湿重引起的。寒湿重为什么会出现"上火"的症状呢？

这是因为，身体内寒湿重造成的直接后果就是伤肾，引起肾阳不足、肾气虚，进而造成各脏器功能下降，血液亏虚。按照《黄帝内经》的五行理论，肾属水，当人体内的水不足时，身体就会干燥。每个脏器都需要工作、运动，如果缺少了水的滋润，就易摩擦生热。比如肝脏，肝脏属木，最需要水的浇灌，一旦缺水，肝燥、肝火就非常明显。因此要给肝脏足够的水，让肝脏始终保持湿润的状态。

头面部也很容易上火。因为肾主骨髓、主脑，肾阳不足、肾气虚时髓海就空虚，头部会首先出现缺血，会出现干燥的症状，如眼睛干涩、口干、舌燥、咽干、咽痛等。而且口腔、咽喉、鼻腔、耳朵是暴露在空气中的器官，较容易受细菌的感染，当颈部及头面部的血液供应减少后，这些器官的免疫功能就下降，会出现各种不适，这样患鼻炎、咽炎、牙周炎、扁桃体炎、中耳炎的概率就会增加。如果此时不注意养血，则各种炎症很难治愈，会成为反复发作的慢性病。

如果身体内寒湿重，还会造成经络不通、散热困难，容易感到闷热、燥热。现代人缺乏运动又普遍贪凉，使血液流动的速度变慢，极易导致经络的淤堵，从而造成皮肤长痘、长斑，甚至身体的各种疼痛。经常运动的人都有这样的感觉，运动后体温明显升高，血液循环加快。因为出汗在排出寒湿的同时也能带走虚火、疏通经络。

因此，要避免上火，就不要贪凉，合理饮食，多运动，自然会肾气十足经络通畅，各种小毛病也不会频频上身，女性也就降低了"上火"和满脸痘痘的概率，从而做个自然清爽的美女。

🔘 人体哪些部位最易受寒气侵袭

知道了寒邪的危害，女性就要全面阻断寒邪入侵的路径。其实，寒邪欺软怕硬，它会找到人体最容易入侵的部位，大举进攻，并且安营扎寨，为非作歹。与其等着寒气入侵以后再费尽心思驱除它，不如我们事先做好准备，从源头上切断寒气进入体内的通道。

一般来讲，头部、颈前部、背部、脐腹部及脚部是人体的薄弱地带，是寒气入侵的主要部位。

1. 头部

《黄帝内经》上讲"头是诸阳之会"，体内阳气最容易从头部走散掉，如同热水瓶不盖塞子一样。所以，冬季如不重视自己的头部保暖，阳气散失，寒邪入侵，很容易引发感冒、头痛、鼻炎等疾病。因此，人们应该在冬天给自己选一顶合适的帽子，不仅能够保暖，而且还可以修饰脸型，让自己变得更漂亮。

2. 颈前部

颈前部俗称喉咙口，是指头颈的前下部分，上面相当于男人的喉结，下至胸骨的上缘，有些时髦女性所穿的低领衫所暴露的就是这个部位。这个部位受寒风一吹，不只是颈肩部，包括全身皮肤的小血管都会收缩，如果受寒持续较长一段时间，交感—肾上腺等神经内分泌系统就会迅速做出相应的反应，全身的应变调节系统可能进行一些调整，人体的抵抗能力会有一定下滑。

3. 背部

中医学称"背为阳"，又是"阳脉之海"，是督脉经络循行的主干，总督人体一身的阳气。冬季里如果背部保暖不好，则风寒之邪极易从背部经络上的诸多穴位侵入人体，损伤阳气，使阴阳平衡遭到破坏，人体免疫功能下降，抗病能力减弱，诱发许多疾病或使原有病情加重及旧病复发。因此，在冬季给自己加穿一件贴身的棉背心或毛背心以增强背部保暖，是必不可少的。

4. 脐腹部

脐腹部主要是指上腹部，它是上到胸骨剑突、下至脐孔下三指的一片广大区域，这也是年轻女子露脐装所暴露的部位。

这个部位一旦受寒，极容易发生胃痛、消化不良、腹泻等疾病。这个部位面积较大，皮肤血管分布较密，体表散热迅速。冷天暴露这个部位，腹腔内血管会立即收缩，甚至还会引起—胃的强烈收缩而发生剧痛，持续时间稍久，就像颈部受寒一样，全身的交感—肾上腺等神经内分泌系统同样会做出强烈的反应，这时可能就会引发不同的疾病。所以，露脐装还是少穿为妙，注意脐腹部的保暖更重要。

5.脚部

俗语说"寒从脚下起"。脚对头而言属阴，阳气偏少。现代医学认为，双脚远离心脏，血液供应不足，长时间下垂，血液回流循环不畅。皮下脂肪层薄，保温性能很差，容易发冷。脚部一旦受凉，便通过神经的反射作用，引起上呼吸道黏膜的血管收缩，血流量减少，抗病能力下降，以致隐藏在鼻咽部的病毒、病菌乘机大量繁殖，使人感冒，或使气管炎、哮喘、肠病、关节炎、痛经、腰腿痛等病症发生。

因此，冬季要注意保持自己的鞋袜温暖干燥，并经常洗晒。平时要多走动以促进脚部血液循环。临睡前用热水洗脚后以手掌按摩脚心涌泉穴5分钟。

判断体内是否有湿邪的方法

湿邪的危害我们不再赘言，那么如何判断自己体内是否有湿邪呢？研读《黄帝内经》就可以找到答案。

1.看头部

《黄帝内经》里讲"因于湿，首如裹"。当湿邪最初侵袭人体时，会出现头昏沉重的症状，头上像裹着一块湿布；身体困重，四肢沉重，浑身不舒服，好像身上附着重物。此外，还会有发热、微微怕冷怕风、流清鼻涕等症状。

2.看关节

当湿邪伤及关节时，局部气血运行不畅，会有四肢关节酸痛沉重、关节屈伸不利等症状。

3.看消化功能

湿邪困扰脾脏，影响其正常运化功能，会使人胸闷腹胀、食欲欠佳、饭量减少等。而因脾虚运化不利而导致"内湿"时，还常有口淡、口黏乏味、口渴却不想喝水、倦怠乏力等气虚、湿困的表现。

4.看小便及妇女带下

湿邪还有一个特点就是"趋下"，容易伤及人的腰以下部位。小便混浊、大便溏泄，女性白带过多、阴部瘙痒等症状都比较典型。

5.看舌苔

舌苔厚腻是湿病的典型表现，它常在机体还没有表现出明显疾病状态时就有所提示。看舌苔以清晨刚起床时最为准确。

6.看大便

长期便溏，必然体内有湿。大便后总有一些粘在马桶上，很难冲下去，这也是有湿的一种表现，因为湿气有黏腻的特点。体内有湿的人，大便后一张纸是不够用的，得多用几张才行。

如果有便秘，并且解出来的大便不成形，那说明体内的湿气已经很重很重了，湿气的黏腻性让大便停留在肠内，久而久之，粪毒入血，百病蜂起。

还可以根据大便的颜色来判断。什么样的大便才是正常的呢？"金黄色的，圆柱体、香蕉形的，很通畅"，但现在像如此健康的大便还真不多见，多是青色、绿色，不成形的。

湿邪是我们健康和美丽的最大克星，是绝大多数疑难杂症和慢性病的源头或帮凶。体内有湿邪，即使倾国倾城也会黯然失色。所以，祛除湿邪就是我们养颜养生的首要任务，一定要引起足够的重视。

◉ 胶筋煲海马帮女人补充阳气

真正持久的美丽必须源于健康的身体，否则，这美便是无源之水，逝去得飞快。所以，聪明的女子绝不只会花大把大把的钱买各种化妆品，用厚厚的脂粉遮盖容貌上的瑕疵。她们会用自己的惠心和巧手为自己做上一款胶筋煲海马，熨帖身体，滋养容颜。

《黄帝内经》早就言明："虚则补之。"每日忙碌的生活常常让我们忽略了自己的身体，偶有闲暇，大家不妨静下心来，做一锅胶筋煲海马，补补自己虚弱的身体。准备鹿筋100克，干花胶50克，上等海马2只，老母鸡半只，盐、味精适量。先把花胶和鹿筋放入80℃的水中泡软，取出洗净；老母鸡洗净切块备用；将鹿筋、花胶、海马、鸡块一同放入煲内，加清水用大火煲25分钟，再转慢火细熬3小时，加盐、味精调味即成美味滋补的胶筋煲海马。

关于它的滋补功效我们可以从用料上来分析。其中的花胶就是鱼肚，是"海八珍"之一，与燕窝、鱼翅齐名，由体型巨大的鲟鱼、大黄鱼的鱼鳔晒干而成，因富含胶质，故名花胶。中国人食用花胶，可追溯至汉朝之前。1600多年前的《齐民要术》就有过记载，可谓历史悠久。花胶有相当的滋补作用和药用价值，它含有丰富的蛋白质、胶质等，有滋阴、固肾的功效。另外，还可帮助人体迅速消除疲劳，并能促进伤口愈合。据说以前家中有孕妇的，都会准备一些陈年花胶，怀孕4～5个月后食用，临产前再多食几次，能帮助产后身体迅速恢复。

鹿筋性温，味淡、微咸，入肝、肾二经，有补肾阳、壮筋骨的功效，用于治疗劳损过度、风湿关节痛、子宫寒冷、阳痿、遗精等症。

海马，又名龙落子，是一种珍贵的药材，民间就有"北方人参，南方海马"之说，主要有补肾壮阳、舒筋活络、通血、祛除疔疮肿毒等功效。

鸡肉是我们比较常见的食物，其性平温，味甘，入脾经、胃经，可温中益气，补精添髓。有益五脏、补虚亏、健脾胃、强筋骨、活血脉、调月经和止白带等功效。而用老母鸡炖汤之所以受到很多人的推崇，是因为老母鸡生长期长，所含的鲜味物质要比仔鸡多，炖出来的汤味道更醇厚，再加上脂肪含量比较高，炖出的汤更香。

将以上几种食材放在一起煲汤，既可滋阴补肾，又可活血益气，都是从根本上滋补女性的身体，是养生的最好方式。这款汤适合在冬日进补，因为冬天严寒，寒为邪气，易伤阳气，喝这款汤正好温阳补阴。

做个暖女人就是对自己最好的呵护

没有哪个女人不爱美，纵使没有那"一顾倾人城，再顾倾人国"的美貌，也总是希望有"最是那回眸一笑，万般风情绕眉梢"的容颜。美丽是女人穷尽一生所追求的，不仅要拥有好身材和好皮肤，还要内外兼修。

冷是对女人健康和美丽的最大摧残。女人如果受冷，手脚冰凉，血行则不畅，体内的能量不能润泽皮肤，皮肤就没有生气，面部也会长斑，所以很多女人皮肤像细瓷一样完美，却缺乏生机和活力，总是给人不够青春的感觉。更可怕的是，女性的生殖系统是最怕冷的，一旦体质过冷，它就会选择长更多的脂肪来保温，女人的肚脐下就会长肥肉。而一旦女人的体内暖和起来，这些肥肉没有存在的必要，自动就会跑光光。女人体质偏冷、手脚易凉和痛经已经成为普遍现象，这是为什么呢？

第一，女人们为了减肥，只吃青菜和水果，不吃肉类。其实，青菜、水果性寒凉的居多，容易使女人受凉，肉才是女人的恩物，尤其是牛肉和羊肉，含大量的铁质，可以有效地给女人补血。

第二，女人们爱美，用束身内衣把腰束得紧紧的，其实那一点用都没有。束得太紧了，你的生殖系统没有血液供给，就更冷，冷就会长更多的肉。

另外，女人们不管是春夏秋冬，都爱吃冰冻食品，尤其爱喝凉茶，觉得凉茶可以治痘。其实，很多人长痘痘不是因为阳气太旺，而是因为阴虚，阴不能涵阳，与其损其阳气，不如滋阴。南方喝凉茶多的省份如两广，那里的女人生育之后面部长斑的情形更为严重。甚至古代的妓女，为了有效避孕会服用寒凉的中药，可见这些药对生殖系统的伤害。在凉茶中，有一些滋阴补气的可以服用，但性太寒的就不能服用。比如有的女人喜欢生食芦荟，这很恐怖，芦荟中最有效的成分——大黄素是极其阴冷的。芦荟外用可治烧伤，可想而知它有多冷，还是不吃为妙。

要做暖女人其实很简单，从日常生活中入手就可以。

1. 多吃"暖性"食物

羊肉、牛肉、鸡肉、虾、鸽、鹌鹑、海参等食物中富含蛋白质及脂肪，能产生较多的热量，有益肾壮阳、温中暖下、补气生血的功能，能够祛除体内的寒气，效果很好。

补充富含钙和铁的食物可以提高机体防寒能力。含钙的食物主要包括牛奶、豆制品、海带、紫菜、贝壳、牡蛎、沙丁鱼、虾等；含铁的食物则主要有动物血、蛋黄、黄豆、芝麻、黑木耳、红枣等。

海带、紫菜、发菜、海蜇、菠菜、大白菜、玉米等含碘丰富的食物，可促进甲状腺素分泌，甲状腺素能加速体内组织细胞的氧化，提高身体的产热能力。

另外，适当吃些辛辣的食物可以帮助人们防寒。辣椒中含有辣椒素，生姜含有芳香性挥发油，胡椒中含胡椒碱，冬天适当吃一些，不仅可以增进食欲，还能促进血液循环，提高御寒能力。

有一点要提醒女性朋友注意，除了多吃上面的这些食物外，女性还要忌食或少食黏腻、生冷的食物，中医认为此类食物属阴，易使人的脾胃中的阳气受损。

2. 泡澡暖全身

即使再冷的天，只要泡个热水澡，整个身体都会暖起来。这是因为泡澡可以促进人体全身的血液循环，自然也就驱走了寒意。如果想增强泡澡的功效，还可以将生姜洗净拍碎后，用纱布包好放进浴缸（也可以煎成姜汁），或者加进甘菊、肉桂、迷迭香等精油，这些都可以促进血液循环，让身体温暖。

3. 按压阳池穴

阳池穴在手背部的腕关节上，位置正好在手背间骨的集合部位。寻找的方法很简单，先将手背往上翘，在手腕上会出现几道皱褶，在靠近手背那一侧的皱褶上按压，在中心处会找到一个痛点，这个点就是阳池穴了。阳池穴是支配全身血液循环及荷尔蒙分泌的重要穴位，只要按压这个穴位，促使血液循环畅通，身体就会暖和起来了。

—— 阳池

按压阳池穴的动作要慢，时间要长，力度要缓。按摩时，先以一只手的食指按压另一手的阳池穴一段时间，再换另一只手。要自然地使力量由手指传到阳池穴内，如果指力不够，可以借助小工具，比如圆滑的笔帽、筷子等。

阳池穴

泻去体内湿寒气，用姜红茶温暖脏腑

相信很多女性朋友都有过这样的经历：痛经时，喝下一大杯热热的红糖水，痛经立即就缓解了，腹内还感觉暖暖的。感冒时，熬上一碗姜汤，喝下去，盖好被子出身汗，感冒就好了一大半。这是为什么呢？红糖水和姜汤为什么会有这么神奇的功效？这是因为它们能帮我们泻去体内的湿寒气，真正温暖我们的身体。

现代人由于生活和饮食习惯上存在很多误区，湿气和寒气很容易郁结在体内，给五脏六腑带来负担，只有把这些湿寒之气都泻掉，人们的身体才能重新温暖起来。《黄帝内经》中提倡"药补不如食补"，泻去体内寒湿气，姜红茶就是很好的选择。

姜红茶的主料是生姜和红糖，取生姜适量，红茶一茶匙，红糖或蜂蜜适量。将生姜磨成泥，放入预热好的茶杯里，然后把红茶注入茶杯中，再加入红糖或蜂蜜即可。生姜、红糖、蜂蜜的量可根据个人口味的不同酌量加入。

要温暖身体，就不能少了生姜。200种医用中药中，75%都使用生姜。因此说"没有生姜就不称其为中药"并不过分。《本草纲目》解读：姜能够治"脾胃聚痰，发为寒热"，对"大便不通、寒热痰嗽"都有疗效。吃过生姜后，人会有身体发热的感觉，这是因为它能使血管扩张，血液循环加快，促使身上的毛孔张开，这样不但能把多余的热带走，同时还能把体内的病菌寒气一同带出。所以，当我们吃了寒凉之物，受了雨淋，或在空调房间里待太久后，吃生姜就能及时排除寒气，消除因肌体寒重造成的各种不适。

红糖性温，最适合虚寒怕冷体质的人食用。有些女人坐月子时经常要喝红糖小米粥，用以补血养血。

而红茶具有高效加温、强力杀菌的作用。生姜和红糖、红茶相结合，就成了驱寒祛湿的姜红茶。冲泡时还可加点蜂蜜。但患有痔疮或其他忌辛辣的病症的，可不放或少放姜，只喝放了红糖和蜂蜜的红茶，效果也不错。

当然，除了姜红茶之外，祛除体内湿寒气的办法还有很多。首先要多喝水，这是最简单有效的办法。但是不要喝凉水，以温开水为宜。早上喝一杯水养生的方法众所周知，不过这个水也不能是凉水，也是以温热的水为宜。因为早上阳气刚刚生发，这个时候喝下一大杯凉水，就会伤害身体内刚刚升起来的阳气。

葵花子多得太阳之气，可温暖身心

葵花子就是向日葵籽，向日葵是大家都很熟悉的。它很有深意，花盘总是向着太阳的，太阳在什么方向，它的花盘就转到什么方向，太阳落山的时候，它的花盘就垂下，向着大地。这就是"向日葵"名字的由来。正是向日葵这种向阳的特性，使得它的果实——葵花子更多地吸收了太阳之气。常吃吸收了太阳之气的葵花子，就能让人们的身心如艳阳高照，温暖和煦。

炒制好的葵花子就是人们平时吃的瓜子，爱吃瓜子的应该是女性朋友居多，闲来无事的时候，抓上一把瓜子，边吃边看电视或书，悠闲惬意。不过，很多女性可能根本不知道，常吃葵花子是可以美容养颜的。这是因为葵花子中含有蛋白质、脂肪、多种维生素和矿物质，其中亚油酸的含量尤为丰富，有助于保持皮肤细嫩，防止皮肤干燥和生成色斑。

当然，葵花子的好处当然不止美容养颜这一方面。中医认为，葵花子有补虚损、补脾润肠、止痢消痈、化痰定喘、平肝祛风、驱虫等功效。葵花子油中的植物胆固醇和磷脂，能够抑制人体内胆固醇的合成，有利于抑制动脉粥样硬化，适宜高血压、高血脂、动脉硬化病人食用；葵花子油中的主要成分是油酸、亚油酸等不饱和脂肪酸，可以提高人体免疫能力，抑制血栓的形成，可预防胆固醇、高血脂，是抗衰老的理想食品。另外，葵花子中的维生素 B_1 和维生素 E 非常丰富。据某项调查研究表明，每天吃一把葵花子就能满足人体一天所需的维生素 E。葵花子对稳定情绪、延缓细胞衰老、预防成人疾病大有益处，还具有治疗失眠、增强记忆力的作用，所以男女老少都可以将葵花子作为常吃的休闲食品。

不过，超市或商店里卖的一般都是炒好的葵花子，其中有不加任何调味剂的原味葵花子，还有加了甘草、奶油、绿茶、巧克力等不同配料炒制的多种口味的葵花子。如果只是作为零食吃，那可以依据自己的喜好随意选择；如果是想作为日常保健品，则最好选择没有经过炒制的原味葵花子，这样才能保证好的功效。要注意的是：瓜子一次不要吃太多，以免上火、口舌生疮。

此外，葵花子还可以作为制作糕点的原料。葵花子含有丰富的油脂，也是重要的榨油原料。葵花子油是营养学家大力推荐的高档健康油脂。

养颜必养精气神

❀ 每个女人都应该懂得养精气神

爱美之心人皆有之，因为有了美丽的女子，世界才会变得如此动人心魄。但是，对于精气神不足的女性来说，美却只能是一个遥远的梦。因为她们整个人看上去都显得没有神采，而且精神倦怠、面色萎黄，皮肤也比较粗糙，这些都与精气神有关。

那么，什么是精、气、神呢？

追根溯源，精气神的概念是《黄帝内经》中提出来的："人之血气精神者，所以养生而周于性命者也。"也就是说，人体的血气精神，是奉养形体、维持生命的根本。

1."精"为人之根本

《黄帝内经·素问·六节藏象论》说："肾者主蛰，封藏之本，精之处也。"蛰是藏伏的意思，肾在五脏属阴，为阴中之阴，在一年里属冬，为封藏之本，是最需要养藏的。只有蓄养好了，释放才好，精力才会旺盛。所以，人的精力如何，最重要的方面就是看肾。

一身之精又分先天之精与水谷之精。先天之精是先天带来的，是父母给的；水谷之精是人出生后所吃的各种食物所化生的各种营养物质，再由脾胃运化水谷而成。所以，肾被称为先天之本，脾胃为后天之本。先天之精和后天之精是相互依存的，先天之精是生命产生的根本，后天之精则是养生之源，是人活下去的基础。先天之精为后天之精奠定了基础，而后天之精又不断补给先天之精以滋养。人体内"精"的充盈与否，直接关系到人的体质和寿命。

2."气"掌管人体新陈代谢

气是人体内活力很强、运行不息的精微物质，是构成和维持人体生命活动的基本物质之一。气的运行推动和调控着人体的新陈代谢。气的运动停止，就意味着生命的终结。一身之气，分布到五脏，又各分阴阳。

气由精化生，肾将先天之精化为先天之气，这就是所谓的肾气；脾将后天之精化为水谷之气，即后天吸收的饮食营养之气；肺将呼吸之气化为清气。

水谷之气与清气又共同被称为宗气，宗气积于胸中，以贯心脉而行呼吸、行血气、资先天，一般中医说某人气虚，就是指宗气虚弱。

元气是生命活动的原动力，由肾中精气、脾胃水谷之气及肺中清气所组成，分布于全身各处。

营气是谷气之精专部分，行在脉中，属阴，有化生血液、营养全身的功能，血虚的人一般营气不足。运行路径有两条，一是十二经脉，二是武侠小说中常提到的练武之人需打通的任、督二脉。

卫气是水谷之悍气，行在脉外，属阳，作用是防御外邪，温阳全身，调控腠理。

脏腑经络之气也和全身的气一样，由精气、清气、水谷之气经肾、肺、脾共同作用而化生，可转化为推动和维持脏腑经络进行生理活动的能量，更新、充实脏腑经络的组织结构。

从五脏的方面看，心气即心火，应该下降，肾气即肾阴、肾水，应上升，以达到心肾之气的调和；脾气上升，胃气下降，脾胃之气调和，才能更好地完成脾胃枢纽的作用；肺气下降，肝气上升，才能实现气血的平衡。

3."神"主生命活动

什么是神呢？我们可以从一个现代人经常说的词——"精神"着手。

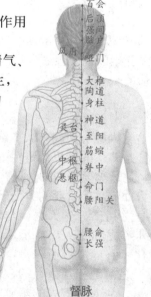

任脉

督脉

任督二脉

中医学认为，神是人的生命活动现象的总称，包含精神意识、知觉、运动等在内，由心所主宰，因此有"心神"一词之说。《养老奉亲书》中说："主身者神。"人的形体运动，受精神意识支配；人的精神状态，与形体功能密切相关。

《黄帝内经》里说："神者，血气也。"气血是化生精神的基础物质，气血的多少，与人的精神状态息息相关。气血充盛，则神志精明；气血不足，则精神萎靡。所以，气血虚弱的人常常没有精神。

神与五脏的关系，《黄帝内经》中也有论述："肝藏血，血舍魂""心藏脉，脉舍神""肺藏气，气舍魄""肾藏精，精舍志""脾藏营，营舍意"。魂、神、魄、志、意，都属于人的精神活动范畴，它们分别有赖于五脏所藏的物质基础，即血、脉、气、精、营，如果五脏功能正常，精气充足，那么人就会精力充沛。

总之，精、气、神是我们生下来活下去的根本，哪一方面出现问题都会影响我们正常的生命活动，容貌上也会有所反应。因此，无论养生还是养颜都离不开精气神的调养，只有精气神充足，我们才能拥有自内而外的持久美丽。

✿ 养足"精、气、神"，女人自然就美了

精、气、神是人体的精华，是我们维持的生命活力和健康的基本物质，是非常重要的。有了精、气、神才会有完美的形体，容颜才能更耐岁月的侵蚀。所以，女人若想拥有美丽的容颜，让衰老的脚步放慢，就要养足精气神。

1. 养精，阻挡衰老的脚步

精是我们生下来活下去的基础，人体内"精"的充盈与否，直接关系到人的生长衰老。所以，要想永葆青春，首先要养精，这样才能阻挡衰老的脚步。

（1）每天吞咽口水

口水有滋润、濡养的作用，可以滋润皮毛、肌肤、眼、鼻、口腔，濡养内脏、骨髓及脑髓。所以，女性朋友经常有意识地咽口水，可以使皮肤饱满湿润，有弹性，不易老化。具体方法如下：

用舌头在口腔内搅动，等到唾液满口时，分三次咽下，并用意念将其送到丹田。别小看了这个简单的养颜法，只要你坚持下去，就会受益匪浅。

（2）多做经络按摩，保养肾精

养精要经常进行经络按摩，肾精在人体的下部，也就是我们常说的下丹田（在脐下小腹部分），按摩时两手交叠，用手掌心的劳宫穴（位于手掌心，当第2、3掌骨之间偏于第3掌骨，握拳屈指时中指尖碰到的地方就是劳宫穴）按揉下丹田的位置，顺逆时针各30次，每天早、晚进行。

（3）多吃养精的食物

养精的食物主要有黑芝麻、黑豆、山药、核桃、莲子等，经常吃这些食

物不仅可以美容，还可以延年益寿、强身健体。

2. 气虚之人如何调养

气虚的女性平时可以多吃些具有补气作用的食物，最好是性平、味甘或甘温的食物。另外，营养丰富、容易消化的平补食品也是补气的上选。注意，千万别吃生冷、性凉、油腻味厚、辛辣刺激等"破气""耗气"的食物。

很多人一说到补气就会想到人参、燕窝等大补之物，其实我们生活中常见的五谷杂粮，如小米、绿豆、玉米等就是很好的补气食品，而且很温和，更利于身体的吸收。中医有"虚不受补"的说法，即很虚弱的身体不适合那些大补之物。

另外，"百病生于气"，这里的气表示情绪不好。如果一个人每天总是心情郁闷，总是爱生闷气，她的身体里都是怨气、怒气，怎么会漂亮呢？所以，补气也要注意有个好心情。只有心情舒畅了，身体里的气才能运行畅通，自然就会脸色红润，精神好。

3. 养神，保持年轻向上的活力

神是精神、意志、知觉等一切生命活动的最高统帅，神足，则身体壮，人看上去也比较精神，有活力。很多女子"美目流转，顾盼有神"，其实就是神的体现。中医认为，"心藏神"，神主要藏在心中。所以，养神就要养心。这里介绍几种养神方法：

（1）食疗补心神

可在日常饮食中选择适宜的食物以补养心神，参见下文。

养颜方

1. 糯米枣参饭

材料：党参10～20克，大枣20枚，糯米250克，白糖50克。

做法：把党参、大枣用水同煎半小时，去党参渣，留枣参汤。糯米蒸饭，红枣铺于饭上，枣参汤加白糖煎为浓汁淋在饭上即可食用。每天食用一次。

功效：补气养胃。适用于心悸失眠、体虚气弱、乏力、食欲不振、肢体水肿等。

2. 龙眼冰糖茶

材料：龙眼肉25克，冰糖10克。

做法：洗净龙眼肉，与冰糖同放入茶杯中，倒入沸水，加盖闷一会儿即可饮用。每日一剂，可随时加水，最后吃龙眼肉。

功效：补益心脾，安神益智。对因思虑过度而精神不振、失眠多梦、心悸健忘者有治疗效果。

（2）捶打膻中穴

生气郁闷时，我们会习惯性地拍打胸脯。在一般人看来，郁闷时拍打的是胸脯，而实际上打的却是膻中穴。

捶打膻中穴可以驱散邪气，驱散心中的闷气、抑郁之气，而且还能排泄毒气。《黄帝内经》有"膻中者，心主之宫城也""为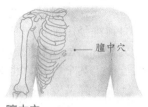
气之海""喜乐出焉"。膻中穴位于两个乳头连
线的中间点，正中心的心窝处，是心包经上的重
要穴位，是心脏这个君王的使臣，可以令人产生
喜乐。如果膻中穴不通畅，人就会郁闷，这不仅
对人的身体不利，而且还影响人的容颜。所以，
女性朋友要经常捶打这个穴位，保持气机的顺畅。

膻中穴

具体方法为：双手握空心拳，左右手交替进行捶打，注意力度不要太大。

（3）手搓脚心养心神

《黄帝内经》中说："恬淡虚无，真气从之，精神内守，病安从来。"
这是中医养生之道中的"养心调神"。中医提倡淡泊名利，不求闻达，追求
心灵的内在平衡与和谐。但是要做到"养心调神"是非常不容易的。不过，
中医里有个锻炼方法很简单，即用手去搓脚心。

为什么用此锻炼方法呢？手上有个穴位叫劳宫穴，这是心包经通过的地
方；在人体的脚心有一个穴位叫涌泉穴（位于足掌下端凹陷处，约对准第2、
3趾缝间），而肾经是斜走于足心的，如果想让心肾相交，就对两个穴对搓。
总之，精神内守就是在你的精和神都特别足的情况下，你才可以淡定，达到
恬淡虚无的境界。

此外，女人们在早晨醒来后，不要急着起床，不妨赖一会儿床，做些养
神的小动作：仰卧、伸展身体，然后四肢平伸，拱拱背，让脊柱也有"苏醒"
的时间。这样做可以避免腰疼，使人保持良好的姿态，在愉快的心情中开始
新的一天。

✤ 十分钟的冥想，一整天的美丽

每天即使再忙碌，你能抽出10分钟的空闲吗？在这10分钟内，你会做
什么呢？听歌、运动还是闭目养神？对于女人来说，这10分钟应该怎样运
用才会让自己越来越美呢？当然是冥想了。

《黄帝内经》有这样一段话："余闻上古有真人者，提挈天地，把握阴
阳，呼吸精气，独立守神，肌肉若一，故能寿敝天地，无有终时，此其道生。"
其中的"呼吸精气，独立守神"就是我们现代的冥想法。在冥想过程中，我
们能够感觉到全身放松，意念会集中在某一事物上；我们能够更多地靠近自
己，了解自己最真实的内心。长期进行冥想，我们就会变得越来越开阔、平
和、大气，温柔知性的光芒会爬上我们的脸庞。

1. 冥想与放松休息的区别

有的人可能会说，冥想法与其他的放松休息有什么区别呢？我可以利用
这10分钟再补补觉啊。

其实，冥想法与其他休息方式最明显的不同就是：休息放松全身后，从肌肉到神经逐渐舒缓下来，会让人舒服得像睡觉一样。而冥想则大不相同。在冥想时，虽然我们放松身体，但会把精神集中在某个定点上。这个定点可以是身上某个部位，也可是身外的某个地方。因此，在冥想时，我们其实是处于既平静又专注的状态。

首先，冥想能培养一种满足和平静的情绪状态，能促使人的身体放松，并且能调节血压。冥想还能启动副交感神经系统，从而平息躁动情绪，清除肌肉中不必要的张力，帮助调节呼吸频率。如果每天练习冥想，会对应付挑战和压力很有帮助。

其次，在精神方面，注意力集中就能把你自己带入真正的冥想状态，这时你抛弃了所有的感觉，也不会被任何东西打扰。冥想的最终目的是达到天人合一的精神状态，而你将洞悉世事或自觉地感悟到自我的本质。

冥想是一种古老的修炼方法。科学研究发现，"沉思冥想"不但有助于修炼，它还能大大降低高血压患者患心血管疾病的概率。

研究人员在对 202 位平均年龄为 72 岁的高血压患者进行了长达 18 年的跟踪调查后发现，练习"沉思冥想"的高血压患者，动脉壁厚度明显缩小，患心血管疾病的概率比对照组要低 30%。

2. 如何进行冥想

那具体应如何冥想呢？以下有几个方法可供大家参考：

（1）观呼吸

把专注力放在我们平稳且深长的呼吸上，且慢慢地缩小注意力的范围到鼻尖，或是鼻尖外那一小块吸吐气的空间上。仔细感觉每个吸吐之间的变化，其他什么都不想。

（2）观外物

半闭着眼睛，把目光集中在眼前约一尺的定点上。可以是一张图，也可以是烛光……尽量保持眼前的事物越少越好，以免分心。你可以在注视它一阵子后，缓缓地把眼睛闭上，心中仍想着那个影像，仍旧保持平顺的呼吸。

（3）内观

内观的地方很多，除了观呼吸外，还能专注在第三眼、喉轮、心轮等多处。若有什么杂念产生，仍旧回来注视那个顶点，不要让自己的注意力分散了。

冥想的时间不用太长，初学者能很专注且享受 5 分钟，就不错了。然后，慢慢拉长每次冥想的时间。不过，要留意的是，我们虽观某处，但身体是绝对放松的，不要不自觉地皱着眉头或握着拳头。

冥想对场地的要求不高，可以在自己喜欢的任何地方进行，只要能够沉静下来投入进去，卧室、海边、公园……都可以。

生活忙碌的人们可以利用每天起床前的 10 分钟来冥想，这样你会发现自己起床时神清气爽，状态非常好，而且一整天都会精力充沛。用 10 分钟来换得一整天的美丽，很值得吧？！那就不要犹豫了，现在就行动起来，练习冥想吧！

⚙ 养生养颜也要达到一种精神"静"界

养生养颜都离不开精神保健，精神保健是身体健康的基础。一个人只有经常保持愉快的精神状态，勿多忧多虑，才能真正拥有健康美丽的人生。

古语说："静则寿，躁则夭。"也就是说，心平气静则长寿，心浮气躁则夭亡。这里"静"的含义并不是让人一味静养不劳作，而要有张有弛、劳逸结合，使身体和精神都处于一种相对平衡、平和的状态。怎样才能达到这种状态呢？可以从下面四个方面进行修炼。

1. 对人生的认识

世间任何事物都有两重性，人也同样具有生物性和社会性的两面性。遵循一方面，作为自然界的人，人具有其他生物的共性，如遵循生老病死的规律，这是最基本的。另一方面，作为社会的人，人活着是要实现自身价值的，所以每个人的人生态度都应该是积极的，在顺应生老病死自然规律的前提下积极地生活，这就是在人生态度上的一张一弛。

2. 对人性的认识

在每个人的内心深处，都有一种"把握未来"的愿望，特别是处于两个极端的人，即条件最好的人和条件最差的人，这种需求更迫切；相反，那些"中庸的"，即"比上不足，比下有余"的人，这种需求比较平淡。而精神保健需要的就是这样一种平淡的、知足常乐的态度。当然，这并不是要我们抱残守缺、安于现状，而是要积极地生活，以德为本，与人为善，遵纪守法，以求得身体康健、延年益寿。

3. 对文化的认识

对于不同的人来说，他们对世界的认识也是不同的。在精神贫乏者眼里，世界也是贫乏的；而在精神丰富的人眼中，整个世界是丰富多彩的。所以，生活中，我们不仅要追求物质满足，对社会文化方面也要有自己的理想。随着个人精神、文化认识的不断成熟和自觉，一个人看问题的方式也会越来越全面、客观、公平。

4. 对于处世方法的认识

每个人在社会交往中都可能会遇到矛盾和斗争，这时候怎样处理矛盾和斗争，也是精神养生的重要问题。我们只有沉着应对、妥善处理、随机应变，心才能"静"下来。

关注神门穴——精气神出入的门户

通过前面对精、气、神的重要性及养护方法的讲述，相信大家对其有了一些基本的了解。不过，有些方法还是较为烦琐，进行起来也会比较麻烦。为此，下文将再提供给大家一个非常简单的方法。掌握了这个方法，你就能一次将精、气、神都补齐了，这就是——刺激神门穴。

1. 如何刺激神门穴

神门穴是手少阴心经的原穴，是精、气、神出入的门户，也是补益心气的要穴。经常刺激此穴，可以防治许多疾病，如心痛、心慌、双肋痛、自汗、盗汗、咽喉肿痛、失眠、健忘等。

神门穴的位置在掌后锐骨端陷中，很容易找到，用指关节按揉，有微痛感。

刺激神门穴的方法很简单：一是用指关节按揉或按压。此穴用手指刺激不明显，可以换为指关节，稍稍用力，每次按揉 3 ~ 5 分钟，两侧都要按到。二是用人参片外敷。将人参切片后放在穴位上，用医用纱布折成小方块后盖上，再用医用胶布固定，每 12 小时更换一次，隔天贴一次。

两种方法相比，外敷穴位效果更好。

2. 神门穴的具体功用

对于经常痛经的女性来说，神门穴也是福音，它可以治疗痛经。有一种痛经是由心气下陷于胞宫引起的，具体表现是经前或月经期间小腹胀痛。此时，在两侧神门穴用艾条做温和的灸法。具体方法是：把一根长艾条均匀截成 6 段，然后取一小截竖直放在穴位上，用医用胶布固定，

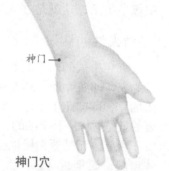

神门

神门穴

之后点燃远离皮肤的那一端；等到燃至 3/4 时，将艾条取下。这种灸法效果十分好。如果大家不方便用艾灸，可以直接用手指或指关节按揉神门穴。

神门穴可以治疗空调病，如吹空调后受凉导致的腹泻或口腔溃疡，可以把雪莲花的叶片外贴在两神门穴，用医用纱布和胶布固定，也可以直接按摩穴位。

按摩刺激左神门穴，还能提高消化系统功能，加速肠胃蠕动从而达到治疗便秘的效果。左神门穴位于左手手腕处对准小拇指的一条粗经脉上。每天早晨起床时用右手食指指腹轻轻按摩此穴位 7 次，能有效改善便秘。

神门穴很好找，功效却不一般，人们应该经常关注神门穴，守护好精、气、神出入的门户，守护好自己的健康和美丽。

微笑导引养神法是最好的养颜调神法

"回眸一笑百媚生"，不管是"艳如桃花"的绝代佳人，还是长相平平的淑女，只要有微笑，都会提升她在别人心目中的美好印象，一笑即生万种风情！其实，微笑不仅能让女人们的脸部线条显得柔和圆润，还能够养心调神。每个女人都应该经常发自内心地微笑，这是最简单有效的美颜方法。

民间自古就有"笑一笑，十年少"的俗语，《黄帝内经》认为笑为心声，是乐观的表现，常笑的人，形成习惯，就更容易时时乐观。笑是人的良好情绪的反映。笑不仅能使肺部扩张、促进血液循环，而且能够消除对健康有害的神经紧张感。会使健康的人更健康，生病的人更快痊愈。

现代医学研究也表明，许多病痛，特别是心理疾病会随着笑声而销声匿迹。笑是调节人体神经状态的最好方法。因为人在笑时肺部扩张，氧气可畅通无阻地到达全身。同时，笑相当于心脏按摩，有助于血液循环，胸肌伸展，增强免疫力。笑还可以减轻压抑和紧张情绪，增强消化系统、心血管系统及植物神经系统的功能，减少偏头疼和后背痛的发生。笑能增强腹肌收缩，使经络疏通、血气和畅，提高人体免疫力。如果笑到肚子痛，还能清肺、促进血液循环、释放天然的止痛药——内啡肽。

如果你以前并不习惯时时微笑，那就从现在开始练习吧。首先把心态调整好，真正的微笑应该是发自内心的，由衷的微笑才是美丽的，让人感觉舒服。其实，只要你把微皱的眉头舒展开来，微笑、养神、调心就这么做到了，既简单又重要。

微笑导引养神法分为简单的两步，首先，把平日习惯性微皱的眉头舒展开来。其次，想象微笑像水波一样荡漾。在整个脸上部，想象自己正由一个"满面愁容"的人变为"喜上眉梢"的人。最后，让脸部的微笑从上到下流过全身的每个器官，颈椎、肩膀、肺、心、脾胃、肝、肾、腿脚……让全身上下都"微笑"起来，让每个毛孔都透着"喜气"，微笑导引调神法就练成了。长期练习，就能让全身轻松、心情愉快，很多疾病不知不觉就会减轻。

笑对我们来说不仅关乎心情、关乎健康，更关乎美丽。希望每个女人都能笑口常开、笑声不断、笑到病除，做一个人见人爱的"微笑美女"。

芳华流转，容颜依旧的魔方

🌀 补血，女人一生的必修课

血液对于女人来说，犹如蜡烛的蜡油于烛光，当一根蜡烛的蜡油减少并耗尽时，烛光将随之变得微弱，以至熄灭。女人从来月经那一天起，就面临着失血的问题，在生育时更是如此。孩子在母亲的腹中是完全依靠母亲的血液喂养大的，整个孕期就是一个耗血失阴的过程。总之，女人以血为养，如果不注意补血，就会像枯萎的花儿一样，黯然失色，失去生机和活力。

对于人体来说，血液是生命之海。《黄帝内经》里说，肝得到血液营养，眼睛才能看到东西（肝开窍于目）；足得到血液营养，才能正常行走；手掌得到血液营养，才能握物；手指得到血液营养，才能抓物……人体从脏腑到肢体，各个层次的组织都离不开血液的营养，血液是维持人体生命活动的基本物质。

有的女性认为，女人来月经之后才开始失血，那之前就不必特意补血了吧？

暂且不论这种说法是否正确，先来说一下女人为什么会长乳房。冲脉起于会阴，然后分出一个叉沿着中线的任脉顺着两边往上走。女人由于气不足、血足，所以冲脉散于胸中，于是长出乳房。换句话说，女人的乳房其实就是血的储备仓库。中医认为，气为血之帅，是气带着血往上走。从经脉上讲，任脉主血，任脉通了，冲脉再一冲，就能够使人的气血充足。在女子的青春发育期，如果气血充足就会开始发育乳房，并有月经来潮。而且也只有气血充足，乳房才能正常发育。所以，青春期之前的女孩也要注意补血养血。

那么，怎样判断自己是否应该补血呢？下面有个小测试，可供参考。

请在下列选项中选出与你目前身体情况一致的选项。

◇肤色暗淡，唇色、指甲颜色淡白。

◇时常有头晕眼花的情况发生。

◇最近一段时间经常心悸。

◇睡眠质量不高，经常无缘无故失眠。

◇经常会有手足发麻的情况发生。

◇月经颜色比正常情况偏淡并且量少。

如果你有三条以上回答"是"，那么提醒你补血乃当务之急！

究竟应该如何补血呢？很多人想到阿胶，其实阿胶并不能直接补血，而是利用阿胶的固摄作用来聚拢血。阿胶是用驴皮煮制的，好奇的人可能还会问，可不可以用马皮呢？不能。驴的特性跟马的特性不同，马性为火性，主散；而驴性是水土之性，主收敛。

那么，怎样才算补血了呢？血有一种向外散布的动能，如果人体内血散得太厉害了，就会显出一种缺血或贫血的现象。出现这种情况可以用阿胶来收敛一下，让血散的动能不要太过。中医中的补首先是要稳住，保持现状，保存实力，而不是我们所认为的吃这吃那。

其实，关于补血最关键的一点还是通过吃来补，因为胃经主血，只要能吃，食物的精华就能转化为血。中国古代有句俗语："能吃是福"。只要能好好地吃饭，正常地消化，就是最好的补血方法。所以，真正的补血原则应该是先补脾胃，脾胃气足了，消化吸收能力才能增强，这样整个身体就能强壮起来。

❀ 血，以奉养身，莫贵于此

血是营养人体的宝贵物质，正如医学经典著作《黄帝内经》里所说："以奉生身，莫贵此。"意思是说，对人体来说，没有比血对人体营养作用更大的了。若血虚不够用，则会产生头晕、心悸、健忘、失眠、目视不明、面色无华、舌淡、脉虚等症。尤其是对于女性来说，只有血足才能肌肤红润，身材窈窕。

血液内养脏腑，外表皮毛筋骨，对于维持人体各脏腑组织器官的正常机能活动具有重要意义。女性因其生理上有耗血多的特点，若不善于养血，就容易出现面色萎黄、唇甲苍白、头晕眼花、乏力气急等血虚症。严重贫血者还容易出现皱纹、白发、脱牙、步履蹒跚等早衰症状。血足皮肤才能红润，面色才有光泽，女性若要追求靓丽面容、窈窕身材，必须重视养血。

养血要注意以下几个方面：

（1）神养。心情愉快，保持乐观的情绪，不仅可以增进肌体的免疫力，而且有利于身心健康，同时还能促使骨髓造血功能旺盛起来，使人皮肤红润，面有光泽。

（2）睡养。充足的睡眠能使你有充沛的精力和体力。要养成健康的生活方式，不熬夜，不偏食，戒烟限酒，不在月经期或产褥期等特殊生理阶段同房等。

（3）动养。经常参加体育锻炼，特别是生育过的女性，更要经常参加一些体育锻炼和户外活动，每天至少半小时。如健美操、跑步、散步、打球、游泳、跳舞等，可增强体力并提高造血功能。

（4）食养。女性日常应适当多吃些富含"造血原料"的优质蛋白质、必需的微量元素（铁、铜等）、叶酸和维生素 B_{12} 等营养食物，如动物肝脏、肾脏、鱼虾、蛋类、豆制品、黑木耳、黑芝麻、红枣、花生以及新鲜的蔬果等。

（5）药养。贫血者应进补养血药膳。可用党参 15 克、红枣 15 枚，煎汤代茶饮；也可用首乌 20 克、枸杞子 20 克、粳米 60 克、红枣 15 枚、红糖适量煮粥，有补血养血的功效。

此外，女人在月经期间，因失血，尤其是失血过多时会使血液的主要成分血浆蛋白、钾、铁、钙、镁等流失。因此，在月经结束后 1～5 日内，应补充蛋白质、矿物质及补血的食品，如牛奶、鸡蛋、鹌鹑蛋、牛肉、羊肉、菠菜、樱桃、桂圆肉、荔枝肉、胡萝卜等，既有美容作用又有补血、活血作用。此外，还应补充一些有利于"经水之行"的食品，如鸡肉、红枣、豆腐皮、苹果、薏苡仁、红糖等温补食品。

用眼过度的"电脑族"美女更要补血

很多女性是从事办公室工作的，每天都要看着电脑，经常会觉得眼睛发干。其实，眼睛干涩只是视疲劳的一种。《黄帝内经》的"五劳所伤"中有一伤："久视伤血"。这里的"血"，指的就是肝血，你如果用眼过度，就会损耗肝血。因为，"肝藏血""开窍于目"，即肝脏具有储藏血液和调节血量的功能，双眼受到血的给养才能视物。而过度用眼，会使肝血亏虚，使双目得不到营养的供给，从而出现眼干涩、看东西模糊、夜盲等症状。所以，"电脑族"女性如果想拥有一双如水明眸，更要注意补血。

补养肝血可以考虑食疗和药疗相结合的方法。日常饮食中，建议适当吃些例如鸡肝等动物肝脏，同时补充牛肉、鲫鱼、菠菜、荠菜等富含维生素的食物。在中药里，当归、白芍等可以补血，菊花、枸杞子则有明目之功效，经常用眼的人可以将其泡水代茶饮。

当然，并不是说一出现眼部不适，就得马上

枸杞

补血。屈光不正、角膜炎、白内障等眼部疾病都会造成不同程度的眼干涩、视物模糊、流泪等症状，因此不能轻易地自诊为血虚。当出现难以缓解的不适感时，要尽早去医院确诊。

除了内养肝血以明目的方法外，用中药熏眼，也可以在一定程度上缓解眼睛干涩。如清肝明目的菊花、补肾明目的石斛和枸杞子、明目通便的决明子和滋阴润燥的麦冬都可以用来熏眼。

具体做法是：像常规泡茶的方法一样，取以上5种药材中任意一种，泡上，趁热放置眼前，用茶的热气熏眼睛，持续10～15分钟之后，眼睛就会舒服多了。这是因为，一方面，茶的热气能加快眼睛血液循环；另一方面，血液循环又能促进药的成分吸收，从而达到明目的功效。

其实，要想自己的眼睛不受到伤害，最好还是在日常生活中就注意预防。保持生活规律，睡眠充足，多喝水，少看电脑、电视，少玩电子游戏等。即使需要长时间在电脑前工作，也应注意眼与屏幕保持50～70厘米距离，且使屏幕略低于眼水平位置20厘米，以使眼表暴露于空气的面积最小；同时要避免"目不转睛"，尽量多眨眼，每隔45分钟～1小时，闭眼休息5～10分钟。此外，春季风干物燥，眼表水分蒸发快，是干眼症的高发季节，因而更应注意补充水分。同时，多吃核桃、花生、豆制品、鱼、牛奶、青菜、大白菜、空心菜、西红柿及新鲜水果等有助于保护眼睛的食物；多喝绿茶，减少电脑对眼睛的辐射损害。

补血养血的第一女人汤——四物汤

女人要漂亮，就要非常勤快地由内到外爱护自己。真正美丽的脸庞，不是靠彩妆烘托出来的，而是由身体内部焕发出健康、红润的肤色。因此，不妨尝试做一道桃红四物汤，也让自己变成个"面若桃花"的美人儿吧！

"四物汤"最早记载于晚唐蔺道人著的《仙授理伤续断秘方》，朱丹溪又对此进行了改进，变成了桃红四物汤，后专门用来治疗妇科血症。关于桃红四物汤，还有一个这样的故事：

1321年，元代名医朱丹溪出游路过桃花坞，他见当地女子个个面若桃花、白里透红，一番调查之后，发现当地的女子都爱喝一种汤，即自制的桃红汤。他就研究桃红汤的成分，发现里面有桃仁，还有红花。桃仁能健身心、养容颜；红花更能祛暗黄、美白肌肤。朱丹溪由此创立了一个经典美容养颜妙方，叫作"桃红四物汤"。

在做桃红四物汤之前，大家先认识一下"四物汤"。"四物汤"被中医界称为"妇科养血第一方"，由当归、川芎、熟地、白芍四味药组成。熟地含有甘露醇、维生素A等成分，与当归配伍后，可使当归的主要成分阿魏酸含量增加，使当归补血活血疗效增强，能治疗女性脸色苍白、头晕目眩、月经不调、量少或闭经等症。

"四物汤"加"四君子汤"后，名"八珍汤"，能气血双补；在"八珍汤"的基础上再加上黄芪、肉桂，则成为老百姓非常熟悉的"十全大补汤"。

"四物汤"对女性补血有着十分明显的功效，女性朋友不妨多喝一些四物汤，让自己由内而外地焕发出健康、红润的肤色。

每个女人都要掌握一些补血良方

女人以血为用，养颜的根本就是滋阴补血，血足才能使面色红润靓丽、经血正常、精力旺盛；否则就容易出现面色萎黄无华、唇甲苍白、头晕眼花、倦怠乏力、发枯肢麻、经血量少、经期延迟等症状。严重贫血时，还容易出现皱纹早生、头发早白、更年期提前等早衰状况。补血的方法有很多，我们应该结合自己的喜好、自己身体的特点，选择其中一两种，长期坚持下去，这样才能确保血气充足，身体安康，魅力无限。

1. 食疗法补血

补血理气的首选之食就是阿胶，因为阿胶能从根本上解决气血不足的问题。阿胶能改善血红细胞的新陈代谢，加强真皮细胞的保水功能，对容易贫血的女性来说是最好不过的滋补食物。我们可以将阿胶捣碎，然后和糯米一起熬成粥，晨起或晚睡前食用。也可以将阿胶同鸡蛋一起煮成蛋花汤服用。

生姜红糖水也是补气血的不错选择，《本草衍义补遗》中有："干姜，入肺中利肺气，入肾中燥下湿，入肝经引血药生血，同补阴药亦能引血药入气分生血，故血虚发热、产后大热者，用之。止唾血、痢血，须炒黑用之。有血脱色白而夭不泽，脉濡者，此大寒也，宜干姜之辛温以益血，大热以温经。"生姜补气血，还能治痛经，食用时把姜削成薄片，放在杯子里，加上几勺红糖，加开水冲泡后，放在微波炉里热得滚烫后再喝，这样最有效。需要注意的是，喝生姜红糖水最好不要选择晚上，民间有"晚上吃姜赛砒霜"的说法，生姜能调动人体内的阳气，让人处于亢奋状态，以致影响睡眠，危害健康。

血海

2. 穴位补血法

补气血也可以用穴位按摩法，最重要的补血穴位是血海穴。

血海穴

血海穴属足太阴脾经，屈膝时位于大腿内侧，用掌心盖住自己的膝盖骨（右掌按左膝，左掌按右膝），五指朝上，手掌自然张开，大拇指下面便是此穴。血海穴为治疗血症的要穴，具有活血化瘀、补血养血、引血归经之功。

每天上午9—11点刺激血海穴最好，因为按照《黄帝内经》中的经络学说，这段时间脾经气旺，人体阳气处于上升趋势，所以直接按揉就可以了。每侧按 3 分钟，力量不要太大，能感到穴位处有酸胀感即可。

善补女人血的家常食物

女人要从根本上形成好气色，延缓衰老，使青春常驻，还要从内部调理开始，通过补血理气、促进营养平衡来塑造靓丽形象。于是，很多女性朋友为了补血会去买一些保健品。或者不惜重金买昂贵的大补之品，殊不知，真正能够补血的东西就在我们身边。我们身边常见的很多食物都能从根本上解决气血不足的问题，同时能改善血红细胞的新陈代谢，加强真皮细胞的保水功能，从而实现女人的红润美丽。从日常生活细节入手，也是《黄帝内经》中所倡导的养生方法。

以下就是几种常见的补血食物：

1.金针菜

金针菜含铁量大，比大家熟悉的菠菜高 20 倍。金针菜除含有丰富的铁外，还含有维生素 A、维生素 B_1、维生素 C、蛋白质、脂肪等营养素，有利尿及健胃作用。

2.龙眼肉

龙眼肉就是桂圆肉、福肉。每年夏季都有新鲜龙眼上市，这是民间熟知的补血食物。因为龙眼所含铁质丰富，且含有维生素 A、维生素 B、葡萄糖、蔗糖等，能治疗健忘、心悸、神经衰弱之不眠症。产后妇女吃龙眼汤、龙眼胶、龙眼酒等，对身体补血效果佳。

3.黑豆

我国古时向来认为吃豆有益，尤其是黑豆可以生血、乌发。黑豆的吃法随各人之便，例如产后妇女可用黑豆煮乌骨鸡。

4.胡萝卜

胡萝卜含有维生素 B、维生素 C，且含有一种特别的营养素——胡萝卜素。胡萝卜素对补血极有益，用胡萝卜煮成的汤，是很好的补血汤饮。

5.面筋

面筋在食品店、素食馆、卤味摊上都有供应。面筋的铁质含量相当丰富，是一种值得提倡的美味食品。

6. 菠菜

菠菜，是有名的补血食物，含铁质的胡萝卜素相当丰富，所以菠菜可以算是补血蔬菜中的重要食物。

7. 花生

花生是全世界公认的健康食品，在我国，花生被认为是"十大长寿食品"之一。中医认为，花生的功效是调和脾胃、补血止血、降压降脂。其中"补血"的作用主要就是花生仁外那层红衣的功劳。因为花生仁外那层红衣能够补脾胃之气，所以能达到养血止血的作用。同时，花生还有生发、乌发的效果。

8. 红枣

枣是中国的传统滋补品，民间相传有"天天吃仁枣，一辈子不见老""五谷加小枣，胜似灵芝草"之说。中医认为，枣可以养血、益气。从营养价值上来说，不同种类的枣之间，营养差别并不大。鲜枣的营养丰富，尤其是维生素 C 含量非常高，是橘子的 13 倍，是苹果、香蕉的 60 ～ 80 倍，被人们称为"活维生素 C 丸"。

9. 白芍

白芍具有补气益血、美白润肤的功效，适用于气血虚寒导致的皮肤粗糙、萎黄、黄褐斑和色素沉着等。中医认为，人的皮肤润泽与否和脏腑功能有着密切的关系，如果脏腑病变，气血不足，则皮肤粗糙，面部生斑。因此，白芍和白术等配合，可以调和气血、调理五脏、美白祛斑。

10. 核桃仁

核桃仁性味甘平、温润，具有补肾养血、润肺定喘、润肠通便的作用。同时，核桃仁还是一味乌发养颜、润肤防衰的美容佳品。"发为血之余""肾主发"，核桃仁具有强肾养血的作用，所以久服核桃仁可以令头发乌黑亮泽，对头发早白、发枯不荣具有良好的疗效。古代医学家对于核桃仁的美容功效早有认识，他们认为常服核桃仁令人能食，骨肉细腻光滑，须发黑泽，血脉通润。由此可见，核桃仁除了乌须发之外，还可以荣养肌肤，使之变得光滑细腻。

11. 枸杞

中医很早就有"枸杞养生"的说法，认为常吃枸杞能"坚筋骨、轻身不老、耐寒暑"。所以，枸杞常常被当作滋补调养和抗衰老的良药。枸杞的性味甘平。中医认为，枸杞能够滋补肝肾、益精明目和养血，增强人们的免疫力。对于现代人来说，枸杞最实用的功效就是抗疲劳和降血压。常吃枸杞可以美容，这是因为，枸杞可以提高皮肤吸收养分的能力，还能起到美白作用。

12. 当归

当归是血家的圣药，当归可活血。在我国古代医药典籍中有"十有九归"之说，并称当归为"药王"。当归味甘辛、性温、无毒，为妇科良药。传统中医认为，当归甘温质润，为补血要药。适用于心肝血虚、面色萎黄、眩晕心悸等。

13. 黑芝麻

许多乌发养颜的美容古方都以黑芝麻为主药，其可以缓解皮肤的干枯、粗糙，令肌肤细腻光滑、红润光泽。

女人们一定要多吃补血食物，这样才能使皮肤红润有光泽，延缓衰老，使自己永葆青春。

当归

❀ 告别贫血，做红润女人

健康美丽、富于青春活力，对每个人来说，都是永远追求的目标。身材窈窕、肤色红润更是每个女人一生的梦想，但现实生活中往往因种种原因，导致女性无法实现这个梦想，其中最大的"敌人"便是贫血。一旦患上了贫血，随之而来的便是面容憔悴、苍白无力、头昏眼花等，再好的化妆品也无法掩盖。如果长期不注意调理，还会让许多疾病乘虚而入，引起身体的各种问题，威胁健康，因此危害不可谓不大。因此，女性应更加注意日常的饮食保养，以防发生贫血。

铁是红细胞中血红蛋白的重要成分，红细胞携带氧气及二氧化碳的功能是依靠铁来完成的。所以，食物中若长期缺铁就会引起贫血。铁的来源广泛，瘦肉、蛋黄、鱼类、母乳等都含有丰富的铁。植物性食品中，大枣、坚果类、山楂、草莓等含铁较多。

铜是人体必需的微量元素，它在人体内主要以铜酶的形式参与机体一系列复杂的生化过程。它参与血细胞中铜蛋白的组成，与微量元素铁有相互依赖的关系，是体内铁元素吸收、利用、运转及红细胞生成等生理代谢的催化剂。此外，铜还参与造血和铁的代谢过程，如果缺少它，就会导致造血机能发生障碍。这时，即使机体内有充足的铁，也会引起贫血。因此，要多吃含铜丰富的食物，如鱼、蛋黄、豆类、核桃、花生、葵花子、芝麻、蘑菇、菠菜、杏仁、茄子、稻米、小麦、牛奶等。

叶酸、维生素 B_2 及维生素 C 虽然不是构成血细胞的成分，但血细胞离开这些物质就不能成熟，缺少这些维生素也会影响造血，甚至引起贫血。新

养颜方

1. 黄芪鸡汁粥

材料：1000～1500克的母鸡1只，黄芪15克，大米100克。

做法：将母鸡剖洗干净浓煎鸡汁，将黄芪煎汁，加入大米100克煮粥。

用法：每日早、晚趁热服食。

功效：益气血，填精髓。适用于体虚、气血双亏、营养不良的贫血患者。

2. 猪肝粥

材料：猪肝（羊肝、牛肝、鸡肝均可）100～150克，大米100克，葱、姜、油、食盐各适量。

做法：将动物肝洗净切成小块，与大米、葱、姜、油、盐一起入锅，加水约700克，煮成粥，待肝熟粥稠即可食。

用法：每日早、晚空腹趁热服食。

功效：补肝，养血明目。适用于气血虚弱所致的贫血、夜盲症、目昏眼花等症。

3. 红枣黑木耳汤

材料：黑木耳15克，红枣15个。

做法：将黑木耳、红枣用温水泡发放入小碗中，加水和适量冰糖，再将碗放置蒸锅中，蒸1小时。

用法：每日服2次，吃木耳、红枣，喝汤。

功效：清热补血。适用于贫血患者。

4. 荔枝干大枣

材料：荔枝干、大枣各7枚。

做法：将荔枝干与大枣共煎水。

用法：每日服1剂，分2次服。

功效：补气血。适用于失血性贫血。

5. 豆腐猪血汤

材料：豆腐250克，猪血（羊血、牛血也可）400克，大枣10枚。

做法：将大枣洗净，与豆腐、猪血同放入锅中，加适量水，煎煮成汤。

用法：饮汤，食枣。15日为1疗程。

功效：补血，适用于产后妇女贫血。

鲜蔬菜特别是绿叶蔬菜及水果中，叶酸及维生素C含量丰富。肉类、鱼、糙米等食物中，维生素B_2含量丰富。

蛋白质也是造血的重要原料。一个体重为50～60公斤的成年人，每天需要摄入50～60克蛋白质。因此，可适当食用一些奶及奶制品、蛋类及瘦肉。

药膳疗法是贫血有效的辅助治疗方法，黄芪鸡汁粥、肝粥、红枣黑木耳汤、荔枝干大枣等药膳方效果显著，贫血者宜经常食用。

贫血的女人最好不要喝茶，因为喝茶只会使贫血症状加重。茶中含有鞣酸，饮后易形成不溶性鞣酸铁，从而阻碍铁的吸收。另外，牛奶及一些中和胃酸的药物会阻碍铁质的吸收，所以尽量不要和含铁的食物一起食用。

第四节

经络养颜，安全又天然

经络学说是古代中医最神奇的发明

关于经络是否存在的争论一直延续至今，创建现代医学（西医）的解剖方法，对认识经络根本无用。手术刀不仅不能帮助人观察到经络及运行于其中的"气"，而且无论哪一种现代的精密仪器似乎都无助于对其进行观察研究。于是，不少人开始对经络的存在表示怀疑，甚至有人叫嚣"取缔中医"。其实，这些怀疑经络是否存在的人都对中医缺乏基本的了解，他们只相信自己眼睛看到的，却不相信几千年文化的积淀。

经络是在我国古代中医长期的临床实践中被总结出来的，而且他们从实用的角度给经络下了一个定义：经络是人体气血运行的通路，内属于脏腑，外布于全身，将各部组织、器官联结成为一个有机的整体。

在近些年愈演愈烈的养生大潮中，中医的经络也借助这一潮流开始被人们关注，成为养生的基本原则和最高境界。

关于经络之于人体健康的作用，《黄帝内经·灵枢·经脉篇》记载："经脉者，所以能决生死，处百病，调虚实，不可不通。"这里的不可不通，即是再三强调人体之经脉必须畅通，原因是经脉"能决生死，处百病，调虚实"。为什么这样说呢？

首先看"决生死"。它是指经脉的功能正常与否，决定了人的生与死。因为，人之所以成为一个有机的整体，是由于经脉纵横交错，出入表里，贯通上下，内联五脏六腑，外至皮肤肌肉来联络的。经络畅通，人体气血才能使脏腑相通，阴阳交贯，内外相通；否则，脏腑之间的联系就会发生障碍，引发疾病，严重者甚至会导致死亡。

其次看"处百病"。这里是说经脉之气运行正常对于疾病的治疗与康复所起的重要作用，中医治病都必须从经络入手。"痛则不通，通则不痛"，身体的病痛就是经络不通引起的。只有经脉畅通，才能使气血周流，疾病才能得到治疗与康复。

最后谈"调虚实"。对于实证要用泻法，如胃痉挛的人，针刺病人足三里穴，可使其胃弛缓；对虚证要用补法，如胃弛缓的人，针刺病人足三里穴，可使其收缩加强。当然，由于虚、实证不同，尽管都针刺足三里穴，但一个用泻法，而另一个用补法。

经络如此重要，可以说是我国古代中医最神奇的发明，他们利用自己的临床实践揭开了经络的秘密，并利用经络来治病疗疾。而对于那些对中医没有精深研究的人来说，是无缘掌握并体会经络之神奇的。

◉ 经络美容法——让我们变美的魔法

这个世界上，每个女人都希望自己能够拥有美丽的容貌和匀称的身材。为了实现这个梦想，她们尝试了各种办法，抽脂、整形、化妆……但是没有一种方法可以自内而外地实现全方位的美，经络美容法却摒弃了所有缺点，像一种魔法，赋予女人们健康的美丽。

1. 经络美容法的原理

人体五脏六腑、内分泌腺、血管等的活动，无不受自律神经的支配。自律神经遍布全身，直接反映内脏机能的活动，皮肤粗糙、雀斑、皱纹、青春痘等肌肤问题都是脏腑机能失去平衡的表现。但是，只要刺激人体的自律神经，增强其他机能的活动能力，就可使脏腑功能恢复正常。

经络美容法就是根据经络控制自律神经，联系五脏六腑的理论，对相应的经络部位施以适当刺激，进而达到美容的目的。由于女性对皮肤的触摸特别敏感，而且敏感的时间比较长，所以经络美容法不仅能美化女性肌肤的外表，还能彻底消除妨碍女性肌肤美的隐患，促进肌肤发生质性变化，使女性能在本身秀丽的肌肤上适当修饰，从而显得更加自然脱俗、光彩照人。"只有实现了内在的健康，才能实现外在的美"，这是经络美容理论的核心。

经络美容法是通过对人体的阴经中的肾经、肝经，阳经中的胃经、大肠经、小肠经、三焦经、膀胱经的刺激，来达到美容的目的。

刺激膀胱经可改善胖的体质，改善因子宫发育不全或妊娠期、产褥后引起的雀斑，改善皮肤过敏等；刺激肝经可以去除肥胖者的雀斑，改善灰黑色的皮肤，并有瘦身效果；刺激胃经可以防止皮疹，白嫩皮肤、改善瘦弱型体质；刺激三焦经可以预防化脓，治疗粉刺，提早消除皮肤疾患；刺激小肠经和大肠经，可治愈皮疹，改善瘦型体质；刺激肾经可以去除瘦型体质的雀斑。

除了刺激经络外，还可以刺激穴位，即在经络上对于自律神经特别有强刺激的点位，用指压做强刺激或用电刺激。此外，用毛刷或手掌刺激肌肤表面也可。

2. 敲经络可以让女人的青春延长十年

医学研究认为，存在的经络，是各种长寿方法的奥妙，它在人体内起总调度、总开关、总控制作用，无时无刻不在控制人的身体健康。早在2500年前，祖国医学就有了经络学说，其中，《黄帝内经·经脉篇》说，经络可以控制人体功能，具有"决死生、处百病"的作用，这绝非无稽之谈。

经络到底能起什么作用呢？现在我们的回答是：如果你真的承认在你的身上有这样一个"行血气、营阴阳"的网络系统，你要相信这个系统确有"决死生、处百病"的医疗和保健作用。而且我们也可以通过一些办法使这个系统经常保持很活跃、很健康的状态，即使发生了一些问题，生了病，我们也可以用一些简单的办法去锻炼经络，使经络的功能恢复正常，比如常常敲打、按揉，从而保证自己的身体健康、精力充沛，自然起到延长青春的作用。

经络的存在和利用，给针灸疗法和流传至今的几百种民间疗法都找到了科学根据。因为尽管民间疗法形式多种多样，而其根本的作用原理仍然是经络系统在发挥着"行血气、营阴阳"的作用，经络就是我们体内随身携带的最好的药。任何疾病的发生都是由于经络阻塞引起的。经络是运行身体内气和血的通路，经络畅通就是健康的关键，驱除疾病的关键。

❀ 不老秘方——天天敲大肠经和胃经

没有哪个女人不怕衰老，于是自古以来就有人不断寻求不老秘方，却毫无所获。其实，真正的不老秘方就在我们自己身上，每天坚持敲大肠经和胃经就可以。

大肠经起自食指桡侧顶端，即挨着拇指的一侧，沿着食指桡侧上行，经过第1、2掌骨（食指和拇指延伸到手掌的部分）之间，进入两筋之中，向上沿前臂桡侧进入肘外侧，再沿上臂外侧上行，至肩部。其分支从锁骨上窝走向颈部，通过面颊，进入下齿槽，再绕回口唇两旁，在人中出左右交叉，上夹鼻孔两旁。

按照《黄帝内经》的说法，大肠经是卯时当令，也就是早晨5—7点，

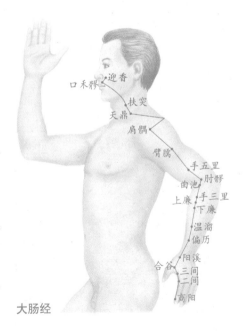

大肠经

我们体内的大肠经当令。这个时间应该养成排便的习惯，因为一般5—7点，天就亮了，也就是天门开了，与天门相对应的是地门，即人的肛门也要开，所以就需要排便。另外，这个时候，人体的气血走向这时也到达大肠，身体经过一夜的代谢，也已将废物输送到大肠。所以，在这个时候排便是最好的。已经养成习惯的人自然不成问题，没有养成习惯的人也可以在这段时间到厕所蹲一会儿，促进便意，长期坚持，能够避免便秘的困扰。

从循行路线来看，大肠经经过面部。所以，敲大肠经时应先用10根手指肚轻轻敲击整个面部，额头、眉骨、鼻子、颧骨、下巴要重点敲击。再用左手掌轻轻拍打颈部右前方，右手掌拍打颈部左前方（手法一定要轻）。然后，右手攥空拳敲打左臂大肠经（大肠经很好找，只要把左手自然下垂，右手过来敲左臂，一敲就是大肠经）。最后换过来左手攥空拳再敲打右臂，每边各敲打一分钟（从上臂到手腕，整条经都要敲）。这样做可以防止面部和鼻翼长斑生痘。

胃经是人体很长的一条经脉，有两条主线和四条分支，是人体经络中分支最多的一条，主要分布在头面、胸部、腹部和腿外侧靠前的部分。很多人脸上爱长痘痘，这其实就是胃寒的表现，例如，很多人都爱喝冷饮，不管冬天夏天都爱喝，这就容易造成胃寒。当身体遭遇到外界来的寒气时，出于自保，身体就会自身散发热来抵御寒气，这种热就是燥火。燥火不停地往外攻，皮肤就成为它的出口。所以说，痤疮就是体内的燥火，根源在于胃，治疗时从胃经入手就可以了。另外，经常情绪不好的人也容易长痘痘，这也是由胃寒造成的。

还有一些人，也经常情绪不好，也经常喝冷饮，但是很少长痤疮，这怎么解释呢？其实，不长痤疮不一定是好事，并不是说这些人没有胃寒。那么这些人的胃寒怎么疏解呢？虽然不在脸上，但是胃经会一直向下走，经过乳中（乳房的正中线），假如这个胃寒的是个女性，她就很可能会发生痛经、月经不调，并且在经期前后乳房胀痛和大腿根酸痛，这就是胃经不调的表现。因为胃经经过乳房和大腿根，她的经血下不来，这些地方就会不通，就引起疼痛。敲打胃经时，要从锁骨下，顺两乳，过腹部，到两腿正面，一直敲到脚踝，可稍用力。面部的供血主要靠

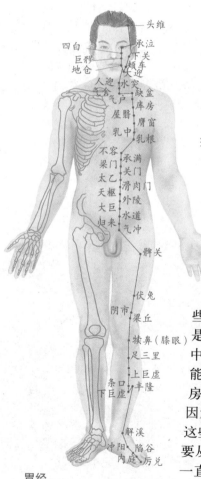

胃经

胃经，所以颜面的光泽、皮肤的弹性都由胃经供血的情况所决定。只要坚持敲打胃经，很快就会有改观。

肾经是给女人带来一生幸福的经络

肾决定着人的生长衰老。肾气旺盛时，五脏功能也将正常运行，气血旺盛，容貌不衰；肾气虚衰时，人的容颜黑暗，鬓发斑白，齿摇发落，未老先衰。肾经和肾密切相关，所以经常保持肾经的经气旺盛、气血畅通对养护容颜、保持旺盛的精力等都有立竿见影的功效。

每天下午5—7点，也就是酉时，是肾经当令的时间。肾经是与人体脏腑器官联系最多的一条经脉，健康强大的肾经可能会激发你身体的巨大潜能，让你体会生活的更多乐趣。

肾经的具体循行路线是：由足小趾开始，经足心、内踝、下肢内侧后面、腹部，止于胸部。肾经如果有问题，人体通常会表现出口干、舌热、咽喉肿痛、心烦、易受惊吓，还会有心胸痛，腰、脊、下肢无力或肌肉萎缩麻木，脚底热、痛等症状。

针对这些问题，我们可以通过刺激肾经来缓解。一种方法是沿着肾经的循行路线进行刺激。因为肾经联系着很多脏腑器官，通过刺激肾经就可以疏通很多经络的不平之气，还能调节安抚相连络的内脏器官。另一种方法是刺激肾经上的重点穴位。肾经上共有27个穴位，较常用的有涌泉穴、太溪穴、照海穴等。

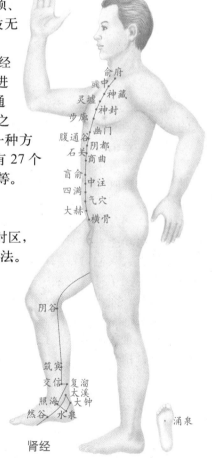

肾经

1. 涌泉穴

涌泉穴，相当于足底疗法的肾上腺反射区，自古就有临睡搓脚心百次可延年益寿的说法。涌泉的正确位置是在足底：正坐或者仰卧，跷足，在足底部，当足趾向下卷时足前部的凹陷处，约相当于足底2、3趾趾缝纹头端与足跟连线的前1/3与后2/3交界处。不要小看这个小小的穴位，它在人体治疗保健中的作用是非常大的，号称"人体第一长寿穴"。其最实用的功效是能引气血下行，可以治疗高血压、鼻出血、头目胀痛、哮喘等气血上逆的症状。

（1）口腔溃疡时，将吴茱萸粉碎以

后用醋调成糊状，贴在涌泉穴上，外面再用胶布固定，效果很好。

（2）艾灸、贴敷涌泉穴可治高血压。如果采用艾灸，每天至少一次，每次 10 ~ 15 分钟，灸过后喝点温开水。如果是穴位贴敷的话就要买些中药，打成细粉，然后用鸡蛋清调成糊状，每天睡觉前贴敷在穴位上，两侧的穴位交替使用。常用的药物有以下几种：桃仁、杏仁、栀子、胡椒、糯米。

（3）把中指屈曲，用指关节或牙签、圆珠笔等去点涌泉穴，可治心绞痛。每次 20 分钟，坚持一周，可防治呼吸道疾患。

2. 太溪穴

太溪穴位于内踝高点与跟腱之间的凹陷中，是肾经的原穴。太溪穴治疗范围极广，是一个大补穴，很多人觉得自己肾虚，如感觉腰酸膝软，头晕眼花，按按太溪穴，立刻就会见效，比吃补肾药都快得多。

具体地说，太溪穴可以治疗性功能减退、足跟痛、失眠、耳聋、牙齿松动、耳鸣、支气管哮喘、小儿抽动症、经期牙疼、肾虚脱发、内耳眩晕症、高血压、遗精、遗尿、假性近视以及妇女习惯性流产。总之，按揉这个穴，能够改善体质。

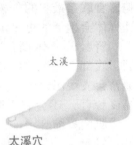

太溪穴

3. 照海穴

照海穴在足内侧，内踝尖下方凹陷处。照，为光明所及。此穴是治疗眼疾的要穴。刺激照海穴，能够使人目光明亮，如见大海之广阔。

照海穴是治疗咽喉痛的要穴，不论是对急慢性扁桃体炎，还是对咽炎、鼻咽管炎，都有很好的疗效。此穴有很好的安神镇定之功，配合膀胱经的申脉穴，治疗失眠和神经衰弱效果极佳。另外，还可用于治疗中风偏瘫的足内翻。此外，照海穴还是利尿消肿的要穴，经常点按，可以增强肾的泌尿功能。

自古以来人们对肾都是非常重视的。《黄帝内经》上还特意传授了补肾之法——"坠足功"："缓带披发，大杖重履而步。"但是真正注意到并去练习的人很少，这是很令人遗憾的。

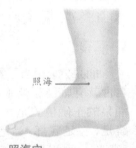

照海穴

肾经，是关乎女人一生幸福的经络。所以，我们一定要了解并利用好肾经，只要肾精充足，肾就会变得强大，相关的问题也就会迎刃而解了。

🌀 衰老早现，从脾经上着手解决

头发变白，皱纹出现，甚至眼皮也往下耷拉了，这本应是五六十岁才出现的衰老现象，可是很多女人在三四十岁就出现了，怎么办呢？在中医看来，眼皮耷拉和脾有关。《黄帝内经》里说，脾主肌肉，上眼皮为脾所主，皱纹出现、眼皮耷拉就是因为脾主肌肉的功能出现了问题。

而与脾脏关系最为密切的当属足太阴脾经了。脾经的循行路线是从大脚趾末端开始，沿大脚趾内侧脚背与脚掌的分界线，经核骨，向上沿内踝前边，上至小腿内侧；然后沿小腿内侧的骨头，与肝经相交，在肝经之前循行，上膝股内侧前边，进入腹部，在通过腹部与胸部的间隔，夹食管旁，连舌根，散布舌下。

脾经不通时，人体会表现出下列症状：身体的大脚趾内侧、脚内缘、小腿、膝盖或者大腿内侧、腹股沟等经络线路会出现冷、酸、胀、麻、疼痛等不适感；或者全身疼痛、胃痛、腹胀、大便稀溏、心胸烦闷、心窝下急痛、流口水等。

以上症状都可以从脾经去治，最好在脾经当令的时候按摩脾经上的几个重点穴位：太白、三阴交、阴陵泉、血海等。上午9—11点正处于人体阳气的上升期，这时疏通脾经可以很好地平衡阴阳。在日常饮食上也要注意多吃清淡的食物、忌暴饮暴食，以减轻脾经的负担。

太白穴是脾经的原穴，按揉或者艾灸此穴，对脾虚症状如全身乏力、食欲不佳、腹胀、大便稀溏等脏腑病有很好的作用，也可以补后天之本，增强体质。太白穴在脚的内侧面，大脚趾骨节后下方凹陷处，脚背脚底交界的地方。

三阴交，又名女三里，只要是妇科病，如痛经、月经不调、更年期综合征、脚底肿胀、手脚冰冷等，刺激这个穴位都能有效加以缓解，所以有人称它为妇科病的万灵丹。月经开始前5～6天，每天用一分钟刺激该穴，远比生理痛再刺激来得有效。三阴交在脚内踝尖上三寸，就是从内踝向上量四指，胫骨（小腿内侧骨）后缘凹陷处，用手按时比其他部位敏感，有点胀疼的感觉。

《黄帝内经》中说，"思伤脾"。所谓"衣带渐宽终不悔，为伊消得人憔悴"，思虑过度就会扰乱脾的正常工作，反映到身体上就是食欲不振、无精打采、胸闷气短。所以，我们要尽量做到思虑有节，这样脾的功能才会正常，脾经才能通畅，衰老才不会提早出现。

脾经

⚫ 驱除体内毒素，非大肠经莫属

大肠经起于食指末端的商阳穴，沿食指桡侧，通过合谷、曲池等穴，向上会于督脉的大椎穴，然后进入缺盆，联络肺脏，通过横隔，入属于大肠。

大肠经为多气多血之经，阳气最盛，用刮痧和刺络的方法，最能祛除体内热毒。如果平时进行大肠经敲打，可以清洁血液通道，预防青春痘，还能对荨麻疹、神经性皮炎、日光性皮炎、牛皮癣、丹毒等有缓解作用。

在五行里，肺与大肠同属于金，肺属阴在内，大肠为阳在外，两者是表里关系。我们知道，肺负责运化空气，大肠负责传导糟粕，因此大肠经的邪气容易进入肺经。当然，肺经的邪气也可以表现在大肠经上。

大肠经若出现问题，有的人会出现雀斑、酒糟鼻，有的人会腹泻、腹胀、便秘。如果这时候不采取措施阻止外邪的进攻，外邪就会直接进入人体的内部——肺经，导致较为严重的肺病。所以，我们出现雀斑、酒糟鼻等问题时，要知道按摩大肠经以"治未病"，及时击退疾病的入侵。

大肠经当令的时间为早晨5—7点，这时候按摩最好。大肠经很好找，你只要把左手自然下垂，用右手敲左臂，一敲就是大肠经。敲时有酸胀的感觉。

大肠经上最主要的穴位是手三里穴、迎香穴和曲池穴。

手三里穴对缓解上肢疲劳、酸痛特别有效。手三里在前臂背面桡侧，当阳溪与曲池连线上，肘横纹下2寸处。

迎香穴可以说是治疗鼻塞的特效穴位。遇到感冒引起的鼻塞、流涕，或者过敏性鼻炎时，按摩两侧的迎香穴一两分钟，症状就可以立刻缓解。此穴位在鼻翼外缘，就是挨着鼻孔旁边的地方。

曲池穴是治痒特效穴位，通治各种皮肤病，还能降血压、泻热。如果你心情烦躁，感觉心里憋着火时就可以把大拇指按在曲池穴，做前后拨动，这时会感觉酸胀或有点儿疼，不一会儿，心绪就会安宁，火气也能降下来。曲池穴在屈肘关节时，肘横纹外侧端。

⚫ 双手摩面能让你保持年轻

元朝大太医忽思慧在其《饮膳正要》中写道："凡夜卧，两手摩令热，摩面，不生疮点。一呵十搓，一搓十摩，久而行之，皱少颜多。"

大太医忽思慧这段话的意思是说：在晚上睡觉之前，两手相互使劲搓，感觉手搓热了的时候，就趁热将手捂到脸上；然后轻轻摩擦，摩擦十来下之后，继续搓手，手搓热以后继续捂到脸上轻轻按摩，这样重复几次就可以了。长期坚持用手摩面，脸上的皮肤就会红润光泽，不生雀斑、痘痘之类的东西，还可以抚平皱纹，延缓衰老，这可以称得上是最简单易行的养颜方法了。女性们在晚上临睡前抽出几分钟的时间做几次摩面，一段时间后定会看到效果。

那么，为什么双手摩面会有这样神奇的效果呢？这就要从中医经络学的角度去解释了。

流通面部的经脉有：督脉在正中，手阳明大肠经绕口鼻，足阳明胃经绕口鼻至目下，手太阳小肠经和手少阳三焦经循行于眼耳间，足太阳膀胱经从头顶下行到内眼角。我们面部的大小和布局，就是这些经络力量综合作用的结果。面部皮肤是否健康润泽，也取决于这些经络的气血是否畅通。我们把搓热了的双手捂在脸上，就温濡了面部经络，增强了它们的活性。同时，手掌上有三条阴经：手少阴心经、手厥阴心包经和手太阴肺经。手贴在脸上，手掌中的阴经就和面部的阳经实现了相互沟通、阴阳和合，从而起到美颜作用。

搓脸也是一种很好的养生方法。生活中，在感觉疲劳或者困倦的时候，我们下意识的动作就是去搓搓脸，然后就会感觉精神一些，这就是因为搓脸的动作无意中按摩了面部的经脉和穴位，使其气血畅通、循环无碍。经常搓脸，人就可以变得脸色红润、双眼有神。

这种搓脸不必局限于时间和地点，疲劳时、困倦时、身体不舒服时，都可以搓一搓。先把双手搓热，然后用搓热的双手去搓脸。可以从上往下，也可以从下向上，每次都把下颌、嘴巴、鼻子、眼睛、额头、两鬓、面颊全部搓到，过程可快可慢，以自己感觉舒服为宜。

另外，搓脸需要肩关节上抬并上下运动，这是锻炼肩关节、预防和治疗肩周炎的好方法。但是，搓脸的时间不要过长，特别是老人，应量力而行，以免过度疲劳，造成肩膀酸痛，这就背离了保健的主旨。

搓脸的同时，还可以配合搓耳。《黄帝内经》中说："肾开窍于耳。"很多养生学家也认为"五脏六腑，十二经脉有络于耳"。所以，平时坚持搓耳、捏耳，可强健身体。

搓耳：双手掌轻握双耳郭，先从前向后搓 49 次，再从后向前搓 49 次，以使耳郭皮肤略有潮红，局部稍有烘热感为度，每日早、晚各 1 次。搓耳后顿有神志清爽、容光焕发的效果。若患某些慢性疾病，在搓耳之后，还应搓相应区域，如高血压患者，用拇指搓耳轮后沟，向下搓用力稍重，向上搓用力要轻；低血压患者，用力的程度恰好相反。

捏耳：人之双耳在外的形貌，颇似倒卧在母体腹中的胎儿。因而，恰当地握动双耳垂，则能收到抗衰美容的效果，其重点是运用拇指、食指轻巧而有节奏地捏压耳垂的正中区域，每日 2 ~ 3 次，每次 1 分钟。持之以恒地做下去，既美容，又能增添双目的神采。

⚛ 内关穴——打开心结，养颜养心的美丽穴

女人最怕的就是衰老，不管怎样的花容月貌，一旦到了晚年总是有那么

·内关

内关穴

几分苍凉与悲切。所以，越是美丽的女人越是怕老。也正因为如此，现在的很多化妆品、保健品才都打着抗衰驻颜的旗号制造噱头，而它们的实际功效也不过是表面的，不能从根本上产生功效。其实，衰老是自然定律，世上没有千年不老的人，不管什么方法都只能在一定程度上延缓衰老，或者让衰老变得不那么可怕。

一般情况下，女人到了40岁，衰老症状就开始出现了，如心慌、气短、出虚汗等，现代医学统称为"更年期症状"，而对此并没有什么特效药或者很好的治疗方法。按照《黄帝内经》中的说法："女子五七阳明脉衰，面始焦黄，发枯委，六七三阳脉衰于上，面皆焦，发始白。七七任脉虚，太冲脉衰少，天癸竭，地道不通，形坏而无子耳。"这段话是说女人的衰老从35岁就开始了，首先是阳明脉衰，然后慢慢导致三条阳经气血逐渐衰退。头为诸阳之会，气血不能上达于面部，皱纹和斑点就产生了。所以，从养生和美容的角度讲，人的美实际上与气血息息相关。心主神，其华在面。心之神主要靠气血来充盈，气血充足，自然反映到脸上。所以，女人养颜首先要养心。

内关穴最早见于《黄帝内经·灵枢·经脉篇》，它是心包经上的穴位，通于任脉，会于阴维，是八脉交会穴之一。内关穴的真正妙用，在于能打开人体内在机关，有补益气血、安神养颜之功。

内关穴的位置在手臂内侧，腕横纹上两寸，取穴时手握虚拳向上平放，另一手食指、中指、无名指三指以腕横纹为准并齐，食指点按的地方就是内关穴。点揉这个穴位随时随地都可以进行，以略感酸胀为宜。

点揉内关穴的功效主要在于疏通心结。我们都知道，越是心情郁闷、烦躁、发脾气的人衰老的迹象越严重，特别是女性到了更年期的时候，情绪比较激烈。而我们也不可能随时控制自己的情绪，一旦觉得心情不好就应该想办法缓解。内关穴就是宣泄情绪的关口，调心养心、气血充盈就是养颜之大道，任何名贵的化妆品都比不上。

内关穴自古以来就是中医用来治疗心脏疾病的必用穴。按压内关穴的方法是，以一手拇指指腹紧按另一前臂内侧的内关穴位，先向下按，再做按揉，两手交替进行。对心动过速者，手法由重渐轻，同时可配合震颤及轻揉；对心动过缓者，用强刺激手法。平时可按住穴位，左右旋转各10次，然后紧压1分钟。按压内关穴对减轻胸闷、心前区不适和调整心律有帮助，抹胸和拍心对于消除胸闷、胸痛有一定效果。

第二章

养好五脏，容颜常驻

五脏六腑决定青春美丽

从《黄帝内经》藏象学说看人体的五脏六腑

中医讲究"有诸内必形诸外",女人外表的靓丽一定要有健康的内部环境做支撑。也就是说,只要五脏六腑健康了,女人自然就是美的。所以,要养颜,一定要从了解五脏六腑入手。

关于人体的五脏六腑,《黄帝内经》中有个著名的理论就是"藏象学说"。藏指藏于体内的内脏;象指表现于外的生理、病理现象。藏象包括各个内脏实体及其生理活动和病理变化表现于外的各种征象。藏象学说是研究人体各个脏腑的生理功能、病理变化及其相互关系的学说。它是历代医家在医疗实践的基础上和阴阳五行学说的指导下,概括总结而成的,是中医学理论体系中极其重要的组成部分。

藏象学说以脏腑为基础。人体内脏按照生理功能特点,分为五脏和六腑。五脏是指心、肝、脾、肺、肾,其共同特点是能贮藏人体生命活动所必需的各种精微物质,如精、气、血、津液等。六腑是指胆、胃、大肠、小肠、膀胱和三焦,其共同特点是主管食物的受纳、传导、变化并排泄糟粕。

五脏六腑之间,一脏配一腑,一阴一阳互为表里,由经络相互络属,共同构成了功能完整的和谐人体。

这里需要说明的是,中医藏象学说中所说的脏腑与现代西医所指的脏腑是不同的。中医所说的脏腑不单纯是一个解剖学概念,更重要的是一个概括了人体某一系统的生理学和病理学概念。心、肺、脾、肝、肾等脏腑的名称虽与现代人体解剖学的脏器名称相同,在生理或病理的含义中却不完全相同。一般来讲,中医所说的一个脏腑的生理功能,可能包含着现代解剖生理学中的几个脏器的生理功能；而现代解剖生理学中的一个脏器的生理功能，亦可能分散在中医所说的某几个脏腑的生理功能之中。

人体是一个有机的整体，脏与脏、脏与腑、腑与腑之间密切联系，它们不仅在生理功能上相互制约、相互依存、相互为用，而且以经络为联系通道，相互传递各种信息，在气血津液环周于全身的情况下，形成一个非常协调、统一的整体。不仅如此，脏腑的运行状况还会表现在人体的外部，比如"舌为心之苗"，即心脏的状况可通过观察舌头来了解。中医四诊法——"望、闻、问、切"中的"望"就是通过观察人体外部特征来了解内在脏腑情况，是藏象学说在实际当中的应用。

❀ 腹部影响女人的青春和衰老

现在很多年轻女性喜欢穿低腰裤，再搭上一件紧身的短上衣，露出自己的小蛮腰，回头率就会直线攀升。但是到了每个月的经期，往往会被痛经折磨得花容失色，还有那不打招呼就来的斑点和可怕的皱纹、走形的身材……噩梦一个跟着一个，却很少有人想到这是经常穿低腰裤、没有保护好腹部导致的"副作用"。

穿低腰裤时，腹部暴露在外，非常容易受凉，而寒凉进入体内会引发各种疾病，对于女性朋友来说，还会导致衰老迹象提前出现。《黄帝内经》说："背

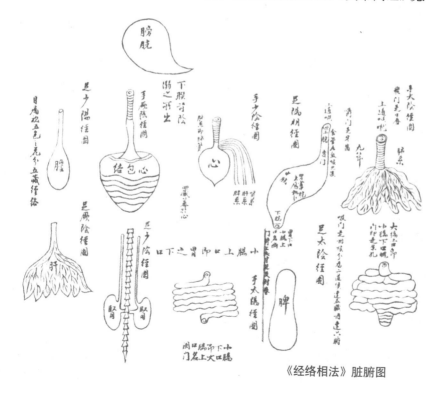

《经络相法》脏腑图

有阳，腹有阴。"腹为五脏六腑所居之处，又是阳中之阴，有脾、胃、肝、胆、肾、膀胱、大肠、小肠等分布，又有足太阴、厥阴、少阴、任脉等经脉循行。中医学将腹部喻为"五脏六腑之宫城，阴阳气血之发源"。所以，一定要养好腹部，保证腹部的温暖，尽量不要穿低腰裤。即使在炎热的夏天，也要注意别让腹部着凉。晚上开着空调或者风扇睡觉时，要盖上薄被，以免风邪侵入体内。

经常揉腹也是保护腹部的好办法，前面已经讲解过相关的理论了这里不再赘述。

说到腹部还有一个关键部位不得不说，那就是：肚脐。每个胎儿在出生前都不能自主呼吸，无法自己摄取养料，要通过脐带从母亲身上吸取氧气和含有养分的血液，待出生以后，婴儿与母亲相连着的脐带就会被剪开。待婴儿身上剪掉脐带的伤口结痂脱落后，形成的痕迹就是肚脐。

肚脐的作用并不是在婴儿脱离母亲以后就结束了，我们通过它还能看出一个人脾胃的强弱。一般来说，肚脐深、厚而圆的，脾胃功能就比较强，这样的人能吃能喝消化也好，身体自然比较强壮；相反，肚脐浅、薄甚至鼓突的，一般脾胃功能弱，体质也较差。肚脐这地方还有一个很重要的穴位——神阙穴，在胎儿未出生前，这里就是胎儿与母亲交换物质的通道；胎儿出生后，这个缺口也很容易受风寒着凉，需要特别保护，因为这是人的命脉所在。所以我们不仅不能让腹部着凉，更不能让肚脐受风。

另外，如果晕车、晕船，出行前可以把一片生姜贴在肚脐上，会有一定的预防作用。

总之，养好了腹部，就是给五脏六腑做好了一道坚固的屏障，我们就可以安然自在地享受健康生活。

❀ 大部分外表瑕疵都是由脏腑失调导致的

许多女性面色无华、晦白或灰暗，肌肤粗糙，斑点多多，往往缘于五脏功能失调。对此，再高明的美容师，也难掩其憔悴之态。所以，很多外表瑕疵的根源都不在外部，而是由脏腑失调导致的。要想养颜美容，首先应增强脏腑的生理功能，这样才能使容颜不衰。

1. 心与容颜

《黄帝内经》中明确指出："心主血脉，其华在面。"即心气能推动血液的运行，从而将营养物质输送全身。而面部又是血脉最为丰富的部位，心脏功能盛衰都可以从面部的色泽上表现出来。心气旺盛，心血充盈，则面部红润光泽。若心气不足，心血少，面部供血不足，皮肤得不到滋养，脸色就会苍白晦滞或萎黄无华。

心气虚、心血亏少的女性可以将桂圆肉、莲子肉各 30 克，糯米 100 克，加水烧沸后改为小火慢慢煮至米粒烂透即可。常服此粥可养心补血，润肤红颜。

2. 肝与容颜

肝主藏血，主疏泄，能调节血流量和调畅全身气机，使气血平和，面部血液运行充足，表现为面色红润有光泽。若肝之疏泄失职，气机不调，血行不畅，血液瘀滞于面部则面色青，或出现黄褐斑。肝血不足，面部皮肤缺少血液滋养，则面色无华，暗淡无光，两目干涩，视物不清。

对肝脏失调者，中医提倡食用银杞菊花粥。

3. 脾与容颜

脾为后天之本，气血生化之源。脾胃功能健运，则气血旺盛，见面色红润，肌肤弹性良好；反之，脾失健运，气血津液不足，不能营养颜面，精神萎靡，面色淡白，萎黄不泽。

脾功能出现障碍的女性可服用红枣茯苓粥。

4. 肺与容颜

肺主皮毛。肺的气机以宣降为顺，人体通过肺气的宣发和肃降，使气血津液得以散布全身。若肺功能失常日久，则肌肤干燥，面容憔悴而苍白。

肺功能失常者需要补肺气、养肺阴，可食用百合粥。

5. 肾与容颜

肾主藏精。肾精充盈，肾气旺盛时，五脏功能也将正常运行，气血旺盛，容貌不衰。当肾气虚衰时，人的容颜黑暗，鬓发斑白，齿摇发落，未老先衰。

肾功能失调引起的容颜受损可服用芝麻核桃粥。

养颜方

1. 银杞菊花粥

材料：银耳、菊花各 10 克，枸杞子 20 粒，糯米 60 克。

做法：将上述食材同放锅内，加水适量煮粥，粥熟后调入适量蜂蜜服食。

功效：常服此粥有养肝、补血、明目、润肤、祛斑、增白之功效。

2. 红枣茯苓粥

材料：大红枣 20 枚，茯苓 30 克，粳米 100 克。

做法：将红枣洗净剖开去核，茯苓捣碎，与粳米共煮成粥，代早餐食。

功效：可滋润皮肤，增加皮肤弹性和光泽，起到养颜美容作用。

3. 百合粥

材料：百合 40 克，粳米 100 克，冰糖适量。

做法：将百合、粳米加水适量煮粥；粥将成时加入冰糖，稍煮片刻即可，代早餐食。

功效：对于各种发热症治愈后遗留的面容憔悴、长期神经衰弱、失眠多梦、更年期妇女的面色无华，有较好的恢复容颜色泽的作用。

4. 芝麻核桃粥

材料：芝麻 30 克，核桃仁 30 克，糯米 100 克。

做法：将上述食材同放锅内，加水适量煮粥。代早餐食。

功效：能帮助毛发生长发育。使皮肤变得洁白、丰润。

❋ 美目盼兮，眼睛的问题可能在脏腑

很多女性都有眼袋困扰，对于这种情况，中医认为，这是由脏腑导致的。下眼皮正是小肠经的循行路线，它跟三焦、小肠、肾都有关。这里出了问题多是阳气不足，化不开水，水液代谢不掉，这属于寒邪造成的疾病。

中医认为，眼睛是脏腑的一扇小窗户，许多脏腑情况都可以反映在眼睛上。例如，有的人不哀伤也总是眼泪汪汪，虽然"水汪汪"的眼睛看起来挺漂亮，但可能是不健康的表现。中医认为，这是肺气不足、肝的收敛功能不足所致。肝主水道，而肺为水上之源，肺气的宣发和肃降对体内水液的输布、运行和排泄起着疏通和调节的作用。当肝肺之气不足时，水汽就会总在上面壅着，或者水道总收敛不住，就会出现眼泪汪汪的现象。还有一些人迎风流泪，在中医看来这是肝肾阴虚的征兆。因为只有当肝肾阴虚、肾气不纳津时，受到冷风的直接刺激后才会流眼泪。

除了肺气不足导致的眼泪汪汪和肝肾阴虚导致的迎风流泪外，我们常见的一些眼部问题中医是这样解释的。

我们有的时候蹲后起立，会觉得眼前一片乌黑，或黑花黑点闪烁，或如飞蝇散乱，俗称"眼花"，这就是目眩。《黄帝内经》认为，心主神明，神散了看东西就会眼花。一般来说，如果偶尔在站起来时有昏眩感，则问题不大，只需多按按中渚穴便能慢慢好转。中渚穴在手背的第四掌骨上方，离小拇指和无名指指根约2厘米处。用另一只手的大拇指和食指上下用力揉按此穴，先吸一口气，然后慢慢呼出，约按压5～7秒。做完之后，再换另一只手，按同样程序做一遍。每只手做5次。

《本草纲目》里提出了黄连明目的方子。李时珍说："用黄连不限多少，捣碎，浸清水中六十天，然后单取汁熬干。另用艾铺瓦上，燃艾，把熬干的药碗，盖在艾上，受到艾的烟熏。艾燃尽后，刮取碗底药末做成丸子，如小豆大。每服十丸，甜竹叶汤送下。"这里的艾就是我们所说的艾蒿。

另外，如果遇到眼睛突然红痛，《本草纲目》记载，可以用"黄连和冬青叶煎汤洗眼"。或者用"黄连、干姜、杏仁，等分为末，用棉包裹浸入热水中，趁热闭目淋洗"。如果突然觉得眼睛又痒又痛，就可以用"黄连浸乳中，随时取汁点眼"。而如果眼泪不止，就"用黄

黄连

连浸水成浓汁搽洗"。效果非常不错。

除了这些方法外，平时多注意饮食和营养的平衡对眼睛也是有好处的，多吃些粗粮、杂粮、红绿蔬菜、薯类、豆类、水果等含有维生素、蛋白质和纤维素的食物。此外，木瓜味甘性温，将木瓜加薄荷浸在热水中制成茶，晾凉后经常涂敷在眼下皮肤上，不仅可缓解眼睛疲劳，还有减轻眼袋的作用。另外，还可以用无花果和黄瓜来消除眼袋，做法是：睡前在眼下部皮肤上贴无花果或黄瓜片，15～20分钟后揭掉。

🌼 想知道五脏六腑的盛衰就要关注"眉毛"

爱美的女人们从不修眉的恐怕很少吧。眉形对人的外貌和气质影响很大，合适的眉形能让人的面部轮廓看起来更完美。但是，你知道吗？从眉毛上还能看出五脏六腑的盛衰。

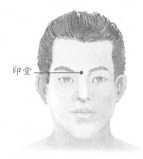

印堂穴

《黄帝内经》中有这样的记载："美眉者，足太阳之脉，气血多；恶眉者，血气少；其肥而泽者，血气有余；肥而不泽者，气有余，血不足；瘦而无泽者，气血俱不足。"这就是说，眉毛属于足太阳膀胱经，其盛衰依靠足太阳经的血气。眉毛长粗、浓密、润泽，反映了足太阳经血气旺盛；眉毛稀短、细淡、脱落，则是足太阳经血气不足的象征。眉又与肾对应，为"肾之外候"，眉毛浓密，则说明肾气充沛，身强力壮；眉毛稀淡恶少，则说明肾气虚亏，体弱多病。

如果你的眉毛非常稀疏甚至几乎没有，这就是气血不足、肾气虚弱严重的表现，身体需要及时的补养。如果眉毛过早地脱落，就说明气血早衰，是很多病症的反映，其中最为严重的要算麻风病了。瘤型麻风病的先兆就是眉毛脱落，开始是双眉呈对称型稀疏，最后全部脱落。

另外，两眉之间的部位叫印堂，又称"阙中"。《黄帝内经·灵枢·五色篇》中说："阙上者，咽喉也；阙中者，肺也。"可见，印堂可以反映肺部和咽喉疾病。肺气不足的病人，印堂部位呈现白色；而气血瘀滞的人，印堂部位则会变为青紫色。

所以，女人不要只注意自己眉毛的形状，也要关注眉毛上显示出的一些信号，及时发现潜藏在五脏六腑中的问题，从根本上养护自己的容颜。

🌼 养脏腑养容颜也应关注"面王"——鼻

对于鼻子，女人关注更多的应该是鼻梁挺不挺、鼻头上有没有黑头，而很少有人关注鼻子的颜色。但是，在中医面诊中有"上诊于鼻，下验于腹"

的说法，鼻子具有很大的价值，有"面王"之称。鼻子位于面部正中，根部主心肺，周围候六腑，下部应生殖。《黄帝内经》记载："五气入鼻，藏于心肺。"所以，鼻子及四周的皮肤色泽最能反映五脏六腑的疾病。

鼻子在预报脾胃疾病方面尤其准确。病人出现恶心、呕吐或腹泻之前，鼻子上会冒汗或鼻尖颜色有所改变。一些容易晕车的人感觉会比较明显。

如果鼻梁高处外侧长有痣或痦子的话，说明胆先天不足，这是因为鼻梁是胆的发射区；如果这些部位出现了红血丝，或者年轻人长了青春痘，再加上早上起来嘴里发苦的话，多半就是胆囊有轻微的炎症了。

如果鼻子的色泽十分鲜明，这说明脾胃阳虚、失于运化、津液凝滞。就是说，患者的脾胃消化功能不好，水汽滞留在胸膈，导致四肢关节疼痛。

如果鼻头发青，而且通常伴有腹痛，这就是因为肝属木，脾属土，肝气疏泄太过，横逆冲犯脾胃，影响了脾胃的消化功能，应注意泻肝胆和补脾胃。

如果鼻尖微微发黑，这说明身体里有水汽，是"肾水反侮脾土"的表现。本来应该是土克水，结果（肾）水反过来压制住了（脾）土，水汽肆虐，以致肾的脏色出现在脸上。

如果鼻子发黄，这说明胸内有寒气，脾的脏色出现在了脸上。人体内中阳不足，脾胃失于运化，吃下去的冷食或凉性食物积聚在脾胃，这些寒气上升又影响到了胸阳，所以寒气就滞留在了脏腑中。如果鼻子发黄，但光泽明润，那就不用担心了，这是即将康复的好兆头。

❀ 动动手、动动脚，调养脏腑就这么简单

中医认为，人体脏腑的经络都通到四肢上，而上肢的6条经脉都是与心肺相关的，心经、小肠经和心包经与心相关，肺经、大肠经与肺相关，三焦经与心和肺都有关。通往下肢的6条经脉，分别是肾经、膀胱经、肝经、胆经、脾经和胃经。

人类的很多疾病都与四肢未能充分运动有关，这是因为只有运动才能保持机体的鲜活。但是脏腑是不能动的，而必须通过经络的运动来保持生机。

心肺的活力需要依靠上肢的6条经脉，上肢运动可以锻炼心肺功能，提高心肺工作的热情，这样，人的身体就会很健康。相反，如果上肢未能得到充分的运动，心肺的健康就会受到影响，人就会出现精神不振、失眠多梦、咳嗽气喘等疾病。

肝、脾、肾系统的疾病同下肢没有得到充分运动有关，也就是说如果下肢没有充分运动，就会出现肾、膀胱、肝、胆、脾、胃等脏腑的健康问题。现在很多人工作都是长时间坐着，出门时大都是坐车，没有机会步行，四肢的运动变少了，这也造就了一大批肝病、脾胃病、肾虚的患者。

真正的养生运动，在于四肢的充分活动。只有动手动脚，疏通经络，才能调养五脏六腑，维护健康。而手脚不动，人就没有了健康。

动手脚就是养生。那具体该怎么动呢？

下肢的运动很简单，跑跑步、爬爬山、到野外去郊游等，都可以达到锻炼下肢筋骨和肌肉的目的。但对于上肢的运动，就不是我们想象中的那么简单了。下面为大家介绍双手健身法。

1. 握固法

如果大家关注过新出生的婴儿就会发现，婴儿的手都是紧握着的；还有我们紧张或者恐惧的时候都会不自觉地攥紧拳头。这其实是一种养生方法，即《老子》里面讲过的握固法。"握"是握着拳头，"固"是大拇指的指甲掐在无名指的根部，小孩攥拳都是这样攥的。固什么？固的是一个人的意志力。

2. 梳手心法

先在手心上涂一层护肤油脂，然后选一把圆头梳子，不要选择梳齿尖利的梳子，以免把手心皮肤划破。然后按着顺序来梳，先从上往下竖梳，再从右往左横梳，继而再顺时针梳一圈；第二遍相反。每天坚持按摩，能起到强身祛病的效果。

3. 拍手法

拍手激发的声线可贯穿奇经八脉，提高人体免疫力，增加血液循环。拍手时动作要领如下：手肘往上弯曲 90 度，五指分开，与眉同高，双掌相对距 20 厘米，拇指离鼻 10 厘米。

拍手功不宜在刚吃饱后练，否则会妨碍消化。开车若遇到红灯是最好的拍手时机，一面等绿灯，一面拍手，善用零碎时间，一举两得，极适合繁忙的人士。但对于上班的人来说，可能练拍手功没有那么方便。所以，上班的人最好利用早餐前或晚餐后半小时练拍手功。俗话说，一日之计在于晨。利用清晨早餐前几分钟，拍手刺激手上身体各部反射区，以活化全身各组织器官，兼可提振精神，使身体发热，对一天的心情是很有益的。晚餐后略事休息，一面散步一面拍手，可帮助消化，又可帮助消除每天累积的身心污染。

第二节

养颜要从保养五脏开始

 **女人以肝为天，养肝最当先**

不知道女性朋友有没有这种经历，突然无缘无故地脸色发黄，心情郁闷，看谁都不顺眼，总想找碴儿吵架，结果最倒霉的就是身边的人了，常常被没头没脑地"打骂"一顿，弄得大家莫名其妙。

其实这也是没办法的，因为女子是以肝为天的，肝功能出现异常就会导致出现上面这样的问题。

1. 肝功能与美容的关系

（1）肝主筋

肝藏血，血养筋，故筋是肝的精气所聚。若肝血充足，则筋脉得以滋养，筋健力强，四肢关节灵活、屈伸自如，就会给人以健美之感；若肝血不足，筋失所养，轻则关节屈伸不利，重则四肢麻木、筋脉拘急，甚至手足抽搐震颤、角弓反张等，自然有失健美。

（2）肝开窍于目，其华在爪

《黄帝内经》认为，五脏六腑之精气皆注于目，因此目与五脏六腑都有内在联系，但肝与目关系更为密切。目只有得到肝血的充分滋养，才能水汪汪，既含情脉脉又盈盈含露。

此外，肝血的盛衰，可影响爪甲的荣枯。肝血充足，则爪甲坚韧明亮，红润光泽；若肝血不足，则爪甲软薄，枯而色夭，甚至变形脆裂。

由上可知，肝脏功能出现病理变化，便会在许多方面影响人体的美感，所以女人一定要养护好自己的肝。这样才能让自己时刻保持美丽的面容、优雅的姿态、健康的身心，也可以让自己的亲人少受一点"苦"。

另外，养肝护肝还有下面所讲的方法，特别是经常"肝郁"的你要牢记。

2. 用好肝经，让肝气畅通

凌晨 1—3 点是肝经气血最旺的时候，这个时候人体的阴气下降，阳气上升，所以应该安静地休息。另外一个养肝气的方法就是按摩肝经上的太冲穴（在脚背上大脚趾和第二趾结合的地方，足背最高点前的凹陷处），那些平时容易发火着急，脾气比较暴躁的女性要重视这个穴位，每天坚持用手指按摩太冲穴 2 分钟，至有明显酸胀感即可，用不了一个月就能感觉到有明显的好转。

另外，再给大家推荐一个方法：用手掌直接按摩你的肝脏部位，或者按摩两肋。力度要较大，可以以打圈的方式进行。每次 10 分钟，每周 3 次。可以疏肝解郁，行气活血，对于减少因为情志不舒和肝气郁结所造成的斑点极为有效。

3. 饮食养肝

养肝的食物有蛋类、瘦肉、鱼类、豆制品、牛奶等，它们不但能提供肝脏所需的营养，而且能够减少有毒物质对肝脏的损伤，帮助肝细胞再生和修复。春季养肝宜多吃一些温补阳气的食物，葱、蒜、韭菜是益肝养阳的佳品。菠菜舒肝养血，宜常吃。大枣性平味甘，养肝健脾，春天可常吃多吃。

4. 注重精神调摄

肝主升发阳气，喜条达疏泄，恶抑郁。要想肝气畅通，首要的是必须重视精神调养，注意心理卫生。如果思虑过度，日夜忧愁不解，则会影响肝脏的疏泄功能，进而影响其他脏腑的生理功能，导致疾病滋生。例如，春季精神病的发病率明显高于其他季节，原有肝病及高血压的患者在春季会加重或复发。所以，春季尤应重视精神调摄，切忌愤然恼怒。

❀ 把心养好才能拥有形神兼备的美

一个女人什么时候最美？有人可能说是做新娘的时候，有人可能说是刚刚当上妈妈的时候，还有人可能说是微笑的时候。那么，我们来想想，为什么这些时候女人最美呢？那是因为她们从内心感到真正的快乐和幸福，那种心理上的喜悦表现在脸上，让人觉得很美。这种美不是单纯的容貌之美，而是源自心底的形神兼备的美。所以，要做一个美丽的女人，首先要养好心。

1. 心与容颜的关系

前面我们已经简略介绍了心与容颜的关系，这里再具体明确一下：

（1）心气不足：即心的精气虚少，推动血液运行的功能降低。可见心慌心跳、面色无华等。

（2）心血瘀阻：若心气不足，血运无力，可导致心脏血液瘀阻。可见脉搏节律不整、心悸、心前区憋闷疼痛、面色灰暗、口唇青紫等。

（3）心血亏虚：心主血脉的功能正常，以心气强健、血液充盈、脉道通利为基本条件。如果心血虚少，脉道不充，则可见心悸、面色口唇苍白、脉细无力等。

此外，心还有调节神志的功能。神志，即指人的精神意识、思维活动。正是因为心的这种功能，才有了心情、心意、心思、心愿等词语。心主神志的功能，与它营运血液的作用是分不开的，心所营运的血脉充盈，则神志清晰、思考敏捷、精神旺盛；否则会导致精神病变，出现心烦、失眠、健忘、精神混乱等不良症状。试想一下，一个天天失眠、心情不好的女人又怎么会有漂亮的容颜呢？

2．养心四要点

心要怎么养呢？应做到以下四个要点：

（1）静心、定心、宽心、善心

何谓"养心"？《黄帝内经》认为是"恬淡虚无"，即平淡宁静、乐观豁达、凝神自娱的心境。生活中我们要做到静心、定心、宽心和善心。

静心就是要心绪宁静，心静如水，不为名利所困扰，不为金钱、地位钩心斗角。

定心就是要善于自我调整心态，踏实度日，莫为琐事所烦忧，豁达乐观，喜乐无愁。纵有不快，也一笑了之，岂非惬意？

宽心就是要心胸开阔。宰相肚里能撑船，心底无私天地宽。让宽松、随和、宁静的心境陪伴你，岂不是快乐每一天？

善心就是要有一颗善良之心，时时处处事事都能设身处地地为别人着想，好善乐施献爱心，向需要帮助的人伸出援助之手，自己的心境也会平和而达观。

（2）通过饮食来护心

合理的饮食能降低冠心病、心绞痛和心肌梗死等疾病的发病率。平时饮食要清淡，因为盐分摄入过多会加重心脏的负担。不要暴饮暴食，要戒烟限酒，多吃一些养心的食物，如杏仁、莲子、黄豆、黑芝麻、木耳、红枣等。

对于心脏不好的人来说，一定要避免大喜与暴饮暴食，否则可能会有猝死的危险。所谓"大喜伤心"，意思是说，太高兴了会让人心气涣散，又吃了很多东西，

芝麻

就会出现中医里"子盗母气"的状况。"子盗母气"，是用五行相生的母子关系来说明五脏之间的病理关系。在这里子指脾胃，母指心，就是说脾胃气不足而借调心之气来消化食物。

如果一个人本来就有心脏病，太高兴时心气已经涣散了，又暴饮暴食，脾胃的负担超负荷了，只好"借用"心气来消化这些食物，心气必然亏虚。因此，心脏病患者（特别是老年人）在这个时候往往会突然发生心脏病，一定要注意。

（3）保护心脏的穴位

一方面，内关穴可调节心律失常。平时既可以边走边按揉，也可以在工作之余进行操作，每天花2分钟左右按揉，感觉有酸胀感即可。

内关是冠心病的日常保健穴位之一，经常按揉该穴位，可以增加心脏的无氧代谢，增强其功能。

另一方面，内关穴可止住打嗝。生活中，很多人都有打嗝不止的经历，一般都会在短时间内停止，也有的长时间不止。这时，你可以用拇指在内关穴上一压一放地按，打嗝很快就能止住。

（4）夏季尤其要养心

按照中医理论，季节和五行五脏是有所对应的。夏季属火，对应的脏腑为"心"，所以养心也成为夏季保健的一大关键点。生活中要注意戒烟限酒，不要饮浓茶，保证充足的睡眠。

还要多喝水，多补水，因为夏季出汗较多，若不注意及时补充水分，会造成血液中水分减少，血液黏稠度增高，致使血流缓慢，造成血管栓塞，极易引发急性心肌梗死和心脏猝死。不要等到口干舌燥时再喝水，养成睡前半小时和清晨起床后喝一杯水的习惯。

另外，还要避开"魔鬼时间"，一天24小时中，上午6—11点是急性心肌梗死高峰时段，医学上称它为"魔鬼时间"。因此，患有冠心病的人这个时段不宜做剧烈运动。

补肾不是男人的专利，女人同样需要

提到补肾，人们往往会认为这是男人的事情。其实，这是完全错误的观点。女性也容易患上肾虚，女性肾虚会造成性冷淡、不孕，出现月经失调以及白带清稀、胎动易滑等症状。肾气的盛衰还关系到女性体内分泌系统的储备，而内分泌的损耗，如同灯油的损耗。可以说，肾精的耗损是导致女性早衰的根源。

1. 肾虚的表现及解决办法

那么，肾虚究竟会让你的"面子"出现哪些问题，而解决的方案又是什么呢？

（1）黑眼圈

中医认为，黑眼圈是肾虚的外在表现，消除黑眼圈可从补肾入手。服用滋阴补肾类的中药可以消除黑眼圈。日常饮食中还要多摄取蛋黄、豆类、芝麻、花生、胡萝卜等含有大量维生素E和维生素A的食物。生活有规律，保证充足的睡眠，戒烟酒，多运动，以改善体内血液循环，减轻黑眼圈。

多吃益肾食品。大枣补气养血，桂圆补血，枸杞滋补肾阴，核桃补肾强腰，还有花生、板栗，这些都是很好的补肾补血类健康食品。

（2）眼袋

眼袋是因为眼睛局部的血液、水液循环不畅，造成脂肪、水分的堆积。肾主水液代谢，肾虚不能温化水液，出现眼部水肿难消，长期下去，难以逆转，形成眼袋。除服用补肾中药外，还可加以按摩手法，轻按眼周攒竹、晴明、四白穴等，以疏通经络，促进血液、水液循环，消除眼袋。

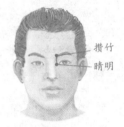

攒竹、晴明穴

（3）眼睛不再清澈明亮

眼睛是最能体现人体精、气、神的部位，精气充足，眼睛就会清澈明亮；精气衰退，眼睛就会混浊不堪。而人体精气以肾精为本，肾精充足，眼睛则明亮。

（4）雀斑、黄褐斑

肾虚可导致面部雀斑、黄褐斑。明代陈实功在《外科正宗》中说："雀斑乃肾水不能荣华于上，火滞结而为斑。"补肾可使肾水上荣面部肌肤，淡化斑点。此外，还可食用富含维生素C的食品，如香蕉、蜂蜜、西红柿、大枣、橘子、猕猴桃、丝瓜、黄瓜等，以及富含维生素E的食品，如卷心菜、胡萝卜、茄子、葵花子油、鸡肝等。

（5）面色发黑

肾病外应黑色，肾虚可使人的整个面部发黑，无光泽。日常饮食中不妨试一试滋补肝肾的食物，如枸杞子和桑葚等。

2.如何补肾

肾虚一般多见于更年期女性，表现为失眠多梦、烦躁易怒、脱发、口干咽燥、黑眼圈与黄褐斑等"肾阴虚"的症状。可多吃鱼、鸭、木耳、黑芝麻、核桃、虫草等。

目前，有不少年轻女性也患上了肾虚，她们多属于"肾阳虚"，因脾阳虚所引起，表现为畏寒怕冷、食欲不振、消化不良、精神萎靡等。因为女性本身有阳气相对较弱的生理特点，加上生活、工作压力大，精神长期处于紧张状态，造成女性的脾胃功能变弱，从而出现脾阳虚。建议可以服用金匮肾气丸、右归丸等中药，还可多吃羊肉、韭菜、鹿茸等。

按照《黄帝内经》的理论，肾功能衰退是随着年龄的增长而必然出现的一种现象。所以，女人要想延缓衰老，平时就要注意保养肾脏功能，预防肾

1. 鹿茸枸杞猪腰子汤

材料：鹿茸10克，枸杞子25克，猪腰2个（去内膜，切碎）。

做法：将切好的猪腰放入锅中，加生姜小炒至熟，与鹿茸、枸杞子放入锅内隔水炖熟，调味即成（进食时可加半匙白酒）。每星期可食用一两次。

功效：补肾阳。适用于因肾阳亏损而造成的头晕、耳鸣、疲倦无力、怕冷等。

2. 冬虫夏草淮山鸭汤

材料：虫草15克，淮山20克，鸭1只。

做法：将鸭和虫草、淮山放入锅内隔水炖熟，调味即可。每星期可食用一两次。

功效：滋阴补肾。适用于因肾阴不足而导致的失眠、耳鸣、腰膝酸痛、口干咽燥等。

虚。下面向大家介绍几种简单易学的养肾强肾方法。

（1）刺激足底穴位

在中医理论里，脚是与肾有密切关系的部位，因此养肾最佳的方式之一就是通过足部进行。每天睡前用热水泡脚，热水要泡过脚踝位置，浸泡过程中再辅以按摩效果更好。方法是：用双手拇指分别按压双脚内踝到脚底的位置，时间以3～5分钟为宜，也可以直接用两只脚相互揉搓挤压，达到按摩效果。

（2）按摩养肾穴位

养肾的重要穴位主要集中在后腰眼处，因此平时上班空闲或在家看电视的时候，不妨将腰坐直，然后用双手按压腰眼处，每次上下搓压3～5分钟。这样间隔做上一会儿，可以解除疲劳，也有利于肾的舒缓放松。

（3）经常伸腰转腰

俗话说"久坐伤肾"，对办公室一族来说，适当的起身运动就非常有必要了。每隔一小时就站起来走动一下，经常伸伸懒腰、转动转动腰部和臀部，能很好地舒缓身体内脏，活动四肢，促进血液循环。

（4）常做强肾操

端坐，两腿自然分开，与肩同宽，双手屈肘侧举，手指伸向上，与两耳平。然后，双手上举，以两肋部感觉有所牵动为度，随后复原。可连续做3～5次为一遍，每日可酌情做3～5遍。做动作前，全身宜放松。双手上举时吸气，复原时呼气，用力不宜过大、过猛。这种动作可活动筋骨、畅达经脉，同时使气归于丹田，对年老、体弱、气短者有缓解作用。

（5）经常叩齿

齿为肾之余，肾主骨，齿、骨、肾是一家，所以通过锻炼口齿可以起到养肾的效果。可以每天早晚叩齿20～30次。

（6）注意身体保暖

有的女性在冬季穿得过少，不注重腰腹部和足部的保暖，导致寒气侵入体内，也会加重肾的负荷，导致肾虚。因此，冬季一定要注重这些部位的保暖，不能因为美丽而损害健康。

古话说："男怕伤肝，女怕伤肾。"补肾就是女人美容的关键，只有肾健康了，才能拥有"气血两旺，容颜焕发"的状态，胜过频繁去美容院，或是买名贵化妆品。一个真正爱美的人，首先要懂得美是真实的，美是健康的，美是由里及表的。只有在内在平衡、气血充盈的基础上进行必要的修饰，美才能达到表里如一，令人赏心悦目。

❀ 嘴唇干瘪、过度消瘦的美女一定要养脾

你是不是发现自己的嘴唇总是很干，一点儿也不饱满？腹部的赘肉也越来越多，很有发展成救生圈的趋势？这一切，都跟脾有关系。要想让自己的嘴唇丰满湿润，要想拥有平坦的小腹，先从养脾做起吧！养好脾，你还是那个健康美丽的女人。

《黄帝内经》中说，"脾为后天之本"。这该怎么理解呢？大家不妨想一想土地。虽然现在人们的生活水平提高了，有汽车、电脑、高楼等，但是这些不是人类生存所必需的，没有这些人类照样生活了几千年。那么，什么才是人类不可或缺的呢？那就是土地，离开了土地，人类将面临毁灭。在中医理论中，脾属土，它就是人的后天之本，是人体存活下去的根本。如果连这个存活下去的根本都出了问题，那还谈何健康与美丽呢？所以，养脾应该值得每个人重视。

1. 脾的主要功能

（1）脾主运化

一是运化水谷精微。饮食入胃，经过胃的腐熟后，由脾来消化吸收，将其精微部分，通过经络，上输于肺。再由心肺输送到全身，以满足各个组织器官的需要。二是运化水液。水液入胃，也是通过脾的运化功能而输布全身的。若脾运化水谷精微的功能失常，则气血的化源不足，易出现肌肉消瘦、四肢倦怠、腹胀便溏，甚至引起气血衰弱等症。若脾运化水液的功能失常，可导致水潴留、聚湿成饮、湿聚生痰或水肿等症。

（2）脾主统血

脾主统血就是脾气对血液的固摄作用，源于脾的运化功能，机制在于脾主运化。脾为气血生化之源，脾气健运，则机体气血充足，气对血液的固摄作用也正常。

（3）脾主四肢及肌肉

脾主四肢是说通过脾气的升清和散精作用将其运化的水谷精微输送至人体的四肢，以维持四肢的正常生理活动。四肢、肌肉的活动能力及肌肉的发达健壮，与脾密切相关。

脾气健运，精微四布，则四肢的营养充足，肌肉丰满健壮，而活动也强劲有力；若脾失健运，清阳不布，气血不足，肌肉、四肢失养，则肌肉消瘦，

四肢乏力，甚至萎废不用。

（4）脾开窍于口

脾主肌肉，如果脾气健运，肌肉营养充足，则口唇红润光泽；脾气不运，运化水谷精微失职，尤其是患有慢性消化不良的人，常见口唇萎黄不泽。

2．思虑伤脾

中医也有"思虑伤脾"之说，思虑过多就会影响脾的运化功能，导致脾胃呆滞、运化失常、消化吸收功能障碍，而出现食欲不振、脘腹胀闷、头目眩晕等症状。所以，缓解压力就可以健脾。那么，生活中我们应该怎么减压呢？下面几种对策，你不妨试试看：

（1）"笑一笑十年少""哭一哭也无妨"

当自己感到郁闷时能够"笑一笑"当然是最好的，实在笑不出来的时候就用哭来宣泄。眼泪能杀菌，就当为自己洗眼睛了。哭完以后，你就会觉得轻松多了。

（2）多听悦耳动听的音乐

悦耳动听的音乐会通过人的听觉影响大脑皮层，使内分泌系统分泌一些有益于健康的激素和酶。所以，当一个人听到自己喜欢的音乐时，呼吸就加深，神经就松弛，疲劳便得以消除。

（3）找一个没人的地方自言自语

自己声音的音调有一种使人镇静的作用，可以产生安全感。所以，在心情不好的时候，找一个没人的地方自言自语一会儿，可以发泄内心所遭受的思想和感情上的压抑，从而获得精神状态和心理状态的平衡协调。

（4）不要苛求自己

每个人都想更好、更快、更完美地做事情，也会不断地给自己设定目标，这自然会给自己带来无穷的压力和烦恼。因此，要正确认识自己的能力，量力而行。

要想皮肤好，一定要把肺养好

《红楼梦》中将林黛玉描写得姿容绝代、稀世俊美，但她那种美是病态的美。她患有长期的肺部疾病，那种健康的、活泼的青春气息，柔嫩光泽、白里透红的肌肤质感是与她无缘的。因为肺主皮毛，主气司呼吸，有宣发与肃降的作用，若肺功能失常日久，肌肤就会干燥，面容也会变得苍白憔悴。

1．肺的主要功能

（1）肺主皮毛

皮毛包括皮肤、毛孔、汗毛等组织，是一身之表。依赖于卫气和津液的温养和润泽，成为抵御外邪侵袭的屏障。如果肺气虚弱，不能宣发卫气，输精于皮毛，就会导致皮肤毛发憔悴、枯槁。

（2）肺主气司呼吸

肺主气，包括两个方面：一是主呼吸之气。人体通过肺吸入自然界的清气（氧气），呼出体内代谢产生的浊气（二氧化碳），即吐故纳新，使身体内外的气体不断得到交换。二是主一身之气，主要是指肺与宗气的生成有密切关系。宗气由肺吸入的自然界的清气（氧气）与由脾胃运化的水谷精气相结合而成，积于胸中，它既是营养人体的物质，又是人体机能活动的动力。宗气通过肺而散布全身，以维持脏腑功能活动。

肺主气的功能正常，则气机通畅，呼吸均匀。若肺气不足，就可能出现水道壅塞，反映在容颜上则是肌肤干燥失泽、眼睑或面部浮肿、手足四肢臃肿等。

（3）肺主宣发与肃降

宣发，是宣布、发散的意思。肺主宣发是指由于肺气的推动，使气血津液得以散布全身，内而脏腑经络，外而肌肉皮毛，无处不到，以滋养全身的脏腑组织。肺气宣发通畅，则能主一身之气而呼吸调匀，助血液循环而贯通百脉。

肃为清肃、宁静，降为下降。肃降即清肃下降之意，有向下、向内、收敛的特点。肺主肃降是指肺气宜清宜降。肺气以清肃下降为顺，通过肺气之肃降作用，才能保证气和津液的输布，并使之下行，才能保证水液的运行并下达于膀胱而使小便通利。肺气必须在清肃下降的情况下，才能保证其正常的机能活动。

如果肺的宣发和肃降功能遭到破坏，就会引起"肺气不宣""肺失肃降""肺气上逆"等病理变化，从而出现咳嗽、喘促、胸闷、尿少、水肿等症。

（4）通调水道

肺主通调水道，是指肺的宣发和肃降对体内水液的输布、运动和排泄起着疏通和调节的功能。水液的排泄，主要途径是排尿，其次为皮肤毛孔的出汗和蒸发以及呼出的气体等。排尿、出汗、呼出浊气就是在排毒，如果女人的"肺通调水道"功能失调，那就是失去了一条排毒的主要路径。

肺在五脏六腑的地位很高。《黄帝内经》中说："肺者，相傅之官，治节出焉。"也就是说，肺是人体内的宰相，它必须了解五脏六腑的情况。所以，《黄帝内经》中有"肺朝百脉"之说。就是说全身各部的血脉都直接或间接地汇聚于肺，然后敷布全身。所以，各脏腑的盛衰情况，必然在肺经上有所反映，中医通过观察肺经上的"寸口"就能了解全身的状况。寸口在两手桡骨内侧，手太阴肺经的经渠、太渊二穴就处在这个位置，是桡动脉的搏动处，中医号脉其实就是在观察肺经。

2. 如何养肺

肺是人体重要的呼吸器官，负责体内外气体的交换。通过肺的呼吸作用，我们可以吸入自然界的清气，呼出体内的浊气，从而吐故纳新，实现体内外气的交换，维持人体正常的新陈代谢。那么，在生活中我们应该如何养肺呢？应该坚持以下三个准则：

（1）情绪要开朗

在七情中，肺主悲，肺气虚容易引起悲伤，而悲伤又会直接影响到肺，所以心情要开朗。中医提出"笑能清肺"，笑能使胸廓扩张，肺活量增大，胸肌伸展，笑能宣发肺气、调节人体气机的升降、消除疲劳、驱除抑郁、解除胸闷、恢复体力，使肺气下降与肾气相通，并增加食欲。清晨锻炼，若能开怀大笑，可使肺吸入足量大自然中的"清气"，呼出体内的废气，加快血液循环，从而起到心肺气血调和的作用，保持人的情绪稳定。

（2）注意呼吸

肺主全身之气，其中一个就是呼吸之气。要通过呼吸吐纳的方法来养肺。怎么呼吸呢？使呼吸节律与宇宙运行、真气运行的节律相符，也就是要放慢呼吸，一呼一吸要尽量地达到6.4秒。要经常做深呼吸，把呼吸放慢，这样可以养肺。

《黄帝内经》还介绍了一种呼吸的方法，叫闭气法，就是闭住呼吸，这种方法有助于增强我们肺的功能。先闭气，闭住之后停止，尽量停止到你不能忍受的时候，再呼出来，如此反复七遍，又叫"闭气不息七遍"。

（3）注意饮食的调养

可以多吃一些玉米、番茄、大豆、梨等，有助于养肺。秋令养肺最重要，肺喜润而恶燥，燥会伤肺。秋天气候干燥，空气湿度小，尤其是中秋过后，风大，人们常有皮肤干燥、口干鼻燥、咽痒咳嗽、大便秘结等症。因此，秋季饮食应"少辛增酸""防燥护阴"，适当多吃些蜂蜜、核桃、乳品、百合、银耳、萝卜、秋梨、香蕉、藕等，少吃辛辣燥热与助火的食物。饮食要清淡。

梨

此外，中秋后室内要保持一定湿度，以防止秋燥伤肺，还要避免剧烈运动使人大汗淋漓，耗津伤液。

❀ 花容月貌都来自胃的摄取

胃是人体的加油站，我们的容貌以及需要的能量都来源于胃的摄取。不过，现代人的生活太"丰富多彩"了，于是造成主动或被动地对"胃"不好好爱护，让胃病不知不觉中走来。

1. 都市白领胃病发病率较高

身为都市中繁忙一族，白领女性中慢性胃炎的发病率相当高。不要以为这仅仅只会带给你腹痛、恶心、食欲不振等不适，或者是无法再好好享受珍馐美味，最可怕的是，如果你不重视它，一般浅表性胃炎可能会演变为慢性萎缩性胃炎，甚至会转化成胃癌，这时麻烦可就大了。所以，白领女性们，不管多忙都要注意爱护好自己的胃。

2. 胃气定生死

《黄帝内经》中说："有胃气则生，无胃气则死。"也就是说，胃气决定人的生死。

所谓"胃气"，中医上是泛指以胃肠为主的消化功能。对健康人而言，胃气充足是机体健康的表现；对病人而言，胃气则影响到机体的康复能力。

胃气是人赖以生存的根气，胃气强壮，则气血冲旺，五脏和调，精力充沛，容颜润泽，所以我们一定要注意调养胃气。

3. 早餐吃热食，胃气才充足

调摄胃气最重要的一点就是早餐应该吃"热食"。有些女性贪图凉爽，尤其是夏天，早餐用蔬果汁代替热乎乎的豆浆、稀粥。这样的做法短时间内也许察觉不出对身体有影响，但长此以往会伤害"胃气"。

从中医角度看，吃早餐时是不宜喝蔬果汁、冰咖啡、冰果汁、冰红茶、冰牛奶的。早餐应该吃"热食"，才能保护"胃气"。因为早晨的时候，身体各个系统还未走出睡眠状态，假如这时候你吃冰冷的食物，必定会使体内各个系统出现挛缩、血流不畅的现象。也许刚开始吃冰冷食物的时候，不觉得胃肠有什么不舒服，但日子一久或年龄渐长，你会发现皮肤越来越差，喉咙老是隐隐有痰不清爽，或是时常感冒，小毛病不断。这就是伤了胃气，导致身体的抵抗力降低了。

因此，早餐应该食用热稀饭、热燕麦片、热羊乳、热豆花、热豆浆、芝麻糊、山药粥等，然后再配着蔬菜、面包、三明治、水果、点心等。另外，最好不要喝牛奶，因为牛奶容易生痰、导致过敏，不适合气管、肠胃、皮肤差的人及潮湿气候地区的人饮用。

4. 摇摆运动增强胃功能

摇摆运动也可以增强胃功能，具体方法如下：

（1）仰卧式

去掉枕头，平躺在硬床上，身体成一条直线。双脚脚尖并拢，并尽力向膝盖方向勾起，双手十指交叉，掌心向上，放于颈后，两肘部支撑床面。身体模仿金鱼游泳的动作，快速地向左右两侧做水平扭摆。如果身体难以协调，可以用双肘与足跟支撑，帮助用力，练习协调之后，可以逐渐加快速度。每次练 3 ~ 5 分钟，每天练习两次。

（2）俯卧式

身体仰卧，伸成直线。两手掌十指交叉，掌心向上，垫于前额下。以双肘尖支撑，做迅速而协调的左右水平摆动。

（3）屈膝式

仰卧，双手十指交叉，垫在颈后，掌心向上。两腿并拢屈膝，脚跟靠近臀部。摆动时以双膝的左右摇动来带动身体的活动，向左右两侧交替扭转。开始时幅度可小，熟练后即可加大幅度，加快频率。

❀ 壮"胆"，启动健康美丽的"枢纽"

《黄帝内经》里说："胆者，中正之官，决断出焉。凡十一脏，取决于胆也。"什么是"中正"呢？比如说，左是阴右是阳，胆就在中间，它就是交通阴阳的枢纽，保持着人体内部的平衡。胆功能正常，我们的身体就健康；胆功能出了问题，人就显得虚弱不堪了，会出现黄疸、皮疹、皮肤粗糙等症状。所以，胆对美丽也很重要。

那么，为什么又说"凡十一脏，取决于胆"呢？按一般人的想法，心脏最重要，应该是取决于心。而《黄帝内经》为什么把胆提到那么高的位置呢？

人要生存下去，首先必须有足够的养分。没有养分小孩无法成长，没有养分成人活不下去，没有养分人体生命需要的血就造不出来，没有血人体的五脏六腑的气机就不能升腾，甚至无法维持。养分的来源主要是人们每天的进食。人们吃了足够的食物，虽然有牙齿的帮助、胃肠的蠕动，如果没有胆囊疏泄的胆汁参与或胆汁分泌疏泄不足，我们人体是吸收不到足够的养分的。胆的好坏影响到胆汁的分泌疏泄，而胆汁的分泌疏泄又会影响到食物的分解；食物分解的好坏影响到食物营养成分的吸收与转化，而营养成分的吸收转化又直接影响到人体能量的补充供给；能量补充供给又影响到其他脏腑的能量需求（五谷、五味、五畜、五禽、五色等入五脏）。这就是胆对我们人体的重要作用。

胆病主要是指胆囊炎和胆结石。导致这类疾病的原因大多都是不良生活习惯。经常不吃早餐，会使胆汁中胆酸含量减少，胆汁浓缩，胆囊中易形成结石。另外，晚饭后常躺着看电视、看报刊，饭后立即睡觉，晚餐摄入高脂肪等，也会使胃内食物消化和排空缓慢。食物的不断刺激又引起胆汁大量分泌，这时由于体位处于仰卧或半仰卧，便会发生胆汁引流不畅，在胆管内淤积，可能形成结石。如果经常吃甜食，过量的糖分会刺激胰岛素的分泌，使糖原和脂肪合成增加，同时胆固醇合成与积累也增加，造成胆汁内胆固醇增加，易导致胆结石。

因此，日常饮食应限制高胆固醇食物，多吃富含植物纤维、维生素的食物；饮食以温热为宜，以利胆道平滑肌松弛，胆汁排泄；少量多次喝水可加快血液循环，促进胆汁排出，预防胆汁瘀滞，利于消炎排石。

最后要告诫的是中老年人，要特别注意不要使自己得胆病，尤其是胆结石，因为罹患胆结石症的以中老年人居多，且女性是男性的两倍。中老年人一般运动减少，身体基础代谢平均以每年 0.5% 的速度下降，控制胆道系统排出胆汁的神经功能也日趋衰退；胆囊、胆管的收缩力减弱，容易使胆汁瘀滞，导致其中的胆固醇或胆色素等成分淤积而形成结石，这是主要原因。另外，中老年人身体发胖，体内脂肪代谢紊乱，造成胆汁内促成结石形成的物质（主要是胆固醇和胆色素）增加，尤其是女性，因此中年妇女是胆结石症的高危人群。所以，人到中年一定要在生活习惯上严格要求自己，不要随心所欲，起居要有规律，饮食要科学合理，睡眠要充足。

❀ 肠道不健康，美丽就会化为乌有

提到肠，人们总会联想到某些不洁之物，但是，不要因此而不重视肠道，你的美丽健康与它是分不开的。如果你的肠道不健康，身体的很多外部症状就会体现出来。

一个很漂亮的女孩，一张嘴却是令人避之唯恐不及的口臭。

经常莫名其妙地腹痛、腹胀。

习惯性失眠。

早已过了青春的年纪，脸上的痘痘仍然层出不穷。

皮肤暗淡无光，小肚子总鼓鼓的，还在不断发胖。

……

这些困扰都与肠道不健康，导致宿便在体内产生毒素有关。古代中医认为："肠常清，人长寿；肠无渣，人无病。"意思是说：只要肠胃里没有毒素，常常保持清洁，人就能长寿。肠胃里保持通畅，没有食物残渣停留，人也就不会生病了。现代医学专家更指出，人体 90% 的疾病与肠道不洁有关。所以，要想永葆健康美丽，一定要保持肠道里面干干净净。

1. 给你的肠道一点关爱

肠道每天不停地消化、吸收食物，以保证身体养分充足，是身体最劳累的器官。此外，它还是人体内最大的微生态系统，共有 400 多种菌群，掌管着人体 70% 以上的免疫功能，成为维护人体健康的天然屏障。但是，长期以来，人们对肠胃营养健康问题的认识非常有限，很多人对肠胃方面的不适都不太在意，认为只是一些小毛病而已。其实，肠道的作用非常重要，我们应该给自己的肠道多一点关爱。

微生态学家指出，保持肠道年轻的一个关键就在于保持肠道清洁，大便畅通。而膳食纤维就能促进肠道蠕动，加快粪便排出，从而抑制肠道内有害细菌的活动，维持肠内微生态环境平衡。因此，日常饮食中要多吃粗粮，有意识地增加膳食纤维的摄入量。膳食纤维含量丰富的食物包括米、大麦、玉米、燕麦、小麦、荞麦、裸麦（青稞）、薏仁等。但粗粮并非吃得越多越好。研究发现，饮食中以六分粗粮、四分细粮最为适宜；正常人吃粗粮的频率以每两天一次为宜。

另外，黄豆、黑豆、红豆、绿豆等豆类及豆制品，对维持肠道微生态环境平衡起着至关重要的作用。但油炸豆腐、熏豆腐、卤制豆腐等加工食品，营养物质遭到破坏较多，应少吃。

蔬菜与水果也都含有丰富的维生素、矿物质及膳食纤维，成人应每天都摄取。高纤蔬菜主要有：芹菜、南瓜、莴苣、花椰菜、豆苗、山芋及荚豆类。高纤水果主要包括：橘子、葡萄、李子、葡萄干、无花果、樱桃、柿子、苹果、草莓等。高纤维的根茎类包括：红薯（白薯）、马铃薯、芋头等。

除此之外，花生、腰果、开心果等坚果类，瓜子、芝麻等种子类食物膳食纤维的含量也都较高。还有，洋菜（琼脂）、果冻、魔芋也是高纤维食物。

同时，要严格控制某些食物的摄取量。例如，肉类如果没有充分咀嚼就不易消化，容易成为肠内腐败的元凶；主要存在于动物脂肪和人造奶油中的饱和脂肪，如果聚集会打破肠道内的菌群平衡，增加那些促使胆汁酸盐变为致癌物的细菌含量；白糖有利于细菌特别是大肠杆菌在肠道内的迅速繁殖，摄入过量的白糖将对肠道微生态环境平衡产生致命的危害。

总体来说，膳食平衡要做到以下几点：

（1）尽量少吃过季或反季食品。

（2）每天吃饭的时间、数量都要有规律。

（3）吃饭时要身心愉悦，细嚼慢咽。

（4）饮食要依据自己的身体状况而定，不要盲目跟风。

2. 指压按摩，每天 10 分钟成就"肠美人"

每天 10 分钟，简单的指压按摩，就能让你从内到外变美丽，成为真正的健康美人。

（1）腹部按摩

双手叠加，以肚脐为中心，顺时针按摩15 秒。

从上往下推压 5 ~ 10 次。

在大便容易滞留的地方——乙状结肠附近用拇指按压。

（2）敲打腹部

握拳，按照从右到左的方向轻轻敲打腹部。

换另外一只手再做一次，敲打 3 次。

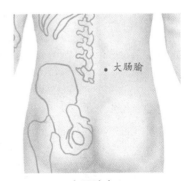

大肠腧穴

此按摩对消化不良、便秘、胃肠障碍有很大帮助，在早晨去厕所前做一次，效果显著。

（3）腰部、背部指压法

找到便秘点，在背部肋骨最下方两拇指往下的地方，用拇指轻轻按压，同时扭转腰部。

大肠腧这个穴位在腰部脊椎往外2指远的地方，用大拇指按住这个点，左右同时按压，或者借用按摩工具敲打。

此法对便秘、消除疲劳、腰疼有特效，而且简单易学。

（4）手和胳膊的指压法

合谷：拇指和食指之间凹陷的地方，是缓解便秘的代表性穴位，用拇指和食指用力按压此处。

神门：小拇指往上，手腕关节部位，骨头和筋中间凹陷的地方，用拇指略加施力按压。

支沟：在小拇指和无名指的延长线交叉的地方，用拇指用力旋压。

以上几个指压动作通过按摩穴位，能够很好地促进大肠循环。

（5）小腿和脚踝指压法

足三里：从膝盖往下4指远、小腿外侧骨头凹陷的地方，用中指适力按压。

三阴交：从里侧的踝骨往上4指、小腿骨后面凹陷的地方，用拇指按压。

按摩足三里、三阴交，可以"整顿"胃肠，使大肠更健康。

指压按摩中，需要注意的是，中指和无名指主要起支撑作用，靠拇指施力。用力也有讲究，太弱起不到效果，太用力又会造成不必要的疼痛。所以，要把握住最合适的强度。

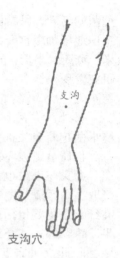

支沟

支沟穴

第三章

流传千年的美丽之道

第一节

《黄帝内经》教你打造无瑕肌肤

⚘ 保养肌肤，先分清肤质

　　女人所做的很多事都是为了一个目的：拥有好皮肤。皮肤是人体的第一道屏障，《黄帝内经》指出："百病始生也，必先于皮毛。"丰润光泽的皮肤象征着体内气血的充盛，反之则提示内脏的衰败，所以皮肤的衰老是形体衰老的开始，洁净无瑕的好皮肤是成为美女的必备条件。

　　但是由于肤质的不同，每个人都会遇到各种各样的皮肤问题。根据皮脂腺分泌的油脂的多少，我们将皮肤分为 5 种类型：中性、油性、干性、混合性以及敏感性肌肤。不同的皮肤类型有不同的特点，对应不同的护理要点。

1. 中性皮肤

　　特征：清洁面部 6 ～ 8 小时后出现面油，皮肤细腻有弹性，不发干，天热时可能出现少许油光，很少生出痘痘，比较耐晒，也不易过敏。可以说是比较好的皮肤类型。

　　护理要点：中性肌肤的养护以保湿为主，如果处理不得当也很容易因缺水缺养分而转为干性肤质，应该使用锁水保湿效果好的护肤品。

2. 油性皮肤

　　特征：清洁面部 1 小时后开始出现面油，平时肌肤较为粗糙，泛油光，天气转冷时易缺水，很容易生暗疮、青春痘、粉刺等。

　　护理要点：油性肌肤的日常养护以清洁、控油、补水为主。要定期做深层清洁，去掉附着在毛孔中的污物。特别是在炎热的夏天，油性肌肤的人应该每天多洗几次脸，洗脸后以收敛水收敛粗大的毛孔。不偏食油腻、辛辣的食物，多吃蔬菜、水果和含维生素B的食物。另外少用手触摸脸部，如果有痘痘就更不能经常用手触碰，以免感染。

3. 干性皮肤

特征：清洁面部后12小时内不出现面油，面部显得干燥缺水，换季时更有紧绷、脱皮等现象出现，容易被晒伤，也容易长皱纹。

护理要点：干性肤质的保养以补水、营养为主，防止肌肤干燥缺水、脱皮或皲裂，延迟衰老。洗脸时动作要轻柔，应选用高保湿的乳液。另外，冬季室内因为有暖气的关系，湿度较小，干性肌肤就更容易失水粗糙，因此室内宜使用加湿器。日常饮食也可增加一些脂肪类的食物。

4. 混合性皮肤

特征：清洁面部2～4小时后T形部位（额头、鼻子、下巴）出现面油，其他部分则较晚才会出现。T形部位易生粉刺、痘痘等。其他部位却因缺水而显得干涩，比较耐晒，缺水时易过敏。所谓混合性，就是T形部位油性和其他部位干性的混合。

护理要点：混合性皮肤的日常护理以控制T形区分泌过多的油脂为主，而干燥部位则要滋润，所以护理上要分开。应选用性质较温和的洁面用品，定期深层清洁T形部位，洁面后以收敛水帮助收敛毛孔，干燥部分则以一般化妆水滋润。要特别注意干燥部位，如眼角等部位的养护，防止出现细纹。总之，混合性肌肤的保养之道要遵循"分别对待，各个击破"的原则，不要怕麻烦。

5. 敏感性皮肤

特征：皮肤较薄，面部容易出现红血丝，换季或遇冷热时皮肤容易发红，易起小丘疹，使用洁肤化妆品很容易因为过敏而产生丘疹、红肿，易晒伤。

护理要点：这类肌肤最需要小心呵护，在保养品的选择上应避免使用含有香料、酒精的产品，尽量选用配方清爽柔和、不含香精的护肤品，注意避免日晒、风沙、骤冷骤热等外界刺激。涂抹护肤品时动作要轻柔，不要用力揉搓面部肌肤。值得注意的是，拥有这类皮肤的人在选用护肤品时，应该先做个敏感测试：在耳朵后、手腕内侧等地方试用，检测有没有过敏现象。一旦发现过敏症状应立即停用所有的护肤品，情况严重者最好到医院寻求专业帮助。

此外，无论何种类型的皮肤都要注意防晒，这是护理皮肤的一个重点。紫外线是无时无刻不存在的，不要认为只有夏天需要防晒，即使是冬天、阴天，紫外线也会对皮肤造成伤害。所以，不管什么时候，外出时都要做好防晒措施。如果不喜欢油腻的防晒霜，外出时最好能戴顶帽子来遮挡紫外线。

❀ 肤色不好，问题可能在五脏六腑

肌肤也有"颜色"，肌肤的不同颜色，会反映出你身体的健康状况。健康的肌肤首先要有光泽，同时还要细腻、色泽红润，柔软而富有弹性。肌肤的颜色和光泽不仅能反映肌肤的营养情况，而且能反映内在五脏六腑的健康状况。一般来说，肤色不好主要有两种，一种是暗黄色，另一种是灰黑色。

1. 暗黄色警报：脾胃不和积毒素

肌肤暗黄、发灰，是对你近段时间繁重压力及体内淤积毒素的直接反映。如果经常承受很大的工作及生活压力，因此情绪多变、爱发脾气，再加上城市里的生活污染、每天的上妆卸妆，肌肤就很容易变得污浊，毛孔内易堆积各种毒素。

从中医角度来说，肌肤出现暗黄、发灰的颜色，也反映了体内脾胃不和。现在人们忙于工作，饮食不规律、营养不合理，很容易造成脾胃不和、贫血等问题。尤其是在消化不良、血虚的情况下，最基本的日常供给达不到，肌肤得不到充足的营养。如果再多愁善感、忧虑，就会使肌肤逐渐变得暗淡、发黄。

拯救计划：如果肌肤的暗黄色已经持续一段时间了，那么就需要你先从内部下手，从调节脾胃开始。

每天要尽可能地多喝水，清洁肠胃，在饮食上即便很难做到按时吃饭，但至少要保证饮食的质量。一定要减少吃油腻和甜食的次数和数量，否则很容易伤及脾。可以适当地吃一些瘦肉、坚果和豆类食品。另外，煲汤也是个不错的方法，可以把当归、大枣放在汤里，调节脾胃的效果不错。

2. 灰黑色警报：肾虚老化易长斑

肌肤的颜色越暗越深，反映的问题也就越严重。如果说，肌肤出现暗黄色只是中级警报的话，那么倘若你仔细照镜子，发现最近的肤色很不干净，灰突突的甚至发黑，脸上还总有些深深浅浅的斑点，这时你的肌肤问题已相当严峻。中医认为，肌肤发黑色是肾虚的表现。

拯救计划：对于现代人来说，无论心情多糟、压力多大、熬到多晚，香烟和咖啡也是绝不可取的，它们对肌肤的伤害是潜移默化的。不妨养成喝绿茶的习惯，舒心提神，还能清肠排毒。另外，不妨犒劳自己煲一锅活血补肾汤，放入地黄、当归、枸杞、黑芝麻、桑葚等，一周喝 3 ～ 4 次，肌肤颜色会有很明显的改善。

❀ 让你拥有一张清透白皙的脸

因为肤色的原因，东方女性的皮肤是有一些发黄的，但是这并不妨碍女性对白皙皮肤的追求，更有"一白遮三丑"甚至"一白遮九丑"的说法。的确，皮肤白皙娇嫩的女人就是能抢人眼球，所以为了使皮肤变白，女人对于美白的追求可谓疯狂，难怪有人说"美白是女人毕生的事业"。

现在市场上有很多美白产品，宣称短时间内就会让皮肤显著地增白，而通常在短时间内能让皮肤变得越白的美白产品对人体造成的伤害也就越大。从中医角度来看，拥有美丽白皙的肌肤，并不能单靠外在的保养维护，内在的调理更加重要。

《黄帝内经》中的"藏象学说"认为"养于内、美于外"，即肤色是否能够白净、均匀，都要靠体内脏腑的精气来美化与维持。当脏腑的精气充足时，体内气血通畅、精力充沛、阴阳协调，肤色自然丰润美白，斑疣癣疥不会乱长，头发也光亮照人，眼睛有神采、充满魅力；反之，气血瘀滞、精力不足、阴阳失调的人，当然肤色枯槁或面黄如蜡，或肌肤浮肿松弛，脸上皱褶多纹，目光迟滞，就算化妆技术再巧妙高明，也难以掩饰。

1. 肝、脾、肾最易影响肤色

中医认为，最容易影响肤色的，当属肝、脾、肾三脏。肝主疏通及宣泄，功能是疏泻全身气、血及津液，若人经常处于忙碌、压力大、紧张及情绪差、易怒的状态下，就会呈现肝气郁结，肝气郁结会导致气血逆乱及瘀滞，肤色便会蜡黄而暗沉，这就是所谓的"肝郁气滞"。

脾脏影响肤色的原因，在于中医认为脾为气血生化之源。中医所谓的脾脏不是西医的脾脏，而是讲整个消化系统，所以说"脾主中州"，意即脾在五脏中主要是吸收营养再滋养其他的脏腑，所以中医的脾主统血，也主肌肉、主四肢，所以说是气血的生化之源。如果因饮食失调及心神不宁而影响消化功能，就会产生脾虚湿蕴的现象。

至于肾，在中医则认为是肾主水，也就是主掌人体全身津液平衡，倘若操劳过度则会使水亏火旺、虚火上升而郁结不散，使皮肤粗糙、缺少光泽。另外，中医认为"肺主皮毛"，由于"肺为气之主，肾为气之根"，肾虚或肾水不足则会影响肺脏功能，肤色也会变差、不亮白。

2. 要美白应该怎么补

要想肤色白皙气色好，平常要多吃红枣、枸杞子、黄芪等。

红枣性温味甘，归脾胃经，能补中益气，对于容易血虚的女性还能养血安神，同时红枣富含维生素A、维生素C，也符合西医营养学的美白效用。

枸杞子归肝、肾经，能滋肾、润肺、补肝及明目，还能促进血液循环，而且枸杞子性平味甘，适合各种体质的人食用。

黄芪则性温味甘，归脾、肺经，食用可益气升阳、养血补虚，大补脾肺，用西医的说法，就是可以强化新陈代谢，有助于黑色素代谢，也有助于体内废气及老废代谢物质的

枣

代谢，很适合运动量不足的女性食用。

有助美白的还包括玉竹、白术、白芷及白芨等中药材。玉竹性平味甘，能滋阴生津、润肺养胃，帮助女性的肠胃更好吸收养分，脸上的肌肤能很快变粉嫩。白术性温味甘、苦，主要作用是补肺益气，并能燥湿利水、健胃镇静，有助于消除脾虚水肿，让皮肤更光亮。白芷和白芨现在常被用在中药美白面膜中，用来做药膳也有很好的美白效果。白芷入肺、脾、胃经，为祛风汤化导药，可缓解皮肤湿气，有助排脓、解毒；而白芨能补肺，主要作用是能逐瘀及生新，有助于皮肤修复及清除黑色素，不只适合外用敷脸，内服也能美白。

我们常见的调味品——醋也是肌肤美白的好帮手。不管哪种原因导致的皮肤变黑，都可以用醋疗来美白。中午和晚上吃饭时喝上两小勺醋，不仅可以美白，还可预防血管硬化的发生。除了饮食之外，在化妆台上放一瓶醋，每次在洗手之后先敷一层，保留 20 分钟后再洗掉，可以使手部的皮肤柔白细嫩。此外，在每天的洗脸水中稍微放一点醋，也能起到美白养颜的作用。

3. 美白要从体质着手

因为每个人肤色暗沉的状况不同：有些人是蜡黄，有的人是铁青，有的人皮肤很白但却有斑点。而皮肤的色泽表现不同，引发的原因就不同，所以只有针对具体情况调理体质，才能真正从根本上达到美白肌肤的目的。

（1）脸色惨白是血虚

如果肤色惨白或萎黄，大多属于血虚，这类女性平常会觉得很容易疲倦、头晕，有时也会心悸，而且自己观察舌头的话，会发现舌质比较淡、白，而且舌苔比较薄，平时的经血颜色比较淡、状稀。这种体质的女性可以从补血入手进行调养，四物汤就很有帮助。四物汤被中医界称为"妇科养血第一方"，由当归、川芎、熟地、白芍四味药组成。熟地含有甘露醇、维生素 A 等成分，与当归配伍后，可使当归的主要成分阿魏酸含量增加，使当归补血活血疗效增强，能治疗女性脸色苍白、头晕目眩、月经不调、月经量少或闭经等气虚之症。

（2）脸色暗沉是肾气不足

肤色暗沉通常都是由肾气不足从而导致阴液亏损，所以要补肾气加快黑色素代谢，让肤色更粉嫩。

肾气不足，通常是因为太过疲累，因为中医认为"劳伤肾气"，肾气先天不足要补肾，如果是后天导致的则要通过健脾来补气，我们常见的黑芝麻糊、桂圆等就可以益气补肾，药材则以何首乌、淮山最为常用；若有脾虚问题也可加党参、黄芪。陈皮也是不错的理气药材。

（3）脸色铁青是宫寒

脸色铁青是因为缺乏血气，这类女性通常是因为平常吃太多冰冷食物，或是夏天爱待在空调房等而形成所谓的宫寒体质。由于火力不足，因此容易怕冷及痛经，只有温经散寒，改善虚寒体质，肤色才能红润白皙。可用肉桂（桂枝）、乌头、细辛等，简单的食疗则可饮用生姜红糖水，而利用艾叶熏脐也具有温经散寒的效用，可带来好气色。

（4）皮肤粗糙是阴血不足

皮肤如果粗糙、肤色不均匀多斑点，多是由阴血不足、内有燥火引发的，要美白就得从滋阴及清内热做起。

阴虚通常是由于熬夜引起阴虚火旺导致的，这类体质的女性也很容易失眠，火旺则容易引起牙龈浮肿、精神焦虑及便秘、口干及眼睛酸涩，最好多用薄荷、荷叶及鱼腥草等草药材清火，绿豆和仙草也是很好的清内热食物，也可吃鸭肉来补肾阴。

用中医方法美容贵在坚持，从内而外的调养不会像外用化妆品一样很快就能看到效果，而一旦我们通过中医调养改善了容貌上的不足，那么收获的就不仅是美丽，还有更加宝贵的健康。

在《黄帝内经》中寻找肌肤水润的秘诀

美女一定是水水嫩嫩的，皮肤干燥缺水不仅会让美丽大打折扣，还会让皮肤过早地长出皱纹，绝对是美容养颜的大敌，现在就让我们在《黄帝内经》中寻找肌肤水润的秘密吧。

《黄帝内经》云："肺外合皮毛"。也就是说皮肤的润泽、水感、晶莹都必须以润肺为本，涂抹保湿补水护肤品为标，内外结合才能达到润泽晶莹、从里到外都水嫩的效果。

◇西瓜皮焕肤补水面膜

方法一：把一块干净的西瓜皮用刀剖成两毫米厚的薄片。用瓜皮轻轻按摩脸部肌肤有舒缓脸部肌肉、镇静、补水的功效。

方法二：整个西瓜洗干净，刨去青皮，然后再刨下一片片的白皮一片一片地贴在脸上和手臂上，大约5分钟更换一次新的西瓜皮片，共换四次，然

养颜方

1. 银耳樱桃桂花汤

材料：银耳50克，樱桃30克，冰糖适量。

做法：先将冰糖加适量水溶化，加入银耳煮10分钟左右，然后加入樱桃、桂花煮沸后即可。

功效：补气、养血、滋润皮肤。

2. 葡萄酒蜂蜜面膜

材料：小麦粉50克，葡萄酒30毫升。

做法：用小麦粉做基础材料，倒入葡萄酒，搅拌成糊状。加一大匙蜂蜜，薄薄一层直接涂于皱纹处，或先抹在面膜上，再贴在脸上，20分钟后取下。

功效：皮肤滋润光滑，皱纹减淡。

---

3. 银耳莲子百合糖水

材料：银耳、莲子、百合、冰糖各适量。

做法：准备好银耳、莲子、百合、冰糖。将银耳和莲子洗净，用凉水泡一晚上。如果使用的是百合干的话，也需要泡一晚上。锅里加水后将银耳、莲子、百合放入，等水开后改用小火炖。大概一个小时后，放入冰糖，煮5分钟就可以了。饮用时先放到冰箱里冰一下，口感更好。

功效：银耳、莲子、百合都是美容佳品，经常饮用此汤，皮肤自然水水嫩嫩。

4. 豌豆美容粥

材料：豌豆100克，红糖适量。

做法：将豌豆用温水浸泡数日，用微火煮作粥，至熟烂如泥；加入红糖，做早餐或随时食之。

功效：理脾益气，祛湿利水，消肿通乳，生肌生肉、滋养皮肤。可适用于因胃肠失和、脾失健运引起的脘腹胀满，面、肢轻度浮肿，面色干黄等症。亦可用于妇女产后乳汁不下。

5. 银耳菠萝枸杞汤

材料：银耳5克、枸杞5克、菠萝罐头半罐（小罐），冰糖1大匙。

做法：将银耳洗净，用水泡发后去蒂，切成小朵，放入锅内，加4碗水，用大火煮开后转小火熬煮约20分钟。接着放入枸杞，煮至熟软时加入菠萝片，并加糖调味即可起锅。待甜汤凉却后，移入冰箱冷藏，更能生津止渴。

功效：此汤可快速排除体内毒素，润肤美白。

后用清水洗净。

此外，还可以常吃以下几种润肺水果。

（1）雪梨：润肺，给肌肤补充水分，增白皮肤，去皱纹，抗衰老，令肌肤白嫩润泽，状如婴儿。

经常口鼻干燥、肌肤干燥瘙痒者，生吃梨见效神速，且无副作用。

注意事项：脾胃虚寒者、极度怕冷者、胃溃疡者、腹泻者、糖尿病者、血虚者应慎吃或少吃梨。另外，梨有利尿作用，夜尿频者，睡前少吃梨；梨不能与螃蟹同吃，以防引起腹泻。

（2）百合：补充肌肤必要的水分，使肌肤莹润光泽。含胶质，能使肌肤充满弹性。能增白肌肤，使肌肤水嫩、润白、弹性紧实；还能清心热、安心神，帮助治疗失眠，有睡眠困扰的朋友可以经常多吃百合莲子山药粥。油性皮肤的人多吃百合能控制痘痘的滋生。

注意事项：百合最好是去药店购买干的，回来炖着吃或熬粥吃。

（3）荸荠：迅速补给肌肤水分，去除皱纹，使肌肤润泽白皙，焕发活力生机，充满弹性。还能使眼睛明亮水汪汪。另外，荸荠还可以降血压。

肌肤干燥缺水者、面部有皱纹者、眼睛干涩者、

百合

儿童和发烧病人，咳嗽多痰、咽干喉痛、消化不良、大小便不利、癌症患者应多吃荸荠；荸荠对于高血压、便秘、糖尿病尿多者、小便淋沥涩通者、尿路感染患者均有一定功效，而且还可预防流脑及流感的传播。

注意事项：脾胃虚寒者、腹泻者、血瘀者不宜吃荸荠；荸荠最好煮熟吃，因为荸荠生长在泥中，外皮和内部都有可能附着较多的细菌和寄生虫，所以一定要洗净煮熟后方可食用。生吃一定要去皮，因为寄生虫和细菌大部分都在皮部。

◈ "下斑"以后更美丽

很多女人过了三十，就发现两颊渐渐飞上了"蝴蝶"，黑色或者褐色的斑点密布，脸颊看起来就像蝴蝶的翅膀，这就是我们所说的黄褐斑，也称为蝴蝶斑。只可惜这只"蝴蝶"带来的不是美丽，而是让人焦灼的烦闷。很多人还发现，这些斑点随着年纪的增大越发多起来，颜色也越发深起来，美丽就快被这些斑点给淹没了。要拯救你的美丽，就要祛除这些美丽的祸患，做个下"斑"以后的漂亮女人。

关于斑的成因，《黄帝内经》认为是"气血运行不畅，皮肤失养"导致的。皮肤色素沉积主要是由于"代谢"的不平衡、降解速度低于合成速度，色素长期沉积所造成的。因此，消斑的根本还在于解决代谢问题，而人体的代谢是需要时间的。所以祛斑需要循序渐进。经常进行面部按摩，这些讨厌的斑点就会慢慢变淡甚至消失。

1. 大鱼际、太阳穴是祛斑的法宝

（1）以双手大鱼际（拇指的根部）在双侧颧骨部由内向外做环形按揉1分钟。

（2）以双手拇指指腹由前额正中向两边分推，从眉毛上方推至太阳穴，反复进行1分钟，然后用双手中指指腹由睛明穴（两眼内眼角稍靠下的部位）开始沿两侧鼻背向下推抹至迎香穴（在鼻翼外缘中点旁，在鼻唇沟中），反复进行1分钟。

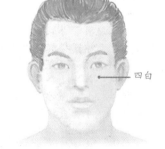

四白穴

（3）双手手掌置于两颊外侧，以食指、中指、无名指、小指指腹贴于两侧面颊部，手指按次序由下向上运动，做扫的动作，反复进行1分钟。

（4）用拇指指腹按揉印堂穴（在额部，两眉头中间）1分钟。再用双手中指指腹分别按揉两侧四白（眼眶下缘正中直下一横指处）、迎香、颊穴（在颧骨下颌突的后下缘稍后，咬肌的起始部，颞肌中）各1分钟。

一些汤水和外敷法也能对"下斑"起到不错的效果。

2. 祛斑汤水

（1）黑木耳红枣汤

材料：黑木耳 30 克，红枣 20 枚。

制作方法：将黑木耳洗净，红枣去核，加水适量，煮半个小时左右。每日早、晚餐后各食一次。

黑木耳可祛面上黑斑。经常服食，可以驻颜祛斑、健美丰肌；大枣和中益气，健脾润肤，有助黑木耳祛除黑斑。

（2）黄瓜粥

材料：大米 100 克，鲜嫩黄瓜 300 克，精盐 2 克，生姜 10 克。

制作方法：将黄瓜洗净，去皮去心后切成薄片。然后将大米淘洗干净，生姜洗净拍碎后待用。锅内加水约 1000 毫升，将大米和姜末加入，大火烧开后，改用文火慢慢煮至米烂时下入黄瓜片，再煮至汤稠，加入精盐调味即可。

每天两次温服，可以润泽皮肤、祛斑、减肥。

（3）西红柿汁

每日喝 1 杯西红柿汁或经常吃西红柿，对防治雀斑有较好的作用。因为西红柿中含丰富的维生素 C，被誉为"维生素 C 的仓库"。维生素 C 可抑制皮肤内酪氨酸酶的活性，有效减少黑色素的形成，从而使皮肤白嫩，黑斑消退。

（4）柠檬冰糖汁

将柠檬榨汁，加冰糖适量饮用。柠檬中含有丰富的维生素 C，此外还含有钙、磷、铁和 B 族维生素等。常饮柠檬汁，不仅可以嫩白皮肤，防止皮肤血管老化，消除面部色素斑，而且可以有防治动脉硬化。

养颜方

1. 茯苓面膜

材料：白茯苓 15 克，蜂蜜 30 克。

做法：将白茯苓研成细细的粉末，然后将蜂蜜与茯苓调成糊状即成。洁面后用茯苓蜂蜜糊敷脸 20 分钟，然后用清水洗去即可。

本面膜有营养肌肤、消除老年斑与黄褐斑的功效。古医家认为茯苓能化解一切黑斑痕，与蜂蜜搭配使用，既能营养肌肤又能淡化色素斑。

2. 苹果番茄面膜

材料：苹果 1 个或者番茄 1 个，淀粉 5 克。

做法：将苹果去皮，捣成果泥，敷于脸部，称为苹果面膜。每日一次，20 分钟后清水洗净。或将鲜番茄捣烂，调入少许淀粉增加黏性，敷于面部，称为番茄面膜。每日一次，20 分钟后用清水洗净。

---

3. 外敷法祛斑

一些外敷手段，对祛除斑点也有很好的作用。大家可以在家中尝试。

这两种面膜因富含维生素 C，可抑制酪氨酸酶，阻止黑色素的合成，所以能祛除面部黄褐斑和雀斑，并对皮肤起到增白的作用。这两种天然的绿色美容法，贵在坚持，不能三天打鱼，两天晒网，或浅尝辄止。

4. 气不顺的女人爱长斑

不知你有没有留意过：经常气不顺的女性都爱长斑点。当心情持续不好，或者压力比较大，又不注意锻炼身体时，斑点就非常容易出现。不过这样的斑点非常好治，想办法让自己高兴起来，把体内的浊气排出去就可以了。

（1）提高呼吸的深度，加快祛斑的速度

情绪不好、经常发火、郁郁寡欢的人，每天可以用手掌贴着身体两侧肋骨，从两侧沿着肋骨排布的方向，向身体正中斜向下搓到发热，搓完之后心情会很舒服，连呼吸都加深了。

还有的时候，人觉得身体懒洋洋的，情绪也不高，这是由于体内堆积了太多的浊气，无法排出所致。此时不妨在某个休闲的片刻，选择一个空气清新的地方，进行深呼吸运动。在深呼吸的时候，缓缓地把手抬起，然后慢慢把手放下，让气流通过口鼻，把浊气推出，反复做 10 遍。每做完一次后，记得正常换气一次。每天重复地做，便能把肺部的浊气清除。如果觉得麻烦，那就找个没人的地方大吼几声，效果也不错。

（2）清嗓子、打喷嚏，排除体内浊气

主动咳嗽可以排除体内的污浊之气。早上，经过了一昼夜的代谢，体内堆积了太多的浊气，此时如果我们能主动咳嗽，清清嗓子，排出浊气的效果很不错。

除了主动咳嗽外，排出体内浊气的方式还有打喷嚏。《黄帝内经》里有："嚏，以草刺鼻，嚏，嚏而已。"这是说打嗝不止，可用草来刺激鼻孔，一打喷嚏，打嗝就止住了。这会儿你知道该怎么打喷嚏了吧，不过现在找根草很难，没关系我们可以用其他的东西代替，用手纸搓成细捻或把吸管铰成细丝，轻轻刺激鼻孔就可以了。

保持良好的心态也是对抗蝴蝶斑的好方法，别让郁结的坏情绪影响了你的美丽。开朗一点，坚持使用正确的祛斑方法，你会发现脸上的蝴蝶不经意间就飞走了。

美容先要抽"丝"剥茧

有些女性朋友的皮肤比较薄，很清透，甚至脸上的红血丝都清晰可见，遇冷遇热或者紧张时都会变得严重，太阳一晒就更明显。脸蛋上总是有两块"高原红"，让人十分烦恼。

传统医学认为，面部红血丝的出现是由于身体内阴虚血热，津血不足，脉络瘀滞所致肌肤失养，皮肤干枯，从而角化加快，导致皮肤变薄，出现红血丝。从地域上看，有红血丝的人，西北比南方多，高原地区比平原地区多，高海拔区比低海拔区多；从性别上看，女性比男性多，这也恰好符合了中医学对红血丝发病机理的解释。因为高海拔地区和西北地区气候干燥，人们容易阴虚阳亢而两颧潮红，长此以往会导致面部毛细血管变粗。

《素问·六节藏象论》中说："心者……其华在面，其充在血脉，为阳中之太阳，通于夏气；肺者……其充在皮……"，《素问·阴阳应象大论》中有"苦生心，心生脉""辛生肺，肺生皮毛"的记载，所以，心主血脉，肺朝百脉。因此，对于红血丝的治疗，应从心和肺入手。而心在味为苦，肺在味为辛，在药物的选取上，应以辛苦寒性为主，以达到入心肺经，清热化瘀而治疗红血丝。像绿豆、白芷、百合、玫瑰等都是常用的药物，下面两种抗敏疗法，仅供参考。

养颜方

1. 绿豆百合面膜

取绿豆若干，放在凉水中浸泡至能搓下皮为止，取绿豆皮晒干研末，取百合干若干研末，取干玫瑰花若干研末，以上三药以2:1:1的比例混合，加适量蜂蜜，再用甘草注射液或清水拌匀，洁面后涂于脸上，坚持用一个月，有望收到良好效果。绿豆性寒入心经，有清热解毒之功；百合微寒入心肺经，能养阴清心火。

2. 白芷甘草汤

取白芷6克，甘草15克，水煎服，药渣可敷于患处。白芷性温入肺经，张仲景在《神农本草经》中说白芷能"长肌肤，润泽"。甘草性平入心肺经，能够清热解毒，调和白芷温性。

一些日常的处理方法也能在一定程度上防治和减轻红血丝，具体如下：

（1）温差刺激不要太大，不要吹冷气、烤明火，避免从冷的地方突然到热的地方，或者从热的地方突然到冷的地方，加重红血丝。

（2）保持情绪稳定，不要吃刺激性的东西，如辣椒之类的。

（3）夏天尽量减少日晒，要增加体育运动，因为血管扩张的人还有可能是血管太脆太薄，多吃胡萝卜也可以增加血管弹性。

（4）增强皮肤锻炼，经常用冷水洗脸，增加皮肤的耐受力。

（5）经常轻轻按摩红血丝部位，促进血液流动，有助于增强毛细血管弹性。

另外，红血丝皮肤比较敏感，一定不要使用含重金属的化妆品，避免色素沉积，使毒素残留皮肤表皮，可以用些柔和型的护肤品。也要尽量少更换护肤品。如果需要更换要先做一下实验：先把少量外用护肤品搽在耳后，因为耳后皮肤一般没有过多地接触到外用护肤品，对护肤品比较敏感，一个小时后可以看一下结果，如果在耳后不会过敏，则可以再搽少量在红血丝部位，如发现过敏或不适，应立即停用。

❀ 做十足美女，先要去掉黑头

你有过这样的经历吗？站在镜子前，镜中自己白净的脸偏偏被鼻头上星星点点的小黑头破坏了美感，甚至这样的黑头不仅仅局限于鼻头，连额头、鼻子两侧都有粗大的毛孔若隐若现，这样的烦恼可是不少女性都有的。

黑头主要是由皮脂、细胞屑和细菌组成的一种"栓"样物，阻塞在毛囊开口处而形成的。加上空气中的尘埃、污垢和氧化作用，使其接触空气的一头逐渐变黑，所以得了这么一个不太雅致的称号——黑头。

如果将痘痘比喻为活火山，那么黑头就好比死火山，虽然危险性不足以引起特别关注，但它的确是想拥有凝脂般肌肤的女性之大敌。那么怎么甩掉这些令人心烦的小东西，做个十足的美女呢？

1. 祛黑头先要除脾湿

　　《黄帝内经》说："脾热病者，鼻先赤。"从五行看，脾胃属土，五方中与之相对的是中央，而鼻子为面部的中央，所以鼻为脾胃之外候。脾土怕湿，湿热太盛时就会在鼻子上有表现。从季节看，与脾土相对应的正是长夏，所以黑头在夏季表现最突出。所以要祛黑头要从除脾湿入手，而除脾湿的最好方法就是经常刺激阴陵穴和足三里。

　　阴陵穴在膝盖下方，沿着小腿内侧骨往上捋，向内转弯时的凹陷就是阴陵穴的所在。每天坚持按揉阴陵穴10分钟，就可以除脾湿。

　　对于足三里，要除脾湿最好是艾灸，因为艾灸的效果会更好，除脾湿的速度会更快。

　　足三里在小腿外侧，约在外膝眼下3寸，小腿骨外一横指，按压起来有酸胀感，但不会发麻。

足三里

足三里穴

　　建议空闲的时候按揉阴陵穴，每天坚持10分钟，晚上睡觉前，用艾条灸两侧的足三里5分钟，只要长期坚持，就可以除脾湿，使黑头都消失。

2. 快速祛黑头的五种方法

　　（1）盐加牛奶去黑头

　　每次用4～5滴牛奶兑盐，在盐半溶解状态下开始用其按摩长黑头部位；由于此时的盐未完全溶解仍有颗粒，所以在按摩的时候动作要轻柔；半分钟后用清水洗去，不要再擦任何护肤品，以便让皮肤重新分泌干净的油脂。

　　（2）珍珠粉去黑头

　　在药店选购质量上乘的内服珍珠粉，取适量放入小碟中，加入适量清水，将珍珠粉调成膏状然后均匀地涂在脸上，用手轻轻按摩，直到脸上的珍珠粉变干，再用清水将脸洗净即可。每周两次，可以很好地去除老化的角质和黑头。

　　（3）鸡蛋清去黑头

　　准备好清洁的化妆棉，将原本厚厚的化妆棉撕成较薄的薄片，越薄越好；打开一个鸡蛋，将蛋白与蛋黄分开，留蛋白部分待用；将撕薄后的化妆棉浸入蛋白，稍微沥干后贴在鼻头上；静待10～15分钟，待化妆棉干透后小心撕下。

　　（4）鸡蛋壳内膜去黑头

　　将鸡蛋壳内层的那层膜，小心撕下来贴在鼻子上，等干后撕下来。这个方法的原理和鸡蛋清去黑头是一样的。

　　（5）米饭团去黑头

　　每次蒸完米饭捏一小团在有黑头的地方轻揉，米饭的黏性会将脏东西带下来。

另外要提醒的是，有的女性比较"暴力"，看到黑头的第一个反应就是"挤之而后快"，但是建议有这个习惯的人还是赶快住手吧。因为那会严重损伤皮肤的结缔组织。而且指甲内易藏细菌，用手挤黑头容易引起皮肤发炎，使得毛孔越变越大，还是使用一些比较温和的方法，虽然有些麻烦，而且需要一段时间的坚持，不过只要皮肤又恢复了原本的光洁细腻，这才是最重要的。

◉ 就要完美主义，拯救"熊猫眼"小绝招

年轻女性总是喜欢熬夜，当然也有因为学业或工作压力而不得不熬夜的，结果就是第二天会发现眼圈下方围绕着青黑色的一圈，还微微浮肿。这是因为睡眠不足，疲劳过度，眼睑长期处于紧张收缩状态，这个部位的血流量增加，引起眼圈皮下组织血管充盈，从而导致眼圈瘀血，滞留下黯黑的阴影。中医则会告诉你是因为肾气亏损，使两眼缺少精气的滋润，使黑色浮于上，因此眼圈发黑。无论如何，黑眼圈实在是有碍观瞻，对于完美主义的女性来说是一定要解决的美容问题。

保持良好而充足的睡眠是最根本而彻底的方法，但是很多女性实在没办法做到，那么就尽量减少熬夜的时间，睡觉时垫高枕头也能避免血液淤积在眼圈下方。

中医认为经常眼圈发黑的人多半是肾气亏损，所以要增加营养。在饮食中增加优质蛋白质摄入量，多吃富含优质蛋白质的瘦肉、牛奶、禽蛋、水产等。还应增加维生素A、维生素E的摄入量，因为维生素A、维生素E对眼球和眼肌有滋养作用。含维生素A多的食物有动物肝脏、禽蛋、胡萝卜等。富含维生素E的食物有芝麻、花生米、核桃、葵花子等。

另外，有一些治疗黑眼圈的偏方，很多人尝试以后都说效果不错，我们可以一试。

◇土豆片眼膜

土豆在《本草纲目》里被称作马铃薯，有补气、健脾、消炎、解毒的功效，将土豆削皮洗净后，切成2毫米的片。然后平躺在床上，将土豆片敷在眼上，约5分钟后再用清水洗净。这款眼膜最好在夜晚敷，更有助于消除眼睛疲劳。值得注意的是有芽的土豆不要用，因为有毒。

◇茶叶包敷眼

用冷水浸泡茶叶包，之后取出敷在眼睛上，15分钟后取下，每周一次，可有效淡化黑眼圈。

此外，对眼部进行适当的按摩也能够缓解黑眼圈和眼袋等问题。年轻女性的黑眼圈大多是因为血液循环不佳而造成的，穴位按摩有助于打通血脉。

用无名指按压瞳子髎（在眼尾处）、球后（下眼眶中外1/3处）、四白（下眼眶中内1/3处）、睛明（内眦角内上方）、鱼腰（眉正中）、迎香（鼻翼外侧）等

几个穴位，每个穴位按压 3 ~ 5 秒后放松，连续做 10 次。中指放在上眼睑，无名指放在下眼睑，轻轻地由内眦向外眦按摩，连续 10 次。用食指、中指、无名指指尖轻弹眼周 3 ~ 5 圈。

注意按摩的力度一定要轻柔，避免大力拉扯肌肤，防止细纹的出现。

要解决"熊猫眼"，就要靠你实打实的"真功夫"，不要懒惰，从今天起好好呵护你的明眸吧。

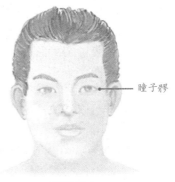

瞳子髎穴

另外还有一些小妙招可以去黑眼圈，大家不妨试试看：

（1）熟鸡蛋敷眼法：煮一个鸡蛋，去壳后用毛巾包裹住，合上双眼用鸡蛋按摩眼部四周，这样可加快血液循环，有效祛除黑眼圈。

（2）红茶包敷眼法：用喝剩的红茶包敷眼，每晚睡前使用，20 ~ 30 分钟后取下，对后天性黑眼圈效果较好。

（3）苹果退黑法：选择一个新鲜、多汁的苹果，切两小片敷眼 15 分钟，因为苹果富含维生素 C，维生素 C 不仅可以促进胶原蛋白的生长，更可以促进血液循环，所以每日坚持使用可以适当消除黑眼圈。

（4）毛巾热敷法：以 37℃ ~ 38℃ 的温热毛巾在临睡前敷眼，冷却后更换。重复多次可以促进眼部血液循环，适合喜好熬夜的"熊猫族"。

❀ 轻松去油的养护方案

很多女性都有面部油脂分泌过剩的烦恼，如何去油，让脸部清爽，有下面几种方法，可以试一试。

1.冷热水交替洗脸去油

油性肌肤的女性因为出油的原因，通常毛孔也比较粗大，很多人认为用冷水洗脸就可以收缩毛孔，但是这对去油却没有什么效果，所以又想去油又想收缩毛孔最基本的方法就是用冷热水交替洗脸。

用脸盆盛好热水，洗脸时对着水龙头（冷水），冷热水交替洗，这样洗出来的脸干净清爽、白里透红，不仅油光退了，而且毛孔也小了很多。

2.控油不忘补水

大部分的油性肌肤都有缺水的现象，但是旺盛的油脂量往往会掩盖肌肤缺水的事实，给人造成错觉。如果你只控油、吸油，不补充水分，身体内的平衡系统就会自然启动，不断分泌更多的油脂以补充大量流失的油脂，形成"越控越油"的恶性循环。并且，油脂分泌过程中要消耗肌肤内的大量水分，使皮肤处于缺水状态。所以，对付油脂分泌过多的正确方法就是补水。饮水和做补水面膜可以从内外两方面同时对肌肤进行补水，这样，油脂分泌过多的问题很快就能得到解决，脸上的毛孔也就不再那么醒目了。

此外，有些人抱怨脸上明明油脂分泌很旺盛，可是唇部周围却还是有皮屑，肌肤没有光泽，妆容不持久，等等。这些都是因为肌肤不够湿润，给肌肤补水同样可以解决这些问题。

（1）不同区域区别对待

去油重点针对T字部位：T字部位油脂腺多，油脂分泌旺盛，是油垢的重灾区。清洁时重点要在额头、两侧鼻翼和下巴部位。

补水重点针对双颊部位：双颊部位的油脂腺很少，几乎没有，因此补水是必然的。可以每天早晚尤其是晚上使用爽肤水和滋润乳液在全脸薄薄涂一遍之后，双颊部位加倍加量涂抹。

（2）控油、补水，方法多多

挑选无油脂护肤品。买一套适合自己肤质的乳液状的清爽型洗护产品，在去油的同时，又迅速为皮脂膜补充大量水分，尽快达到清爽滋润不油腻的效果。

随身携带补水喷雾。当面部泛油时，轻轻喷一喷，可以适当补充水分。

补水面膜加强补水。每星期敷 1 ～ 2 次补水面膜，让保湿因子渗入皮肤底层，并迅速扩散开，滋润那些"等待喝水"的细胞组织。

内部补水最重要。每天八杯水，而且不要一次喝下几大杯，那样水分得不到足够的吸收，要分多次慢慢喝。多喝水能有效加速体内毒素和废物的排出，抑制多余油脂的分泌。

此外，有人觉得吸油面纸能够轻易除去脸上的油光，因此只要发现脸上稍有油脂浮现，便随手抽出一张吸油面纸来使用。其实，过于频繁地使用吸油面纸也不利于保养皮肤。因为即使是油性肌肤的人，脸上也应当保持正常的油脂分泌，这些油脂可以保护脆弱的肌肤，防止水分过度蒸发，还能在一定程度上抵挡外界细菌的侵入，滋润肌肤。因此，适度地吸油才是正确的，每天最多使用两三次吸油面纸就可以了。

🌸 天然去雕饰，痘痘去无踪

痘痘是困扰女性的一大美容杀手，谁也不希望自己干净光洁的脸上出现痘痘，或者胸背部冒出小红痘痘。

1. 痘痘是怎么形成的

在医学上，痘痘叫作"痤疮"，在中医学中相当于"痤"或"痤痱"，或称之为"肺风粉刺""面疮"等。最早的记载见于《黄帝内经》："汗出见湿，乃生痤痱……郁乃痤。"关于痘痘形成的具体原因，中医认为，面鼻及胸背部属肺，所以青春痘常常是由肺经风热阻于肌肤导致的，也可能因食用了过多的肥甘、油腻、辛辣食物，脾胃蕴热，湿热内生熏蒸面部诱发了青春痘。青春痘多出在年轻人身上，是由于他们血气方刚，阳热上升，与风寒相搏，郁阻肌肤所致。此外，外用化妆品刺激引起毛囊口堵塞也是本病的重要诱因。

2. 四种体质容易长痘

每个人的体质不同，痘痘的具体表现和诱发原因也各不相同。我们要根据自己的体质，对症抗痘。容易长痘痘的体质有这样几种：

（1）肺热型

这种体质的人所长的痘痘是丘疹状的，也就是面部有一个一个的小包。这样的人平时容易口干、心烦、舌苔黄，容易上火。所以应该清肺解毒，可以多喝些菊花茶，也可配合喝点枇杷膏，饮食一定要忌荤腥。

（2）湿热型

这种体质的人所长的痘痘往往是脓包型的，容易流脓、流水，而且有痛感。另外，身体上还伴有便秘等症状。这样的体质建议排除内毒，可以多吃萝卜等。另外，每天早上起来喝一碗蜂蜜水，能够润肠通便。

（3）痰瘀型

这种体质的人所长的痘痘是硬的，囊肿型的。这样的人喜欢流汗，但是怕热。这种体质又经常长痘的话，可能预示着某种妇科疾病，最好能去医院具体咨询。平时可以多吃点海带。《本草纲目》中说海带："治水病瘿瘤，功同海藻，昆布下气，久服瘦人。"

（4）上火下寒型

这种体质的人脸上长痘痘，四肢却经常冰凉，平时容易疲倦。这就既需要治寒又需要治火。用人参、黄芪一起治，人参治寒，黄芪治火。这种体质的人平时一定要忌口，绝对不要吃海鲜。

3. 痘痘的防治

认清了自己的体质，我们就可以对症施治。不过一些日常的清洁程序却是各种体质的人通用的。长痘痘的人通常皮肤油腻，或者属于混合型皮肤，面部某一区域油腻。可以晨起和睡前交替使用中性偏碱香皂和仅适合油性皮肤使用的洗面奶，清洁油腻部位。并用双手指腹顺皮纹方向轻轻按摩 3～5 分钟，然后用温水洗干净。

也可以在家中自制祛痘面膜。将柠檬挤出的汁混入一个鸡蛋的蛋清内，打匀，涂在面部，敷半个小时，然后用清水洗掉即可。另外，芦荟可以清热解毒，所以配合内服芦荟叶汁效果更好。

4. 按揉"天枢"和"内庭"将痘痘一扫而光

如果你的脸颊、前额上老长痘痘，而且颜色偏红，你还经常有口气重、肚胀、便秘的症状发生，这就是胃火旺造成的。改善这种状况的办法就是按揉天枢和内庭穴。

天枢穴位于肚脐两边两个大拇指宽度的地方。要用大拇指指肚按揉天枢穴，用的力量要稍大一点，感到疼痛为止，同时按在穴位上轻轻旋转。

内庭在两脚背上第2和第3趾结合的地方。要每天用手指肚向骨缝方向点揉200下，力量要大，依据个人的承受能力，以能接受为度，早上7—9点按揉最佳。

天枢穴和内庭穴

具体操作方法：每天早晨起床后，先用大拇指点按两侧内庭2分钟，泻胃火；再按揉两侧天枢2分钟，通便；饭后半小时，再按揉天枢2分钟。

按揉天枢和内庭穴能迅速祛除痘痘和粉刺，有效抑制痘痘的发生，使肌肤更干净，更靓丽。

5.战"痘"之后续——去痘印

经历过痘痘的侵袭，脸上有时会留下大量痘印，这时该怎么办呢？千万不要用厚厚的化妆品遮盖，这样只会越来越糟糕，内外兼治才是根本。一是内里调节，靠补来完善。因为人体容易生内热，一旦有内热，有的毒素就会往脸上发，所以一定要去火，多喝滋补汤；二是外补。除了基本的护肤品和个人卫生以外，还可以去美容院做定期的保养。如果你嫌去美容院麻烦，也可以在家自己做保养。下面介绍一种比较简单的去痘印的方法：

取一个鸡蛋的蛋清，与10克珍珠粉相混合。然后均匀涂抹在脸上，注意避开眼部和唇部。尽量涂厚一点，15～20分钟后洗掉。一个星期坚持做两次。珍珠粉和鸡蛋清都具有镇静和美白肌肤的功效，将两者混合在一起当面膜使用，不但肌肤会越来越柔滑，痘痘的痕迹也能慢慢变淡。珍珠粉在一般的中药店有售。

还有很多女性没事就喜欢对着小镜子挤痘痘，这绝对是错误的做法，因为这样做有可能造成无法祛除的痘印、小坑。如果你实在想把其中的脏物挤出来，就要使用特殊工具，以免挤压伤害皮肤。打一盆热水，把经洗面奶或细砂磨砂膏（敏感型肌肤不适用）清洁后的脸置于升腾的蒸汽中，而后用热毛巾包裹面部3分钟。这样可以促使毛孔打开，再用事先以75%酒精棉球消过毒的医用注射针头的针帽或粉刺针柔和地挤压粉刺边缘的皮肤，即可将粉刺挤出来。千万不要用手乱挤乱压，否则容易留疤。

🏵 每个女人都能面若桃花

相信世界上所有的女人都渴望自己面若桃花、白里透红，但总有人脸上肌肤不是晦暗无光，就是色泽不均匀，那么应该如何改善呢？

古有"望面色，审苗窍"之说，从面相可以看出一个人的身体状况。换句话说脸色不好的人，可以从加强身体的某些部位着手来改善。

1. 脸色苍白——重在补气血

"心主血脉，其华在面"。面色苍白是血气不足的表现。一般情况下，面色淡白多是气虚的表现，如果苍白的脸上缺乏光泽，或者是黄白如鸡皮一样，则是血虚的症状。另外，体内有寒、手脚冰凉的人也会面色苍白，这是阳虚在作怪，这样的人需要多运动，运动生阳，对改善阳虚很有效果。脸色苍白的女性可以将红枣洗净，用温水浸泡，然后去核捣烂，加水煮沸15分钟放红糖和鸡蛋，水开后搅拌均匀食用。

2. 脸色发青——重在调养肝肾

肝在五行当中属木，为青色。面色发青的人，多见于肝胆及经络病症，多是阴寒内盛或是血行不畅。这类女性要多吃补肝的食物，如韭菜肝等。天气寒冷的时候，人的脸色也会发青，这是生理反应，只要注意保暖就可以了。如果没有处在寒冷的环境中，脸色还发青，就是肝肾的病了，这类女性要多吃枸杞、多喝骨头汤，记住熬汤时，要把骨头砸碎，然后加水文火熬煮。另外还可以多吃一些坚果，像核桃仁、花生仁、腰果，这些果子都是果实，植物为了延续它的后代，把所有精华都集中到那儿了，故有很强的补肾作用。

3. 脸色土黄——重在改善脾胃

脸色土黄的人一般有懒动、偏食等症状，这时应注意健益脾胃。增强脾胃功能也可以通过按揉足三里来实现，因为足三里是胃经上的保健穴。

足三里在小腿的外侧，弯腿的时候，把小腿并拢放在膝盖下，小腿骨外侧的一横指处即是。用大拇指或者中指按揉3～5分钟，或者用按摩锤之类的东西进行敲打，使足三里有酸胀和发热的感觉，时间最好选在早上7—9点，这时胃经气血最旺盛。

4. 印堂发黑——重在活血化瘀

两眉之间的部位叫印堂，《黄帝内经》中说"阙上者，咽喉也；阙中者，肺也"。印堂可以反映肺部和咽喉疾病。印堂部位呈现白色，多是肺气不足，这类女性要注意补肺；如果印堂发黑，则是气血流通不畅，瘀滞所致。中医认为，玫瑰花有很强的行气、活血化瘀、调和脏腑的作用，可以在熬粥时放上少许，也可以用它来泡茶：取玫瑰花15克泡水，气虚者可加入大枣3～5枚，肾虚者可加入枸杞子15克。可以根据个人的口味，调入冰糖或蜂蜜，以减少玫瑰花的涩味，加强功效。需要注意的是，玫瑰花活血散瘀的作用比较强，月经量过多的女性在经期最好不要饮用。

自古桃花增美色，想拥有一副艳若桃花般面孔的女性不妨一试，只要你能长期坚持为自己的面子"扶贫"，你就会离美丽越来越近。

第二节

《黄帝内经》中的养生美容法

做女人永不老，紧致肌肤有妙法

青春是无限美好的，所以我们想极力留住青春。中医认为：肾主藏精。肾精充盈，肾气旺盛时，五脏功能运行正常。而气血旺盛，则容颜不衰。当肾气虚衰时，人就会表现出容颜黑暗、鬓发斑白、齿摇发落等未老先衰的症状。肾阳虚体质者更会导致身体机能的退化，在皮肤方面则表现为肌肤呈现老化的状态，皱纹出现在脸上。所以，要想让衰老来得慢些，首先就要把肾养好。

1. 饮食补肾

《黄帝内经》中说肾为先天之本，而"黑色入肾"，所以我们可以通过多食用一些黑色食品以达到强身健体、补脑益精、防老抗衰的作用。那么，什么是"黑色食品"呢？"黑色食品"主要有两种：一是黑颜色的食品；二是粗纤维含量较高的食品。常见的黑色食品有黑芝麻、黑豆、黑米、黑荞麦、黑枣、黑葡萄、黑松子、香菇、黑木耳、海带、乌鸡、甲鱼等。

此外，还可以经常吃一些带黏液的食物。它们之所以能够紧肤美容，是因为其中含有的胶原蛋白可以抗皱延缓衰老。

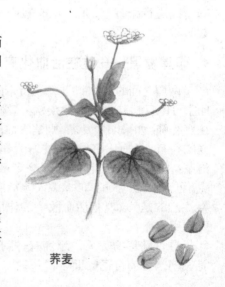

荞麦

2. 按摩补肾

搓腰眼：用两手搓后腰，每天早晚各一次。两手握拳，大拇指和食指组成的小圆圈叫拳眼，用拳眼分别对准后腰脊椎两侧肾脏的位置，然后一边水平地来回搓，一边把肾脏向中间挤压。搓的过程中能够给肾脏带去热量，提升肾阳，向中间挤压的过程能够提升两肾脏的能量，所以，你要一直搓到两侧肾区都感觉到热为止。

推背法强肾：推后背能够提升全身的正气，提高肾脏功能，从而滋养全身。具体手法就是从下向上，从尾椎开始沿着脊柱用拇指指肚向上推，来回地推，遇到特别疼的地方就多按压揉捏，这个方法不但能让你睡得香，还对肾脏和全身肌肤非常有益处。

另外，对于某些部位的皮肤松弛，可以采用按摩的方法，让肌肤重新"活"起来。

（1）脸部松弛

①用手掌包裹住脸庞，做向上提拉的动作。

②嘴巴张大，做发音练习。

（2）颈部松弛

①用中指按压耳下腺部位。

②手指往锁骨的方向滑动，带动废弃物的流动。

（3）嘴部松弛

①用指尖按压住嘴角，然后向上提拉。

②对于嘴唇上方的纵向皱纹，用手指按压住，然后向左右方扩展。

③做发音练习，锻炼嘴巴周围的肌肉。

张大嘴巴，维持 2 ～ 3 秒。然后紧闭双唇，维持 2 秒，重复动作约 2 分钟，可紧致下巴肌肉。早上起床后，不妨喝一杯温的柠檬水，不仅可以消除体内毒素，还可以预防眼部松弛。

❁ 排出毒素，散发青春魅力

对于女人来说，岁月永远是残酷的，尤其是那些对自己身体保护不够的女性，衰老在不经意间就开始了：终日感觉疲惫不堪，还伴随着头痛、便秘、记忆衰退、抑郁、失眠、肥胖、面色枯黄、皱纹增多等令人讨厌的症状，而导致这一切的根源就是：毒素。

1. 体内的毒素是人体衰老的根源

我们生活在一个充满毒素的世界里，一不小心，我们在呼吸空气、喝水、吃饭的同时，也摄入了毒素。再加上生活压力大、精神紧张、用脑过度、情志不舒所造成的阴阳失调、气血不通、毒火积存等内生之毒。这些毒素进入人体的各个器官，虽然在一定时期内，我们的身体会竭尽全力地保护自身免受毒素侵害，并尽力把它们清理出去，但当毒素越来越多，已经超过新陈代谢清洁系统的负荷时，毒素就会越来越多地积存在体内。

这些体内的毒素会不断侵袭着我们的内分泌、血液、循环、代谢、皮脂毛囊汗腺等系统，影响人体正常新陈代谢，侵袭体表，导致皮肤色素沉着、粗糙、色斑加重，产生痤疮，出现皱纹，加速人体衰老。

鉴于此，我们要做的就是想尽一切办法清除体内毒素，恢复健康与青春。

2. 排毒三大功效

排毒既能去污清血、调和气血、平衡阴阳，又能减轻肝脏负担，而面黄与肝肾功能有关，所以排毒后面色会改善。

排毒可以驱除肺胃的蕴热，对于解决颜面上的痤疮、色斑等皮肤问题也有辅助作用。

排毒对于减肥也有一定功效，由于人体内的脂肪细胞周围有丰富的结缔组织，当毒素不能及时排出体外时，就会在结缔组织内积聚，形成难看的橙皮状脂肪。排毒有利于脂肪细胞的收缩，从而达到减肥的目的。

3. 排毒不得不提的便秘问题

便秘，已经成为越来越多人的"小毛病"，它不仅使体内毒素不能排出，而且使人们肌肤颜色灰暗，出现色斑、痘痘等，是健康和美丽的隐形杀手。所以，要排毒，首先就要把体内的宿便排出去。

（1）多吃粗粮和根类蔬菜，摄取充足的食物纤维

粗粮中富含的食物纤维是通便排毒的利器。另外，牛蒡、胡萝卜等根类蔬菜食物纤维含量也很丰富，所以我们在平时的饮食中应注意增加粗粮和根类蔬菜的摄入。

（2）摄取充足的水分

水也是软化大便、保证肠道通畅的利器，我们每天至少要喝7～8杯（以每杯300毫升论），当然8杯以上更好，但不宜过多，以免给肾脏造成负担。在各种水中，最好的选择还是20℃～30℃的凉开水。

（3）揉腹通便

这种方法是通过简单的按摩来舒畅气血，促使胃肠平滑肌张力及蠕动增强，增强消化排泄功能，以利于通便排毒。

（4）大笑放松身心

人们受到惊吓或紧张时，会嘴巴干涩、心跳加速，肠道也会停止蠕动。而我们在大笑时，一方面，能震动肚皮，对肠道有按摩作用，能帮助消化，防止便秘；另一方面，大笑能缓解压力和紧张情绪，促进肠道蠕动，保障肠道畅通。

（5）不要忍便

食物进入口腔，经消化、代谢后的残渣，应当在8～12小时内排出，

如果粪便在肠道的停留时间过长，粪便中的有毒物质及水分就会被肠壁吸收，毒素便会随着血液输送到其他各器官组织。而缺乏水分的粪便太干硬，更难以排出，极易发生便秘。

（6）多运动

运动量不足的人，肠道蠕动也很迟钝，使得粪便停滞不下，从而阻碍肠道畅通；运动量大的人，肠道蠕动加快，不利于粪便的停滞，保障了肠道畅通。

4．排毒菜单

下面介绍一个简单易做的排毒菜单，大家不妨尝试一下。

第一天

起床：喝一杯鲜榨的蔬果汁或者纯净水。

早餐：一大碟水煮蔬菜和一大盘新鲜水果。

上午小食：一小盘葵花子，十二片水果。

午餐：大盘水煮蔬菜或者蔬菜沙拉。

下午小食：少许干果、果仁，一杯果汁。

晚餐：蔬菜沙拉或大盘水煮蔬菜，一小盘水果。

睡前：小杯脱脂奶，或乳酪。

第二天

起床：一杯水或一杯鲜榨果汁。

早餐：小碗米粥。

上午小食：一大盘水果（各种水果）。

午餐：小碗米饭，一大盘水煮青菜。

下午小食：小碟干果、果仁，小碟水果。

晚餐：小碗米饭，大盘水煮青菜，水果（如苹果、香蕉）。

睡前：一小杯乳酪或脱脂奶。

两天过后，你已经有了一些经验吧，然后可以自己尝试各种食物的"混搭"。坚持一段时间，你将会发现光洁重新在你脸上出现，身体不再疲倦，周身活力充沛，精神更加饱满。不过，如果你在生病或怀孕期就不要尝试这份排毒菜单了，这些时候，摄取充足的营养才是最重要的。

❀ 养好卵巢，女人才能更年轻

一个女人找个好老公，养个好孩子，找个好工作，多孝顺点老人，生活就堪称圆满了。但是，不经意间岁月匆匆流逝，偶尔停下来却发现自己早已失去了最好的年华。

1．卵巢功能衰退是女人衰老的主要原因

女人从25岁起就要预防皮肤老化，30岁更是女人皮肤保养的一道坎，

如不及时针对危险因素、重点部位等进行保养，就特别容易衰老，如：皮肤出现皱纹、松弛下垂、腰腹部出现赘肉、月经紊乱、腰酸背痛、胸闷心悸、烦躁多疑、记忆力减退、阴道分泌物减少、性生活质量下降等。

导致女人衰老的原因是体内雌激素的减少，而雌激素的唯一来源就是卵巢。因此，卵巢功能衰退是导致女人衰老的主要原因。而且，对女性生殖器官、第二性征的发育和保持，卵巢同样功不可没。所以，要想年轻和美丽，女人一定要好好保养卵巢。

2. 卵巢"早衰"的原因

那么，是什么导致了卵巢的功能衰退呢？只有了解了原因，我们才能有针对性地进行保养。

（1）卵巢与月经初潮年龄。传统的说法是，女人的月经会持续30年，也就是说如果月经初潮的时间是在15岁，那么绝经的时间就是45岁。女子绝经就代表卵巢已经衰老。

（2）卵巢与生育状况。第一次怀孕的年龄越大，绝经就越早；哺乳时间越长，绝经越晚。这也是为什么现代人多见卵巢早衰的原因，现代女性忙工作，经常把婚姻大事和生孩子的事往后推，30多岁才生育的大有人在，而且生完孩子后为了保持体形和尽快工作，拒绝给孩子喂养母乳的人也越来越多，这都是造成卵巢早衰的原因。

（3）卵巢与生活习惯。每周吃2～3次鱼、虾的妇女，绝经年龄较晚；常年坚持喝牛奶的妇女，喝牛奶量越多、坚持时间越长，绝经越晚；从不锻炼身体的妇女，绝经年龄早；受到被动吸烟侵害越多、时间越长，绝经越早。

3. 卵巢的保养

卵巢保养是女性不能忽视的生活内容。卵巢保养得好，可使皮肤细腻光滑，白里透红，常葆韧性和弹性。还能调节雌性荷尔蒙的分泌，使胸部丰满、紧实、圆润，有利于身体健康。

从上述导致卵巢早衰的原因我们得出结论：保养卵巢主要得在生活方式上多下功夫。比如产后提倡母乳喂养，哺乳时间尽量延长；在生活习惯方面，女性要坚持经常喝牛奶，摄入鱼、虾等食物及经常锻炼身体，特别要注意在公共场所、家庭减少被动吸烟，从而避免早绝经给自身健康带来的危害。另外，应合理安排生活节奏，做到起居有常、睡眠充足、劳逸结合，培养广泛的兴趣爱好，如养花植树、欣赏音乐、练习书法、绘画、打球等，这些可以怡养情志、调和气血，对健康是很有好处的。

此外，女士们千万不能老穿"塑形内衣"，因为这会导致卵巢发育受限，使卵巢受伤。

再有就是不能久坐。现在很多女人都是上班坐着，回家躺着，运动的时间很少。其实坐得太多血会都瘀在小腹部位。"流水不腐"，老是不流动的腐血积压在盆腔，容易引发炎症。炎症上涌，脸上就会发黄起斑。就算不发炎，不畅通的血堵在皮肤的毛细血管里，也会让肤色显得不健康。

4. 卵巢的常见疾病——卵巢囊肿

"卵巢囊肿"就是指卵巢内部或表面生成肿块。肿块内的物质通常是液体，有时也可能是固体，或是液体与固体的混合。卵巢囊肿的体积通常比较小，类似豌豆或腰果那么大，也有的囊肿长得像垒球一样，甚至更大。

提示卵巢囊肿的信号：

（1）痛经：以前不痛经者开始痛经或痛经持续加重。

（2）月经失调：月经经常在你毫无准备的情况下"突如其来"。

（3）不孕：卵巢囊肿是导致不孕症的一个病因，这与囊肿的大小并无直接关系。

卵巢囊肿是一种很常见的疾病，大部分囊肿是由于卵巢的正常功能发生改变而引起的，是良性的。但是如果囊肿性质发生恶变，就会演变成卵巢癌。

医学资料显示，卵巢癌是所有妇科肿瘤中死亡率最高的。这听起来似乎非常可怕，其实，卵巢癌本身并不是一种恐怖的顽疾，患上卵巢癌死亡率过高的原因是人们卵巢保养知识的缺乏。

卵巢囊肿对于身体的危害以及该种疾病的治疗，都取决于它的性质。对于 30 岁以上的女性来说，即使没有任何不适，每年也应进行一次包括妇科检查在内的体检。如果发现卵巢囊肿，应进一步检查，明确是功能性囊肿，还是肿瘤性囊肿，以采取不同的治疗方法。

一般来说，如囊肿直径小于 5 厘米，又无证据提示是肿瘤的话，多为功能性囊肿，可以 2 ~ 3 个月检查一次，以后再根据情况调整检查间隔时间；若 4 ~ 6 周后缩小或未增大，则功能性囊肿的可能性较大。如果囊肿继续增大，特别是大于 5 厘米的，或者突然下腹部阵发性绞痛，就可能是肿瘤性囊肿或发生了囊肿扭转或破裂，应该做进一步的检查确定是良性还是恶性，必要时应进行手术切除，千万不能掉以轻心。

❀ 别在你的脸上留下岁月的"纹路"

当皮肤上的第一道细纹出现，就表明衰老已经开始光临你。女人过了 25 岁，皮肤就开始逐渐衰老；到 30 岁左右，最脆弱的眼部皮肤开始出现细纹；40 岁后，额头开始产生皱纹；到了 50 岁以后，整个面部就能明显看到岁月的痕迹。

皱纹产生的原因很多，从《黄帝内经》来看，主要有以下几种：

内脏功能失调：人体面部与其他部位一样，需要营养，而人体内的营养物质是通过内脏的功能活动产生的。所以，内脏功能失调必然导致营养物质的缺乏，使面部肌肤失去气血滋养而导致早衰，出现皱纹。

饮食不当：人体摄食量不足，体内营养物质匮乏，使面部肌肉失去营养，产生皱纹，长期饮食不平衡，可导致皱纹的产生。

情志不调：导致人体气血运行不畅，面部肌肤失去血液的滋养，导致皱纹产生。

皱纹是泄露年龄秘密的大敌，但聪明女人总有抚平皱纹的办法。

1.眼角皱纹

眼睛四周的皮肤脂肪含量很少，眼皮又是人体最脆弱的皮肤，易水肿，所以很容易长皱纹。同是眼角皱纹，产生的原因却不尽相同。眼角干纹主要是由于皮肤缺水造成的，它常出现于眼角干燥时，随着面部表情的变化时隐时现。细纹主要是由环境因素造成的，如吸烟、熬夜，长期处于密闭空调房间，以及长期在阳光下曝晒等。鱼尾纹是眼角皱纹中最严重的一种，衰老是它最大的原因。

眼部运动可以强化眼部四周肌肤，使之富有弹性。首先尽量睁大眼睛，持续3～5秒钟；其次慢慢闭上双眼，到上下眼皮快要接触时再睁开，动作要缓和，连续重复5次。这个动作早中晚各做1次。

同时要给眼部肌肤供给足够的养分及补充失去的水分，你可以选择一些合适的眼霜。涂眼霜的手法要轻柔。正确的方法是：首先以无名指沾上少许眼霜，用另一手的无名指把眼霜匀开，用"打点"的方式轻轻点在眼皮四周，最后以打圈方式按摩5～6次即可。动作一定要轻，而且不可以拉扯眼部肌肤。

2.嘴角皱纹

皮肤在夜晚不能得到充足的养分和休息，嘴角就很容易出现弹性下降、松弛及早衰现象。因此，养成良好的作息习惯，避免熬夜或者过度紧张疲劳对改善嘴角皱纹非常重要。同时也要注意日常饮食营养平衡，多吃富含维生素A、维生素C、维生素E的食物，多喝水。

可以用西红柿汁涂擦嘴部皮肤，不仅能增加嘴部皮肤表皮细胞的水分，而且还能起到营养细胞的作用，从而增加其弹性。涂抹的方式是用中指指腹，由下往上以画圆的方式按摩，做3～5次。依照嘴角皱纹垂直方向按摩，当皱纹呈横态时，就要纵向按摩；皱纹呈纵态时，就要横向按摩。

3.法令纹

法令纹出现在鼻子的两旁，像一个大写的"八"字横亘在你的脸庞上，是衰老最明显的标志。要预防和消除法令纹，可以采用这些办法。

深吸一口气，然后闭紧嘴巴做漱口状鼓张两面颊，就像在嘴里含了一大口水一样。然后用舌头在口内移动并推抵两颊。每天重复这些动作，坚持早中晚各做1次。

皱纹的防治除了需要改变不良生活习惯、保持乐观开朗的良好心境外，饮食疗法也可起到较好的防皱、消皱作用。皮肤真皮组织的绝大部分是由弹力纤维构成的，皮肤缺少了它就失去了弹性，皱纹也就聚拢起来。鸡皮及鸡的软骨中含大量的硫酸软骨素，它是弹性纤维中最重要的成分。把吃剩的鸡骨头洗净，和鸡皮放在一起煲汤，不仅营养丰富，常喝还能消除皱纹，使皮肤细腻。另外多吃瓜果蔬菜，比如丝瓜、香蕉、橘子、西瓜皮、西红柿、草莓等，这些瓜果蔬菜对皮肤有最自然的滋润、祛皱效果。

另外，除了因为年龄增长而产生皱纹，一些习惯性小动作也是罪魁祸首。

（1）用手托脸

把肘撑在桌子上，用手托着脸，把整个头部重量都集中在接触的部分上。这个动作对脸部的挤压会造成脸上的皮肤被拉扯，很容易出现皱纹。

（2）偏侧咀嚼

只用一侧牙齿咀嚼食物，长期如此会导致脸型左右不对称。

（3）超时敷面膜

长时间的敷面膜不仅不能保养你的皮肤，还会使它变干、变老。

（4）拉扯眼皮

当眼睛感觉不适时、化妆时、涂抹眼霜时都难免拉扯眼皮，会导致眼部肌肤明显受损。

（5）睡眠姿势

如果你经常采用一侧睡眠，很容易压迫那一侧的肌肤。另外，午睡习惯用手臂枕着头脸的方式也是使皮肤受到挤压，导致皱纹产生的很大原因。

所以，要想抹平皱纹，这些习惯性的小动作也要注意避免，否则它们会成为让你更早更快地生出皱纹的帮凶。

补阴就是最有效的抗衰老面霜

市面上抗衰老的面霜都价格不菲，很多女性都寄情于此，希望这些外用的保养品能帮助自己抹平岁月的痕迹，但效果却往往不尽如人意。其实，补阴就是最有效的抗衰老面霜。阴虚，皮肤就容易长皱纹，原因在内部，功课却都做在了外面，就像隔靴搔痒，结果当然会令人失望。

接下来的问题就是，怎样判断自己需要补阴。阴虚都有什么特征呢？其实很好判断，一般阴虚的人总会感觉燥热、眼睛干涩、眩晕，有人还会有耳鸣的症状，这就要注意补阴了。

补阴最好的方法是吃冬虫夏草，因为冬虫夏草不但滋补肝肾兼育阴养颜，能平衡阴阳，固本培元，而且性质温和，吃了还不会整天烦躁发脾气。不过这个东西非常昂贵，比较平民化的补阴食物就是银耳百合雪梨汤和甘蔗，这两者的补阴效果都不错。熟梨更是能滋补五脏六腑。还有豆浆也是很补女人的，大家可以买个豆浆机，自己在家做醇正的豆浆。黑芝麻也是建议吃的，黑芝麻含有丰富的维生素 E，不仅可以抗衰老抗氧化，还能够滋润身体内脏，让你的脾气慢慢变好，对肝脏、肾脏、脾胃和肺都有好处，能滋润肠道，减少便秘，使得皮肤滋润、柔嫩、光滑。

1. 更年期女性多为肝肾阴虚

对于更年期女性来说，她们大多属于肝肾阴虚。中医有"肾为先天之本"之说，肾和肝最易受影响。由于中医指的肾与荷尔蒙分泌、神经、骨骼、生殖、泌尿系统有关，所以当肾部缺乏滋养时，就会出现腰腿酸软、月经不调和小便颇多的症状。更年期女士荷尔蒙分泌有所转变，肾阴虚情况更为严重。此外，中医常说"肝开窍于目"，肝肾经络会循经颜面，所以肝缺乏滋养不但会影响眼睛，更会令容颜憔悴；肾部耗损又会令肝失所养，甚至肝郁化火，而肝又主情志，故肝肾阴虚女士往往较暴躁并容易心烦失眠。

肝肾阴虚之人适合吃花胶。花胶具有滋补肝肾、养阴生津和强健筋骨的功效，多吃能使人精神奕奕，面色红润，其丰富的蛋白质能使皮肤有弹性，最适合女士食用。

2. 秋冬季节要注意养阴

《黄帝内经》中说"春夏养阳，秋冬养阴"，秋冬季节，天气寒冷，保暖为第一位，为什么还要养阴呢？

这是因为秋冬时节气候转冷而渐寒，自然界寒冷了，人体也会受影响。人感到寒冷时，一则人体的自身调节机制会利用自身机能大量调动阳气，来提高自身温度抵御严寒以适应外界环境的变化；二则秋冬季节阳气入里收藏，中焦脾胃烦热，阴液易损，所以，更要注意养阴。

《黄帝内经》中的塑身秘方

🌸 减肥塑身要用"绿色"方法

保持身材是女人一辈子的事，很多女性为了减肥尝试了各种方法：节食、运动、吃减肥药、喝减肥茶、每天蔬果代主食……殊不知，这样的减肥方式很容易导致衰老。减肥可以很简单地完成，而且对身体毫无损伤。影响减肥的最大问题就是《黄帝内经》中所说的"肝郁""脾虚"。肝郁使胆汁分泌不足，脾虚使胰腺功能减弱，而胆汁与胰腺正是消解人体多余脂肪的两位干将。只有将这两位干将的积极性调动起来，才能迅速地解决肥胖问题。

肝郁的消解方法是：常揉肝经的太冲至行间，大腿赘肉过多的人，最好用拇指从肝经腿根部推到膝窝曲泉穴，这通常会是很痛的一条经，但对治肝郁很有效。

脾虚可用食补，多吃些大枣、小米、山药之类的，不仅可以健脾，还可以补气血。

上面提到的方法，对减臀部和大腿上的赘肉是很有效的。至于腰部赘肉太多的人，可以敲带脉。方法很简单：躺在床上，然后用手轻捶自己的左右腰部，100次以上就可以。人体的经脉都是上下纵向而行，只有带脉横向环绕一圈，就像一条带子缠在人体的腰间。经常敲打带脉不仅可以减掉腰部赘肉，还可以治愈很多妇科疾病。

有些人可能是急性子，很没耐心去听那些理论。如果你是急性子的人，那么建议你采用更简单的方法：想瘦哪儿就敲哪儿。通常哪个地方的赘肉多，就说明经过这里的经络出了问题。你敲打这里，会把气血集中到这里，气血集中过来，此处的经络运行通畅，赘肉就会逐渐消除了，自然就达到敲哪儿瘦哪儿的目的了。不过，有一点需要说明，在敲打后，敲打部分可能会先胖起来，这是细胞充水的表现，然后就会瘦下去。

下面我们再介绍几种食疗减肥法：

（1）白茯苓粥：白茯苓磨成粉。每次取茯苓粉 15 克，粳米 60 克，煮粥加冰糖即可。早晚服用，忌食油腻肥甘之物。

白茯苓是茯苓的一种，色白为佳，药房就能买到。

（2）荷叶茶：荷叶以叶大、完整、色绿、无斑点者为最佳。取鲜嫩荷叶洗净后切碎晒干，每天取 10 克泡茶饮服，坚持一段时间就能看到效果。

中医认为，荷叶味淡微涩，入心肝脾经，有利尿、祛瘀作用。现代医学研究发现，荷叶煎剂能使人体的脂肪消耗增加，还能降血压、降血脂。

（3）冬瓜汤：用半斤冬瓜连皮煎汤饮服。

冬瓜有利水、消肿、减肥、轻身的功效。

（4）玉米须茶：把玉米须割下阴干。用玉米须 30 克加 400 毫升水，烧开后当茶饮服。

玉米须味甘性平，有利水、消肿之功，可减少体内胆固醇的存积，还可预防高血压、糖尿病的发生。

（5）山楂饮：取山楂肉 60 克，加水 500 毫升煎水代饮。每日 1 剂，连服 10 日。

山楂性味酸甘微温，有开胃消食、化滞消积、活血化瘀之功效，特别对消油腻、化肉积有较好效果。

❀ 几个小招数让你轻松拥有迷人平坦小腹

很多女性都有肥胖的困扰，稍不留意腹部的赘肉就会噌噌地长出来，而且很难减掉，胖胖的肚腩衬得胸部越来越显小。

其实，对付小腹赘肉的方法有很多，下面给大家介绍几种简单实用的方法。

1. 按摩任脉瘦小腹

对付小腹赘肉最好、最轻松的方法就是按摩任脉。任脉就是我们身体正中间的那条线，主阴，对于女人来说非常重要。任脉上共有 24 个穴位，咽喉、两乳中间、肚脐上下都是。想减掉小腹赘肉就要从肚脐向下开始按摩一个手指的宽度和三个手指的宽度之间的地方，这样不止对减肥有效，对女性健康也非常有益。每天按摩这些穴位，要使劲按，特别是胖人，更要用力向身体里面按，这样才能刺激到穴位，带走赘肉。

如果腹部能够紧实，不再有赘肉，那么相应地，胸部看起来也会立体很多、丰满很多。

2. 腹式呼吸瘦小腹

腹式呼吸是最轻松的瘦小腹方法，《黄帝内经》中所说的"吐纳导引"中的"吐纳"其实就是腹式呼吸。

我们常见的呼吸有两种：胸式呼吸和腹式呼吸。大多数人，特别是女性，大都采用胸式呼吸，只是肋骨上下运动及胸部微微扩张，许多肺底部的肺泡没有经过彻底的扩张与收缩，得不到很好的锻炼。这样，氧气就不能充分地被输送到身体的各个部位，时间长了，身体的各个器官就会有不同程度的缺氧状况，很多慢性疾病就因此而生了。

山楂

腹式呼吸弥补了胸式呼吸的不足，可使中下肺叶的肺泡在换气中得到锻炼，延缓老化，保持良好弹性，增加肺活量，使机体获得充足的氧气，随血液运行而散布周身，并源源不断地给大脑供氧，使人精力充沛。除此之外，腹式呼吸运动对胃肠道也是极好的调节，能促进胃肠道的蠕动，利于消化，加快粪便的排出。因此，坚持做腹式深呼吸，既可锻炼腹肌，消除堆积在腹部的脂肪，又能预防多种代谢性疾病的发生。

腹式呼吸简单易学，站、立、坐、卧皆可，随时可行，刚学时以躺在床上练习为好。仰卧于床上，松开腰带，放松肢体，思想集中，排除杂念。由鼻慢慢吸气，鼓起肚皮，每口气坚持 10 ～ 15 秒钟，再徐徐呼出。做腹式呼吸时间长短由个人掌握，也可与胸式呼吸相结合。

平常走路和站立时，也可以用力缩小腹，再配合腹式呼吸。这样，小腹肌肉就会慢慢地变得紧实，从而达到瘦身的功效。

缩小腹，配合腹式呼吸能让你的曲线流畅无比。也许一开始你会觉得很不习惯，走两步路就又不自觉地突出小腹，但只要随时提醒自己"缩腹才能瘦身"，几个星期下来，不但小腹会逐渐趋于平坦，走起路来也会更迷人。

3. 运动法瘦小腹

（1）蹬车运动

躺在地板上假装蹬一辆想象中的自行车。正确的动作是，背部下方压紧地板，双手置于头后；将膝盖提到 45°角，双脚做蹬车的动作，左脚踝要碰到右膝，接着再用右脚踝去碰左膝。

（2）提膝运动

找一把牢固的椅子，坐在椅子的边缘，膝盖弯曲，双脚平放于地面。收紧腹部，身体微微后倾，将双脚抬离地面几厘米。保持稳定的动作，将膝盖拉向胸部，同时上身前曲。然后将双脚恢复原位，不断重复。

（3）手臂仰卧起坐

躺下，屈膝，双脚并拢钩住床头。用一条毛巾从后侧绕过颈部，双手各拉一端。收缩腹部，肩部抬起，后背慢慢卷起，再缓缓后仰，几乎挨到地板时继续起身，不断重复。如果你觉得太难，上身只要抬离地板就行。

（4）举球运动

仰卧，手里拿一个网球，抬起双手冲着天花板，双腿伸直并拢，双脚上钩。收紧腹部及臀部肌肉，将双肩和头部抬离地面几厘米。确定球是始终朝上冲向房顶而不是向前。

按摩、腹式呼吸、运动，这几个方法其实可以同时进行，这样效果会更明显，而且不会有任何的不适感。坚持一段时间，你就能拥有迷人的平坦小腹，也可以穿着紧身上衣秀一下自己健美的身体了。

几个方法让你拥有迷人胸部

女人们都想做公主，但是平坦的胸部却让女人不那么自信，如何拥有健康、丰满的胸部呢？下面就让我们来了解一下。

1. 乳房大小跟什么有关系

《黄帝内经》认为，女子进入青春期后，由于肾气逐渐充盛，从而"天癸至，任脉通，太冲脉盛，月事以时下"。"肾气"在这里主要是指人体的生长发育和主生殖的生理功能；"天癸"是一种类似西医所说的性激素的物质；任脉和冲脉则是两条下与内生殖器官相接，上与乳房相连的经脉。同时，冲脉还有存储血液的作用，因而被称为"血海"。当血海满溢的时候则上可化为乳汁，下可形成月经，并按时来潮。

因此，乳房的发育，是与肾气和血是否充足密切相关的。如果肾气不充沛，天癸不足，则任脉不得通，冲脉不能盛，最终导致血不足，乳房便不能充分发育，以致停留在青春前的状态。

懂得了女性长乳房的原理，也就懂得了如何才能使乳房发育好。现在市场上的丰胸产品五花八门，令人目眩，但大多都治标不治本，并不能从根本上解决女性乳房发育不良的问题。其实，要想拥有丰满的胸部，首先，就要把肾养好。前文已经提到了很多养肾的方法，这里就不再赘述。

其次，要补血。把前述的女性长乳房的原理往回推，就知道血对于乳房发育的重要性，而血又依赖于脾胃。脾胃为人的后天之本，人体的生长发育是由脾胃来决定的。如果脾胃的消化吸收功能强，吃了食物之后，生出的营养物质就多，血也就多。

最后，好好睡觉。良好的生活习惯是人体发育的保障，只有休息好，血气和元气才能充足，乳房才可以良性发育。

2. 三步按摩丰胸法

第一步：双手四指并拢，用指肚由乳头向四周呈放射状轻轻按摩乳房1

分钟。在操作时动作要轻柔，不可用力过猛。

第二步：用左手掌从右锁骨下向下推摩至乳根部，再向上推摩返回至锁骨下，共做3遍，然后换右手推摩左侧乳房。

第三步：用右手掌从胸骨处向左推左侧乳房直至腋下，再返回至胸骨处，共做3遍，然后换左手推右侧乳房。

只要你坚持做胸部按摩，不但可以使胸部健壮丰满，突显女人的曲线美，还能达到清心安神、宽胸理气的目的，最终令人气血通畅、精神饱满、神清气爽。

3. 健胸操

支撑柔软胸部的是胸肌。如果胸肌运动不足，随着年龄的增长就会致使胸部下垂移位。你可以用运动来增强胸肌活力。

（1）双手在胸前合掌，相互用力合压。合压时，胸部两侧的胸肌拉紧，呈紧绷状态，约进行5秒钟后放松。重复10次左右。

（2）仰卧，头和臂部不离地，向上做挺胸动作，并保持片刻。重复6～8次。

你还可以在沐浴的时候交替用冷热水冲击胸部，增强血液循环，也能使得乳房更加有弹性。生活中要保持良好的习惯，姿势要正确，不要经常弯腰驼背，睡眠时不要卧睡，而是尽量采用仰睡或侧睡的姿势。

此外，饮食也需要精心调理。多吃富含维生素E和维生素B的食物，如瘦肉、蛋、奶、豆类、芝麻等，也有利于保持乳房的健美。

养颜方

1. 猪尾凤爪香菇汤
材料：猪尾2只，凤爪3只，香菇3朵，水6碗，盐少许。
做法：把香菇泡软、切半，凤爪对切，备用。猪尾切块并氽烫。然后将材料一起放入水中，并用大火煮滚再转小火，约熬1小时，再加入少许盐即可。

2. 青木瓜猪脚丰胸汤
材料：猪脚骨高汤4杯，青木瓜1个，黄豆100克，盐1小匙。
做法：将青木瓜去皮及籽，洗净、切块；黄豆泡水约3小时，洗净、沥干。锅中倒入猪脚骨高汤煮滚，放入黄豆煮至八分熟，加入青木瓜煮至熟烂，加入调料调味即可。

另外，还有一个小窍门：丰胸的最佳时机在每月经期之后。你可以这样计算：把每月经期开始作为第一天，然后往后推，第11～13天就是最佳时期，稍微次之的是第18～24天这7天。为什么这10天是最佳丰胸时间呢？关键就在刺激乳房的激素上。在这段时间里，影响胸部丰满的卵巢动情激素24小时等量分泌，所以说这正是激发乳房脂肪囤积增厚的最佳时机。而在生理期时，乳房可能出现胀大现象，但实际上激素分泌量一般，食补或按摩都可能造成乳房不适。而生理期即将结束时，

则是激素分泌最低的时间，即使再努力进行食补和按摩，乳房脂肪形成的效果依然不好。所以，女性朋友们可要记住了，不管是哪种丰胸方法，一定要在恰当的时间进行，这样效果才会显著。

❀ 每个女人都能拥有玲珑身材

腰，在女性的"S"曲线中起着承上启下的作用。腰身臀型若恰到好处，在视觉上就能给人曲线玲珑、峰峦起伏的美感；反之，就会给人以粗笨之感。所以，每个女人都要注意塑形美体，让自己有个细腰翘臀的玲珑身材。

要想拥有纤细的腰身，首先，就是在饮食上注意，多吃杏仁、鸡蛋及豆制品。杏仁中所含的矿物质镁是身体产生能量、塑造肌肉组织和维持血糖的必需品。稳定的血糖能有效防止过度饥饿引起的暴食及肥胖。杏仁最神奇的功能就是它可以阻止身体对热量的吸收。研究发现，杏仁细胞壁的成分可以降低人体对脂肪的吸收。所以，女性朋友要想让腹部平坦，可以每天吃十几粒杏仁。

另外，鸡蛋、豆制品也是平"腹"的佳品。鸡蛋所含的蛋白质和脂肪会让人有过饱的假象，所以经常吃鸡蛋的女性，在一整天里会减少饥饿感。

大豆富含抗氧化物、纤维及蛋白质。大豆吃法多样，可以作为零食或者用来做菜、煲汤。豆制品的种类很多，如豆腐和豆浆，都是健康美味又减肥的。

其次，要多吃一些新鲜的水果蔬菜。瘦腹效果最好的水果是香蕉，它有润肺养阴、清热生津、润肠通便的功能。所以，女性朋友应坚持每天吃一两根香蕉，有助于排出体内毒素，收缩腰腹，焕发由内而外的健康美丽。黄瓜、西瓜皮、冬瓜皮等也有抑制肥胖的功效。食用时将西瓜皮、冬瓜皮分别刮去外皮，然后在开水锅内焯一下，待冷却后切成条状，放入少许盐、味精即可。经常食用这些，可起到清热、除湿、减肥之效。

腰部是窈窕身材的关键，但只"细"不"结实"的腰身也不符合美的标准。因此，爱美的女性除了要注意饮食外，还应经常"运动"腰部，以增强腰肌张力和柔韧性。

1. 敲带脉

躺在床上，然后用手轻捶自己的左右腰部，100 次以上就可以。人体的经脉都是上下纵向而行，只有带脉横向环绕一圈，就像一条带子缠在腰间。经常敲打带脉不仅可以减掉腰部赘肉，还可以治愈很多妇科疾病。

2. 摩腹

你也许会很奇怪，摩腹怎么会瘦腰呢？摩腹实际上就是对肚脐的一种按摩，肚脐附近的"丹田"，是人体的发动机，是一身元气之本。摩腹可以刺激肝肾之经气，而人体两肾就在腰的两侧，肝经之气足了，腰部的赘肉还能有立足之地吗？摩腹的具体方法我们在前文已经介绍过了，这里不再多说。

3. 按摩腰部穴位

按摩腰部的经络和穴位，不仅可以促进局部的气血运行，还可以调节脏腑的功能，使全身的肌肉强健、皮肤润滑、形体健美。具体步骤如下：

（1）以一手或双手叠加，用掌面在两侧腰部、尾骶部和臀部上下来回按揉2分钟，然后双手掌根部对置于腰部脊柱两侧，其他四指附于腰际，掌根部向外分推至腋中线，反复操作2分钟。

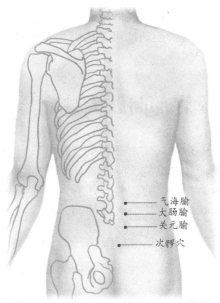

气海腧穴、大肠腧穴、关元腧穴、次髎穴

（2）以一手的小鱼际推擦足太阳膀胱经第一侧线，从白环腧穴开始，至三焦腧穴止，重复操作2分钟。然后再推擦膀胱经第二侧线从秩边穴至肓门穴，反复操作1分钟。

（3）双手掌叠加，有规律地用掌根部按压命门、腰阳关穴各半分钟。

（4）双手拇指端分置于腰部脊柱两侧的肾腧穴，向内上方倾斜用力，持续点按1分钟。

（5）以一肘尖着力于一侧腰部的腰眼处，由轻而重地持续压腰眼半分钟，然后压对侧腰眼。

（6）用双手拇指指腹按揉气海腧穴、大肠腧穴、关元腧穴和次髎穴各半分钟。

（7）五指并拢，掌心空虚，以单掌或双掌拍打腰部和尾骶部各1分钟。

4. 运动

（1）收腹运动：可躺在地上伸直双脚，然后提升、放回，不要接触地面。每天保持做3～4次，重复做15遍。

（2）仰卧起坐：膝盖屈成60°，用枕头垫脚。右手搭左膝，同时抬起身到肩膀离地，做10次后，换手再做10次。

（3）呼吸运动：放松全身，用鼻子吸进大量空气，再用嘴慢慢吐气，吐出约七成后，屏住呼吸。缩起小腹，将剩余的气提升到胸口上方，再鼓起腹部，将气降到腹部。接着将气提到胸口，再降到腹部，再慢慢用嘴吐气，重复做5次，共做2遍。

（4）转身运动：左脚站立不动，提起右脚，双手握着用力扭转身体，直到左手肘碰到右膝。左右交替进行 20 次。

这些运动都可帮助锻炼腰部肌肉，只要能持之以恒，就可以拥有健康美丽的腰线。

◎ 臀部问题大抄底

浑圆而富有弹性的臀部是女性健美的标志之一，圆翘的臀部，会带动身材曲线的窈窕。但很多女性朋友的臀部先天条件就不是很好，要么扁平无形，要么松弛没有弹性，还有的严重下垂。要想解决这些问题，我们首先要弄明白造成臀部不完美的原因，然后再采取相对应的措施。

1. 长时间站立造成的臀部问题

站得太久也不好，因为血液不易自远端回流，造成臀部供氧不足，新陈代谢不好，长久下去还可能会引起小腿的静脉曲张。挺胸、提肛、举腿是良好的站姿，脊背挺直，收腹提气，此时再做一下肛门收缩的动作，可收缩臀部。需要长时间站立的美女，不时动一下，做做抬腿后举的动作，对塑造"S"曲线大有好处。

2. 久坐造成的臀部问题

上班族女性，因久坐办公室不常运动，脂肪渐渐累积在下半身，这样容易造成臀部下垂。对于这类女性，可以试试这个提臀法：休息站立，或者等候公交车时，脚尖着地，脚后跟慢慢抬起，同时用力夹紧臀部，吸气，然后慢慢放下，呼气，坚持做就会有显著效果。

3. 斜坐造成的臀部问题

好多人坐着的时候怎么舒服怎么坐，东倒西歪的。其实，不能斜坐在椅子上，因为斜坐时压力集中在脊椎尾端，造成血液循环不良，使臀部肌肉的氧气供给不足，对大脑不利。也不能只坐椅子前端 1/3 处，因为这样坐全身重量都压在臀部这一小方块处，长时间下来会感觉很疲惫。坐时应脊背挺直，坐满椅子的 2/3，将力量分摊在臀部及大腿处，如果坐累了，想靠在椅背上，请选择能完全支撑背部力量的椅背。尽量合并双腿，长久分开腿的姿势会影响骨盆形状。坐时经常踮起脚尖，对塑造臀部线条很有好处。尽量不要长时间双腿交叉坐，否则会造成腿及臀部的血液循环不畅。

此外，有的女性有臀部肌肉松弛的问题，要想使臀部肌肉结实起来，可以每天做下面的臀部按摩，只需 3 个星期就能看到显著效果。

（1）双掌叠加按揉一侧臀部，反复操作 2 分钟。同法操作另一侧臀部。

（2）双手捏住一侧臀部肌肉，反复用力捏揉 2 分钟。同法操作另一侧臀部。

（3）单掌或双手掌叠加，将掌根置于一侧臀部上方关元腧穴处，向外下方推，经胞盲穴至环跳穴止，反复推按1分钟。

（4）以一手掌根部置于大腿后侧臀下方的承扶穴处，反复按揉1分钟。

（5）以一肘尖置于一侧环跳穴处，屈肘塌腰，将身体上半部的重量集中于肘尖部，由轻而重地持续按压1分钟。

（6）双手十指相对靠拢，指间分开，手腕放松，双前臂做主动的旋转运动，用小指侧有规律地叩击臀部，反复操作1分钟。

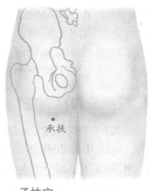

承扶穴

（7）指压左右臀下臀沟中心的承扶穴。首先将背挺直，肛门夹紧，慢慢吸气，用拇指以外的四根手指头按压承扶穴，往上按压6秒钟时，将气吐出，如此重复10次，每天早晚各做10次，坚持一个月就会有很好的效果。

对照这些导致臀部问题的原因，适当地做出改善，就会慢慢使臀部曲线更加流畅而健美。

❀ 美女的纤腿秘籍

对于很多办公室女性来说，一天可能会在办公室坐上8个小时甚至更久，慢慢地，就会发现双腿越来越粗壮。其实，只要找准腿部按摩部位，每天进行自我按摩，会发现不知不觉中双腿就变得纤细修长了。

1. 按摩纤腿

第一课：膝盖与两侧按摩

膝盖周围很少累积脂肪，因为膝盖是骨骼相连的关节部位，只是这个部位很容易水肿或出现松弛的现象，从而使得腿部变粗。具体方法是：由膝盖四周开始按摩，可以改善膝盖四周皮肤松弛现象，不过，按摩的次数要频繁，否则是没有改善曲线功效的。

第二课：紧实大腿线条

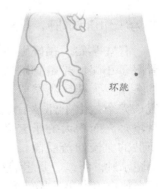

环跳穴

大腿内侧的皮下脂肪是很容易堆积松弛的，按摩大腿的方法是取坐位，腿部全部离开地面，臀部支撑身体平衡，双手按住膝盖上部大腿中部，轻轻按摩。这样可以消除腿部的水肿，让双腿肌肤更加有弹性，使腿部线条变修长。

第三课：改善小腿微循环

方法一：减小腿要从打松结实的小腿肥肉开

始。双手掌心紧贴腿部，四指并拢，大拇指用力压住腿部肌肉，从脚跟的淋巴结处中速向上旋转，两手旋转的方向必须相反。每条腿各做 2 ～ 3 分钟。

方法二：睡前将腿抬高，成 90°直角，放在墙壁上，休息二三十分钟再放下，将有助于腿部血液循环，减轻脚部水肿。

2. 抓捏法和穿调整型裤子

大腿和臀部的交接处常会出现橘皮组织，最好使用收敛性强的护肤品，同时用抓和捏的方式使它吸收，也可以达到促进血液循环、加强新陈代谢的效果。你可能会感到很热，但这对于消除橘皮组织、消除水肿都是挺有用的。

除了抓捏法，另一种物理性塑身法，就是穿调整型的裤子。穿着调整型裤子可以改善你的线条，让大腿线条变得好看，长期穿的话，肉也会集中在应该集中的地方。

但是专家不是很提倡第二种方法，因为它可能会给大家带来不舒适的感觉。当然，如果有人想尝试也未尝不可。

芹菜

3. 芹菜是修长美腿的好拍档

芹菜是一种能过滤体内废物的排毒蔬菜，更是让女人拥有修长美腿的"秘密武器"。这是因为芹菜中含有大量的胶质性碳酸钙，容易被人体吸收，补充人体特别是双腿所需的钙质。而且芹菜健胃顺肠，助于消化，对减轻下半身水肿、修饰腿部曲线有着至关重要的作用。

用芹菜美腿可以这样吃：准备圆白菜 2 片、芹菜 3 根、米醋半勺、砂糖少许、盐少许。去除圆白菜的硬芯，切成细丝，芹菜切成小段备用。
然后将切好的圆白菜和芹菜放入容器内，淋上加砂糖和盐搅拌过的米醋即可。

4. 孕妇下肢水肿，按揉陷谷穴

有些孕妇，在妊娠中、晚期会出现下肢水肿。轻者限于小腿，先是脚踝部，后来慢慢向上蔓延，严重的会出现大腿、腹壁或全身水肿。之所以出现这种情况，完全是由于怀孕后盆腔血液回流到下腔静脉的血量增加，而增大的子宫又压迫了下腔静脉，使下身和下肢的血液回流受阻，因而下肢静脉压力升高，以致小腿水肿。所以，要想消除水肿就要使血液流通顺畅，而要使血液上下顺畅就要按揉陷谷穴。

陷谷穴在脚背上第二、三趾骨结合部前方的凹陷

陷谷

陷谷穴

处，按压此处可以消除脸部水肿、脚背肿痛。如属全身性水肿，那就应尽快找医生查明原因。在积极进行治疗的同时，也可以用其他方法进行辅助治疗。

第一种方法是以中等力度手法，做全身按摩，以促进全身血液循环。

第二种方法是对腰背部进行热敷。

以上方法，可以使肾脏血流量增加，从而起到利尿消肿的效果。

或许很多人都无法拥有模特那样的身高，也没有那样魔鬼的身材，但是只要不放弃努力，在完美的道路上一直向前走，普通人也能拥有纤细匀称的美腿，也能成为阳光健美的美女。

将健壮手臂按摩出柔美线条

很多女性的臂部也隐藏着好多脂肪，让人很是心烦。下面这些小方法，可以帮助去掉手臂的脂肪。

1. 按摩瘦手臂

纤细匀称的双臂需要从基本的按摩开始，小臂的按摩以平直柔和为佳，上臂的按摩以手半握抓紧为佳，以促进皮下脂肪软化。你不妨每天花十几分钟为双臂进行按摩，在疏通淋巴组织之余，还可减轻水肿现象。若配合具消脂去水功效的纤手产品，效果更佳。

具体按摩步骤如下：

（1）由前臂开始，紧握前臂，用拇指之力由下而上轻轻按摩，做热身动作。

（2）利用大拇指和食指握着手臂下方，以一紧一松的手法，慢慢向上移，直至腋下。

（3）以打圈的方式从手臂外侧由下往上轻轻按摩。

（4）再沿手臂内侧由上往下，继续以打圈的方式按至手肘位置。

（5）在手臂内侧肌肉比较松弛的部位，用指腹的力量以揉搓的方法向上拉。

（6）用手由上而下轻抚手臂，令肌肉得以放松。整套动作可每晚做1次，每只手臂各做1次。

2. 饮食瘦手臂

吃对食物也可以瘦手臂，下面给大家介绍几种比较常见的瘦手臂食物：

（1）海苔：海苔是维生素的集合体，还含有丰富的矿物质和纤维素，是纤细玉臂的美丽武器。

（2）牛肉干：高蛋白、低脂肪，两小袋可省下一顿饭。

（3）人参果：高蛋白、低糖低脂，富含多种维生素和矿物质，是营养价值极高的瘦手臂水果。

（4）石榴：含碳水化合物、脂肪、维生素C，还含有磷、钙等矿物质成分，营养价值比较高，经常吃会让手臂更美丽。

（5）韭菜：富含纤维素，有通便作用，有助于排出肠道中过多的营养，帮助减肥。

（6）海带：脂肪含量少，富含维生素、碘、钙及微量元素，常吃海带可以减肥。

3. 瘦手臂的小运动

还有一些有趣的小运动，也能有效地瘦手臂，大家可以试一试。

（1）毛巾妙方

辅助道具：一条小毛巾。

刚开始做这个运动之前，最好准备一条小一点儿的毛巾做辅助工具，先在家里练。等到动作熟练后，就可以不用毛巾而直接让两只手相握，并且可以在办公室的工作休息时间练习。

基本动作：

首先右手握住毛巾向上伸直，手臂尽量接近头部，让毛巾垂在头后，然后从手肘部位向下弯曲，这时毛巾就会垂在你的后腰部位。

将左手从身后向上弯曲，也就是从手肘部位，握住毛巾的另一端，两只手慢慢地一起移动，直到右手握住左手。

这个时候两只手都在身后，而右手的手肘会刚好放在后脑勺那里，切记：不要低头，而要用力抵住右手肘。这时你会觉得右手被拉得很酸。

坚持 20 秒，然后换左手在上右手在下，也做 20 秒。

每天早晚各 1 次，每次左右手各做 2 遍，一天 5 分钟。

点评：这个妙方属于见效很快的那种，但是如果长时间不练习的话，就会恢复原样。不过，如果你是边减肥边做这个小运动，就不会变回原来的样子。

（2）矿泉水妙方

辅助道具：瓶装矿泉水。

基本动作：

一只手握住一小瓶矿泉水，向前伸直，之后向上举，贴紧耳朵，尽量向后摆臂 4 ～ 5 次。

缓缓往前放下，重复此动作 15 次。

每天做 45 次左右。可以不同时间完成。

点评：道具简单，动作也不复杂，适合居家练习或者在办公室练习。

（3）伸臂妙方

基本动作：

将右手臂伸高，往身后左肩胛骨弯曲。

以左手压着右臂关节处，并触碰左肩胛骨，而后伸高。

左右换边，如此动作每天做 20 次。

点评：无须道具，动作也不复杂，适合在办公室练习。

只要坚持按摩做运动，就能去掉臂膀的赘肉，使皮肤光洁圆润，手臂修长、无赘肉。但在做这些动作之前，别忘了先做暖身操，否则会有运动伤害之虞。

太瘦也不美，不胖不瘦两相宜

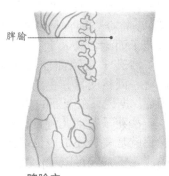

脾腧穴

在别人大喊减肥的同时，有人却有这样的困扰：怎么吃都不长肉，身材总是干瘪消瘦，毫无丰满性感可言，单薄得好像一阵风就能吹倒。她们最大的愿望就是能变得稍微胖一点，告别单薄的身材。

相对于由胖变瘦来说，由瘦变胖似乎更加困难，并不是单纯地多吃就能起到作用。所以，首先应该研究"瘦"的原因所在：

胃——胃弱、消化机能差，每逢用餐时间无法下咽。

心——精神恍惚，只会自寻烦恼者，由于交感神经紧张，使得胃液分泌不良。

骨——俗云："瘦者多餐。"这种人锁骨、肋骨、肠骨向内侧封闭，骨盆紧闭。

以上三点都是过分苗条的主要原因。这些人进餐应细嚼慢咽，处事应该悠然。为了使神经安定，最好洗温水澡。使用穴道指压法，不仅能使体重增加，也可使身体丰腴。另外，经常刺激一些穴位也能治疗过分消瘦。

1. 穴位指压疗法

治疗过分消瘦首先要促进内脏功能，尤其要使胃健全，营养才能送抵全身。指压第 11 胸椎往左右各 3 指的脾腧穴和第 12 胸椎往左右各 3 指的胃腧穴，可使胃液分泌旺盛，提高消化能力。指压时应一面缓缓吐气，一面强压 6 秒钟，如此重复 30 次。但必须是用餐 30 分钟之后再进行。

2. 常喝沙苑子茶，展现丰满性感之美

沙苑子茶是什么东西，怎么又能让人变得丰满性感呢？关于此，有一个小典故。

唐朝时，叛将安禄山发动"安史之乱"，叛军攻入京城长安，李隆基携杨贵妃仓皇出逃。永乐公主在战乱中与皇家失散，被贴身奶娘带到陕西沙苑地区的一座道观中。在道观生活的那段时间，自幼多病、形体消瘦的永乐公主经常随道姑们外出游玩，采摘野生的潼蒺藜，学着道观里的道人将潼蒺藜泡水当茶喝。慢慢地，公主的身体变得丰满了，面色也红润了，与原来体弱多病时相比像换了个人似的。

后来，唐军收复长安，永乐公主回到宫内。临走时，道观里的老道士送给永乐公主一只葫芦，里面装的就是她平时采回来的潼蒺藜，让她带回宫去，每日取来泡茶喝，可保持身体健康。公主回到长安时，其父唐玄宗已退位，由她的哥哥唐肃宗当政。公主将药物呈上，并详细介绍了潼蒺藜的奇妙功效。唐肃宗看到妹妹身体很好，与以前体弱多病时判若两人，于是也试服妹妹带回的潼蒺藜。服药半个月后，果觉神清气爽，精力倍增，不禁对此药大加赞赏，下旨令当地官员每年将潼蒺藜作为贡品进贡入宫，并将药名改为沙苑子，沙苑子因此名扬天下。

沙苑子是陕西沙苑地区著名的药物土产之一，其味甘、性温，能补益肝肾，固精明目，主治肝肾虚、头晕、目涩、腰膝酸痛、遗精、早泄、遗尿等症。据说，东南亚的华侨，至今仍把沙苑蒺藜子当作恭贺新婚的最佳礼品。

沙苑子茶如此神奇，建议身体虚弱的女性可以试一试。不要觉得一味的骨感就是美，还是应该适当地让自己丰满些，经常指压上面提到的穴位和常喝沙苑子茶就可以让你变得健康丰腴，尽显性感之美。

《黄帝内经》养颜全方案

🏵 了解秀发乌黑柔顺的秘密

一头亮丽润泽的秀发，不仅会给他人带来美的享受，同时也能展现出自己的形象和独特风貌。为此，女性平时要花点心思护养头发，以让颜面更光鲜靓丽。

《素问·六节藏象论》言"肾者……其华在发"，这就是说头发随着人的一生，从童年、少年、青年、壮年到老年的演变，均和肾气的盛衰有直接和密切的关系。因为肾藏精，精生血，血的生成本源于先天之精，化生血液以营养毛发。人的元气根源于肾，乃由肾中精气所化生。元气为人体生命运化之原动力，能激发和促进毛发的生长。由此可见，要想使自己的秀发飘逸有光泽就要注意补肾。补肾最好的办法就是按摩太溪穴和涌泉穴。

太溪穴是肾经的原穴，是补肾的捷径。从脚踝内侧中央起，往脚趾后方触摸，在脚踝内侧和跟腱之间，有一个大凹陷，这凹陷中间，可感到动脉跳动之处的即太溪穴。每天坚持用手指按揉太溪穴，除了要有酸胀的感觉之外，还要有麻麻的感觉。

涌泉穴是人体少阴肾经上的要穴。它位于脚底中线前、中 1/3 交点处，当脚趾屈时，脚底前凹陷处。每天睡前用手指按压涌泉穴 3 分钟，或者艾灸，都有很好的疗效。

建议每天睡觉之前先用热水泡脚，然后按揉太溪穴 3 ～ 4 分钟，再按压涌泉穴，只要长期坚持下去一定会有很好的效果。

涌泉穴

除此之外，还有很多方法也是养发护发的关键，下面给大家介绍几种，以供参考。

1. 每天按摩头皮

头皮上有很多经络、穴位和神经末梢，按摩头皮有利于头发的生长，防止头发变白、脱落。此外，按摩头皮能够通经活络、刺激神经末梢，增强脑的功能，提高工作效率。很多人把按摩想象得很复杂，其实按摩很简单。可以在每日的早、晚，用双手手指按摩头皮，从额骨攒竹穴位起按摩，经神庭穴位、前顶穴位到后脑的脑户穴位，手指各按摩数十次，直至皮肤感到微微发热、发麻为止。

其实，梳发也是按摩，但一定要有个限度。调查研究证明，如果连续梳刷50次，甚至100次以上，很容易会因梳头过度增加头发负担，而使头发受损，不但达不到按摩效果，反而更加刺激油脂腺，使发根过于油腻，发尾易于干枯、断裂。这里我们不妨也学学孙思邈的"发常梳"：将手掌互搓36下令掌心发热，然后由前额开始扫上去，经后脑扫回颈部。早晚各做10次。

2. 不要像搓衣服一样洗头发

日常生活中，我们可以发现很多长发女性像洗衣服一样洗头发，殊不知，这样洗发后头发会绞结成一团，不用护发素根本无法理顺。而且像洗衣服一般扭搓揉洗的手法，很容易使头发绞结、摩擦而受损，甚至在拉扯中扯断发丝。

正确的洗发步骤是：洗发前先用宽齿梳将头发梳开、理顺，温水从头皮往下冲洗头发，洗发水挤在手心中，揉出泡沫后均匀抹在头发上；然后用十指指肚轻柔地按摩头皮几分钟；最后用手指轻轻捋发丝，不要将头发盘起来或搓成一团，而要保持发丝垂顺。

洗头发的时候一定要用指腹搓头皮，每一寸头皮都要被洗发精的泡沫覆盖，并且用指腹搓过每一寸头皮，这样头皮才会洗得干净。不要弯着腰洗头，因为弯腰洗头必须抬头看，很容易长出抬头纹。

3. 头发还是水洗的好

干洗头发是发廊流行的洗头方式，直接将洗发产品挤在头发上，然后喷少许水揉出泡沫，按摩十几分钟后冲洗掉。很多人觉得这既舒服，又能洗得更干净。这种想法和做法其实是大错特错的。干燥的头发有极强的吸水性，直接使用洗发剂会使其表面活性剂渗入发质；而这一活性剂只经过一两次简单的冲洗是不可能去除干净的，它们残留在头发中，反而会破坏头发角蛋白，使头发失去光泽。

另外，中医认为洗头发的时候做按摩很容易使寒气入侵。理发师在头发上倒上洗发水，就开始搓揉头发，再按摩头部、颈部。按摩使头部的皮肤松弛、毛孔开放，并加速血液循环，而此时头上全是冰凉的化学洗发水，按摩的直接后果就是使头皮吸收化学洗发水的时间大大延长，张开的毛孔也使头皮吸收化学洗发水的能力大大增强，同时寒气、湿气也通过打开的毛孔和快速的血液循环进入头部。由此可见，洗头发还是水洗的好，同时在洗头时不要做按摩。

4.护发素要正确涂抹

洗发后使用护发素会让头发变得柔顺，所以很多女性在使用护发素时毫不吝啬，厚厚地涂满头，特别是在发根处重点"施肥"。可是久而久之头发却出现油腻、黏贴、头屑多等"消化不良"症状。其实，头发不比植物，更何况植物的根吸收过多营养尚且会发育不良，在发根使用过量的护发素只会阻塞毛孔，给头发造成负担。另外，发梢才是最易受损，需加强保护的部位。使用护发素时，应先涂抹在发梢处，然后逐渐向上均匀涂抹。

5.千万不要湿着头发睡觉

很多人洗完头发，头发没干就去睡觉，殊不知，经常这样会引起头痛。因为大量的水分滞留于头皮表面，遇冷空气极易凝固。长期有残留水凝固头部，就会导致气滞血瘀，经络阻闭，郁疾成患，特别是冬天寒湿交加，更易成病。所以，洗完头后一定不要马上睡觉，要等到头发干了再睡。

6.饮食缓解脱发

如今患脱发症的人越来越多，而且日趋年轻化。脱发固然与现代快速、紧张的生活和工作节奏，以及激烈的社会竞争所带来的精神压力有关，但主食摄入不足也是导致脱发的重要"催化剂"。《黄帝内经》中提倡健康的饮食需要"五谷为充、五果为养"，也就是说人体每天必须摄入一定量的主食和水果蔬菜。可是，现代城市人的主食消费量越来越少，这给健康带来了一定的隐患。主食摄入不足，容易导致气血亏虚、肾气不足。

中医学理论认为，头发的生长与脱落、润泽与枯槁除与肾中精气的盛衰有关外，还与人体气血的盛衰有着密切的关系，而这些问题与主食摄入不足有密切关系。很多女性朋友经常为了保持身材故意不吃主食，这很容易因营养不均衡而使肾气受损。此外，主食吃得少了，吃肉必然增多。研究表明，肉食摄入过多是引起脂溢性脱发的重要"帮凶"。每个健康成年女性每日主食的摄入量以400克左右为宜，最少不能低于300克。即使在减肥期间也不能不吃主食。此外，适当摄入一些能够益肾、养血、生发的食物，如芝麻、核桃仁、桂圆肉、大枣等，对防治脱发将会大有裨益。

❀ 女人一定要有"美眉"的点缀

眉毛对一个人的外貌影响很大，很多关于眉毛的成语就说明了这个道理，例如，眉清目秀、眉目传情、眉飞色舞、愁眉不展等。《红楼梦》中贾宝玉第一次看到林黛玉的时候，就是被林黛玉的"两弯似蹙非蹙罥烟眉"所吸引，并且因此送给她个外号"颦颦"。诗经中的《硕人》也写到"螓首蛾眉"，这都是在刻画眉毛的美。

不仅如此，在女性的面部中，眉毛还是最为简单、最容易改变的地方，而且在变化时给人的印象非常深刻。很多爱美的女性也注意到了这点，所以很注重对眉毛的修理，没事就拿个小镊子对着镜子一番折腾，但这种对待眉毛的态度正确吗？

用小镊子拔眉，疼痛不说，这样做的结果还会令长出的眉毛更加杂乱，眼皮出现松弛现象。这是因为眉毛多长在靠眼周的位置，这个部位的肌肤本来就很脆弱，拔眉毛时的反复拉扯动作很容易令肌肤松弛、产生皱纹。而且眉毛周围神经血管比较丰富，若常拔眉毛，易对神经血管产生不良刺激，使面部肌肉运动失调，从而出现疼痛、视物模糊或复视等症状，还可能引发皮炎、毛囊炎等。此外，眉毛拔除后，毛囊张开，若不及时采取收敛护理，很容易感染发炎，造成红肿或暗沉。所以，女性最好减少拔眉次数。

那么用修眉刀怎么样呢？其实，这两种方法都会造成皮肤与毛囊的损伤，但如果稍加注意，可以把伤害降到最小。无论是拔眉毛还是刮眉毛，都要顺着眉毛生长的方向，可以先用温水敷一会儿，让毛孔尽量张开；不要选择触头锋利的眉钳和眉刀，使用前后最好用酒精擦洗；拔的时候不要太用力，可以用一只手固定住局部的皮肤，不要过度牵拉皮肤；修完眉后最好涂一些润肤霜。

现在还有一些时尚的女性喜欢"文眉""绣眉"，这些都会在局部留下微小的创面，还易被化脓性细菌感染，可引起毛囊炎、蜂窝组织炎、疖肿，甚至有发生败血症、乙型肝炎的可能。如果局部炎症侵犯真皮层，则可形成皮肤疤痕，或因毛囊遭到破坏，使眉毛乱生，甚至毁容。另外，眼眶四周密布着神经和血管，拔除眉毛及"文眉"等不良刺激，还可影响视觉或导致眼部肌肉运动功能失调，可能出现短暂或永久性伤害，让人追悔莫及。

所以，女性朋友们隔一段时间用修眉刀修一下形状就可以了，不必非要把原本天然的眉毛弄掉换上毫无生气的"人工眉"，且不说这样美不美，如果因此对健康造成了伤害，实在是得不偿失。

❀ 美丽容颜配上如水双眸才够完美

在人的面貌中，眼睛给人的印象最深刻，我们一定要懂得保养自己的眼睛，美丽的容颜配上动人的眼睛才够完美。

现代人的工作一般都需要长时间地对着电脑，这是很伤眼睛的。"久视伤血"，《黄帝内经》中也说"目不劳，心不惑"，就是说要通过减少用眼时间来保养眼睛。所以，女人们保养如水双眸最首要的一点就是避免用眼过度，隔一段时间就休息一会儿，或者远眺，或者做做眼保健操。

眼睛的养护除去平时要减少用眼时间，不要过度劳累外，还可以通过食疗、按摩等方法进行保养。

1.食疗护眼

视疲劳者要注意饮食和营养的平衡，注意食疗和药疗相结合。日常饮食中，建议适当吃些猪肝、鸡肝等动物肝脏，同时补充牛肉、鲫鱼、菠菜、荠菜等富含维生素的食物。在中药里，当归、白芍等可以补血，菊花、枸杞则有明目之功效，经常用眼的人可以将其泡水代茶饮。

此外，木瓜味甘性温，将木瓜加薄荷浸在热水中制成茶，晾凉后经常涂敷在眼下皮肤上，不仅可缓解眼睛疲劳，而且还能减轻眼下囊袋。无花果和黄瓜也可用来消除眼袋：睡前在眼下部皮肤上贴无花果或黄瓜片。生姜皮味辛性凉，食之可以消除水肿，调和脾胃。

在这里，还要给女性朋友们推荐一款非常好的养肝护眼膳食——猪肝绿豆粥，能补肝养血、清热明目、美容润肤，让女人容光焕发，很适合那些面色蜡黄、用眼过度、视力减退的人群。

养颜方

猪肝绿豆粥

材料：猪肝100克，绿豆60克，大米100克，食盐，味精各适量。

做法：先将绿豆、大米洗净同煮，大火煮沸后再改用小火慢熬，煮至八成熟之后，再将切成片或条状的猪肝放入锅内同煮，最后加入调味品即可。

2.转眼

经常转眼睛有提高视神经的灵活性、增强视力和减少眼疾的功效。方法：先左右，后上下，各转十多次眼珠。需要注意的是运转眼珠，宜不急不躁地进行。

3.用冷水洗眼

眼睛干涩时，有人喜欢用热汤热水来蒸眼、洗眼，觉得这样很舒服，其实这种做法对眼睛是不利的。火攻眼睛，如果用热汤洗简直就是饮鸩止渴，而用热水洗眼睛虽然暂时感到滑润，但过一段时间就会感到发涩。用冷水洗眼睛是最好的，虽然刚开始时眼睛发涩，不舒服，但过一段时间就会变滑。

4.按揉太冲穴

肝开窍于目，肝气通畅，双眼才会有神采。太冲穴（位于足背侧，第1、2趾跖骨连接部位中）是肝经的输穴，是疏通肝气最有效、最迅速的穴位，美眼功效自是不用说。

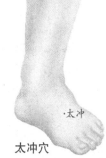

太冲穴

5. 按摩护眼

眼部按摩对保护眼睛、改善视力、消除眼睛疲劳都有很大作用，是简便、行之有效的措施。需要注意的是，操作时注意力要集中，全身肌肉放松，呼吸要自然，按压穴位要正确，手法要缓慢，旋转幅度不宜过大，由轻到重，速度要均匀，以感到酸胀、略痛为宜。

具体步骤如下：

第一步，指压、按摩眼周。

（1）在眼睛上方，从眼角朝眼尾处缓缓移动手指。用大拇指的指腹按摩太阳穴处，每按一处深呼吸一次。

（2）将中指放在眼尾处，朝外侧轻轻地提拉按摩。

（3）将手指放在眼睛下方，从眼尾向眼角慢慢移动，用食指和中指（或中指和无名指）指腹按压眼睑。

第二步，按摩脸颊及眉头。

（1）在眉头上方附近用中指和无名指以画圆圈的方式稍微用力按摩。

（2）在颧骨上方处以画圈的方式按摩。这个步骤再加上一步眉头按摩，平均约按 3 分钟即可。

第三步，让眼睛做操。

眼睛过于疲劳时你需要做些眼部运动进行舒解。

（1）将双眼闭上 2 ~ 3 秒。

（2）尽量睁大眼睛，停 2 ~ 3 秒。

（3）眼球分别向左、右移动，各停 2 ~ 3 秒。

（4）眼睛向上看，停 2 ~ 3 秒。

（5）眼睛向下看，停 2 ~ 3 秒。

总之，任何养护方法都需要自己的坚持和用心，只要注意饮食，合理用眼，再加上每天坚持转眼、按揉太冲穴，在感觉眼睛干涩难受时用冷水冲洗，你就能拥有一双水波流转的美目。

◉ 健康红润的双唇是美女的特有标签

"指如削葱根，口若含朱丹"是中国古代美女的典范。嘴唇是人脸上的一道亮丽的风景线，关系着女人的美丽。所以，我们不仅要养护脸部肌肤，也要好好养护唇部。

蜂蜜味甘、性平和，有清热、补中、解毒、润燥、止痛的功效。嘴唇干燥时，可在就寝前细心地将蜂蜜渗入嘴唇。几天后，嘴唇就可恢复柔嫩光滑。当然，你也可以涂唇油，但一定要厚点，再剪个保鲜膜的小片贴在唇上，然后用热毛巾敷在上面，直到毛巾冷却就可以了，这样可以使得唇油中的精华被嘴唇彻底吸收。

年轻女孩嘟嘟嘴，红润而富有弹性的嘴唇俏皮地撅起，可爱之态展现得淋漓尽致。可是，随着年龄的增加，这份俏皮也会随着嘴唇的老去而渐渐消减。唇部的老化并不是危言耸听，看一看，你有下列这些现象吗？

（1）嘴唇弹性减弱，纵向的唇纹增多，涂抹唇膏也不能掩盖。

（2）唇峰渐渐消失，丰厚的唇变得细薄。

（3）唇色日渐暗沉。

（4）唇线也开始模糊，在描摹唇线的时候发现越来越费力。

如果有了这些现象，就说明你的双唇在向你敲响衰老的警钟了。别惊慌，做做下面这些运动，衰老的步伐就会渐渐慢下去。

嘴巴做张合运动，每次尽量将嘴唇张开至最大，重复 10 次。

用中间三指从中间往两侧按摩嘴唇四周的肌肉，可以缓解肌肉紧张。

用双手中指指腹以画圈的方式按摩两侧嘴角，力道不要过重。

如果你是在办公室，那么可以将一支干净的笔杆用鼻尖和上唇夹住，然后向各个方向转动脸部肌肉。这个动作既有趣，又锻炼了唇部肌肉，真是两全其美。

生活中，很多女性很关心眼角的皱纹，而鲜少注意到唇部的皱纹。其实，皮肤的老化松弛，以及表情肌的过度收缩，常会造成嘴角、唇部皱纹丛生，这会对脸部的美观造成极大的影响。以下是几种唇部护养法，可供大家参考。

毛巾用温水沾湿后，轻轻敷在双唇上（2～3分钟）——用儿童型软毛牙刷刷掉死皮——用棉棒沾温水洗去残留的死皮——涂抹蜂蜜（居家）或者护唇膏（外出）。

嘴唇是非常娇弱的部位，干燥、低温、冷风的环境都会损伤到它，尤其是秋冬季节，空气干燥、气温低，特有的干风甚至很容易使得唇上翘起"干皮"。因此，外出、游泳的时候，要涂上一层润唇膏，让娇弱的双唇得到适当的保护。

很多女性把护唇当成白天的护理工作，而晚上则不做任何唇部护理就上床睡觉，结果第二天起来往往会感到双唇很干，唇纹很明显。其实，双唇和其他部位的肌肤一样，清洁之后不涂上点滋润的东西是很容易丧失水分的。白天涂润唇膏主要是为了补水和防护，晚上则是做深层滋养的最佳时机。所以，爱美的女士千万不要忘记在临睡前给双唇涂一层保湿型润唇膏。

另外，有的女性朋友嘴唇的颜色总是很苍白或是红到发紫，这是怎么回事呢？按照中医的理论，嘴唇的颜色能反映出一个人的健康状况，唇色发白，常见于贫血和失血症；只有下唇苍白，则为胃虚寒，平时还会出现上吐下泻、胃部发冷、胃阵痛等现象；唇色淡红，多属血虚或气血两虚，要补充营养了；唇色深红，常见于发热；唇色泛青，血液不流畅，易患急性病，特别是血管性病变；唇色发黑，多为消化系统有病，如便秘、腹泻、下腹胀痛、头痛、失眠、食欲不振等；若唇上出现黑色斑块，口唇边有色素沉着，常见于慢性肾上腺皮质功能减退。爱美的女性一定要注意观察，及时根据唇部颜色调整自己的身体。

齿如编贝，为你的笑容增添魅力

女人在微笑的时候是最迷人的时刻。但试想一下，朱唇微起，露出的不是如编贝的皓齿，而是一排参差不齐的大黄牙，那么再迷人的笑容也只会让人望而生畏。所以，大家千万不要忽略了对牙齿的保养。

保养牙齿，首先需要改掉下面这些伤齿的坏习惯：

（1）经常咬过硬的食物，甚至把牙齿当成"开瓶器"。牙齿内有一些纵贯牙体的发育沟、融合线，经常用牙齿咀嚼硬物会使得牙齿容易从这些薄弱部位裂开。

（2）偏侧咀嚼。咀嚼食物时总是"偏爱"一边，这样会造成肌肉关节及颌骨发育的不平衡。

（3）剔牙。柔软的牙龈其实经不起摧残，经常剔牙会使得牙龈不断萎缩，并且可能增加患牙周炎的概率。

只要是美女，一定得有一口洁白亮丽的牙齿。一口洁白的牙齿也会让你更加自信，从此把笑不露齿的羞怯抛开。

可惜现实中很多人的牙齿发黄、发黑，甚至遍布牙斑。那么，要想拥有一口皓齿，必须重视日常清洁，做到饭后漱口，保持早晚刷牙的习惯。当然，你还可以常吃甘蔗，《本草纲目》中说：甘蔗性平，有清热下气、助脾健胃、利大小肠、止渴消痰、除烦解酒之功效，可改善心烦口渴、便秘、酒醉、口臭、肺热咳嗽、咽喉肿痛等症。而且甘蔗还是口腔的"清洁工"，反复咀嚼可以把残留在口腔以及牙缝中的污垢清除，同时咀嚼甘蔗还可以锻炼牙齿、口腔及面部肌肉，起到美容的作用。另外，教你一个让牙齿白皙的小方法：漱口后，将新鲜柠檬汁涂在牙齿表面，静待一会儿后，用清水漱口。柠檬汁可以帮助你去掉香烟、酱油、食物留在牙齿上的颜色。

此外，选择合适的牙膏和牙刷及用正确的方法刷牙，也是护齿必不可少的环节。

（1）牙膏的选择

牙膏要选含氟牙膏，兼用其他牙膏。含氟牙膏不仅有抑制牙菌斑的作用，而且可以保护牙釉质，增强牙齿的抗酸能力，预防龋齿。另外，牙膏要经常更换，这是因为大多数的牙膏产品都含有预防口腔疾病的药物产品，这些产品多数是抑制细菌生长，预防口腔溃疡和上火的药物产品。在使用牙膏时，也就同时使用了这些药物。如果使用一种牙膏时间较长，那么口腔中的细菌会对这种药物产生耐药性，那么药物对细菌的抑制能力就减弱了。所以，牙膏要经常更换交替使用。

（2）牙刷的选择

牙刷应选用保健牙刷，刷毛要柔软，宜选用优质细而有弹性的尼龙丝；刷面平坦，刷头小，在口腔中可以灵活转动；毛束不超过3排；刷毛尖端磨圆，既能有效地消除牙菌斑，又不损伤牙龈。

每次刷牙后必须用清水把牙刷清洗干净并甩干，将刷头朝上置于通风干燥处。应注意，牙刷使用时间长了，刷毛就会弯曲蓬乱甚至脱落，减弱了洁齿能力。因此，必须每3个月更换一把牙刷，切忌几个人合用一把牙刷。

（3）正确的刷牙方法

我们平常用到的多是横刷法，这其实会伤害到牙龈。所以，提倡竖刷法。刷上颌后牙时，将牙刷置于上颌后牙上，使刷毛与牙齿呈45°角，然后转动刷头，由上向下刷，各部位重复刷10次左右，里面和外面刷法相同。刷下颌后牙时，将牙刷置于下颌后牙上，刷毛与牙齿仍呈45°角，转动刷头，由下向上刷，各部位重复10次左右，里面和外面刷法相同。上、下颌前牙唇面刷法与后牙方法相同。刷上前牙腭面和下前牙舌面时，可将刷头竖立，上牙由上向下刷，下牙由下向上刷。刷上下牙咬合面时，将牙刷置于牙齿咬合面上，稍用力以水平方向来回刷。

保护牙齿，还要铲除一些常见病，如牙龈萎缩、牙齿脱落等。

（1）牙龈萎缩

中医认为牙龈萎缩是虚证。人体的气血不足时，气血不能到达牙龈，这才是牙龈萎缩的原因。调理脾胃、补充肾阴可以让气血充足，气血充足则气血可以到达牙龈，滋养牙龈。

（2）掉牙

中医认为，肾主骨，牙齿是肾精的外现，也是骨头的象，一个人牙齿好不好和肾精是否充足有关。随着年龄的增长，人的肾精被损耗的越来越少，超过一定的限度后牙齿就会慢慢脱落。所以，平时我们一定要注意节情控欲，戒除不良生活方式，以防阴精暗耗。

呵护颈部，你就是美丽优雅的白天鹅

不管人们承认与否，颈部都是最容易产生皱纹的部位。很多女性朋友往往都把注意力放在脸面问题上，不知不觉中，颈部的皱纹却悄悄出卖了自己。那么，这是为什么呢？

原因很简单，其实是我们对颈部护理的长期忽视，不注意颈部的防晒保湿，致使颈部皮肤丧失水嫩平滑；颈部的皮肤十分细薄而且脆弱，其皮脂腺和汗腺的分布数量只有面部的1/3，皮脂分泌较少，锁水能力自然比面部要差许多，容易导致干燥，使颈部皱纹悄然滋生；日常生活和工作中的不良姿势，会过多地压迫颈部，诸如爱枕过高的枕头睡觉；经常伏案工作，少有意识不间断抬头活动活动颈部；用脖子夹着电话听筒煲电话粥等，这些都会催生颈部皱纹。此外，电脑辐射、秋冬季节的干燥天气也容易导致颈部干燥起皱。

1. 颈部的日常护理

要想保持颈部的光洁莹润，最简单、最有效的办法就是从日常护理做起。

（1）注意清洁和涂抹颈部护肤品

每天洁面的同时清洁颈部，然后涂抹颈部护肤品。护肤产品通常都含有让颈部皮肤紧致、滋润和抗老化的成分，每天早晚坚持使用，可延迟颈部皱纹的出现。

（2）注意颈部防晒

紫外线不仅是促使面部皮肤衰老的罪魁祸首，也是造成颈部皮肤老化的元凶，因此颈部的防晒工作也是重点。

（3）冷热交替敷法

取一条小毛巾，用冷水浸湿，轻轻拧干，拉紧贴在颈部，放置几分钟然后取下。再换用一条毛巾，用热水浸湿，敷在颈部。冷热交替敷 10 分钟。

（4）定期做专业颈部护理

有条件的话，可以到专业美容院做一整套完善的颈部护理，这样有利于改善颈部皮肤松弛、缺水和轮廓感下降的情况。

（5）经常进行颈部按摩

经常进行颈部按摩可以保持皮肤光滑、细嫩、有弹性，减少或消除皱纹，避免脂肪的堆积，让颈部光滑柔美，肤色均匀透彻。

颈部按摩的手法如下：

①将颈霜或按摩霜均匀涂抹在颈部，双手由下而上交替提拉颈部。

②用食指、中指对颈部自下而上做螺旋式按摩。

③用双手的食指和中指，置于腮骨下的淋巴位置，按压约 1 分钟，做排毒按摩。

（6）延缓颈部皮肤松弛

①头由左至右旋转运动 50 次，动作宜轻柔，以免扭伤颈部。

②早起或晚睡前做头左右侧屈、前后俯仰各 36 次。

③将小毛巾叠成四层蘸上冷水，然后将水轻轻挤出。用右手揪住小毛巾角，用力拍打右下巴颏儿和右脸下部 10 ～ 15 次，再换左手持小毛巾拍打左脸下部和左下巴颏儿。

（7）颈部也需要去角质

将燕麦磨成粉，加蜂蜜、水搅拌成糊状涂于颈部，以螺旋的方式由下往上按摩，10 分钟后以清水洗净，每周 1 次，你会发现暗沉的颈部肌肤渐渐有了光泽。

橄榄油也是保持颈部滋润的好帮手，它具有去皱功效，适合全身涂抹。洗澡时，将少许橄榄油涂于颈部，然后轻轻按摩，5 分钟后用清水冲洗干净即可。

2. 颈椎病的防治

《黄帝内经》指出：人体的经脉中，代表人体旺盛活力的经脉都从颈部而过，其中手足三阳经经过颈部，任、督二脉从前后颈部通过。所以，颈部的健康状况反映着人体阳经的气血是否充足，对人体的生命活动具有重要影响。因此，我们不仅要呵护颈部肌肤，更要关注颈部的健康。

颈部常出现的疾病就是颈椎病，现在患颈椎病的人越来越多，很多年轻的女性朋友也深受颈椎病的困扰，其典型症状就是脖子后面的肌肉发硬、发僵，颈肩疼痛，而且头晕恶心、手指麻木、腿软无力。失去了健康，美丽更无从寻找。所以，我们要重视颈椎病的防治。

防治颈椎病一个很简单有效的方法就是常做伸颈活动。伸颈活动能改善颈部肌肉韧带的供血，使血液循环加快，肌肉韧带更加强壮，从而增加骨密度，预防骨质疏松，减少颈椎病的发生。

颈椎运动锻炼方法简单，坐或站都能进行。活动的准备姿势：双脚分离与肩同宽，两手臂放在身体两侧，指尖垂直向下（坐时两手掌放在两大腿上，掌心向下），眼平视前方，全身放松。

活动方法如下：

（1）抬头缓慢向上看天，要尽可能把头颈伸长到最大限度，并将胸腹一起向上伸（不能单纯做成抬头运动）。

（2）将伸长的颈慢慢向前向下运动，好似公鸡啼叫时的姿势。

（3）再缓慢向后向上缩颈。

（4）恢复到准备姿势。

蝴蝶锁骨、纤巧双肩，增加女人味

有人说，女人最美的部位是脖子和肩膀间的优美曲线。蝴蝶锁骨、纤巧双肩都会给你的女人味加分。

很不幸的是，很多女性朋友的肩背线条变形走样了。这除了先天遗传因素外，80%是由于肥胖所致，也有少部分是由于姿势不良，因此造成骨骼弯曲、肌肉松弛，身体处于不平衡状态而使背部脂肪囤积。而且随着年龄的增长，身体新陈代谢的能力也开始减缓，此时腰、腹、臀、背、腿等部位就会出现脂肪囤积，破坏原本匀称的身体曲线。特别是背部的脂肪囤积，给人壮硕的感觉。

相对身体的其他部位来说，肩背上的赘肉是不易消除的，所以要多花时间努力运动。除了举哑铃或扭腰来紧实肌肉之外，还要多做肩背部伸展运动。

1. 按摩美肩法

方案一：

（1）双脚分开站立，约与肩同宽，双手拿哑铃。

（2）双手提高，手肘关节提至肩膀的高度。

（3）放下、提高，来回做20次。

方案二：

（1）膝盖微屈，上身向前弯，两手拿哑铃自然下垂。

（2）脸朝正前方，双手垂直向上提，身体保持弯曲。

方案三：

（1）先放一张有椅背的椅子在身体一侧，双脚分开站立与肩同宽。

（2）双脚保持不动，上身向身体一侧转，将双手放在椅背上，记住紧缩背部肌肉。

方案四：

（1）屈膝站立，一手将哑铃举至肩膀位置，一手将哑铃举至头顶上方。左右手轮流做20次。

（2）屈膝站立，垂手握哑铃放两腿间。

（3）双手抬起哑铃至腋下位置。

方案五：

（1）仰面躺在地上，膝盖弯曲。右手拿一个哑铃，然后抬起你的右手臂。把你的左手放在你右边的肱三头肌上来保持平衡，这也会让你感受到肌肉的运动。

（2）慢慢地把你的右臂向你的胸前弯曲90°，注意不要弯曲你的手腕，停止，然后伸直你的手臂。

方案六：

手臂向上伸直，握拳，弯曲肘部，与肩平。每组重复做20～30次。

2. 穴位指压美肩方案

（1）三角肌前中央点

将拇指充分弯曲，以第二指关节置于三角肌前中央点穴位上，用中等力量朝水平方向按压10秒。

（2）三角肌后中央点

将拇指充分弯曲，食指和中指按在三角肌后中央点穴位上，同时朝水平方向按压10秒。

（3）肩中间的点

双手伸到脑后，抱住脖子，以食指、中指按住左、右肩中间的穴位，用中等力量垂直下压10秒，反复做3次。

（4）肩根点

将双手拇指充分弯曲，以第二指关节置于左、右肩根点穴位上，用中等力量垂直下压10秒，反复做3次。

另外，对于忙于工作的白领丽人，平时紧张的工作状态会使肩部酸痛，只要间隔一段时间做耸肩运动20～30次就可以有效缓解这种疼痛，不妨试试看。

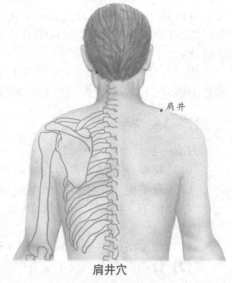

肩井

肩井穴

3. 肩部的保养

肩膀是一个很脆弱的部位，现在患肩周炎、肩部损伤的人越来越多。所以，如何做好肩部的健康保养也是非常重要的。

（1）按摩缺盆穴

缺盆穴（人吸气时两肩的锁骨处会形成一个窝，这个窝的中间就是缺盆穴）是颈肩部的一个重要穴位。《黄帝内经》中说"五脏六腑，心为之主"，又说"缺盆为之道"，也就是说缺盆穴是心统摄五脏六腑的通路。我们可以把手心贴在缺盆穴处，轻轻地揉动，慢慢地提捏。提捏的劲道采取"落雁劲"，就好像是大雁落沙滩那样，看似轻柔，但内带劲力。没事的时候多做这个动作，就可缓解肩膀疼痛。

（2）按摩肩井穴

肩井穴（肩井穴的位置在大椎与肩峰连线中点，肩部筋肉处，肩的最高处，前直乳中）在人体胆经上，是非常重要的强身穴。点按它对人体非常有益。如果患感冒背痛，就抓揉提拿肩井穴三次，然后拍拍全身，会很有效。

（3）注意肩膀保暖

虽然露肩装很漂亮，但女性朋友们一定要注意肩部的保暖，如果只为了漂亮而导致肩膀受风，那就会得不偿失。睡觉的时候也要注意，被子一定要盖过肩膀。

（4）深呼吸

当人深吸气的时候，就会引起缺盆这里的蠕动，所以缓慢的深呼吸也是一种很简单的肩部保健法。

❀ 玉背光滑细腻，演绎完美风情

光滑细腻的背部可以让一个女性更有魅力，如何拥有一个健康美丽的背部，可以从以下几点做起。

1. 背部美容的关键：去斑点、粉刺和角质

背部肌肤几乎是全身最厚的部分，也正因为如此，背部的循环代谢能力通常较弱，脂肪及废物亦比较容易堆积在此而形成斑点、粉刺。想要拥有完美的背部肤质，可利用深层洁肤品来清除毛孔中的脏污。另外，若担心洁肤品会使毛孔变粗的话，可在清除洁肤品后再涂抹芦荟汁。据《本草纲目》

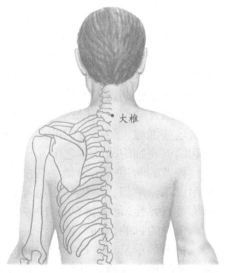

大椎

大椎穴

记载，芦荟具有消炎杀菌、保湿、收敛毛孔的功效。在深层洁背后涂抹芦荟汁，可以收缩毛孔。

另外，后背的肌肤上分布着许多皮脂腺，天气闷热时就会出现皮脂腺分泌过剩的情况，进而堵塞毛孔，造成毛孔粗大，形成青春痘或暗疮。要想避免这种情况，就要经常去角质。和脸部、颈部不同，去除背部角质我们最好用颗粒状的食盐：将食盐和蜂蜜调在一起，然后让家人帮你涂在背上并轻轻按摩一两分钟，然后冲洗干净即可。用食盐去背部角质每月只需做一次，就可抑制油脂分泌过盛，使肌肤变得清爽洁净。

2. 注意后背的养生

中医很注重后背的养生，《黄帝内经》认为后背为阳，太阳寒水主之，所以很容易受寒。古语有"背者胸中之腑"的说法，这里的腑就是指阳，所以女性在生活中要注意后背的养生，睡觉时披好后背处的被子，尤其是孕产期的女性。此外，捏脊是很好的后背养生法，取俯卧位，拇指、中指和食指指腹捏起脊柱上面的皮肤，轻轻提起，从龟尾穴（在尾骨端与肛门之间）开始，边捻动边向上走，至大椎穴（低头时，用右手摸到脖子后方最突出的一块骨头，就是第7颈椎，该处下方的空隙处就是大椎穴）止。从下向上做，单方向进行，一般捏3～5遍，以皮肤微微发红为度。

另外，许多女性在工作时，身体往往保持一种姿势好几个小时。如果背部肌肉长时间不活动，就会变得疲惫、僵硬，类似突然转身这样的激烈动作都会使它受伤。而每当工作结束后，人们最喜欢的姿势就是瘫坐在椅子上，以为这样就能使全身放松，得到休息。其实，这种姿势给背部肌肉带来的超负荷的负担，远超过正襟危坐。所以，每天应利用睡前10分钟做背部伸展运动，这不但能让背部肌肉充分放松，也能顺便增加背部肌肉的紧实度。

3. 多捶捶背

中医学认为，捶背可以行气活血，舒经通络。背部脊柱是督脉所在，脊柱两旁是足太阳膀胱经，共有53个穴位。这些经穴是运行气血、联络脏腑的通路，捶打刺激这些穴位，可以促使气血流通并调节脏腑，治疗某些疾病。现代医学也证明，人的背部皮下有大量功能很强的免疫细胞，由于人手平时不容易触及背部，所以这些有用的免疫细胞处于"休眠"状态。捶背时，能刺激这些细胞，激活它们的功能，使它们"醒"过来奔向全身各处，投入杀菌和消灭癌细胞的战斗之中。

捶背的常用手法为拍法与击法。拍法，即用虚掌拍打患者的背部；击法，即用虚掌、掌根、掌侧叩击患者的背部。施用手法、动作要求协调、灵巧，着力要有弹性，每分钟60～100次，用单手或双手均可。捶背可达到有病治病、无病强身的目的，确实是简便易行、不花分文的健身法。

捶背简单易行，还不受时间的约束。晚上临睡前捶背不仅能助人宁心安神，还能催人入睡，是医治失眠的良方之一。

双手堪为女人的魅力点睛之笔

手如柔荑，十指纤纤，这是多么美妙的形容啊！自古以来，人们评价女子的美丽，双手都是一个重要因素。而这双手又会向外界透露许多秘密。光滑、细腻的手部皮肤往往暗示了主人优越精致的生活；粗糙、干裂的手则向他人传达出你的艰辛劳苦。就是女人最在意的年龄问题，也会被双手暴露。因此，手堪为女人的魅力点睛之笔，值得我们付出耐心与热情细致地去呵护。

1. 看手知健康

正常情况下，手部的温度应和脸部温度一致，如出现差异，则需考虑是否有病症产生。《黄帝内经》记载了大量对手的观察，如"掌内热者腑内热，掌内寒者腑内寒"，手掌的温度过高或过低通常是疾病或体质不好的表征。如全手发凉，多为阴虚或气血亏虚；如高烧病人手凉，是即将惊厥昏迷的危险征兆；如手心温度低于脸部温度，多为心血衰竭或心功能不全。

手汗。如手心发热而手掌常出汗，此为阴血虚所致；如手掌出冷汗，手足不温，此为气虚或阳虚所致；如只一侧手掌出汗，多为气血痹阻，经络不畅；如手掌出汗如珠，淋漓不断，四肢厥冷，多为阳气虚脱之象；如手掌出汗且发热不退，多为内热所致。

《黄帝内经》中还说："手三阴经从胸走手，手三阳经从手走头，足三阳经从头走足，足三阴经从足走腹（胸）。"由此可见，手足是人体十二经的起止部位，人体的气血都要通过手足流向全身。所以，手和脚的状况能反映全身气血的盛衰，预测可能会出现的疾病。

劳宫

劳宫穴

2. 手的养护

所谓"十指连心"，手是身体中很重要的一个部位，所以我们要懂得保养。揉核桃就是不错的养护手的方法：把两个核桃放在手心里，揉来揉去的，这种方法可以很好地活动每根手指。多活动手指不仅可以起到护手作用，还可以缓解疲劳，避免老了以后患阿兹海默氏症。上班等车、坐车之际，你也可以取两个核桃或乒乓球练习练习。

与揉核桃有异曲同工之妙的是十指相敲法。就是让我们双手的十指相对，互相敲击。这种方法能很好地锻炼手指上的井穴（位于手指末端），既锻炼了手的灵活性，也补了肝气，对大脑的养生也十分有好处。手脚冰凉的女孩儿一定要经常十指相敲，这样，血脉可以通到四肢末梢。此外，我们的手心有个很重要的穴位——劳宫穴。这个穴位很好找，把手自然握拳，你的中指所停留的那个地方就是。劳宫穴是人体气机最敏感的穴位，如果在一些场合觉得紧张，手心出汗，心跳加快，呼吸困难，这时你不妨按按左手的劳宫穴，帮你找回从容自信的感觉。

3. 手部按摩操

手部按摩不但能产生热能，促使毛细血管扩张，改善微循环和淋巴循环，将代谢物和有毒物质清除干净，还能疏通全身经络气血，达到养生保健、预防疾病的目的。

（1）按摩之前先在手背上涂些护手霜，然后从手指尖向上揉搓一直到手腕，直到手背充分吸收为止，两只手各做 10 次。

（2）一只手平放，另一只手半握，用半握手的手指的中间关节摁住放平的手背上的骨头上下移动。

（3）用一只手摁住另一只手的大拇指和食指间陷进去的部位，并以螺旋形滑动、旋转等手法揉捏。

（4）用食指和中指的中间关节在另一只手的侧面上下滑动。

（5）用食指和中指的中间关节抓住另一只手指甲的底部用力往外抽。

（6）打开手掌心后用另一只手托住，然后用大拇指用力推手指的根部，然后再从手腕到大拇指和食指的方向用力摁住。

（7）在打开手掌心的状态下，用另一只手握住除大拇指以外的四个手指向后扬，反复做 2～3 次。

（8）用一只手扣住另一只手的手指间，用力摁住空隙的部分并向后扬，反复做 10 次后用拳头使劲拍打手掌。

4. 护手小窍门

如果想让自己的手变得柔嫩健美，可以用温肥皂水洗手，擦干后浸入温热盐水中约 5 分钟，擦干后再浸入温热的橄榄油中，慢揉 5 分钟，再用肥皂水洗净，接着再涂上榛子油或熟猪油。过 10～12 小时后，双手会变得更加柔软细嫩。

坚持用淘米水洗手，也可以收到意想不到的好效果。煮饭时将淘米水储存好，临睡前用淘米水浸泡双手几分钟，再用温水洗净、擦干，涂上护手霜即可。

另外，在日常生活中还要注意一些护手的小细节，避免成为"主妇手"。

（1）深层清洁

每天，我们的双手都要接触无数的外物，也就更易受到侵害。灰尘、细菌也会乘虚而入。所以要经常清洗双手。洗手时最好能使用温水，或者冷热水交替使用。

（2）涂抹手部护肤品

用有舒缓作用的手部修护乳涂抹于手部，注意选择含有维生素及蛋白质的产品，因其能促进细胞新陈代谢并迅速改善皮肤弹性，令皮肤柔软润泽。

（3）给手去角质

选择含有蛋白质的磨砂膏混合型手部护理乳液，按摩手背和掌部。因为蛋白质及磨砂粒能帮助漂白及深层洁净皮肤,去除死皮和促进细胞新陈代谢。更简单的方法是:做菜时顺便留点鸡蛋清抹在手背上,等它稍微干一点再搓掉,也能很好地去角质,让手上的皮肤像婴儿皮肤般嫩滑。

(4)手指长倒刺的处理

手指的倒刺比较多,基本上这是皮肤在告诉你你缺乏维生素E了。可以先把长刺的手指在温水里泡上大概四五分钟,然后找个专业的剪刀顺着刺剪,接下来把维生素E的胶囊剪开倒在手掌心里,逐个按摩手指;按摩完毕不要洗掉,接着戴上一个棉质的手套或用布把手裹好,睡一晚。第二天,你的手指就能变得细嫩美丽。

(5)日常养护

用含维生素E的营养油按摩指甲四周及指关节,可去除倒刺及软化粗皮。随时做做简单的手指操,可以锻炼手部关节,健美手形。

美手也需要以内养外,调理好日常饮食。平日应充分摄取富含维生素A、维生素E及锌、硒、钙的食物。

做家务时最好能戴上塑胶手套,尤其是洗碗、打扫卫生时更要用手套防护。手部也要注意防晒。

其实,关于手的美没有绝对的标准,但从视觉效果上来看,丰满、修长、流畅的手形及细腻、平滑的手部肌肤更能给人美的享受。所以,要做一个美到老的女人一定不能忽视对手的保养。

❀ 关注细节,让烂漫的花朵盛开在指甲上

想展现自己的魅力?不要以为只有通过发型和妆容才可以表现,只要你用些心思,烂漫的花朵也可以盛开在指甲上,爱美的女士一定要留神。

美丽的前提是健康,可是怎样的指甲才算是健康的呢?看看下面几项,你符合几个呢?

(1)颜色呈粉红,表面要有光泽。

(2)指甲根部应该有月牙状的白色指甲根。

(3)没有倒刺。

(4)指甲没有断裂和增厚的现象。

(5)指甲周围皮肤没有发炎、红肿的现象。

健康指甲的条件,你要是没有达到,在平时的养护中就要更加注意了。

一般来说,指甲颜色发白,还有些小斑点,是缺乏铁、锌等微量元素。瓜子仁、豆类中多含有丰富的微量元素,这类女性可以把瓜子仁或南瓜仁剥好当零食吃,或将豆类和米一起煮成粥喝。

手指甲上的半月形的白色指甲根应该是除了小指都有。大拇指上,半月形应占指甲面积的$1/5 \sim 1/4$,食指、中指、无名指应不超过1/5。如果手指甲上没有半月形的白色指甲根或只有大拇指指甲上有半月形的白色

指甲根，说明人体内寒气重、循环功能差、气血不足，以致血液到不了手指的末梢。小米、菠菜、大枣等有补气血的功效，适合此类女性食用。如果半月形的白色指甲根过多、过大，则易患甲亢、高血压等病，应及时就医诊断。

如果指甲容易断裂，或出现分层，则说明人体缺少蛋白质，鱼、虾、奶、蛋等富含蛋白质和钙质。另外，香蕉、牛肉、花生、鸡肉、海藻等富含锌、钾、铁等矿物质，能使指甲坚固。常吃此类食物加强营养，指甲分到的营养也会多起来，自然会变得饱满光洁。

指甲护理要从以下几点做起：

（1）应该经常修剪指甲，指甲的长度应保持不超过手指指尖。修指甲时，指甲沟附近的"爆皮"要同时剪去，不能以牙齿啃指甲。

（2）如果想让你的手指看起来比较修长的话，可以把指甲稍微磨尖，同时使用一种透明稍带粉红或肉色的指甲油来增加效果。

（3）指甲油不要涂抹得太频繁，每周至多涂抹指甲油 3～5 天，让指甲至少能自由呼吸两天。涂指甲油之前要用消毒水清洁指甲表面、指甲与皮肤连接处，以防感染。

（4）如果你的指甲比较缺乏光泽，可以取橄榄油 90 克，并加入 30 克蜂蜜、2 个鸡蛋的蛋清、2 朵新鲜的玫瑰花瓣或 6 滴 100% 的纯玫瑰精油，将其一起放入砂锅中，小火加热至皮肤可接受的温度，将手浸于其中 15 分钟。最后，用清水洗净。

其实，在中医看来，对于指甲的保养只做表面功夫是不行的。"肝脏，其华在甲"，指甲的好坏反映了肝脏的健康与否。所以，只要补血泻火养肝，指甲自然就会粉嫩有光泽。

有的女性认为美甲是对指甲的一种养护，所以没事就喜欢去做美甲。其实，这恰恰是一种伤害指甲的做法。

因为指甲也承担着身体一小部分的排毒任务，而美甲则完全阻止了指甲自身的呼吸和排毒。而且为了让指甲显得修长，美甲师通常会将你指甲上的保护膜磨掉，而这种做法恰恰将指甲根部暴露了出来，非常容易伤害到指甲根部的甲基。甲基由血管、淋巴和神经组成，当它受到损伤时，指甲会变脆变形。美甲师为了使指甲油或指甲贴片更紧实地贴到你的指甲上，会花很长时间打磨你的指甲面，因此你的指甲就会变薄，更容易感染疾病。

最重要的美甲工作其实是清洁。用专门的小刷子把指甲刷干净，指甲就能看起来很健康、很漂亮。

也有的女性喜欢涂各种颜色的指甲油，其实指甲油主要由化学溶剂制成，这些原料毒性很高。而且指甲油具有脂溶性，能溶解在蛋糕等食物中，不光通过指甲面被身体吸收，而且稍不注意就会毒从口入。长期使用指甲油会抑制女性体内的雄性激素，使荷尔蒙失调，生殖器官受损，神经系统受到伤害。此外，指甲油还会刺激体内黏膜，增加我们患癌症的概率。对孕妇而言，还会加大流产和胎儿畸形的概率。

对健康的指甲来说，最好的保养方法就是：给它们修剪出漂亮的形状，让它们自由呼吸，这就足够了。

足部保养，让你步步留香

生活中，我们更多的时候只注重面子的修饰，却忽视了对脚的呵护。其实，真正懂得爱惜自己的女人，应该从头到脚都保养好，不忽略任何一个地方。而且，人的脚部穴位众多，人体奇经八脉都连通至此，故脚部素有"第二心脏"之称。对于如此重要的部位，美女们更不能掉以轻心。把脚养好就会收获健康和美丽。

1. 每天泡脚

中国人向来讲究泡脚，更是有"饭后三百步，睡前一盆汤"的说法，这"睡前一盆汤"就是指泡脚。对于一些寒症，如平素怕冷，手足凉，并伴有慢性腹泻、痛经、冠心病等疾病的患者，泡脚非常有利，再配合按摩足底反射区，对这些疾病有一定的治疗效果。对女性来说，每天坚持热水泡脚能缓解压力，放松身心，保持心情的愉悦，令脸色红润，有美容养颜的功效。

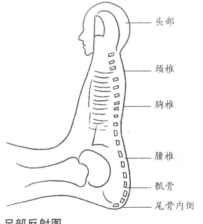

足部反射图

热水泡脚也要有讲究，最佳方法是：先放适量水于脚盆中，水温因人而异，以脚感温热为准；水深开始以刚覆脚面为宜，先将双脚在水盆中浸泡5～10分钟，然后用手或毛巾反复搓揉足背、足心、脚趾；还可用手或毛巾上下反复搓揉小腿，直到腿上皮肤发红发热为止；为维持水温，需边搓洗边加热水，最后水可加到脚踝以上；洗完后，用干毛巾反复搓揉干净。

泡脚时还可以在水中加入一些对身体有益的中草药成分，在水的热力渗透下，通过温热药浴对足部皮肤、各穴位进行充分刺激。这样做可改善副肾淋巴器官的色素沉着现象，促进激素分泌，使面部及身体各处肌肤慢慢变得白皙而有光泽。《黄帝内经》中有关于"沐足美容"的记载，意思就是通过泡脚来达到美容养颜的目的。

2. 足部按摩

我们上面已经提到，足部穴位众多，经常进行足部按摩能增强血脉运行，调理脏腑，舒通经络，增强新陈代谢，从而强身健体，祛除病邪。特别是脚心的涌泉穴是足少阴肾经的起点，按摩这个穴位有滋阴补肾、颐养五脏六腑、防止早衰的作用。

进行足部按摩时，也不要忘记多动脚趾。中医学认为，大脚趾是肝、肺两经的通路。多活动大脚趾，可舒肝健脾，增进食欲，对肝脾肿大也有辅助疗效。第四趾属胆经，按摩可防便秘、肋骨痛。常按摩脚心、脚趾，对神经衰弱、顽固性膝踝关节麻木痉挛、肾虚、腰酸腿软、精神性阳痿、失眠、慢性支气管炎、周期性偏头痛及肾功能紊乱等，都有一定的疗效或辅助治疗作用。

在这里要提醒大家的是进行足部按摩前先用温水泡洗，边浸泡边用两脚互搓，或用手在水中搓足，5～15分钟后用毛巾擦干，再行搓擦，有助于提高效果。当然，你也可以使用脚踏按摩器、脚底按摩器等刺激你双脚的穴位，促进脚部的血液循环，使劳累了一整天的双脚彻底放松。

3. 女性足部的日常护理

（1）清洁

先用偏热的水浸泡双足。浸泡双足可以使趾甲附近的顽固死皮渐渐软化，皮肤湿润光滑。但要注意水温一定要感觉舒适，太凉或是太热的水都会影响效果。

泡完脚，用去死皮刀把趾部已经软化的死皮慢慢推掉。动作要轻，避免用力过大，伤害到趾甲旁边的皮肤。

使用足部脚擦、脚部清洁刷等，清洁每个脚指头缝，然后用天然浮石去除多余的死皮、脚垫，这样光洁的足部才能彻底吸收养护成分。

（2）定期去角质

脚部是我们全身最容易干燥的地方，因此光擦乳液是不够的，还要定期去除角质，使皮肤恢复柔嫩光滑。用专门的磨砂膏细细清洁脚部的皮肤，然后用护肤香泡洗去，就可以去除暗晦、干燥和粗糙的皮肤。

（3）修剪脚趾甲

用指甲剪修剪出大致的轮廓以后，再用指甲挫细致地打磨每一个趾甲的边缘，使它们更加圆润、整洁。修剪过后，先给趾甲涂上一层基础护理油，这会从根本上防护指甲受侵害，并且使其保持自然光泽。

（4）清爽足部

双脚易出汗，容易有味道，是真菌在作怪。使用止汗除臭的足部喷雾每天喷洒在鞋内可以在一定程度上缓解。如果有其他脚部疾病，建议你最好找专业医生帮助，不要让小问题变成大问题。

（5）击退讨厌的汗臭脚

汗脚、脚臭虽然是男人的通病，但有些女性也有。中医上讲"诸湿肿满，皆属于脾"，汗脚就属于"湿"的范畴，脚特别臭的人是因为脾肿大，而脾肿大则是由于脾脏积湿。脾湿热的时候，人会出又黄又臭的汗，就形成了"汗臭脚"。民间有一些小偏方治疗脚臭的效果也不错，例如，用明矾水泡脚；

把土霉素药片压碎成末，抹在脚趾缝里，就能在一定程度上防止出汗和脚臭，因为土霉素有收敛、祛湿的作用。

（6）做好冬日的护脚工作

在天气寒冷的季节，尤其是冬季，很多人的足部非常容易干燥、裂口、长茧。怎么办呢？可以用花椒煎汤泡洗，这样做不仅可以驱除寒气，而且可以扶助阳气，在杀菌、消毒、止痛、止痒、消肿等方面效果理想。被这种烦恼困扰的女性们可以试试看。

每天坚持泡脚、进行足部按摩，隔一段时间进行一次足部基础护理，内养加外护不仅会让脚粉嫩美丽，而且经常刺激足部穴位也有利于体内气血的生发。气血是女人容颜之基，气血丰盈的女人才能肤色红润，美艳动人。所以，从现在开始好好保养你的脚，像个真正的公主一样，出得厅堂，步步留香。

《黄帝内经》中的祛除口腔异味大法

现代人生活压力大，饮食没有规律，导致口中有异味的人不在少数。不过很多人只是认为口中有异味是个人卫生的问题，也有人认为是内分泌失调，具体原因却很少有人能够说清楚。而在中医看来，口内的津液与心、肝、脾、肺、肾等脏器是相通的，口中有异味往往是内部脏腑出了问题。

1. 口中异味的几种类型及治疗要点

（1）口中发苦

《灵枢·四时气篇》中说"胆液泄，则口苦"，《素问·痿论》中说"肝气热，则胆泄口苦，筋膜干"。也就是说，口中发苦多为热症，是火热之邪内侵的表现，尤其是肝胆火旺、胆气上逆。热症患者除口苦外，还会有口干舌燥、苔黄、喜冷饮、尿少色深、大便干燥等症状。此时，可选用黄连上清丸或牛黄上清丸等清火药物，但身体虚弱者慎用。

（2）口中发酸

西医认为口中发酸是胃酸分泌过多导致的，常见于胃炎、十二指肠溃疡等症。中医则认为口中发酸的病根在于肝胃不和、肝胃郁热，致使肝液上溢、胃酸过多。如果只是偶尔感到口酸，多是因为吃了不容易消化的食物或饮食过量，不用担心。如果经常口酸，并且伴有舌苔厚腻、打嗝时有腐臭味等症状，多是脾胃虚弱，可以服用一些保济丸或山楂丸。如果病人的口酸与胃酸上泛有关，同时还有舌头发红、肋疼痛等症状，多半是肝胃不和，这时就要以泻火、和胃为主。

（3）口中发甜

口中发甜多数为脾胃湿热、热蒸上溢的外兆；少数为脾虚，虚火迫脾津上溢，久了会发展为糖尿病。这一点《黄帝内经》也有记载："帝曰：有病口甘者，病名为何？何以得之？岐伯曰：此五气之溢也，名曰脾瘅。夫五味入口，藏于胃，脾为之行其精气，津液在脾，故令人口甘也。此肥美之所发也，此人必数食甘美而多肥也。肥者，令人内热，甘者令人中满，故其气上溢，转为消渴。""消渴"就是糖尿病的一种症状。

现代医学也证明了口甜是糖尿病患者和消化系统功能紊乱的信号。糖尿病患者口中发甜是因为血液中含糖量增高，唾液中的糖分随之增高。消化系统功能紊乱可引起各种消化酶分泌异常，当唾液中淀粉酶含量增高时就会出现口甜。

（4）口中淡而无味

口中淡而无味，这多是脾胃的问题。如果伴有食欲不振、胃部胀满、大便稀薄、脉细等症状，则多半是脾胃虚弱，治疗上应以健脾、和胃为主。如果伴有疲乏无力、大便稀软、舌苔厚腻等症状，并且不喜欢喝水，则多半是脾胃有湿，治疗上应以燥湿、和胃为主。

2. 口腔的日常护理

（1）保持口腔清洁卫生

保持口腔清洁卫生意味着要每天用心刷牙两次。平时也要经常使用牙线清洁口腔。只有牙线才能将残留在牙缝和牙龈中的食物和细菌清除干净。如果不能将它们及时清除，将很有可能导致口腔异味。

（2）及时清洁舌头

残留在舌头上的细菌会破坏口气，应该时常清洁。在刷牙之后，一定别忘了刷干净你的舌头。

（3）湿润喉咙

口干很容易引起口腔异味。口水具有天然的杀菌作用，可以帮助清除口中的食物残渣。因此，可以说口水有助于保持口腔清洁。故要保持口腔湿润，不要过于干燥。

（4）饭后用清水漱口

饭后应用清水漱口，因为用清水漱口可以除去口腔中残留的一些食物残渣，防止口臭产生。

有助于消灭牙菌斑的食物也可以用来消除口腔异味。如果想吃零食，最好的选择是花生或一些低脂肪的奶酪。

做一个"舌绽莲花"的女性，让你的口气清新自然。

第四章
饮食起居中的养颜法则

第一节

中医教你吃对就美丽

❀ 食物中有神秘的、最好的养颜能量

东方女性有自己独特的养颜之道，效果往往令人惊叹。其中一种常用的方法就是通过食补的方法来美容，因为食物中就有神秘的、最好的养颜能量。中医美容学讲究五脏健康，容颜才美。其中的奥妙就是吃，食物可以补养五脏，可以帮助我们把内在调理好。《黄帝内经》一直提倡圣人不治已病治未病，通过食补来预防疾病，推迟衰老，延年益寿。《黄帝内经》更重视经脉，它讲十二正经和奇经八脉。奇经八脉就是储存多余经气的地方，也就是藏元气的地方。在所有的中药书里，没有一味药能入奇经八脉。也就是说，没有一味药可以补元气，只有食物能补益元气，天天吃东西才能从根本上补益我们的身体。

1. 食补改善体质

食补既方便又实惠，人们乐于接受，一般没有副作用，而且有时可起到药物起不到的作用。例如，一个食欲不振、倦怠乏力的气虚体质者，如果情况不是很严重，只要适量食用羊肉、牛肉、蛋类、花生、核桃之类具有补气效果的食物，就能很好地改善体质。如果不分轻重就盲目服用人参、冬虫夏草等助热生火的大补药物，反而会引起体内其他功能的失调。

但通过食补来改善体质，必须根据每个人的体质情况适当进补。如人老肾虚可多吃些补肾抗老的食品，如胡桃肉、栗子、甲鱼等；防止神经衰弱，推迟大脑老化，可多吃些补脑利眠之食品，如猪脑、百合、大枣等；高血压、冠心病应多吃些芹菜、菠菜、黑木耳、山楂、海带等；防止视力退化应多吃蔬菜、

胡萝卜、猪肝、甜瓜等。通过食补能使脏腑功能旺盛，气血充实，使机体适应自然界的能力增强，抵御和防止病邪侵袭，即中医所谓"正气存内，邪不可干"。

2. 五色五味与养颜

具体到食物与养颜方面的关系，由于五味和五色与人体相通，所以可以通过食物的五味、五色来协调人的容颜美，例如：

青色应肝，酸味入肝，所以面色发青的人，不宜多服青色及味酸的食物。

赤色应心，苦味入心，因此要想面色红润，可补红色、味苦的食物。如西红柿、橘子、红苹果等。

黄色应脾，甘味入脾，所以容颜缺少明黄色的，可辅以黄色、味甘的食物。如胡萝卜、蛋黄等。

白色应肺，辛味入肺，因此要想肌肤美白，可常食白色的食物。如牛奶、豆浆等。

黑色应肾，咸味入肾，所以面黑者应少吃黑色及咸味食物。

3. 顺应时节的食物最养颜

如今，青菜水果一年四季都有卖，本应夏天才有的东西冬天也能吃到，从一定意义上讲，这给人们的生活带来了方便，但这也让很多人失去了季节感。

《黄帝内经》中认为，人以天地之气生四时之法成，养生要顺乎自然、应时而变。养颜亦是如此，不同的季节应该吃不同的食物。俗语中的"冬吃萝卜夏吃姜"说的就是这个理。

因为应季的食物往往最能应对那个季节身体的变化。例如，夏天虽然热，但阳气在表而阴气在内，内脏反而是冷的，所以人很容易腹泻，应多吃暖胃的姜；而冬天就不同，冬天阳气内收，内脏反而容易燥热，所以要吃萝卜来清胃火。

如果我们不分时节乱吃东西，夏天有的东西冬天吃，这很可能在需要清火时却吃下了热的东西。另外，反季节的瓜果蔬菜中大部分都含有化学成分，吃了之后化学品的残余就会积累在身体里，伤害肝肾。所以，大家不要为了一时的贪嘴而伤害了身体；否则，当色斑、皱纹等提前光临的时候可就追悔莫及了。

🏵 再掀素食养生美颜革命

时下，一股食素之风正在蔚为流行，都市中的时尚贵族们厌倦了城市的喧闹与拥挤，厌倦了餐桌上油腻的山珍海味，她们开始希冀从素食中寻觅一缕清香，一份美丽。或许女人本来就无法成为美食家，因为入口的禁忌太多太多：大鱼大肉地折腾，堆积起来的脂肪会让女人们感到恐惧、紧张和不安；汉堡包热情填充着肠胃，然而入口的美味与由此产生的热量却又让女人们懊恼不已；麻辣火锅适口对味，疯狂过后，脸上的痘痘也跟着青春灿烂了起来……而素食就能结束这些噩梦。

1．素食助你吃出美丽

《黄帝内经》说："膏粱之变，足生大疔，受如持虚。"意思是说：长时期进食鱼肉荤腥、膏粱厚味的人，就会在身上发出大的疔疮来。这是因为肉类、鱼类、蛋等动物性食物，会使血液里的尿酸、乳酸量增加，这种乳酸随汗排出后，停留在皮肤表面，就会不停地侵蚀皮肤表面的细胞，使皮肤没有张力、失去弹性，容易产生皱纹与斑点。而素食作为最有效、最根本的内服"美容"圣品，它可使人体血液里的乳酸大为减少，将血液里有害的污物清除掉。素食者全身充满生气，脏腑器官功能活泼，皮肤自然柔嫩光滑、颜色红润。

2．素食美女吃出苗条

素食者还能保持适当的体重。欧美最新的营养学，已抛弃动物性食物的高热量学说，而以"低热量"为目标，发展到素食主义。如果采用素食，减肥的效果显著，且能顾及健康。其关键在于植物性食物能使血液变成微碱性，使身体的新陈代谢活泼起来，借此得以把蓄积于体内的脂肪以及糖分分解燃烧掉，达到自然减肥的效果。

3．素食美女吃出好心情

食素者往往会感觉心清净明，思维也似乎变得更加敏捷了，这是事实。因为让大脑细胞活跃起来的养分首先是麸酸，其次是 B 族维生素。而谷类、豆类等素菜是麸酸和 B 族维生素的"富矿"，一日三餐从"富矿"里汲取能量，可以增加人的智慧，使人容易放松并提高注意力。

那么到底什么是素食呢？从概念上，素食分四种：一是"全素素食"（不吃所有动物和与动物有关之食物），二是"蛋奶素食"（在动物性食物中只吃蛋和牛奶），三是"奶素食"（除牛奶外所有动物性食物均不食用），四是"果素"（除摄取水果、核桃、橄榄油外，其他动物性食物均不食用）。另外，素食原指禁用动物性原料及禁用五辛菜（即大蒜、革葱、兰葱、慈葱、茖葱）的寺院菜和禁用五荤（即韭、薤、蒜、芸薹、胡荽）的道观菜，现主要指用蔬菜（含菌类）、果品和豆制品、面筋等制作的素菜等。

4．素食入门须知

常吃素食有益美容，但并不提倡一点肉食也不沾，一日三餐可以加入一些低脂肪的肉类，如鸡肉、牛肉等，只要少吃就好。为了美丽，女士应吃健康的素食，不能太放任自己。

保证饮食均衡。食素者要确保每日饮食中含有蛋白质、维生素 B、钙、铁及锌等身体所必需的基本营养成分。蛋白质主要从豆类、谷类、奶类中摄取；

富含铁的素食有奶制品、全麦面包、深绿色的多叶蔬菜、豆类、坚果、芝麻等。

素食减肥要天然。应注意以天然素食为主，而不是我们在市场上见到的精制加工过的白面、蛋糕等易消化的食物。天然素食包括天然谷物、全麦制品、豆类、绿色或黄色的蔬菜等。

避免暴露在阳光下。有些蔬菜（如芹菜、莴苣、油菜、菠菜、小白菜等）含有光敏性物质，过量食用这些蔬菜后再去晒太阳、接触紫外线，会出现红斑、丘疹、水肿等皮肤炎症，该症在医学上被称为"植物性日光性皮炎"。所以，大量吃素的素食者饭后应尽量避免暴露在阳光下。

对于素食者来说，选择怎样的素食方案是很有讲究的。不同年龄、体质的人应选择适合自己的素食类型。发育期的少女，由于肌肉、骨骼、大脑的生长，需要更多蛋白质等营养素，建议采用奶蛋素食。而对于中年妇女来说，在素食的过程中应该多吃豆类与深绿色的食物，因为豆类中含有丰富的异黄酮，能缓解更年期症状，而深绿色食物中的钙则能有效预防骨质疏松。

5. 极致素食手册

（1）美容特使：碱性食物

根据营养师的说法，由于我们的血液本身是碱性的，而皮肤与血液的关系又极为密切，所以血液品质的好坏往往呈现于皮肤上。如果我们吃了过多使血液偏酸的食物，那么皮肤就会受到影响，失去光泽。所以，多吃蔬菜、水果这些含碱性较高的食物能碱化血液，改善肤质。碱性食物有番茄、油菜、青椒、小黄瓜、红豆、萝卜、海带、葡萄等。

（2）对抗皱纹的法宝：胶质食物

对害怕皱纹的女性来说，富含胶质的食物一定不能不吃，如银耳、魔芋、果冻、仙草、鱼皮等。多吃富含胶质的食物，可以减少肌肤皱纹的生成，除了让肌肤更富有弹性外，还能让胸部保持坚挺和丰满。

素食主义，代表着一种回归自然、回归健康、保护地球生态环境的理念。它让迷失在现代都市生活里压力重重、困惑彷徨的时尚新贵族们体验到了一种摆脱喧嚣和欲望后的愉悦，历练着她们朴素、安全、纯净、韧性的人生态度。而长期素食所带来的美容养生效果，也激励着更多的人加入这一行列，畅享素食的欣喜。

"粮"全"食"美，慧眼识杂粮

你知道五谷杂粮都有哪些吗? 就你知道它们的具体用途吗? 你知道它们的饮食禁忌吗? 根据下面的介绍，你就可以根据自己的体质和喜好吃出健康和美丽。

1. 小米

小米含有容易被消化的淀粉，很容易被人体消化吸收。现代医学发现，小米内所含的色氨酸会促使一种容易使人产生睡意的五羟色氨促睡血清素分泌，所以小米也是很好的安眠食品。小米性凉，病人食用也很合适。

注意：淘洗太多次或用力搓洗，会使小米外层的营养素流失。小米最好不要和杏仁同食，会令人吐泻。

2. 大麦

大麦含大量的膳食纤维，可以刺激肠胃蠕动，达到通便作用。大麦可降低血中胆固醇，预防动脉硬化、心脏病等疾病。大麦富含钙，利于儿童生长发育。

注意：大麦炒熟后性质温热，内热体质的人不宜常食用。

3. 玉米

玉米中含有一种特殊的抗癌物质——谷胱甘肽，它进入人体后可与多种致癌物结合，使其失去致癌性。玉米所含微量元素镁也具有抑制癌细胞生长和肿瘤组织发展的作用。此外，玉米富含维生素，常食可以促进肠胃蠕动，加速有毒物质的排泄。

注意：避免一次食用过多，容易导致胃闷胀气；不能吃霉玉米。

4. 芝麻

芝麻，尤其是黑芝麻是极易获得而效果极佳的美容圣品。首先，其含有丰富的维生素 E，可抑制体内自由基的活动，能达到抗氧化、延缓衰老的功效。其次，芝麻因富含矿物质，如钙与镁等，有助于骨头生长；而芝麻中含的其他营养素能美化肌肤。

注意：慢性肠炎、肠泻、牙痛、皮肤病、白带多者忌食。

赤小豆

5. 红豆

红豆含铁质，能让气色红润，多摄取红豆有补血、促进血液循环、补充经期营养、舒缓痛经的效果。现代医学发现，红豆能促进心脏的活化、利尿。

注意：红豆有利尿的效果，所以尿多的人要避免食用。

《黄帝内经·素问》早就提出了"五谷为养，五果为助，五畜为益，五菜为充"的总原则。也就是说，五谷杂粮是人们赖以生存的根本，千百年来，人们就是靠着这些最常见的食物繁衍生息，享受着健康和美丽。

早饭吃饱、午饭吃好、晚饭吃少

现在的女性，尤其是年轻的上班族们，有个很不好的饮食习惯，就是早上不吃早饭，中午随便买点对付一下，到了晚上下班了再好好做一顿，把一天的营养补回来。

中医认为，人和自然界是个统一的整体，早上和中午的时候，尽管你自身的消化能力弱了，但是可以借助自然界的阳气来运化食物。晚上，你吃得又好又多，但借助不了自然界的阳气，加之自身的运化能力又弱，代谢的多余的东西就容易在体内囤积，长期下去，身体就会被拖垮。

1. 早饭一定要吃饱、吃流食

《黄帝内经》讲，早晨7—9点是胃经当令之时。经脉气血是从子时一阳初生，到卯时的时候阳气就全升起来了，那么这个时候人体就需要补充一些阴的东西，而食物就属于阴。所以，此时吃点早饭就像贵如油的春雨，它可以有效补充人体所需之阴。

有些女性怕胖，为了减肥就有意不吃早饭，其实吃早饭是不容易发胖的。为什么这么说呢？因为上午是阳气最足的时候，也是人体阳气气机最旺盛的时候，这个时候吃饭最容易消化。另外，到早上9点以后就是脾经当令了，脾经能够通过运化把食物变成精血，然后输送到人的五脏去，所以早饭吃得再多也不会发胖。

此外，要想让早上吃的食物迅速转变成血液津精，源源不断地供给全身的每一个器官，就要避免饼干、面包之类的干食。因为经历了一夜的消耗，人体的各种消化液已经分泌不足，此时如果再食入饼干、面包等干食，就会伤及胃肠的消化功能，降低血液津精的生成与运输。

西方的营养学里有一种叫"要素饮食"的方法，就是将各种营养食物打成粉状，这样食物进入消化道后，就是在人体没有消化液的情况下，也能直接被吸收。所以，我们早饭要吃粥、豆浆之类的"流食"，以促进血液津精的生成，让人体能及时有效地得到阴的补充。

2. 中午吃好，营养要全面

到了中午，该小肠经当令了，小肠是主吸收的，所以这时一定要吃好点，吃得有营养点；否则在体内不能吸收就会变成垃圾。一旦形成垃圾后，人体就得调出元气来化掉它，这样就会耗损阴精让身体虚弱。

3. 晚饭要少吃，要清淡

晚上阳气下降，阴气上升，体内呈现一派阴霾之气，这个时候是没有足够的能量来消化食物的，所以要吃得清淡点，要少吃点。因为这时候即使吃得再多再好也不能把早上中午的给补回来；相反，身体无法消化和吸收吃进去的食物，就会造成胃不和安，影响睡眠不说，还很容易长胖，对健康也非常不利。所以，建议女士们为了自己的健康和苗条身材考虑，最好要遵循早晨吃饱、中午吃好、晚上吃少的规律；否则不仅容易堆积脂肪，还可能吃出一身病。

每个女人都与水有一段不解之缘

是女人都会与水有着一段天生的不解之缘，美丽的女人宛如一潭秋水，令人回味无穷，有爱的女人柔情似水，使人心醉神迷，难怪曹雪芹先生会发出"女人是水做的"之感叹。从白居易笔下的"贵妃入浴"到好莱坞屏幕上的"出水芙蓉"，古今中外，不知留下了多少个女人与水的故事。是女人都离不开水，想成为美女的女人更需要水，鲜嫩水灵、含苞欲放的女性群体，永远是这个世界上一道最靓丽的风景。

1. 水是最好的美容品

水是大自然赋予人类再好不过的营养素和美容品。现代科学研究证实，水不仅是体内多种营养物质的溶剂和载体，而且是体内各种生化反应的媒介，参与调节人的体温、热量、电解质的平衡，维持正常的消化吸收、血液淋巴循环、皮肤代谢等多种功能。正常情况下，人体一天的进水量（包括饮料、固体食物、体内自身合成的水）需达到 2000 毫升左右，方能维持机体的水平衡。人体这么多的生命之液，约 20% 就蕴藏在皮肤中，据测定，皮肤的含水量是其自身重量的 70%，所以皮肤被誉为"人体水库"。对于每一个爱美女性来说，水是保持皮肤良好状态的首要条件，当含水量充裕时，皮肤就显得丰满、细腻、富有弹性；缺水时，皮肤便变得干燥、粗糙、角化，出现脱屑、皱纹，缺少柔软性和伸展性。因此，在人体所需的各种营养素中千万不可遗忘水。

2. 什么样的皮肤才算缺水

拥有像婴儿般细滑的肌肤是很多人的梦想，但如果你的肌肤缺水，那这个梦想就无法实现了。那什么样的皮肤才算是缺水呢？你可以先做个小测试，看看自己的肌肤是否已经进入了"干涸期"。

（1）洗脸后总觉得干巴巴的，不太舒服。

（2）脸部肌肤有紧绷感。

（3）下班从空调房出来，或长时间用完电脑，皮肤像是快要裂开一样的疼痛。

（4）用手轻触面部时，没有湿润感，并缺乏弹性。

（5）面色暗淡，有干纹。

（6）眼周肌肤有细纹。

（7）和眼周的干燥程度相近，嘴唇一样受到细纹的威胁。

（8）洗澡过后有发痒的感觉。

（9）有的部位有干燥脱皮现象。

（10）上午刚过，T区就变得油光闪闪，脸上却越发觉得干燥。

如果四项以上均答"是"，说明你的肌肤已经"危在旦夕"，急需你尽早采取补水措施应对了。

3. 做个娇嫩欲滴的"水美人"也是有讲究的

做女人难，做个娇嫩欲滴的女人更难，我们要想做个"水美人"，就要给身体喂饱水。一般来说，人体一天需要8杯水。

每天起床后，空腹先喝一杯水，过十几分钟后再去吃早饭，这是第一杯水。

在早上9—10点的时候再喝一杯水，在中饭前半小时再喝一杯水，有助于润肠。这是早上三杯水的喝法。

下午时间段较长，可以在1—2点喝一杯水，3—4点喝一杯水，然后在晚饭前半小时再喝一杯水，这样是六杯水。

晚上在7—8点之间再喝一杯水，然后在睡前半小时再喝一杯水，这样一天八杯水就喝完了。

不过，有的女性可能因为喝了睡前那杯水，第二天眼睛会肿肿的，这样的话，就可以减去睡前的那杯水。

喝水时，应该一口气将一整杯水（约200～250毫升）喝完，因为凉开水对养肤美容的效果最好，而且只有一口气喝完一杯水才可被身体真正吸收、利用。

有些人虽然也经常饮水，但皮肤仍旧非常干燥，主要原因就是人体的储水功能较弱、藏不住水，因此有了水，还必须将其留住，而留住它关键是营养，需多吃含骨胶原、黏多糖、卵磷脂、维生素、矿物质丰富的食物。

4. 肌肤的外部补水

我们的皮肤很容易干燥起皮，特别是一些干性皮肤的女性。如果利用水果、蔬菜、蜂蜜等制成面膜，既省钱效果又好。现在就给大家介绍两款适合自己动手制作的补水美白面膜。

（1）矿物质水和黄瓜面膜

把面膜纸蘸湿（最好是用含矿物质和微量元素的水）后敷在脸上，然后将切成薄片的黄瓜贴在面膜纸上轻轻拍打，直到黄瓜片和面膜纸完全接触，15分钟后取下黄瓜片和面膜纸即可。

（2）醋、盐美白面膜

美容用的醋最好选用白醋，先把白醋和盐水溶解，水、白醋和盐的比例为9：3：1，用调和好的混合液把面膜纸润湿，直接敷在脸上20分钟。这种面膜见效快，敷上去皮肤马上会有改善，因为醋、盐有杀菌的作用，所以难看的痘痘也能一并杀掉。

中医补水，由内而外润出来

皮肤的光泽水润与脏腑功能息息相关。让我们来学学中医是如何补水保湿的。

1. 中医补水第一课：健脾

前文已经提到：脾为后天之本，气血生化之源。脾胃功能正常，才能生化充足的气血，为身体各部位输送充足的水分。脾胃功能失常，则津液生化不足，无法滋养各部器官，皮肤自然会干燥。因此，想要肌肤水嫩，首先要健脾，只有健脾益气，才能有充足的津液，为滋润皮肤打下良好的基础。下面为大家推荐几款健脾的美食：

（1）白茯苓

白茯苓有健脾除湿的功效。将其研磨成粉，可以泡茶或冲在牛奶里，也可以在煮粥的时候加入少量。在北京，茯苓夹饼更是一种传统名吃。不过，在茯苓夹饼中，白茯苓只有薄薄的两片，品尝风味还可以，要养脾，还是去药店买白茯苓用上面的方法来吃效果会比较好。

（2）胡萝卜小米粥

按照五色五行和脏腑的对应，黄色食物可以补脾。胡萝卜和小米都是黄色食物，同煮粥可以健脾化滞，安五脏，祛寒湿，其中的小米富含膳食纤维还能消脂减肥。如果有人不习惯胡萝卜的味道，还可以加些牛肉丁、羊肉丁一起熬粥，味道更好，还可温补气血。

（3）当归黄豆炖鸡

当归50克，黄豆50克（提前泡一夜），乌鸡1只，生姜1块，水适量，小火煎煮，肉烂汤浓时调味装盘即可。这道菜的味道很不错，不仅可以健脾，还能补气益血、防治妇科病。

2. 中医补水第二课：润肺

肺为"水之上源"，水液要经过肺的宣发作用，才能均匀散布到身体的各个部位，让五脏六腑及全身肌肉得到濡养，皮肤得到润泽。若肺的功能失常，失去了输送水液的能力，皮肤就得不到充分的水分滋养。下面这些食物，就有润肺养肺的功效。

（1）百合罗汉果煲汤

百合30克，罗汉果半个，鸡500克，猪瘦肉100克，生姜3片。药材洗净稍浸泡，鸡切块，猪瘦肉洗净，与生姜放进砂锅内，加清水，大火煲沸后，改小火煲2小时，调味便可。如果觉得麻烦，可以直接用百合、冰糖、梨、银耳等润肺材料自由搭配，煲制甜汤，睡觉前喝上一小碗，效果很不错。

（2）杏仁

中药杏仁为苦杏仁，能止咳平喘，平时食用比较少。一般常吃的甜杏仁，也有类似功效。不过有一点要提醒的是，不管是苦杏仁还是甜杏仁，都有微毒，每天的食用量不宜超过 12 克。

（3）蜂蜜

蜂蜜有"女性美容圣药"之称，可养阴润燥、润肺补虚、和百药、解药毒、养脾气、悦颜色、调和肠胃。现代研究证明，蜂蜜中丰富的生物活性物质，能改善皮肤干燥缺水的状况，增加皮肤营养，保持皮肤细嫩光滑。大家可以每天用温水冲一杯蜂蜜水喝，长期坚持，皮肤状况就能大有改善，还可以做成蜂蜜奶饮，即用 250 克牛奶，煮开后加入 30 克蜂蜜饮用，有滋补健身、润肤保湿的作用。

3. 中医补水第三课：固肾

肾主水，水液由肺输布全身滋养人体后，又集聚于肾，在肾的作用之下，被过滤成清和浊两部分。清者，通过肾中阳气的蒸腾汽化作用，回到肺，由肺再散布全身，以维持体内的正常水液量。浊者则被转化成尿液排出。补水除了补充水分，将水液正常输布于人体之外，更重要的是要强化肾阳的汽化作用，才能达到留住水分的目的。下面这些食物有滋补肾阳的效果。

（1）杜仲炖牛腩

山药洗净去皮切块，牛腩切小块焯水去浮沫。将八角入锅炸香，再煸香葱段和姜块，加料酒、水，下牛腩，加入洗净的杜仲，根据个人口味加入糖、盐、鸡精调味，一同炖至软烂入味即可。杜仲还可以用来泡茶、泡酒，除了滋养肾阳外，还能增强记忆力、抗疲劳、抗衰老。

（2）首乌鸡汤

乌鸡一只约 800 克，何首乌 50 克，生姜 1 块，水适量。将食材洗净后放入锅内，以小火煎煮，肉烂汤浓时调味装盘即可。也可加入当归一同炖，效果更好。

如果能一直坚持下去，一定能够从内到外润起来，拥有细嫩水润的肌肤。

❀ 靓汤，饱腹养颜两不误

闲暇的时候，为自己煲上一锅养颜靓汤，美美地喝上一碗，在满足口腹之欲的同时，让皮肤也美得玲珑剔透，这实在是值得向往的一件事。

《黄帝内经》曾谈到汤的神奇功效："汤液十日，以去八风五痹之病。"法国著名烹调家路易斯·古斯也说："汤是餐桌上的第一佳肴，汤的气味能使人恢复信心，汤的热气能使人感到宽慰。"可见，汤的保健功效是得到全世界公认的。不过，喝汤和吃药要对症一样，要根据自己的身体需要选择适合自己的汤，喝对了既能养生又能美容，喝错了就会危害健康。

1. 喝汤也要对症

（1）容易失眠且皮肤暗淡无光的女性适合喝虫草老龟汤进补。冬虫夏草与老龟一起炖汤，有健脾、安神、美白皮肤的功效，是四季皆宜的补品。

挑选冬虫夏草时要注意，虫体丰满肥大、外壳黄亮、紧实的才是上品。

（2）火气大、爱长痘痘的女性可以吃土茯苓老龟汤，有清热解毒、健脾胃的作用。土茯苓的味道比较重，可以少放些，也可以在烹调时通过调味来遮盖。如果还是不习惯它的气味，可以换为莲子。但要注意一定要将莲子心除去，莲子心不能和老龟一起食用。

（3）工作压力太大、皮肤粗糙的女性应该喝西洋参甲鱼汤。西洋参品性温和，适合所有人调养身体，而且四季皆宜；而甲鱼的滋补功效人尽皆知。这个汤可以补气养阴、清火除烦、养胃，特别适合那些工作繁忙、压力过大的女性白领。选购西洋参时要注意，好的西洋参颜色较深，形状多为短粗纺锤形，纹理呈横向，且有清香味；用硫黄熏制的参片，颜色发白，质重，切片内层多实心，用手捏一捏，能感觉到表面有粉状物，闻起来也没有清香味。

（4）咳嗽、气短的女性应该喝霸王花排骨汤。霸王花又叫剑花、量天尺，有清热、润肺、止咳的功效，在中药店就可以买到。霸王花排骨汤可以清火润肺、补气，而且，就算天天吃也没什么副作用。建议大家在汤中加少许蜜枣或罗汉果，味道会更有特色。

（5）月经不调、皮肤粗糙的女性朋友适合喝红枣乌鸡汤。红枣自古以来就是补血食物，乌鸡更能益气、滋阴，这款汤乃是为女子特制的滋补佳品，对于月经紊乱有很好的疗效，经常食用还能让皮肤更加细腻。

2. 好喝又养颜的家常汤品

上面介绍的汤，用的食材都比较昂贵，有的人可能觉得不是很实用。那么，下面就介绍一些食材易得、简单好做的汤。

养颜方

1. 健脑养颜汤

材料：莲子肉100克，银耳25克，龙眼肉15克，水7碗，冰糖1块。

做法：龙眼肉浸洗干净。莲子肉洗净留衣。银耳浸洗，同莲子肉、龙眼肉加水煲滚，再用中火煲45分钟，放冰糖即成。

功效：莲子能健脾补肾，银耳有益胃滋养功效，而龙眼肉则能安神养血，用它们煲糖水饮用，对滋润养颜、补血健脑十分有益，最适合产妇滋补饮用。

2. 红枣木耳美容红颜汤

材料：红枣50克，水发黑木耳100克，白糖适量。

做法：将水发木耳去杂质洗净，切成小块。红枣去核，一同放入锅中加清水适量煮至红枣、木耳烂熟，放入白糖调味即可食用。

功效：红枣具有润肺健脾、止咳、补五脏、疗虚损的作用，配以滋补强身的黑木耳，其补益、滋养、活血、养容的作用增强，常食能使面色红润。

3. 莲藕养颜汤

材料：生地黄60克，莲藕500克，红枣10枚（去核）。

做法：生地黄、莲藕、红枣洗净。将全部材料放入锅内，加清水适量，大火煮滚后，小火煲3小时即可。

功效：藕生食能清热润肺，凉血行瘀；熟吃可健脾开胃，止泻固精。枣能补中益气，滋脾胃，润心肺，调营卫，缓阴血，生津液，悦颜色。此汤甘甜可口，适合贫血、心悸、失眠、面目肤色松浮的女性饮用。

4. 银耳雪梨柚子蜜养颜汤

材料：银耳、雪梨、柚子蜜适量。

做法：用清水把银耳泡开。

将新鲜的梨切成丁，与泡好的银耳一起用清水煮开后，调至小火熬到黏稠，加入适量柚子蜜。

功效：银耳味甘性平，能生津润肠，滋阴止血；雪梨性寒味甘，有润肺止咳、降火清心等作用；柚子蜜有很好的清热解毒的功效，不像蔗糖那样的燥热，又比冰糖多了一份柚子的清香。这款汤不但可以滋阴润肺，还可以宁心止咳，有益肺胃。

5. 银耳樱桃养颜汤

材料：银耳 2 朵，樱桃 100 克，冰糖适量。

做法：银耳用清水浸软。樱桃洗净，去核。先将银耳加水煮半小时，放入冰糖煮溶，最后加入樱桃，煮片刻即可食用。

功效：银耳有滋阴清热、润肺止咳、养胃生津、益气和血等功效，樱桃具有补中益气、祛风除湿、健脾和胃等功效。这两种食物都是养颜美白的常用之品，同煮成汤可补气养血、白嫩皮肤。

3. 喝汤也有讲究

喝汤虽好，但是也要有讲究，不是随便什么时间、无论怎么喝都会对身体有好处的。

俗话说："饭前先喝汤，胜过良药方。"这是有科学道理的。因为从口腔、咽喉、食道到胃，犹如一条通道，是食物必经之路。吃饭前，先喝几口汤，等于给这段消化道加点"润滑剂"，使食物能顺利下咽，防止干硬食物刺激消化道黏膜，保护消化道，降低消化道肿瘤的发生率。最重要的是，饭前喝汤可以增加饱腹感，降低人的食欲，避免吃得过饱，导致肥胖。

当然，饭前喝汤有益健康，并不是说喝得多就好，要因人而异，也要掌握进汤时间。一般中晚餐前以半碗汤为宜，而早餐前可适当多些，因一夜睡眠后，人体水分损失较多。进汤时间以饭前 20 分钟左右为好，吃饭时也可缓慢少量进汤。总之，进汤以胃部舒适为度，饭前饭后都要切忌"狂饮"。

❋ 不要忘了粥补这款养颜良方

粥自古以来就是药膳食疗佳品，各种营养相宜的食物组合在一起煮成粥就是很好的滋补方。远在两千多年前，我们的祖先就已经用粥来防病治病了。经常食粥不仅可以调剂口味、平衡膳食，更能补养身体、美容养颜。

粥被古代医家称为"世界第一补人之物"，是中国饮食文化中的一绝。古往今来，人们不仅用粥来养生，还用它来治病。

李时珍是明代的医药学家，他活了 75 岁，在古代这已经算是高寿了。

李时珍的养生保健方法，与他的粥养是分不开的。李时珍非常推崇粥养生，他说："每日起食粥一大碗，空腹虚，谷气便作，所补不细，又极柔腻，与肠胃相得，最为饮食之妙也。"宋代诗人陆游赞誉道："人人个个学长年，不意长年在眼前；我以宛（平）商（丘）平易法，即将食粥致神仙。"

1.粥可滋补亦可养颜

消化、吸收与食物的形态有很大关系，液体的、糊状的食物可以直接通过消化道的黏膜上皮细胞进入血液循环来滋养人体，而粥恰好符合这些特点，它对老人、儿童、脾胃虚弱者都是适宜的。对于爱美的女性来说更是不可缺少的。

2.几款美味养颜粥

既然喝粥有这么多好处，下面介绍几款健康美味的养颜粥。

养颜方

1.红枣菊花粥
材料：红枣50克，粳米100克，菊花15克，红糖适量。
做法：将红枣、粳米和菊花一同放入锅内加适量清水煮粥，待粥煮至浓稠时，放入适量红糖调味即可。
功效：此方具有健脾补血、清肝明目之功效，长期食用可使面部肤色红润，起到保健防病、驻颜美容的作用。适合睡眠不好、皮肤灰暗的女性食用。

2.补血美颜粥
材料：川芎3克，当归6克，红花2克，黄芪4克，粳米100克，鸡汤适量。
做法：将米洗净用水浸泡，当归、川芎、黄芪切成薄片后装入干净的小布袋中，放入瓦锅内加鸡汤共熬成药汁；将粳米放入药汁中煮粥，待粥浓稠时加葱花、精盐、生姜调味即可。
功效：此粥有活血行气、补养气血之功效，女性常食能调经补血、驻颜美容。适合月经不调、皮肤粗糙的女性食用。

3.黄芪橘皮红糖粥
材料：黄芪30克，粳米100克，橘皮末3克，红糖适量。
做法：将黄芪洗净，放入锅内，加适量清水煎煮，去渣取汁；锅置火上，放入粳米、黄芪汁和适量清水煮粥，粥成加橘皮末煮沸，再加入红糖调匀，即可食用。
功效：橘皮末能理气健胃、燥湿化痰。红糖温中补虚、活血化瘀。黄芪是补气的良药。此粥有益气摄血作用。适合肺热、咳嗽多痰的女性食用。

4.玫瑰情人粥
材料：白米50克，新鲜玫瑰花1朵，香浓鸡汤8杯，蜂蜜适量。
做法：先将鸡汤煮沸，放入淘净的白米继续煮至滚时稍微搅拌，改小火熬煮30分钟，加入玫瑰花瓣再煮3分钟即可。食用时用蜂蜜调味。
功效：此粥有美容减肥的功效。玫瑰花具有促进血液循环的功效，能使肌肤光滑。适合脾胃不强、虚火过剩的女性食用。

3.煮粥也要有讲究

粥的制作也十分讲究，因为它关系到粥的功效。《老老恒言》的"粥谱说"详述食粥的煮法，总结了"择米""择水""火候""食候"四法。

择米："米用粳，以香稻为最，晚稻、早稻次之。"因此，一定要选择新鲜、质佳、无霉变、无污染的好米。

择水：在煮粥时，必须注意水质的洁净和水中矿物质的含量。水要一次添足，中途不要临时再添水，这样"方得正味"。

火候：火候包括火的大小、煮的时间、入料顺序3个方面，是影响粥的质量的一个关键步骤。火的大小分为文火、武火和文武火。文火弱小，而武火强大，文武火适中。一般情况下，煮粥时用文火为好，这样既可以将米煮出油和味来，又不损害其中营养。下料的时间与材料性质有关，难熟的食物先入锅，易熟的后入锅，易挥发的最后入锅。一般先煮米，后下料，最后加调味品。

食候：所谓食候，就是食粥的时间。具有补益作用的药粥，最好早晨空腹服；具有安眠作用的药粥，一日三餐都可服，但临睡前服效果最好。

4.喝粥跟着季节走

喝粥也要顺应气候的变化。绿豆粥性味甘寒，具有清热解毒、消暑止渴、利尿的功效，最适合夏季食用；莲米粥健脾补胃、益气，对夏季腹泻、心烦失眠有一定疗效。秋天气候干燥，就要服具有润燥、暖体、养肺、益气作用的粥，例如，莲肉粥养神固精、扁豆粥和中补脏、胡桃粥润肌防燥、松仁粥润肺益肠、燕窝粥养肺止咳等。冬天气候寒冷，就要食用羊肉粥等具有温补作用的粥，以起到温补元阳、暖中御寒的效果。

❀ 适度节食是可以延续的养颜主旋律

《黄帝内经·素问》中说，饮食有节是长寿的要诀之一，而饮食不节则易导致早衰。

节制饮食不仅能减轻肠胃负担，而且由于机体处于半饥饿状态，植物神经、内分泌和免疫系统受到了一种良性刺激，这种良性刺激可以调动人体本身的调节功能，促进内环境的均衡稳定，增强免疫力，使神经系统的兴奋与抑制趋向平衡，从而大大提高人体的抗病能力。而经常饱食会使人更易衰老，损害人的健康。

想一想，如果一个女人饮食毫无节制，肆无忌惮，想吃什么吃什么，而且非要吃个痛快，吃奶酪、吃肥肉、吃膨化食品，还要大把大把地吃花生、糖果等高脂肪、高热量食品，这个女人的身材一定不会好到哪儿去。所以，要想做一个青春秀丽、婀娜多姿、体态苗条的女性，最简单、最基本的办法就是节制饮食，不要每顿饭吃得太饱，七八成饱足矣，即使是山珍海味也不能胡吃海塞、毫无顾忌，要坚决抵制美食的诱惑，任何时候都要把好这个关口，不能懈怠。另外，节制饮食还要谢绝咖啡、烟酒、膨化食品等。而且凡是加工程序越多的食品，营养价值就会越少，因为每道程序都会剥夺一部分营养物质，所以没怎么经过加工的粗粮是最好的选择。

没有营养的大众食品，价钱反而更高。所以，建议女性朋友不妨把眼光定格在物美价廉的粗粮上，如麦片、绿豆、芡实、薏米、玉米等，这些东西吃起来不仅味道鲜美，而且对女性的美丽和健康有很大的好处。

节制饮食的关键在于"简、少、俭、谨、忌"五字。饮食品种宜恰当合理，进食不宜过饱，每餐所进肉食不宜种类繁多。要十分注意良好的饮食习惯和讲究卫生，宜做到先饥而食，食不过饱，未饱先止；先渴而饮，饮不过多，并慎戒夜饮等。

❀ 茶清香，人清秀——加入"爱茶一族"

中国茶道源远流长，从西汉时期人们就有饮茶的习惯。喝茶可以养生，《本草纲目》里就说："（茶）苦寒无毒，性冷。有驱逐五脏之邪气，镇神经、强壮精神，使人忍饥寒，防衰老之效能。"现在，很多女性都对茶叶的美容功效有一定的认知，懂得用茶水洗脸，用茶包对付黑眼圈。而且茶类护肤品越来越多，大家更是纷纷加入"爱茶一族"的行列。在茶叶的清香里轻抚自己的脸，烦躁的心情能顿时安静下来，整个人似乎也变得格外清澈靓丽。

1. 茶叶的美肤功效

一是抗氧化。茶叶中提取的茶多酚是最好的抗氧化剂之一，它能够帮助人体中和、清除自由基。二是保润泽。茶叶中所含有的氨基酸能保持肌肤润泽。三是消炎杀菌。茶叶本身还具有去火、消炎、杀菌等功效，长痘痘的肌肤最欢迎茶叶的呵护。

另外，如今的人们上班对着电脑，下班回家对着电视，每天都被包围在各种辐射中，而喝茶，特别是喝绿茶，能有效地防辐射。

茶除了可以用来饮用外，还可以用作外敷。可以用隔夜的茶擦身，茶中的氟能迅速止痒，还能防治湿疹；用隔夜茶洗头，还有生发和消除头皮屑的功效；皮肤被太阳晒伤，可用毛巾蘸隔夜茶轻轻擦拭，能有效缓解皮肤的晒伤；用茶水洗眼睛还可以起到明目、保护视力的功效。

需要提醒大家的是茶水外用保健，如前所说的洗眼、漱口等，就要用浓茶；而以内饮的方法养生，茶就要冲泡得淡一些；否则，不仅达不到有益健康的目的，反而会给我们的身体造成不适。

2. 自制养颜茶

茶叶的美颜功效不容怀疑，这里向大家介绍几种自制美颜茶，以调理身体，解决各种肌肤问题。

（1）芍药茶——祛瘀血

有些女性经常感觉手脚冰冷，其实是因为她们的血液循环不流畅，因此提倡饮用芍药茶以促进血液循环，将体内各处积聚的瘀血排出体外。做法是：将15克野生晒干的芍药跟400毫升水一起煮，待剩下一半分量时，再放入生姜、枣和蜂蜜就可以了。

（2）薏米绿茶——消水肿

当滞留体内的水分变成毒素时，就很容易诱发水肿，这时应该多饮用能令身体变暖、排出身体多余水分的花草茶。薏米绿茶能祛除体内湿气，为身体排毒，是不错的选择。先将100克薏米、200克左右的绿豆和600～800毫升的水一起煮，至水剩下一半时，加入绿茶，继续加热1分钟就可以熄火，每天喝3次。

（3）半夏茯苓茶——化痰滞

半夏茯苓茶有助于祛除痰滞和消化不良等现象，因此对于新陈代谢不畅、消化不良及头痛等慢性疲劳引起的疾病有一定的疗效。只需要6克半夏、4克茯苓，加上500毫升水一起煮10分钟左右，喝的时候还可以加少许蜂蜜。

薏苡

但半夏辛散温燥，服用者要根据个人情况来决定是否添加；而茯苓就平民化很多，我们常接触的茯苓膏、四神汤都以它来做原料。茯苓补脾又利尿，还有降血糖、镇静、补气等效果，有些人习惯长期食用。

（4）枸杞茶——通便

便秘是美容的大敌，经常便秘的人可以喝点没有特别苦味的枸杞茶，晚上喝一点，第二天上午就会大便通畅，神清气爽。

（5）何首乌茶——瘦身

绿茶、何首乌、泽泻、丹参各等量，加水共煎，去渣饮用。每日1剂，随意分次饮完，有美容、降脂、减肥等功效。

（6）葡萄茶——抗衰老

取葡萄100克，白糖适量，绿茶5克，先将绿茶用沸水冲泡，葡萄与糖加冷水60毫升，与绿茶汁混饮。可抗衰老、保持青春活力。

3. 四季饮茶有区别

要提醒的是，饮茶还讲究四季有别，即：春饮花茶，夏饮绿茶，秋饮青茶，冬饮红茶。其道理在于：春季，人饮花茶，可以散发一冬积存在人体内的寒邪，浓郁的香茶，能促进人体阳气发生。夏季，以饮绿茶为佳。绿茶性味苦寒，可以清热、消暑、解毒、止渴、强心。秋季，饮青茶为好。此茶不寒不热，能消除体内的余热，恢复津液。冬季，饮红茶最为理想。红茶味甘性温，含有丰富的蛋白质，能助消化，补身体，使人体强壮。

❀ 水果养生抗衰老，常吃能把青春葆

俗话说："萝卜青菜，各有所爱。"不爱吃水果的女人却是少之又少。颜色缤纷的水果不仅味道鲜美，而且营养丰富。《黄帝内经》中就说"五果为助"，水果可以帮助我们补充多种人体所需的营养成分，有些水果还可以贴在脸上，起到补水、保湿、美白等作用，给女性更添几分美丽。

1. 水果美颜逐个数

（1）苹果

苹果号称"水果之王"。饭后吃一个苹果，可治疗反胃、消化不良及慢性胃炎。将苹果煎服或服用苹果汁，对治疗高血压有一定功效。

（2）梨

梨是人见人爱的"天然矿泉水"。取4个梨洗净后切块，去掉梨核，再将8个无花果和适量肉洗净切成块，将所有用料放入锅内，加水后用大火煮沸，再改小火熬煮2小时，调味后即可食用。这样食用具有清肺润燥、生津止渴之功效。

（3）橙子

橙子可解酒，橙子核浸湿捣碎后，每晚睡前涂擦可治脸面上的各种粉刺和斑。

（4）香蕉

香蕉具有美容通便的功效。把香蕉皮敷在发炎处，可很快治愈皮肤感染。把香蕉烘干后磨成粉，每次以温水冲服若干，可辅助治疗胃溃疡。把剥好的香蕉切碎，放入茶水中，加糖，饮用可治疗高血压、冠心病，还可润肺解酒、清热润嗓。

（5）柚子

柚子是天然的"口气清新剂"。其果肉可解酒毒、健脾温胃，还可去除饮酒人的口臭，去肠胃恶气和化痰。

（6）橘子

橘子在我国一些地区被视为吉利果品。把橘子剥皮后用白糖腌一天，再用小火把汁液熬干，把每瓣橘子压成饼状，再拌上白糖，风干后食用，可治疗咳嗽多痰、腹胀等症。

（7）猕猴桃

猕猴桃可以防治老年骨质疏松症、动脉硬化，可改善心肌功能，防治心脏病，对高血压、心血管病也有明显疗效。经常使用可防止老年斑形成，延缓人体衰老，清热除烦止渴，还可以对癌症起到一定的预防作用。

（8）杏

杏有"甜梅"的美誉。把杏仁研磨成泥状和大米混合后，大火煮沸，再改用慢火煮烂成粥，食之可防止咳嗽、气喘。

（9）山楂

山楂含有丰富的营养。取山楂果肉放入锅中，加水煎煮到七成熟，当水快耗干时加适量蜂蜜，再用小火煮透，食之可活血化瘀、开胃消食。

（10）西瓜

西瓜是盛夏里最常见的消暑果品，饮用西瓜汁能治口疮。但不能多食，以免助湿伤脾。将西瓜与西红柿放在一起榨汁饮用，可治疗感冒。

（11）枇杷

枇杷是止渴利肺的佳品。取 12 个枇杷的果肉与 30 克冰糖一起煮食，可治疗咳嗽。

枇杷

（12）火龙果

火龙果是一种低热量高纤维的水果，营养十分丰富，深得减肥女性的喜爱。另外，火龙果对防治便秘也很有效果。

2. 根据体质选水果

按照中医的说法，人有体质之分，水果也有水果特有的性质，一不留神，吃了不适合自己体质的水果就会让人不舒服。人的体质有寒、热、虚、实之分，先认识自己的体质，再配合相应性质的食物，滋养效果才能加倍。

体质分类是传统中国医学的独特理论，也就是一般常听到的寒、热、虚、实。"寒体质"的人体内产热量较少，所以手足较凉，脸色比一般人苍白，喜欢喝热饮，很少口渴，即使炎炎夏日，进入空调房间也会觉得不适，需要喝杯热茶或加件外套才会舒服。相反，"热体质"的人产热能量较多，脸色红赤，容易口渴舌燥，喜欢喝冷饮，夏天进入空调房间会倍感舒适。

体质虚是由生命活动力衰退所造成的，人的精神比较萎靡，心悸气短；体质实则容易发热、腹胀、烦躁、呼吸气粗，容易便秘。

中医认为，食物进入体内会产生"寒、热、温、冷"的作用。因此，每种水果都有它的"个性"。中医强调均衡、阴阳调和，所以体质偏热的人要多吃寒凉性的食物；体质偏寒的人，自然多吃温热性的食物。吃水果的原则也一样。

进入体内的食物，如果不温不热，不寒也不凉，则归属于"平"性。而每种水果，都有其属性，一般分为"温热""寒凉""甘平"三类。

（1）温热型水果

温热型水果指的是热量密度高、糖分高的水果。吃下去后，肝脏的葡萄糖磷酸化反应加速、肝糖合成增加、胰岛素与升糠泪素比例上升、脂肪酸合成提高、三磷酸甘油酯合成提高。肝脏充满了待送出的油脂和糖，就容易上火，身体能量增加，就比较"热"。

温热类水果有：枣、桃、杏、龙眼、荔枝、樱桃、石榴、菠萝等。体质燥热的人吃这类水果应适量。

（2）寒凉型水果

体质虚寒的人应慎用寒凉型水果。寒凉类水果包括：柑、橘、菱、香蕉、雪梨、柿子、百合、西瓜等。

（3）甘平型水果

甘平型水果有：葡萄、木瓜、橄榄、李子、梅、枇杷、山楂、苹果等。这类水果适宜于各种体质的人。

水果虽好，但吃太多身体也受不了。例如苹果，吃过量会伤脾胃。另外，荔枝吃多了会降低消化功能，影响食欲，产生恶心、呕吐、冒冷汗等现象；杏过量食用会上火，诱发暗疮；瓜类由于水分多，吃多了会冲淡胃液，引起消化不良、腹痛、腹泻；龙眼吃多容易上火、燥热。所以，吃水果不仅要重"质"，还要重"量"。

总之，水果的作用很多，所以女性朋友一定要保证每天进食一定量的应季水果。这样，不仅身体会变得健康，如花的青春也会和你成为好朋友，与你长久相伴。

❀ 女人的养颜回春酒

不管是现代的美女还是古代的佳人都把酒当成一种美容养颜之圣品。例如，唐朝时杨贵妃经常用酒浴美肤健体，净化体内。肤如凝脂的她，在甘醇美酒的浸润下，越发显得美丽动人。《黄帝内经》中也有关于酒的记载，是黄帝与岐伯在一起讨论酿酒的情景，书中还提到一种古老的酒——醴酪，即用动物的乳汁酿成的甜酒。酒何尝不是女人养颜回春的灵丹呢？现代的美女们对酒养颜的运用已经到了炉火纯青的程度。

1. 爱啤酒：告别扰人头屑

一头青丝如果出现了头皮屑，那绝对是美丽的噩梦。去屑洗发水的有效性确实不错，头发日渐干枯分叉却是不争的事实。如果真有一种方法能消灭头皮屑又营养头发，大家肯定要试一试。

普遍认为头皮屑是由头皮上的真菌引起的，这种真菌以皮脂（自然分泌的油脂）为食，因新陈代谢而产生副作用（包括脂肪酸），引起头皮发炎和增加细胞繁殖的概率。啤酒中的少量酒精能够杀掉头皮上的细菌，其中的酵素能够为头皮细胞注入活力并促进细胞的代谢，而维生素、矿物质和氨基酸又能为发丝提供营养，是天然的美发剂。

有头皮屑烦恼的人们可以先把啤酒在热水里烫温，然后倒在头发上将头发弄湿，保持 15 ~ 30 分钟，并不断地轻揉头皮。然后用温水冲洗，最后用普通洗发露洗净。每日两次，四五天就可以除尽头皮屑、消除瘙痒。这种方法对头皮没有丝毫损伤，头发还能变得更光泽、更柔顺。

2. 爱红酒：告别粗糙松弛

自古以来，红葡萄酒作为美容养颜的佳品，备受人们喜爱。有人说，法国女子皮肤细腻、润泽而富有弹性，与经常饮用红葡萄酒有关。那么，红酒为什么能得到女性的青睐呢？红酒养颜的秘诀又是什么呢？

这是因为酿造红酒的葡萄的果肉中含有超强的抗氧化剂，其中的自由基能中和身体所产生的自由基，保护细胞和器官免受氧化，令肌肤恢复美白光泽。红酒提炼的自由基活性特别高，其抗氧化功能比由葡萄直接提炼要高得多。葡萄子富含的营养物质"多酚"，其抗衰老的能力是维生素 E 的 50 倍，是维生素 C 的 25 倍，而红酒中低浓度的果酸还有抗皱洁肤的作用。坚持使用，可以使肌肤紧实明亮，并能收缩毛孔。

现代女性最大的敌人莫过于斑点、皱纹、肌肤松弛等，然而这些都与新陈代谢延缓有关。如果经常用红酒润肤，就可以把这些问题一起解决掉。下面介绍一款红酒面膜：

> **养颜方**
>
> 红酒面膜
> 材料：1 瓶高档红酒，压缩面膜纸，1 个塑料容器。
> 做法：将塑料容器洗干净后晾干，如果有条件，最好放入消毒柜里消毒。将一张面膜纸放入塑料容器中，倒入红酒，面膜纸一旦接触水分会立即涨大。倒入的红酒的量以淹没涨大的面膜为宜。将双手洗净打开面膜，敷在脸上，感觉面膜上的水分半干时取下即可。
> 功效：去死皮，滋润肌肤。

在此要提醒大家，本身肌肤对酒精过敏的人最好不要使用这种面膜；红酒面膜最好在晚上使用，因为肌肤死皮去除后如果出门晒太阳，反而会加速肌肤的老化。

沐浴时也可以加入红酒。将浴缸中的水温调到比体温高 2℃ ～ 3℃后，倒入红葡萄酒 3 ～ 4 杯，冬季可适量增加。要注意水温不要太高，因为红酒中的营养成分如维生素、果酸等，在高温下容易变质、流失。浴后应彻底用清水洗净，否则残留在肌肤上的酒精会带走肌肤大量的水分。即刻涂上护肤乳，可以加强锁水功效。经常这样洗浴有利于肌肤的细嫩柔滑。

3. 爱清酒：告别黄脸婆

"黄脸婆"，多么触目惊心的字眼，为了逃离这个名号，女人们消耗了太多的护肤产品和彩妆。我们向往婴儿般细腻的肌肤，但那些化学成分给不了我们想要的惊喜，而清酒却能助我们一臂之力。

清酒有着很好的美容疗效，能够减轻厚重的粉妆对我们皮肤的伤害。这是因为清酒中含有的 18 种氨基酸和蛋白酶等营养成分，不仅能活化肌肤，还能保湿。清酒所含的酒精成分不但不会刺激皮肤，反而能深入毛孔清除污垢，从而保持皮肤光滑，加快面部血液循环，让皮肤自然而然白里透红。

用清酒美容的方法也很简单，可以将少许清酒放入温水中用来洗脸，也可以用清酒代替水混入面膜粉中敷脸。使用时，选用精米度低（米粒外壳磨得多）的清酒，效果会更好。

4. 爱青梅酒：养颜又美发

青梅酒口感酸甜，似乎天生就是为女人准备的，这是因为青梅具有调节肠胃功能的独特功效。青梅中的儿茶酸能促进肠道的蠕动，对便秘和腹泻有显著功效。

青梅还能促进唾液腺分泌更多的腮腺素。腮腺素是一种内分泌素，常被称为"返老还童素"，它可以使全身组织和血管趋于年轻化，保持新陈代谢的节律，有美肌美发之功效。

要想自制青梅酒，先将新鲜青梅泡上 6～8 小时；擦干水分，将青梅的蒂摘掉，清除蒂把上面不干净的东西；把青梅和冰糖交替放进杀过菌的瓶子里，不时摇晃一下瓶子，让其分布均匀，等瓶子装满以后注入白酒；耐心等待 3个月以后，你就可以喝到淡淡的青梅酒了。泡了 1 年以上的青梅酒更是绝品。

青梅酒可常年饮用。冷饮（加冰块或冰镇）、热饮（青梅酒、纯净水其中之一加热，适量调和），餐前或餐后饮用都很适合。若适量兑入橙汁、柠檬汁、雪碧、苏打水等，更可调出五彩缤纷的鸡尾酒。青梅酒中大量的多酚类物质还能抑制脂肪堆积，有塑身减肥的作用。

5. 爱黄酒：爱上好气色

黄酒是世界上最古老的酒类之一，源于中国且唯中国有之，与啤酒、葡萄酒并称世界三大古酒。黄酒以大米为原料，经过长时间的糖化、发酵制成，原料中的淀粉和蛋白质被酶分解成为小分子的物质，易被人体消化吸收；黄酒里还含有丰富的维生素，有防止皮肤老化、消除皮肤斑点的作用。将黄酒与大枣、桂圆同煮，有益气健脾之功，可以促进气血化生，使面色红润、肌肉丰满，让女性气色绝佳。

6. 爱米酒：让你气血充盈

每天一碗枸杞米酒酿蛋，补气血。米酒由糯米经酿制而成，又称醪糟，其口感甘甜芳醇，有温中益气、补气养颜的作用。产妇和妇女经期饮用，尤有益处。将米酒和枸杞子、鹌鹑蛋同煮成枸杞米酒酿蛋，会产生对女性皮肤有益的酶类与活性物质，每天一碗，可令女性肤色更加滋润动人。产妇每天坚持食用，不但能保证拥有优质的乳汁，皮肤也会越来越好。

第二节

睡眠好，女人才能美到老

◉ 睡眠养颜真法

充足的睡眠才能保证肌肤的光鲜。那么，睡眠与美容究竟有哪些关系呢？睡觉有没有什么讲究？我们怎样才能睡得更好、睡得更舒适呢？

1. 睡眠与美容的关系

睡眠时皮肤血管更开放，这不仅可给皮肤补充养料和氧气，还可以带走各种排泄物。

睡眠时生长激素分泌增加，可促进皮肤新陈代谢，保持皮肤细嫩、有弹性。

睡眠时人体抗氧化酶活性更高，能更有效地清除体内的自由基，保持皮肤的年轻状态。

如果长期睡眠不足或睡眠质量不高，就会精神萎靡，有损健康，提前衰老。反映在面部就是皮肤失去光泽，变得干燥，松弛没有弹性，这就是所谓的"老化"。这种老化随着年龄的增长而加重。25 ~ 35 岁，眼角开始出现鱼尾纹；40 岁左右，皱纹就爬上了额头；等到 50 岁，整个面部就会出现"人生的年轮"了。

2. 几个小方法助你轻松入眠

虽然很多女性已经很努力地去营造一个好的睡眠环境，却因为生活和工作的压力使得心情紧张，在床上翻来覆去睡不着，或者睡着了也一直做梦，第二天还是感觉很疲惫。有一些小方法可以改善这种状况，大家不妨试一下。

方法一：每天上床睡觉前，一定要放下白天的事，带着轻松的心情入睡。

方法二：为了让睡前的状态是轻松的、自如的，可以点薰香，利用能帮助人放松的香味让自己入睡。

方法三：睡前泡澡也不错，泡完澡之后觉得身体很温暖、很放松，甚至昏昏欲睡，趁这个机会上床，很快就能熟睡。

方法四：睡前不要做激烈的运动，不要看太暴力、声光效果太强的电视节目，不要浏览过多的信息（尤其是必须用脑的信息）。

3. 助眠汤让你有个好睡眠

如果试过了上面的方法你还是无法入睡的话，就来试试下面几款安神助眠的美味汤吧，只要连续喝，就能有效改善夜晚的睡眠质量。

食疗方

1. 荷叶鱼汤

材料：鲜鱼1条，莲子10克，荷叶半张，生姜1块，盐和料酒各少许。

做法：生姜洗净后去皮切片，莲子洗净用开水泡半小时左右，荷叶洗净，鲜鱼洗净后切块备用；将姜片、莲子及荷叶放入锅中，加水煮滚5分钟后捞出荷叶；再放入鱼块，煮熟后加料酒及盐调味即可。

功效：荷叶鱼汤有助于镇静安眠，尤其在夏天烦躁不安、睡不着时很有帮助。鱼肉容易煮散，一定要等汤煮滚后再放进去，也可以将鱼块用一个鸡蛋的蛋清和少许盐腌15分钟，这样能让鱼肉更鲜嫩紧致。

2. 酸枣仁汤

材料：酸枣仁20克，川芎10克，知母10克，白茯苓15克，甘草10克。

做法：将所有药材洗净，将水烧开，倒入所有药材煎煮，入味后当茶喝即可。

功效：酸枣仁汤里的药材都可以在中药店买到，如果没有其他的材料，只有酸枣仁也可以。有时候工作压力太大，就算很累也会失眠，这是因为过于劳累而导致肝血和气血不足。这道酸枣仁汤可以改善失眠、多梦、心悸、浅眠等问题。

4. 助眠枕让你枕着清香入眠

在我国唐宋时代，比较流行一种"菊枕"，这种"菊枕"是用晒干的甘菊花做枕芯，据说有清头目、祛邪秽的妙益。倚着这样的枕头读书、与朋友闲谈，也是很清雅的享受。枕着一囊菊花入睡，连梦境都是在花香的弥漫中绽开，自然神清气爽，睡眠质量提高了，人也会变得漂亮。所以，这种"香花芯枕"，不仅给生活增添了诗意，也能够养生养颜。

现在又出现了一种"玫瑰花香助眠枕"。在玫瑰花盛开的季节，趁清晨太阳未出之前，花半开时采集玫瑰花晒干制成玫瑰花香枕。使用此香枕对头部、颈部的健康大有益处，能有效缓解因睡姿不正确而引发的头痛、颈椎痛、肩周炎、高血压、记忆力衰退等疾病。玫瑰花香枕散发出的清新淡雅的芳香不仅可使人心情沉静，还可缓解紧张烦躁的情绪，起到安神镇静的作用。玫瑰花的香薰作用，可使人健康、美丽。

我们说女人要像花一样，做个"香枕"就是不错的办法。在鲜花盛开的季节，选择自己喜欢的一种花，多收集一些花瓣晒干，做成香枕或者抱枕，无论是睡觉的时候枕在头下还是休息时放在手边，嗅着那种淡淡的清香，生活也会变得惬意而美好。

给身体"松绑"，睡个轻松"美容觉"

会保养的女人都知道"美容觉"一说。所谓"美容觉"，时间是晚上的10点至次日凌晨2点，这段时间是新陈代谢进行最多的时间，也是调理内部最好的时间，所以一定要珍惜这段时间，睡个舒舒服服的觉，这样身体才会回报给你一份美丽。

《黄帝内经》里提到一种养生方法："缓带披发"，这其实是在说放松身体，睡眠时更需要为身体"缓带"，让身体完全处于放松、宽松的状态，"美容觉"才能真正起到美容的作用。

（1）睡觉时摘掉胸罩

戴胸罩睡觉容易患乳腺癌。其原因是长时间戴胸罩会影响乳房的血液循环和淋巴液的正常流通，不能及时清除体内有害物质，久而久之就会使正常的乳腺细胞癌变。

（2）睡觉时不戴隐形眼镜

有的女性爱美喜欢戴隐形眼镜，但睡觉的时候千万别忘了摘掉。因为我们的角膜所需的氧气主要来源于空气，而空气中的氧气只有溶解在泪液中才能被角膜吸收利用。白天睁着眼，氧气供应充足，并且眨眼动作对隐形眼镜与角膜之间的泪液有一种排吸作用，能促使泪液循环，缺氧问题不明显。但到了夜间，因睡眠时闭眼隔绝了空气，眨眼的动作也停止，泪液的分泌和循环机能相应降低，结膜囊内的有形物质很容易沉积在隐形眼镜上。这样眼角膜的缺氧现象会加重，如果长期使眼睛处于这种状态，轻者会使眼角膜周边产生新生血管，重者则会导致角膜水肿、上皮细胞受损，若再遇细菌便会引起炎症，甚至溃疡。

（3）不戴手表睡觉

睡觉时一定要把手表摘下来。因为入睡后血流速度减慢，戴表睡觉会使腕部的血液循环不畅。如果戴的是夜光表，还有辐射，辐射量虽微，但长时间的积累也可导致不良后果。

此外，要想获得一个良好的睡眠，还必须注意以下几点：

一忌临睡前进食。人进入睡眠状态后，机体中有些部分的活动节奏便开始放慢，进入休息状态。如果临睡前吃东西，则胃、肠、肝、脾等器官就又要忙碌起来，这不仅加重了它们的负担，也使其他器官得不到充分休息。大脑皮层主管消化系统的功能区也会兴奋起来，使人常在入睡后做噩梦。如果晚饭吃得太早，睡觉前已经感到饥饿的话，可少吃一些点心或水果（如香蕉、苹果等），但吃完之后，至少要等待半小时才能睡觉。

二忌睡前用脑。如果有在晚上工作和学习的习惯，要先做比较费脑筋的事，后做比较轻松的事，以便放松脑子，便于入睡。否则，脑子总是处于兴奋状态，即使躺在床上，也难以入睡，时间长了，还容易导致失眠症。

三忌睡前激动。人的喜怒哀乐都容易引起神经中枢的兴奋或紊乱，使人难以入睡甚至造成失眠，因此睡前要尽量避免大喜大怒或忧思恼怒，以使情绪平稳为好。如果你由于精神紧张或情绪兴奋难以入睡，请取仰卧姿势，双手放在脐下，舌舔下腭，全身放松，口中生津时，不断将津液咽下，几分钟后你便能进入梦乡。

四忌睡前说话。俗话说："食不言，寝不语。"因为人在说话时容易使脑子兴奋，思想活跃，从而影响睡眠。因此，在睡前不宜过多讲话。

五忌当风而睡。睡眠时千万不要让从门窗进来的风吹到头上、身上。因为人睡熟后，身体对外界环境的适应能力有所降低，如果当风而睡，时间长了，冷空气就会从人皮肤上的毛细血管侵入，轻者引起感冒，重者口眼㖞斜。

六忌对灯而睡。人睡着时，眼睛虽然闭着，但仍能感到光亮，如果对灯而睡，灯光会扰乱人体内的自然平衡，致使人的体温、心跳、血压变得不协调，从而使人心神不安，难以入睡，即使睡着了，也容易惊醒。

其实，说到底最舒服的睡眠方式就是裸睡。没有了衣服的隔绝，裸露的皮肤能够吸收更多养分，促进新陈代谢，加强皮脂腺和汗腺的分泌，有利于皮脂排泄和再生，使得通身都有一种通透的感觉。而且，裸睡的好处还不止这些：

其一，裸睡能祛痛。裸睡的时候身体自由度很大，肌肉能得到放松，能有效缓解日间因为紧张引起的疾病和疼痛。有肩颈腰痛、痛经的人不妨试试。

其二，裸睡护私处。女性阴部常年湿润，如果能有充分的通风透气就能降低患上妇科病的可能性。

其三，裸睡享安宁。能裸睡不但使人格外感到温暖和舒适，连妇科常见的腰痛及生理性月经痛也能得到减轻，以往因手脚冰凉而久久不能入睡的妇女，采取裸睡方式后，很快就能入睡。

但裸睡时也应注意：

一是上床睡觉前应清洗外阴和肛门，并勤洗澡。不应在集体生活或与小孩同床共室时裸睡。

二是被子床单要勤换洗。

三是裸睡时注意不要着凉。人着凉时抵抗力下降容易感冒。

充足而高效率的睡眠是健康和美丽的强大保证，从今天起，不妨彻底放松身心，享受健康睡眠的自由与快乐，做个"睡美人"吧。

❀ 失眠的完美解决方案

睡觉是一件多么美妙的事情，可是有人却完全享受不到。每天躺在床上辗转反侧，无法入眠，这简直是一种折磨，美丽的容颜也因此而变得暗然无光。那么怎样才能解决失眠呢？

失眠在《黄帝内经》中又称"不得卧""不得眠""目不瞑"，之所以失眠是因为阳不交阴，但具体又可分为四种情况。

1. 失眠的四种原因

（1）胃不和安

《黄帝内经》有"胃不和则卧不安"一说，白天是人体阳气生发的时候，吃的东西会被体内的阳气消化掉；而到了晚上，体内会呈现阴气，任何东西都是不容易被消化掉的。所以古人有"过午不食"的讲究，现在虽不主张大家不吃晚饭，但一定要少吃，否则会"胃不和安"，导致失眠。

（2）精不凝神

精为阴，神为阳，精不凝神就是指阴阳不能和谐统一。肾主藏精，精不凝神就说明肾出现了问题，治疗时要从肾经入手。

（3）思虑过度

思虑伤脾，一个人如果事情想太多，脾胃就会不和，人就会失眠。可以在晚上的时候喝些小米粥，健脾和胃，有助于睡眠。

（4）心火过旺

中医把心火太盛叫"离宫内燃"，离为南方，属心火。心火太盛的人不仅会失眠，还会出现舌头发红、小便发黄等症状。

以上就是《黄帝内经》中提到的失眠的四个原因。此外，心肾不交、肝火亢旺、胆热心烦等也会导致失眠，失眠患者一定要分清原因，不可擅自服药。

2. 对抗失眠的小法宝

（1）按摩

每天睡觉前按摩"安眠穴"5分钟，可以帮助睡眠。安眠穴在耳后乳突后方的凹陷处，按压此穴具有安眠镇静的作用。

（2）泡脚

每晚临睡前用温水泡脚，可以帮助人进入睡眠状态，尤其适合脑力工作者。泡脚时先用温水浸泡，再慢慢加热水，泡到脚热、微微出汗就可以了。

（3）从头到脚放松

首先，躺在床上要先放松头部，从放松头发开始。然后放松眼眉（当你有意识地注意到这一点的时候，你常会发现，刚才的眉头是紧锁着的）。眼眉放松后做深呼吸，慢慢地深呼吸。然后再慢慢地放松肩膀。肩膀是人体最不容易放松的地方，这个部位经常是抽紧的，现在我们要让自己的肩膀有意识地放松。再然后是心、肾……就这么一直想下去，想到最后，每一根手指头和每一根脚指头就都放松了。一般没等你想到脚，就已经睡着了。所谓的睡眠一定要先睡心，先让心静下来，心能够先睡下，身体才能够听从心的安排，然后睡下。

（4）食疗

取龙眼肉 25 克，冰糖 10 克。把龙眼肉洗净，同冰糖放入茶杯中，冲沸水加盖闷一会儿即可饮用。每日 1 剂，随冲随饮，再吃龙眼肉。

3. 通肝经，失眠不再扰

我们首先看一下肝经的循行路线：肝经起于大脚趾内侧的趾甲缘，向上到脚踝，然后沿着腿的内侧向上，在肾经和脾经中间，绕过生殖器，最后到达肋骨边缘止。

肝经出现问题，人体表现出来的症状通常是：腹泻、呕吐、咽干、面色晦暗等。《黄帝内经》认为肝是将军之官，是主谋略的。一个人的聪明才智能否充分发挥，全看肝气足不足。而让肝气充足畅通，就要配合肝经的工作。

肝经在凌晨 1 点到 3 点的时候当值，这时是肝经气血最旺的时候，人体的阴气下降，阳气上升，人应处在熟睡之中。虽然睡觉养肝是再简单不过的事，但是对于很多经常工作到很晚的人来说，这个时候，精神正处于很兴奋的状态，根本不可能睡觉。现在有很多得肝病的人，就是不注意养肝造成的。

有些人虽然不热衷于熬夜，但是也会失眠。中医里讲心主神、肝主魂，到晚上的时候这个神和魂都该回去的，但是神回去了魂没有回去，这就叫"魂不守神"，解决办法就是按摩肝经，让魂回去。

也许你会说，大半夜按摩，岂不是更睡不着了？如果你经常有失眠的情况，那么建议你在 19—21 点的时候按摩心包经，因为心包经和肝经属于同名经，所以在 19—21 点时按摩心包经也能起到刺激肝经的作用。

另外，肝经很重要的穴位——太冲穴，是治疗各种肝病的特效穴位，能够降血压、平肝清热、清利头目，和菊花的功效很像，而且对女性的月经不调也很有效，它的位置在脚背上大脚趾和第二趾结合的地方向后，足背最高点前的凹陷处。那些平时容易发火着急、脾气比较暴躁的人要重视这个穴位，每天坚持用手指按摩太冲穴 2 分钟，要感受到明显的酸胀感，用不了一个月就能感觉到体质有明显改善。

失眠的人，除了可以按摩心包经外，还可以在每晚临睡前按摩太冲穴，只需几分钟，人就会感到心平气和了，自然也就能安然入睡了。

4. 拥有好睡眠的几个小规则

对于非习惯性失眠的女性来说，如果能遵循下列规则，也会有助于睡眠。

（1）规律睡眠时间

春夏应"晚卧早起"，秋季应"早卧早起"，冬季应"早卧晚起"。最好在日出前起床，不宜太晚。正常人睡眠时间一般在每天 8 小时左右，体弱多病者应适当增加睡眠时间。

（2）调整睡眠方向

睡觉要头北脚南。人体随时随地都受到地球磁场的影响，睡眠的过程中大脑同样受到磁场的干扰。人睡觉时采取头北脚南的姿势，使磁力线平稳地穿过人体，能最大限度地减少地球磁场的干扰。

（3）调整睡觉姿势

身睡如弓效果好，向右侧卧负担轻。研究表明，"睡如弓"能够恰到好处地减小地心对人体的作用力。由于人体的心脏多在身体左侧，向右侧卧可以减轻心脏承受的压力。

上面提供的小方法都对治疗失眠有一定效果，更重要的是，大家对待失眠要从心境上保持平和，再用其他方法慢慢地调理，这样才能事半功倍，尽快告别失眠。

⚛ 告别睡眼迷蒙，做有精神的美女

与失眠相反的是，很多女性总是睡不够，每天早晨起床的时候很困苦，睡眼迷蒙的，做事也打不起精神，脸上缺少年轻女性该有的动感与活力，这又是怎么回事呢？

嗜睡与阴气关系最大，《黄帝内经》说："阳气尽则卧"。那就是说阴气重易嗜睡，也就是说，导致嗜睡的原因是阳衰阴盛，这主要是阳主动，阴主静的缘故。

对于上班一族，容易感觉困倦的时候通常是在下午，尤其是下午 2 时至 4 时之间。在这两个小时中，人会感到极度疲乏、沉闷，总是提不起劲工作，工作效率变低，这些都是"午睡综合征"的表现。那么怎么对付"午睡综合征"呢？在这里告诉你几个小绝招。

1. 赶跑午后嗜睡的小绝招

其一，做双腿下蹲运动，每次 50 个，每天早晚各 1 次。

其二，做腹式呼吸 5 分钟，每天早晚各 1 次。晚上临睡前做效果最好。

其三，在困倦袭来时，反复按揉位于中指指尖正中部的中冲穴，或用中指叩打眉毛中间部位（鱼腰穴），反复数分钟。

其四，赶走午后瞌睡还有一个绝妙的办法，就是顿足，因为足底有很多穴位，站起来，使劲跺几下脚可以振作精神。

只要你感觉没精神工作的时候，不妨做做这些一学就会、一做就灵的小动作。

2. 解决经期嗜睡的小招数

中医学认为，经行嗜睡多由脾虚湿困、气血不足或肾精亏损所致。有这个问题的朋友平时要注意加强体育锻炼，如慢跑、打球、打太极拳等，选择自己喜欢的一种锻炼方式，长期坚持。在饮食上要少吃甜腻与高脂肪的食品。夏天可适量多吃一点西瓜，冬天可多吃一点胡萝卜，平时也可用赤小豆、薏仁煮粥喝。一般说来，有经行嗜睡的妇女，只要在生活上注意，并按时在医生的指导下服用药物，都可以取得满意的治疗效果。

（1）由脾虚湿引起的经行嗜睡

由脾虚湿引起的经行嗜睡者，多数形体肥胖，常伴浮肿，动则气喘，食欲欠佳，胃脘满闷，白带量多，质黏而稠。经行之际精神疲惫，头重如裹，四肢沉重，困倦嗜睡。舌苔白腻，脉象濡缓。

可用《医方集解》太无神术散治疗。苍术、陈皮各 12 克，藿香、厚朴、石菖蒲各 10 克，生姜 3 片，红枣 10 枚。水煎服，每日 1 剂，经前 5 天开始服药，经至后停服。

（2）由气血不足引起的经行嗜睡

多见于身体虚弱的女性，表现为少气懒言，倦怠乏力，头晕目眩，心悸不安。月经量少，色淡质稀。经行之际昏昏欲睡，每次进餐后尤甚。面色萎黄，舌淡苔白，脉沉细无力。

可用中医传统名方十全大补汤加以治疗。党参、白术、茯苓、甘草、当归、白芍、熟地各 10 克，黄芪 30 克，肉桂、川芎各 3 克。水煎服，每日 1 剂。于月经前开始出现嗜睡时服药，服至月经干净，一般以每次连续用药 5～8 剂为宜。

（3）由肾精亏损引起的经行嗜睡

由肾精亏损引起的经行嗜睡，多见于频繁人工流产的女性。主要临床表现有，经行倦怠善眠，耳鸣耳聋，神情呆滞。平日精力不支，腰膝酸软。月经多延后，经量偏少。舌淡苔白，脉沉细弱。

此类情况比较严重，治疗上要长期坚持才能取得效果，多采用河车大造丸进行调理。处方：紫河车 30 克，熟地 24 克，炒杜仲、天冬、麦冬、牛膝各 10 克，龟板 10 克，黄檗 6 克。共研细末，炼蜜为丸，每丸重 10 克，早晚各服 1 丸。

另外，湿气重，如长夏雨季，或脾虚的人湿气偏重，也可引起嗜睡，但只要常服薄荷、藿香、荷叶之类辟湿醒脾的药，便可醒脾除湿赶走"瞌睡虫"，让你做个有精神的美女。

🌸 睡好三种觉让你比实际年龄更显年轻

女人总是喜欢别人说自己年轻的，结了婚的女人喜欢别人说自己还像女孩，生育过的女人喜欢别人说自己的身材还像少女，30 岁的女人喜欢别人说自己还像 20 岁……女人总是这样，用自己的方式来拒绝衰老。其实，要想比实际年龄显年轻也很简单，每天睡好觉，神清气爽、充满活力的人就会显年轻，这就首先要求你能够养成良好的睡眠习惯，每天睡好三种觉。

1. 美容觉

"美容觉"的时间是晚上 10 点至次日凌晨 2 点。研究表明，从午夜至清晨 2 点，人体表皮细胞的新陈代谢最活跃，皮肤细胞进行再生，肌肤进行自我调整。此时若熬夜将影响细胞再生的速度，导致肌肤老化。所以，睡"美容觉"对保持脸部皮肤的娇嫩很有效，胜过使用大牌护肤品。

2. 子午觉

"子午觉"指的是子时（晚 11 点至凌晨 1 点）和午时（中午 11 点至下午 1 点）这两段时间的睡眠。据《黄帝内经》的睡眠理论，子时阴气最盛，阳气衰弱，此时睡眠效果最好，睡眠质量也最高。午时阳气最盛，阴气衰弱，"阴气尽则寐"，所以午时也应睡觉。不过午休"小憩"半小时即可，否则会影响晚上睡眠。多睡子午觉，不失为保持健康的好方法。

3. 回笼觉

早晨醒后，大脑并没有马上进入正常的兴奋状态，而是由抑制状态向兴奋状态过渡，如此时突然醒来并强行起床，常会感到头晕、头胀痛、血压不稳。早上醒来可以睡个"回笼觉"，让大脑神经活动重新调整，最终使人彻底清醒过来。

所以在时间和条件允许的情况下，早晨哪怕已起床并做了一些事，但还是很困时可以睡个"回笼觉"，保证自己一天精力充沛。

充足的睡眠会使人容光焕发、面色红润饱满，所以有的女性一到节假日就抓住时机补觉，睡到头昏脑胀。其实，这种方法并不可取。

因为人的生活规律与体内激素分泌是密切相关的，生活及作息有规律的人，下丘及脑垂体会分泌许多激素，早晨至傍晚相对较高，而夜晚至黎明相对较低。如果平日生活较规律，而逢节假日贪睡，就可能扰乱生物钟，使激素水平出现异常波动，结果白天激素水平上不去，夜间激素水平下不来，使大脑兴奋与抑制失调，使人夜间久久不能入睡，白天心绪不宁、疲惫不堪。

这样做还会导致机体抵抗力下降，容易感染病原体，诱发多种疾病，所以必须注意睡眠时间的均衡，保持良好的生活规律。

看电视、听音乐或者玩电玩的时候睡着；睡到自然醒，还想着再"赖会儿床"，强迫延长睡眠时间；晚上不睡，白天补觉，双休日补觉；工作压力大，晚上需加班，在高强度的工作结束后马上入睡等，统称为"垃圾睡眠"。垃圾睡眠除了会导致肥胖外，还可能引起脱发。早上起来梳头时，发现头发大把大把地脱落，连自己都吓了一跳。你是否想过，这是由于"垃圾睡眠"引起的呢？睡眠时间的长短与脱发无明显关系，但是脱发却与睡眠质量密切相关。

所以，睡到自然醒是最好的状态，睡醒就应该起床了，不要强迫自己多睡。10 个小时的垃圾睡眠也不如 7 个小时的高质量睡眠更能让你光彩照人。

第三节

运动打造健康美人

❀ 瑜伽之魅——练就身轻骨柔的氧气美女

瑜伽，意为"身心处于最佳的稳定状态"，是一种里外兼施的缓和运动。当你开始沉下心去练习瑜伽时，你会觉得天地之间都是清静自然的气息，甚至可以听到身体的声音，那是一种确定，确定控制自己身体的感觉，从而慢慢地抓到自己的心。长期坚持下来，瑜伽会让你容光焕发每一天。

1. 清晨瑜伽伸展十二式

从清晨开始就让我们踏上瑜伽之旅，可以先做几个回合的瑜伽呼吸：横膈膜呼吸法、单鼻孔呼吸法。完成呼吸练习之后，休息 5 分钟，然后以简单、伸展为主要原则，以消除身体僵硬感、恢复精力为目的进入下面瑜伽的姿势练习。快乐、充实的一天就这样开始了。

在远古时代，人们一向是在太阳刚出现在地平线上时，就对着朝阳做拜日式，祈祷阳光给予生命能量。今天，人们更多地利用拜日式来提升精气神和塑造形体。

拜日式由 12 个连贯的动作组成，所以又叫伸展十二式。它作用于全身，每一个姿势都是前一个姿势的平衡动作。它包括前弯、后仰、伸展等动作，配合一呼一吸，加强全身肌肉的柔韧性，同时促进全身的血液循环，调节身体各个系统的平衡，如消化系统、呼吸系统、循环系统、神经系统、内分泌系统等，使人体各系统处于协调状态。

这 12 个动作如下：

（1）直立，两脚并拢，双手于胸前合十，调整呼吸，使身心平静。

（2）吸气，向上伸展双臂，身体后仰，注意髋关节往前推，这样可减轻腰部压力，双腿伸直，放松颈部。

（3）吐气，向前屈体，手掌下压，上身尽可能接近腿部（如有需要，可稍弯曲双膝）。注意放松肩膀、颈部和脸部。

（4）吸气，左腿往后伸直（初学时也可膝盖着地），右腿膝盖弯曲，伸展脊柱，往前看。

（5）保持呼吸，右腿退后，使身体在同一直线上，用两手和脚趾支撑全身，腹部和腿部要尽量伸展、收紧，肩下压。

（6）吐气，使膝盖着地，然后放低胸部和下巴（也可前额着地），保持髋部抬高。注意放松腰部和伸展胸部。

（7）吸气，放低髋部，脚背着地，保持双脚并拢，肩下压，上半身后仰，往上和往后看。

（8）吐气，抬高髋部，使身体呈倒"V"形，试着将脚跟和肩膀下压。

（9）吸气，左脚往前迈一步，两手置于左脚两边，右腿往后伸展，往前看。

（10）吐气，两脚并拢，身体慢慢前弯，两手置于地面或腿部。

（11）吸气，两手臂向前伸展，然后身体从髋部开始慢慢后仰。

（12）吐气，慢慢还原成直立。

2. 消除疲劳的瑜伽四式

经过一天的工作和学习，到了晚上，人们往往会觉得很疲惫。这时你可以在屋子里放上轻柔的音乐，用瑜伽来熨帖自己的身心，消除疲劳。

（1）摩天式

动作要领如下：

①站姿，脚分开。

②吸气，踮脚尖，两手臂交叠，举过头顶向上伸展身体。

③呼气，脚跟慢慢着地，向后延展背部。

④吸气，提脚跟向上抬起身体。

⑤呼气，手臂侧平举打开。

（2）舞蹈式

动作要领如下：

①脚并拢目视前方地面，抬右脚用右手握住。

②保持姿势6次呼吸。

③吸气，左手扶树干（在家可扶墙壁或门框），形成舞蹈式。

④保持姿势，时间以感觉舒适为限度。

⑤右脚放回地面，慢慢放下手臂，正常呼吸。换侧，重复练习。

（3）蹲式莲花

动作要领如下：

①半蹲，均匀呼吸。

②吸气，趾尖踮起；呼气，双膝向两侧打开，身体继续下蹲；再吸气，

手掌合拢于胸前。

③呼气，双膝向两侧延展到极限，脚掌尽量相对，脊柱中正，目视前方，保持15秒钟左右，身体慢慢直立。

④重复姿势4~5次。

（4）门闩式

动作要领如下：

①双膝跪地，将右腿伸向右方，右脚与左膝呈一直线。

②吸气，双臂向两侧平举，与地面平行；呼气，躯干和右臂屈向右腿，头放松，身体保持在一个平面上，不要扭动。

③保持姿势1分钟；吸气，放直身体；呼气，放松手臂。换侧，重复练习。

3. 练习瑜伽时的注意事项

练习瑜伽时，有一些细节大家一定要注意：

（1）在室内练习时，要开窗通风，保持空气的流通，这对于调息练习尤为重要。可以摆放绿色植物或鲜花。

（2）关注自己的身体状况，切忌强己所难。如果身体有不适的地方或是病状，尽量不要练习过难的动作，也可以完全不进行练习。

（3）女性在经期内，不宜做瑜伽练习。

（4）瑜伽对一些特殊生理状况都有很好的调整作用，如孕期保健，但最好在老师的指导辅助下进行。

🌀 美女甩手功，轻松甩走亚健康

关于做运动，很多女性会觉得每天工作都要累死了，哪来的时间和精力去运动？可是缺少运动的后果是：身上的赘肉越来越多、皮肤苍白缺少活力、亚健康也开始找上门来……其实，有些运动非常简单，随时随地都可以做，就看你愿不愿意坚持。这里就推荐一种甩手功，简单的甩手运动就能帮你轻松赶走亚健康。

甩手动作相当简单，身体站直，双腿分开，与肩同宽，双脚稳稳站立，然后，两臂以相同的方向前后摇甩，向后甩的时候要用点儿力气，诀窍就是用三分力量向前甩，用七分力量向后甩。练功时，要轻松自然，速度不要过快，刚开始可以练得少一些，然后慢慢增加次数，否则就容易产生厌倦感。

这种"甩手功"会牵动整个身体运动起来，从而促进血液循环，虽然做起来有些枯燥，但是，健康的身体恰恰来源于每天的坚持。

"甩手功"由古代的"达摩易筋经"演变而来。"易筋"的意思就是使微病之筋变为强壮之筋，使有病的人慢慢痊愈，无病的人体质健壮。甩手功能活动手指、手掌、手腕、足趾、足跟、膝部的12条筋脉，使气血能更好地循环。需要说明的是，练甩手功一段时间后会出现流汗、打嗝及放屁等现象，大家不要觉得难为情，放屁就是通气，气通了，身体自然就轻松了。如果实在觉得不好意思，就在自己家里做，简单、方便、自然。

"甩手功"动作并不难，难的是坚持。姐妹们如果工作比较繁忙，可以在每天晚饭前的几分钟甩一甩手，工作的间隙也可以做一会儿，如果每天能坚持做 10 分钟，效果会更好。常练甩手功定能甩掉亚健康，甩出好身体，让你神清气爽、身心通透、容光焕发。

❀ 打坐，以静制动的养生美颜功

生命在于运动，亦在于静养，养颜也是如此，在我们寻求了种种方法之后，回过头来才发现：大道至简。《黄帝内经》中早已给我们准备好了最简单也最有效的功法——打坐，也叫静坐。《黄帝内经》中讲"恬淡虚无，真气从之；精神内守，病安从来"。如何"恬淡虚无，真气从之"，唯静坐尔。

打坐和瑜伽都强调静，即以静制动。《黄帝内经》中说："呼吸精气，独立守神。"这里的神气内收，即是静功的结果。打坐可以安定思虑，保持健康，是修养身心的一种重要方法。现代科学研究已证实，打坐可以增强肺功能，提高心肌功能，调整神经系统功能，协调整体机能，对多种疾病均有良好的防治作用，比如神经官能症、头痛、失眠、高血压和冠心病等。此外，静坐还能有效地排除心理障碍，治疗现代极易多发的身心性疾病。静坐尤其适合脑力劳动者，能够缓解因用脑过度而造成的神经衰弱、心悸、健忘、少寐、头昏、乏力等症状。

大家白天上班都很辛苦，压力很大，一直处于紧张状态，长期这样下去，对身心健康都不利。所以，每天都应该尽量抽出时间来放松一下，而打坐就是松弛身体、调整五脏六腑机能的有效办法。打坐，能够使人体阴阳平衡，经络疏通，气血顺畅，从而达到延年益寿之目的。

打坐时，要注意以下几点：

（1）端正坐姿。端坐于椅子上、床上或沙发上，面朝前、眼微闭、唇略合、牙不咬、舌抵上腭；前胸不张，后背微圆，两肩下垂，两手放于下腹部，两拇指按于肚脐上，手掌交叠捂于脐下；上腹内凹，臀部后凸；两膝不并（相距约 10 厘米），脚位分离，全身放松，去掉杂念（初学盘坐的人往往心静不下来，慢慢就会习惯的），似守非守下丹田（肚脐眼下方），慢慢进入忘我、无我状态，步入空虚境界。这时候你会感觉没有压力，没有烦恼，全身非常轻松舒适。

（2）选择清幽的环境。选择无噪声干扰，无秽浊杂物，而且空气清新流通的清静场所。在打坐期间也不要受太多人打扰。

（3）选择最佳时间。打坐的最佳时间是晨起或睡前，时间以半小时为宜。不过工作繁重的上班族可以不拘泥于此，上班间隙，感到身心疲惫，就可以默坐养神。

（4）打坐后调试。打坐结束后，打坐者可将两手搓热，按摩面颊、双眼以活动气血。此时会顿感神清气爽，身体轻盈。

打坐可以说是最简单的养生美颜功，它能让我们的身心沉静下来，回到最原始自然的状态，经常打坐的女子，会慢慢透出一种淡泊清朗、敦厚温和的气质，这更是非常珍贵的收获。

游泳健身又美体，做一条快乐"美人鱼"

游泳是一项很受女人欢迎的运动，很多明星也把游泳作为休闲运动的方式，游泳可以放松身心，还能健康美体，就让我们徜徉在水的怀抱中，做一条快乐自在的"美人鱼"吧。

那么，游泳都有哪些好处呢？

1. 增强心肌功能

人在水中运动时，各器官都参与其中，耗能多，为供给运动器官更多的营养物质，血液循环也随之加快。血液循环速度的加快，会增加心脏的负荷，使其跳动频率加快，收缩强而有力。经常游泳的人，心脏功能极好。一般人的心率为 70～80 次／分，每搏输出血量为 60～80 毫升。而经常游泳的人心率可达 50～55 次／分，很多优秀的游泳运动员，心率可达 38～46 次／分，每搏输出血量高达 90～120 毫升。游泳时水的作用使肢体血液易于回流心脏，使心率加快。长期游泳会使心脏运动性增大，收缩有力，血管壁厚度增加、弹性加大，每搏输出血量增加。所以，游泳可以锻炼出一颗强而有力的心脏。

2. 增强抵抗力

游泳池的水温常为 26℃～28℃，在水中浸泡散热快，耗能大。为尽快补充身体散发的热量，以供冷热平衡的需要，神经系统便会快速做出反应，使人体新陈代谢加快，增强人体对外界的适应能力，抵御寒冷。经常参加冬泳的人，由于体温调节功能改善，就不容易伤风感冒，还能提高人体内分泌功能，使脑垂体功能增加，从而提高对疾病的抵抗力和免疫力。

3. 减肥

游泳时身体直接浸泡在水中，水不仅阻力大，而且导热性能也非常好，散热速度快，因而消耗热量多。就好比一个刚煮熟的鸡蛋，在空气中的冷却速度远远不如在冷水中快，实验证明：人在标准游泳池中运动 20 分钟所消耗的热量，相当于同样速度在陆地上的 1 小时；在 14℃ 的水中停留 1 分钟所消耗的热量高达 100 千卡，相当于在同温度空气中 1 小时所散发的热量。由此可见，在水中运动，会使许多想减肥的人取得事半功倍的效果，所以，游泳是保持身材的有效运动方式之一。

4. 健美形体

人在游泳时，通常会利用水的浮力俯卧或仰卧于水中，全身松弛而舒展，使身体得到全面、匀称、协调的发展，使肌肉线条流畅。在水中运动由于减少了在地面运动时陆地对骨骼的冲击性，降低了骨骼的老损概率，能使骨关节不易变形。水的阻力可增加人的运动强度，但这种强度，又有别于陆地上的器械训练，是很柔和的，训练的强度又很容易控制在有氧域之内，不会长出很生硬的肌肉块，可以使全身的线条流畅、优美。

5. 加强肺部功能

呼吸主要靠肺，肺功能的强弱由呼吸肌功能的强弱来决定，运动是改善和提高肺活量的有效手段之一。据测定：游泳时人的胸部要受到 12 ～ 15 千克的压力，加上冷水刺激肌肉紧缩，呼吸感到困难，迫使人用力呼吸，加大呼吸深度，这样吸入的氧气量才能满足机体的需求。一般人的肺活量大概为3200 毫升，呼吸差（最大吸气与最大呼气时胸围扩大与缩小之差）仅为 4 ～ 8 厘米，剧烈运动时的最大吸氧量为 2.5 ～ 3 升／分，比安静时大 10 倍；而游泳运动员的肺活量可高达 4000 ～ 7000 毫升，呼吸差达到 12 ～ 15 厘米，剧烈运动时的最大吸氧量为 4.5 ～ 7.5 升／分，比安静时大 20 倍。游泳促使人呼吸肌发达，胸围增大，肺活量增加，而且吸气时肺泡开放更多，换气更顺畅，对健康极为有利。

6. 护肤

人在游泳时，水对肌肤、汗腺、脂肪腺的冲刷，起到了很好的按摩作用，促进了血液循环，使皮肤光滑有弹性。此外，在水中运动时，水大大减少了汗液中盐分对皮肤的刺激。

游泳好处虽多，但还是有一些禁忌需要注意：

（1）患心脏病、高血压、肺结核等严重疾病，难以承受大运动量的人一定不要游泳。

（2）沙眼、中耳炎、皮肤病等传染性疾病患者不适合去公共游泳池游泳，以免给别人造成麻烦。

（3）饭后或酒后不宜立刻游泳，因为胃受水的压力及冷刺激易引起痉挛腹痛，久而久之会引起慢性胃肠炎。饭后 40 分钟方可游泳。

（4）月经期不宜游泳，有保护装置并且有游泳习惯的人可以游，但时间也不宜过长。

❀ 健美操——时尚人士的爱美选择

现在时尚运动的种类越来越多，瑜伽、舍宾、街舞、普拉提这样的词汇层出不穷，这些时尚运动可以让人在不知不觉中练出好身材。而健美操作为一种时尚健康的运动方式，越来越受到广大时尚、爱美人士的欢迎。

健美操是目前最受人欢迎的一种体育运动。健美操，尤其是健身健美操，对增进人体的健康十分有益，具体表现在以下几方面。

1.增强体能

健美操可提高关节的灵活性，使心肺系统的耐力水平提高。与此同时，由于健美操是由不同类型、方向、路线、幅度、力度、速度的多种动作组合而成的，因此，常跳健美操还可提高人的动作记忆和再现能力，提高神经系统的灵活性、均衡性，从而改善和提高人的协调能力。

2.塑造优美的形体

经常练健美操的女性不仅体态优雅、矫健、风度翩翩。还可延缓肌体的衰老，保持良好的体态，杜绝中年发福。

3.缓解精神压力

健美操作为一项充满青春活力的运动，可使人们在轻松欢乐的气氛中进行锻炼，从而忘却自己的烦恼和压力，使心情变得愉快，精神压力得到缓解，进而使自己拥有最佳的心态，且更具活力。

4.增强人的社交能力

健美操运动可起到调节人际关系、增强人的社会交往能力的作用。参加锻炼的人来自社会各阶层，因此，这种锻炼方式扩大了人们的社会交往面，把人们从工作和家庭的单一环境中解脱出来，从而认识和接触更多的人。大家一起跳，一起锻炼，每个人都能心情开朗，解除戒心，互相交谈或交流锻炼的经验，相互鼓励。这有助于增进人们彼此之间的了解，产生一种亲近感，从而建立起融洽的人际关系。

5.医疗保健功能

健美操作为一项有氧运动，其特点是强度低、密度大，运动量可大可小，容易控制。因此，它除了对健康的人具有良好的健身效果外，对一些身体素质比较差的人来说，也是一种医疗保健的理想手段。

❀ 缓解疲劳，保持向上的青春活力

身体疲惫时，容颜会显得憔悴。所以，一定要及时缓解疲劳，让自己时刻保持饱满的青春活力。

1.高举双臂缓解身体疲劳

长久坐着不动的人，特别是办公室一族，因为久坐，腰疼背也不舒服，这时候如果伸伸懒腰，会觉得疲劳缓解了许多。《黄帝内经》里说，伸懒腰也是一种养生方法。因为，两臂往上举的时候伸拉的是胆经，胆经正好是生发之机，所以双臂向上多停留一会儿，就把胆经伸起来了，对人的生发之机就很有好处。

2. 大脑疲劳的缓解三法

对于脑力工作者，除了身体会疲劳外，大脑也会疲劳。缓解大脑疲劳的一个简单方法就是手指交叉。当感到大脑迟钝、精力不集中时，不妨把双手手指交叉扭在一起。有的人习惯把右手拇指放在上面，有的人则把左手拇指放在上面。不同的方法产生的效果也是不相同的，所以某只手拇指在上交叉一会儿后，要换成另一只手拇指在上交叉。如果这样感觉不舒服，这是由于采取了与平时不同的动作，会给大脑一种新刺激，由此可以促进大脑功能的提高。

做完这些后，我们再把使手指朝向自己，某只手拇指在上，从手指根部把双手交叉在一起，并使双手手腕的内侧尽量紧靠在一起。紧靠一会儿后，换成另一只手拇指在上交叉。这也同样会给大脑以刺激。一般交叉3秒钟左右就要松开，然后再用力地紧靠在一起，反复进行几次。

缓解大脑疲劳还有一个方法：拍手。把手掌合起来拍击时会发出"嘭嘭"的声音，这个声音通过听觉神经传到大脑，可以增强大脑功能。如果早上爱睡懒觉，白天昏昏沉沉，记忆力不佳，注意力也不集中，就应该进行拍击手掌的锻炼。这种锻炼方法很简单。首先可以把双手向上方伸展，强烈地拍击手掌3次。接着，把向上方伸展的双手放在胸前，再拍击3次。应该注意，手腕要用力伸展，尽量使左右手的中指牢牢地靠拢。

十指相敲法与拍手有异曲同工之妙。此方法就是让我们双手的十指相对，互相敲击。这种方法通过锻炼手指上的井穴，既锻炼了手的灵活性，也练了肝气，对我们大脑的养生也十分有好处。手脚冰凉的女孩儿一定要经常十指相敲，这样，血脉就可以更顺利地通到四肢末梢。

3. 多活动手指

平常我们没事时要多活动活动手指，不仅可以缓解疲劳，还可以预防阿兹海默氏症。过去老人们有个很好的锻炼方法——揉核桃，就是把两个核桃放在手心里揉来揉去，这种方法可以很好地活动每根手指。上班等车、坐车之际，你也可以试试。

❋ 形劳而不倦，畅享运动带来的动感魅力

现在的女性能每天坚持运动的很少，繁忙的生活让她们失去了运动的兴趣和精力，她们更多的时候喜欢窝着补觉，也是因为这样，现在美女的脸色

多是白皙有余，红润不足。

关于运动，《黄帝内经》提出了"形劳而不倦"的思想，主张形体既要动，又不要使之过于疲劳，也就是说要掌握运动的适度性。

1. 适度运动应该遵循的几个要点

（1）循序渐进，量力而行

生命在于运动，但是绝不在于过度运动，因此，掌握好运动量以及运动强度也很重要。目前，一般是根据运动后即测脉搏来判断的，它的计算公式是：

170－年龄＝合适的运动心率

例如，一个40岁的人，运动后他的脉搏如果是130次左右，表明运动量合适。若明显超过130次说明运动量过大，反之则运动量不足。

（2）持之以恒，坚持不懈

锻炼身体不是一朝一夕的事，要注意坚持。名医华佗讲道"流水不腐，户枢不蠹"，一方面指出了"动则不衰"的道理，另一方面也强调了经常、不间断锻炼的重要性。因此，只有持之以恒、坚持不懈地进行适当的运动，才能真正达到养生的目的。

（3）有张有弛，劳逸适度

所谓一张一弛，文武之道。运动也是这样，紧张有力的运动，要与放松、调息等休息运动相交替。长时间运动，一定要注意适当地休息，否则会影响工作效率，导致精神疲惫，甚至影响养生健身。

（4）协调统一，形神兼炼

中国传统的运动养生活动，非常讲究意识活动、呼吸运动和躯体运动的密切配合，即所谓意守、调息、动形的协调统一。意守是指意识要专注，心无杂念；调息是指呼吸的调节，要均匀、有节奏；动形是指形体的运动，要自然、连贯、刚柔相宜。运动养生紧紧抓住这三个环节，使整个机体得以全面而协调地锻炼，有利于增强人体各种机能的协调统一性，促进健康、祛病延年。

（5）顺应时日，莫误良机

早在两千年前，我们的祖先就提出了"起居有常"的养生主张，告诫人们要顺应阳气变化，合理安排日常生活。古代养生家把一日比作四时，朝则为春，日中为夏，日入为秋，夜半为冬。因此，一天中的运动应该遵循早晨阳气始生、日中而盛、日暮而收、夜半而藏的规律。在锻炼、活动时要注意顺应阳气的运动变化。

2. 让女人青春靓丽的运动

（1）慢跑或散步：对心脏和血液循环系统都有很大的好处，每天保证一定时间的锻炼（30分钟以上），会有利于减肥，最好的方式是跑走结合。

（2）自行车：这项运动比较容易坚持，它可以锻炼你的腿部关节和大腿肌肉，并且，对脚关节和踝关节的锻炼也很有效果。同时，还有助于你的血液循环系统。

（3）滑冰：有助于锻炼身体的协调能力，可以使你的腿部肌肉更加结实而有弹性。同时，滑冰属于大运动量的运动，可以提高肺活量。

（4）排球：会使你的个子长高，所以最好尽早加入这项运动，此运动对臂部肌肉和腹部肌肉的锻炼效果尤为明显，同时，还能提高人的灵敏度。

（5）高尔夫：这项运动是和散步紧密结合在一起的，在一个18个洞的球场里，你走路的距离会达到6～8公里，而挥杆的动作有助于你身体的伸展。此外，美丽的球场更会使你心情舒畅。

（6）骑马：可以锻炼你的敏捷性与协调性，并且可以使你的全身肌肉都得到锻炼，尤其是腿部肌肉。但此项运动具有一定的危险性，所以年龄在40岁以上的女性最好不要参加。

3. 适合办公室的小动作

很多人不运动的理由是每天忙得团团转，没有时间运动。其实这不能成为你拒绝运动的理由，因为有些"小动作"是在办公室里就可以做的，这些小动作能够帮你缓解工作压力，增加脑部供血，使得头脑更加灵敏，有助于从紧迫感中释放自我，从而提高工作效率。

（1）深呼吸：停下你手中的工作，然后做10次深呼吸，时间越长越好。吸气的时候，最好想着自己的每一块肌肉都在呼吸；在呼气的时候，尽量放慢速度，想象压力离自己而去的感觉。

（2）伸展运动：站起来，把手伸向天花板，然后弯腰，让手指尽量接近脚趾。然后，把左臂绕到头后面，拉紧右肘然后放松。换一只手再做一遍。慢慢地，从前到左，从左到后，从后到右，从右到前转头一圈，感受一下舒展的感觉。另外，大腿的肌肉在长时间的坐姿之后会绷得很紧，所以一开始很难做好这个动作。故不要着急，慢慢坚持锻炼即可。

《黄帝内经》中还提倡：形神共养，动以养形，静以养神。只有动静结合才能做到"形与神俱，而尽终其天年"。瑜伽就是一种形神兼养的运动，而且绝对适合女性练习，以此来缓解压力，颐养身心。

❀ 不恰当的运动是美容的大忌

运动健身美容的功效毋庸置疑，但如果运动方法不当就起不到预期的作用，所以大家一定要注意。

1. 运动时间不要太晚

现在许多繁忙的都市女性都利用夜间进行运动，人体经过了一整天的体力消耗，到了晚上必定已经没有多余的能量可供运动。因此晚上运动时身体必定会调动储存的肝火，加上运动的激发，精神处于亢奋状态，在夜间九十点钟停止运动后，至少需要两三个小时消除这种亢奋状态，然后才可能入睡。由于肝火仍旺，这一夜的睡眠必定不安稳。这种运动对身体不但没有任何益处，如果形成习惯，还可能成为健康的最大杀手。多数人都以为运动可以创造能量，所以才能在运动之后精神特别好，殊不知这可能是透支肝火的结果。

2. 运动要有限度

很多女性还有这样的看法：只有练到大汗淋漓才能健身，才能达到排毒养颜的效果。运动，尤其是大量运动是要耗费人体大量气血的。大量的精气储藏于人体深处，它持续缓慢地供应着人体的日常生活所需。大量运动在短时间内造成大量气血的损耗，会逼迫人体把原本应该储藏起来慢慢使用的精气在短时间内大量释放出来，以维持人体的需要。年轻时运动过度可能不会觉得有什么不适的感觉，但岁数大了的时候很多疾病就可能找上门来。这在那些专业运动员的身上体现得最为明显，她们中的很多人，年龄稍大后身体出现的问题比常人要多。

运动有益健康，关键在度，一定要把握好适度的原则。每日取平缓之法，活动活动身体，既能促进经络中气血的流通，又不损耗气血，这才是正确的运动之道。

3. 冬天要减少运动

古人有"冬不潜藏，春必病温"之说。冬季是人体阳气潜藏、温养脏腑的好时期，此时应尽量减少活动，否则春天就会生病。

4. 运动时间要选正确

对于运动时间的选择有很有种说法，那么究竟什么时间锻炼比较好呢？
早晨时段：晨起（日出后）至早餐前。
上午时段：早餐后2小时至午餐前。
下午时段：午餐后2小时至晚餐前。
晚间时段：晚餐后2小时至傍晚（日落前）。

冬天也不要忘记运动

寒冷的冬季，女性们都贪恋室内的温暖，很多人会疏于锻炼。其实，冬天的运动也很必要，俗话说："冬天动一动，少闹一场病；冬天懒一懒，多喝药一碗。"那么，在寒冷的冬天，应该怎样运动呢？

冬季晨练宜迟不宜早。冬天的寒气比较重，早上的时候更是如此，因为每天的最低气温一般出现在早上5时左右，而人体的阳气还没旺盛。此时外出锻炼，易受"风邪"侵害。"虚邪贼风，避之有时。"根据《黄帝内经》

的养生法则，冬天人体需要吸收阳光补充自己的阳气。在太阳出来之前运动会损伤阳气，容易患伤风感冒，也易引发关节疼痛、胃痛等病症。所以说，冬季晨练宜迟不宜早。一般太阳出来半个小时后，晨寒才开始缓解，此时才应该开始锻炼。

冬季气温低，体表血管遇冷收缩，血流缓慢，肌肉的黏滞性增高，韧带的弹性和关节的灵活性降低，极易发生运动损伤。因此锻炼前，一定要做好充分的准备活动，待热后脱去一些衣服，再加大运动量。准备活动可采用慢跑、拍打全身肌肉、活动上肢和下蹲等。尤其是冬泳下水前，预备活动更要充分，通过慢跑、全身按摩等方法，调动机体各部分的机能活动，提高中枢神经系统的兴奋性和反应能力。

不要过于剧烈运动，避免大汗淋漓。《黄帝内经》认为冬季养生应"无泄皮肤"，否则就会使阳气走失，不利于气闭藏，这就是说冬天里不宜剧烈运动，锻炼时运动量应由小到大，逐渐增加，尤其是跑步。不宜骤然间剧烈长跑，必须有一段时间小跑，活动肢体和关节，待机体适应后再加大运动量。通过锻炼，如果感到全身有劲，轻松舒畅，精神旺盛，体力和脑力功能增强，食欲、睡眠良好，就说明这段时间运动是恰当的。

锻炼后，要及时擦干汗液，若内衣已潮湿，应尽快回到室内换上干衣服。对于坚持冬季长跑的人，要特别注意冰雪，防止滑倒。遇冰封雪飘大雾天气时，可在室内、阳台或屋檐下原地跑步。

总之，运动需要循序渐进、持之以恒，即使在寒冷的冬天也不应该忽略，否则一冬天积攒下来的身体方面的问题就会在来年春天凸显出来，而长期待在温暖的室内也会降低身体的免疫力，增加患感冒等呼吸道疾病的概率。

《黄帝内经》中的美丽之道

🌀 闺中房事，特殊而又无价的养颜方

为什么有的女性在结婚前还稍显干瘪，但结婚后就越来越饱满，也越来越水灵，眉眼间都是娇媚，显得更加漂亮了呢？当然，这其中的原因离不开婚后幸福的家庭生活，一个人的婚姻美满、内心满足就会显得更漂亮；另外，婚后甜蜜和谐的性爱也可以使女性肤若凝脂，眉黛含春，愈加光彩照人。有关专家也说，适度和谐的性爱，不仅有助于身心健康、能够延年益寿，而且有益于青春和美容，尤其对女性更为明显。所以说，房事是一种特殊而又无价的养颜方。

这其中的道理与卵巢中雌激素的分泌情况有着密切的关系。当雌激素在体内与皮肤内特异体结合时，可促进细胞生成透明质酸酶，而这种酶又可使皮肤对许多物质的渗透性增强。因此，甜蜜的情感、美满的婚姻、和谐的性爱可以使皮肤弹性增强，芳容更显得妩媚可爱。当然，房事有节制才能对身体产生良性影响，如纵欲过度反而会损伤身体，使人面色枯黄、容颜受损。

1. 如何判断是否纵欲过度

衡量性生活频度是否适当的客观标准是，第二天早上是否精神饱满、身心愉快。如果在性交后第二日或几日之内出现以下情况，又查不出其他原因，就可认为是过度了，就应当有所节制，适当延长性生活的间隔时间。

（1）精神倦怠，萎靡不振，无精打采，工作时容易感到疲乏，学习精力不集中，昏昏欲睡。

（2）全身无力，腰酸腿软，懒得动，头重脚轻，头昏目眩，两眼冒金星。

（3）面色苍白，两眼无神，神态憔悴，形体消瘦。

（4）气短心跳，时出虚汗，失眠多梦，不易入睡。

（5）食欲减退，不思饮食，胃纳欠佳，并有轻度恶心感。

《黄帝内经·素问》说："以欲竭其精，以耗散其真……故半百而衰也"。纵欲过度是导致人早衰的重要原因。所以房事一定要有所节制，要在双方都身心愉悦的时候进行，有些时候不适合行房。

2. 房事中的七损八益

性是人类的正常生理活动，科学合理的性生活有利于健康，是最佳的养生之道。《黄帝内经》里说："能知七损八益，则二者可调，不知用此，则早衰之节也。"这说明了房事生活的"七损八益"对于人体健康的重要性。

"七损"是指：

（1）闭：即有疾病的男女不可同房，若不禁忌则伤五脏。

（2）泄：即行房不可过急过久，否则大汗出则伤津液。

（3）涸：即房事不加节制，无休止地交合，会使精血虚耗。

（4）勿：即阳痿不能勉强行房，犯之则废。

（5）烦：即患喘息或心中烦乱不安的不可行房，否则更能引起烦渴，加重病情。

（6）绝：即夫妇一方不愿行房而另一方强行之，可引起精神抑郁并导致内脏疾病而影响孕育。

（7）费：即行房时不是和志定气，而是急速施泄，这是耗散精气的行为。

"八益"是指：

（1）治气：即正坐，将腰背脊骨伸直，紧敛肛门呼吸30次，使气降于丹田。

（2）致沫：即早上饮食时不要再行吐纳，要将尾骶部放松，使由上而下合于丹田之气通于身之四周。

（3）智时：即男女房事之先，须先嬉戏，使志和意感。若男急而女不应，女动而男不从，则双方都会有损害，故要知其时而行房。

（4）蓄气：即临交须敛周身之气蓄于前阴，使势大而缓进之。

（5）和沫：即交合时男子不要粗暴，应尽量温柔、顺意。

（6）积气：即交合不要贪欢，应及时起来，当阴茎尚能勃起之时即迅速离去。

（7）待赢：即交合快要结束时，应当纳气运行于脊背，不要摇动，必须收敛精气，导气下行，安静地等待着。

（8）定倾：即阴精已泄，不可使势软而出之，要待阴茎尚能勃起时迅速离去。

"七损八益"是性生活中有损健康的七种表现和八种有益保持精气、有利性生活的引导动作，如果能很好运用，可以避免七种损害的发生，达到性生活和谐，又不会损害身体健康。

此外，房事养生还包括注意房事卫生等内容。行房前，男女双方应注意性器官的清洁。男性应清洗阴茎、阴囊，清除皮肤皱褶里的污垢。女性外阴部与肛门接近，易受污染，且汗腺、皮脂腺丰富，分泌物较多，也要彻底清洗。另外，行房前要养成洗手的习惯，以免因房事中的爱抚引起女性尿路感染。女性在房事后应立即排尿，清洗外阴。

❀ 唾液就是我们生而带来的养颜圣品

唾液，中医上也称"津液""甘露""金津玉液""玉泉""天河水"等，是十分宝贵的液体营养物质，不仅能湿润和稀释溶解食物，帮助胃的消化吸收，还能杀灭进入口腔内的很多细菌。《黄帝内经》中说"脾为涎，肾为唾"。"肾为先天之本，脾为后天之本"。唾液来自于脾和肾这两个人体的先、后天之本，这足以体现唾液的重要性，唾液是否充足反映了人体精气的充盈与否，中医养生学对唾液一向尤为重视，认为唾液充盈者体质会强健，并能根据唾液的情况来判断健康和疾病。

唾液也是人体津液的一种，津液是体内各种正常水液的总称，包括各组织器官的内在体液和分泌物，如胃液、肠液、唾液、关节液等，习惯上也包括代谢产物中的尿、汗、泪液等。津液以水分为主，含有大量营养物质，是构成和维持人体生命活动的主要物质之一。各种津液因性质、分布和功能不同，又分为津和液两类。存在于气血之中，散布于皮肤、肌肉、孔窍并渗入血脉，清而稀薄，流动性较大，具有湿润作用的称为津；灌注于关节、脏腑、脑髓、孔窍等组织，稠而浓浊，流动性较小，具有滋养作用的称为液。

津液是人的养生之宝，有滋润、濡养的作用，可以滋润皮毛、肌肤、眼、鼻、口腔，濡养内脏、骨髓及脑髓。所以，津液丰沛，则皮肤饱满湿润、有弹性、不易老化。若津液亏损，则皮肤干瘪起皱，容易老化，所以经常吞咽唾液，补充肌体流失的津液，是美容养颜的重要方法之一。

现代医学研究发现，唾液是以血浆为原料生成的。其中一些成分既是皮肤细胞的最好营养物质，又不会引起皮肤过敏。唾液中含有多种生物酶，如溶菌酶、淀粉酶等，呈弱碱性，可以消除面部皮肤分泌的油质，杀灭面部的一些细菌，避免面部长疖生斑，平复皱纹。如果你的眼角已有细纹出现，不必花钱买昂贵的眼霜之类，每天坚持用自己的唾液涂抹眼角，两个月左右，就会有意想不到的收获。

有一种古老的吞咽唾液养生法——"赤龙搅天地"，李时珍把这种方法叫作"清水灌灵根"，是用舌在口腔内搅动，等到口内满是唾液时，便分三次将唾液咽下，并用意念将其送到丹田。

这个方法看似简单，但是作用巨大，可以加强人体五脏的功能，既能养生又能治病，而且简便易行，随时随地都可以做，又不用花钱。

好心情的女人更温婉动人

记得在一本书上看过这样的话："每个女孩都是坠落凡间的天使，为这苦难的人世带来美丽与欢笑。"在人们眼中，能够称得上天使的女子定然是美丽温婉善良的，走在路上我们经常会看到一些女人，她们面容凌厉，眼神中尽是牢骚与不满，一开口说话更会让人跌破眼镜，她们的心里似乎总是有那么多不如意，事业、老公、孩子……生活的每一处都有值得抱怨的地方，在这种抱怨中，她们脸上呈现的不是经过岁月沉淀的睿智与知性，而是让人望而生厌的庸俗神色，可以说摧毁她们的不是时间，而是长久的坏心情。

我们常说"怒容满面"，一个人的心情对容颜绝对会有影响。一个总是微笑的女人，即便她的容貌并不惊艳，那种温柔的光芒也会让人感觉很舒服、很愿意同她接近；而一个女人即使很漂亮，如果总是满脸暴戾之气，也会让别人对其敬而远之。当然，世事无常，我们的心情也不可能一成不变如无风时平静的湖水，偶尔风来泛起涟漪也不失为一种生活的点缀，我们要说的是无论快乐悲伤都不要太过。中医讲究"百病生于气"，这"气"有内外之分。外气指"六淫"——风、寒、暑、湿、燥、火，内气则指七情——喜、怒、忧、思、悲、恐、惊，这是人类正常的情绪变化，但应保持协调，否则就会损害身体健康，继而影响容颜。

中医讲"怒伤肝，喜伤心，忧悲伤肺，思伤脾，惊恐伤肾"，是说人的七情过度对脏腑的伤害。但如果七情自然而发，不但不会造成伤害，反而会增进脏腑的功能。比如，怒伤肝，但对于那些抑郁太久的人，适当地发怒则可激发阳刚之气，宣散郁结之火；忧悲伤肺，但对于长期忍气吞声、忍辱负重的人，诱导其忧悲，可以一哭解千愁；恐伤肾，但当遇到危险时，肾上腺激素会迅速分泌，给我们以平日数倍的能量。所以，人的情志是没有绝对标准的，如果不时地发泄一下会让你觉得很舒畅、很痛快，那这就是有益的，在这方面，个人的感受最重要。

《黄帝内经》中说："恬淡虚无，真气从之，精神内守，病安从来。"这就告诉人们要有恬淡虚无的心境才能守住健康，这也是古人修炼的境界，对于世俗之人，最重要的是时时懂得知足、惜福，享受自己所拥有的一切，坦然接受生活所赐予的一切，在这种心境下，即使我们做不到恬淡虚无、精神内守，也不至于为了一些小事就捶胸顿足、气愤难消。特别是作为女人，如果能有一分淡然平和的心境，那种从内心散发出来的温柔宁静自会为她的容颜增添动人的光彩。

生气是养颜大忌——美丽需要调节情绪

生气时，最漂亮的脸孔也像落了秋霜。为什么呢？当人生气时血液大量涌向面部，这时的血液中氧气减少、毒素增多。而毒素会刺激毛囊，引起毛囊周围程度不等的深部炎症，产生色斑等皮肤问题。此外，经常生闷气还会使自己脸色憔悴、双眼浮肿、皱纹多生。

所以女性朋友如果不开心的时候，可以分开双腿，吸气，双手平举。这个姿势可以调节身体状态，让毒素排出体外。

对于膻中穴，除了拍打外，我们还可以主动做臆想，即在小心眼儿、郁闷等内向性状态时，想一下"膻中"这个部位，臆想让自己"开阔心胸"，那么也会从一定程度上帮助自己乐观豁达。

我们都是凡人，都不可避免地会产生这样或那样的情绪。但任何情感都要发挥有度，以少不为过为原则。如果出现不良情绪要及时调整，以免进一步恶化。俗话说气大伤身。爱生气的人是不健康的、不美丽的，所以这里再给大家提供几种节情控欲的方法，实用简单操作方便。

1. 手指弹桌

将双眼轻轻微闭，哼着你喜欢的歌曲，或念着诗词，用你的手指有节奏地敲打桌面就能缓解抑郁情绪。为什么呢？

十指肚皆是穴位，叫十宣，最能开窍醒神，一直被历代大医当作高热昏厥时急救的要穴。十指的指甲旁各有井穴，《黄帝内经》上说："病在脏者，取之井。"古人以失神昏聩为"病在脏"，所以刺激井穴最能调节情志，怡神健脑。另外，有抑郁情绪的人经常会表现为整日疲劳不堪，四肢无力，连心里也觉得虚弱无力，吃饭走路都无精打采，甚至不知道哪里还能使出力气来。俗语道：十指连心。只要你闭上眼睛，轻轻地在桌上一敲，手指的微痛，立刻就会让你重新找回"心力"，这是人体中宝贵的力量。

十宣

十宣穴

2. 按压太阳穴

太阳穴位于眉梢与眼外眦之间向后 1 寸许的凹陷处。当人们患感冒或头痛的时候，用手摸这个地方，会明显地感觉到血管的跳动。这就说明在这个穴位下边，有静脉血管通过。因此，用指按压这个穴位，会对脑部血液循环产生影响。不光是烦恼，对于头痛、头晕、用脑过度造成的神经性疲劳、三叉神经痛，按压太阳穴都能使其症状有所缓解。

按压太阳穴时要两侧一起按，两只手十指分开，两个大拇指顶在穴位上，用指腹、关节均可。顶住之后逐渐加力，以局部有酸胀感为佳。产生了这种感觉后，就要减轻力量，或者轻轻揉动，过一会儿再逐渐加力。如此反复，每 10 次左右可休息较长一段时间，然后再从头做起。

3. 双手合十

我们知道佛家对人表示问候和尊重时，都会双手合十。其实，从中医的角度来说，双手合十其实就是在收敛心包。双手合十的动作一般停在膻中这个位置，那么掌根处正好是对着膻中穴。这样做，人的心神就会收住，一合十，眼睛自然会闭上，因为心收敛了，眼睛自然也会收敛。

4. 拨心包经

腋窝下面有一根大筋，用手掐住然后拨动它。每天晚上拨十遍，这样坚持下去就可以排去郁闷和心包积液，增强心脏的活力，从而增强身心的代谢功能。

另外，对经常处于萎靡状态、有忧郁倾向的人来说，每天上午接受日照半小时，每周到郊外呼吸一下新鲜空气，对缓解不良情绪也很有效。

❀ 忧郁是养颜的大敌

自古红颜多薄命，面对《红楼梦》中林妹妹的忧郁而终，人们都会对这种忧郁造成的悲剧而感到惋惜。有活力的女人是最美的，一个情绪低落、毫无生气的女孩再怎么化妆，也掩饰不了她内心的忧愁苦闷。

自古以来，因为精神异常、忧郁寡欢影响容貌和寿命的不乏其人，而情志稳定、乐观向上、抗争逆境者，能驻颜延寿的也屡有记载。

南宋时的爱国诗人陆游，虽被迫与前妻分离，加上政治上的郁郁不得志，但他仍笑迎逆境，寿得八旬有五；而其前妻因思念前夫，悲郁过度而致面目暗淡、形体消瘦，最后形瘁气乏，气脱魂消。

中医认为，精神活动由五脏所主，五脏的异常可以影响精神活动，而精神异常也可导致五脏的功能紊乱。脏腑功能紊乱之后，气血失和，于是皮毛憔悴，面部枯槁无华，而出现早衰，影响人的健康容貌。

那么，如何摆脱忧郁的困扰呢？其实很简单，只要你用宽容、乐观的心态去看待所有的事物，你就可以摆脱忧郁带给你的伤害。

客观评价自己和他人，不妄自尊大，更不妄自菲薄；要看到事物的光明面，不把事物看成非黑即白，遇到不愉快的事，要从积极方面想，以微笑面对痛苦，以乐观战胜困难；扩大人际交往圈子，不要拘泥于自我的小天地里，应该置身于集体之中，多与人沟通，多交朋友，尤其多和精力充沛、充满活力的人相处。这些洋溢着生命活力的人会使你更多地感受到事物的光明和美好；要善于向知心朋友、家人诉说自己不愉快的事。当处于极其悲哀的痛苦中时，要学会哭泣。另外，参加文体活动、写日记等，有助于消除心理紧张，避免过度抑郁。

忧郁的时候苦脸，忧思的时候皱眉，这样的女性只会让人敬而远之，因为一个人的情绪是会感染别人的，谁也不愿意被坏情绪感染，谁也不愿意与不积极、不乐观的人交往。所以大家不妨笑对生活、笑对压力、笑对生活中的每个挫折，你对世界笑，世界也会对你笑；你快乐了，世界也会快乐起来。

❀ 感受音乐魔力，养心又养颜

听音乐能美容吗？它们之间可能没有什么直接关系，但是想一下，我们平时心情不好的时候，是不是因为听到一首歌就感觉心情舒畅点了呢？所以说，音乐能调节人的情绪，使人心情转好，心情好了人当然也会变得漂亮了，这就是音乐的魔力。

忙碌的生活让我们远离了音乐，有多少人很长时间都没有认真地听一首歌了？每天都能抽出时间听一段让自己感觉舒服的音乐，对身心是有好处的。

音乐可以怡情，也可以治病。这并不是虚妄之谈。音乐应用于医学已经有数千年的历史了。天有五音，人有五脏；天有六律，人有六腑，《黄帝内经》中便记述了"宫、商、角、徵、羽"这五种不同的音阶，并进一步将它落实到五脏，就出现了"脾在音为宫，肺在音为商，肝在音为角，心在音为徵，肾在音为羽"。所以，在我国古代就有"以戏代药"，即用音乐治疗病痛的疗法。

现代医学也证明：人处在优美悦耳的音乐环境之中，可以分泌一种有利于身体健康的活性物质，调节体内血管的流量和神经传导，改善神经系统、心血管系统、内分泌系统和消化系统的功能。而音乐声波的频率和声压会引起心理上的反应，能提高大脑皮层的兴奋性，改善情绪，振奋精神。同时也有助于消除紧张、焦虑、忧郁、恐怖等不良心理状态，提高应激能力。

音乐无形的力量远超乎个人想象，所以聆听音乐、鉴赏音乐，是现代人极为普遍的生活调剂。但是听音乐也需要"辨证施治"，针对不同的症状选择不同的音乐，才能收到较好的疗效。

（1）性情急躁：宜听节奏慢、让人思考的乐曲。这可以调整心绪，克服急躁情绪，如一些古典交响乐曲中的慢板部分。

（2）悲观消极：宜听宏伟、粗犷和令人振奋的音乐。这些乐曲对缺乏自信的人是有帮助的，乐曲中充满坚定的力量，会随着飞溢的旋律而洒向听者"软弱"的灵魂。久而久之，会使人树立起信心，振奋起精神，认真地考虑和对待自己的人生道路。

（3）记忆力衰退：常听熟悉的音乐。熟悉的音乐往往是与过去难忘的生活片段紧密联系在一起的，这些音乐可以唤起病人对过去生活的追忆。实验证明，让记忆力衰退的人常听熟悉的音乐，确实有帮助恢复记忆的效用。

（4）产妇：宜多听舒缓的、抒情性强的古典音乐和轻音乐，这样可帮助产妇消除紧张情绪，避免抑郁情绪的产生。

此外，听音乐也要讲技巧，具体来说主要包括以下几点：

（1）生气忌听摇滚乐

人生气时，情绪易冲动，常有失态之举，若在怒气未消时听到疯狂而富有刺激性的摇滚乐，无疑会火上浇油，助长人的怒气。

（2）空腹忌听进行曲

人在空腹时，饥饿感受很强烈，而进行曲具有强烈的节奏感，加上铜管齐奏的效果，人们听到这种音乐，会加剧饥饿感。

（3）吃饭忌听打击乐

打击乐一般节奏明快、铿锵有力、音量很大，吃饭时欣赏，会导致人的心跳加快、情绪不安，从而影响食欲，有碍食物消化。

音乐是我们每个人不可或缺的精神食粮，一首优美的乐曲能使人精神放松、心情愉快，令大脑得到充分的休息，体力得到适当的调整。所以，我们在闲暇之时要多听听音乐，在享受艺术的同时也换来健康的身心。

◎ 沐浴、保健、美容，一举三得

沐浴不仅可以清洁皮肤、调节身心、恢复体力，还可以美容。当然这些都建立在一定的基础之上，并不是用水简单地冲洗就能达到这样的效果，洗澡美容是有讲究的。

1. 美女天然沐浴方

（1）天气干燥用橙皮汤沐浴

如果天气比较干燥，那么在沐浴时就要放些橙皮汤。《本草纲目》记载"香橙汤：宽中快气、消酒。用橙皮二斤切片、生姜五两切焙擂烂……沸汤入盐送下，奇效良方。"橙皮可通气、止咳、化痰，所以可以在吃完橙子后把皮晒干用来泡水喝。另外，橙皮中含有的维生素等物质，具有消炎、抗过敏作用，把新鲜的橙皮加水一起熬成汤，在泡浴时加入少量新熬好的橙皮汤，可使皮肤润泽、柔嫩。

（2）肌肤死皮较多用燕麦沐浴

如果肌肤死皮比较多，就可以用燕麦沐浴。方法是：将半杯燕麦片、1/4 杯牛奶、2 汤匙蜂蜜混合在一起，调成干糊状，然后将这些原料放入一个用棉布等天然材料做成的小袋子中，放在淋浴的喷头下，流水就会均匀地将燕麦的营养精华稀释，冲到皮肤上，当然，如果有条件，最好把燕麦袋放在浴缸中浸泡 20 分钟，使其营养成分更加充分地被肌肤吸收。

（3）肌肤粗糙用香花浴

肌肤粗糙、毛孔比较大的女性可以试试香花浴：把玫瑰花或菊花放在水里煮 10 分钟，过滤去渣，混入洗澡水中，再加两匙蜂蜜，能够收紧毛孔、光洁皮肤、清除小皱纹。

（4）美白肌肤要用盐醋浴

想要美白肌肤的女性可以试试盐醋浴：在浴水里加入一点儿盐，几滴醋，能促进皮肤的新陈代谢，使其更富有弹性，如果用以洗发还可以减少头屑，保持头发柔软光泽。

（5）菊花、薰衣草浴治皮肤病

有皮肤疾病的人，可以把菊花、薰衣草等加水用文火熬1小时左右，滤去渣，倒入洗澡水中。另外，有皮肤病的人可以在洗澡水中倒入200克白酒，经常用此洗浴，不仅可治皮肤病，使皮肤光滑柔软富有弹性，还可以治疗关节炎。

如果你的皮肤已经非常好了，那么也要注意保养，洗澡时，把略经稀释的牛奶涂抹在身上，15分钟后冲净，就能够使皮肤更加光滑细腻。

2. 洗澡时多做"小动作"

如果你能在洗澡时配合做以下"小动作"，不但能够加速缓解疲劳，也能促使一些小毛病尽快痊愈。

（1）身体疲劳常搓脸

多数人都有这种感觉，在疲劳时搓一搓脸，马上就会神清气爽。这是因为面部分布着很多表情肌和敏感的神经，热水能刺激这些神经，搓脸能加速血液流动，同时舒展表情肌。洗澡时搓脸的速度以每秒一次为宜，搓脸3到5下，每次不少于3分钟即可。需要注意的是，40℃的温水消除疲劳最理想，如果水温过高，消耗热量多，不但不会消除疲劳，反而会让人感到难受；水温过低，血管收缩，不易消除疲劳。

（2）大便不畅揉肚子

洗澡时可用手掌在腹部按顺时针方向按摩，同时腹部一鼓一收地大口呼吸，并淋浴腹部，可治疗慢性便秘并防治痔疮。

（3）消化不良勤吸气

食欲不振时可选择在饭前30分钟沐浴，用热水刺激胃部，待身体暖和后，再用热水在胸口周围喷水，每冲5秒休息1分钟，重复5次；泡澡时可先在热水中泡20～30分钟，同时进行腹式呼吸，再用稍冷的水刺激腹部，这种冷热水的刺激能促进胃液分泌，提高食欲。

3. 洗澡时的注意事项

洗澡时还有一些事项需要注意，这样才能保证你洗得舒服、健康，否则不仅不能滋润肌肤，还可能会出现一些让你措手不及的突发事件。

（1）洗澡时的水温应该控制在40℃左右，水温过高会使皮肤老化，在洗澡时应该先洗头发，这样可以让水流冲击全身，使身体的毛孔因受热而渐渐张开，"吐"出秽物，从而彻底清洁皮肤。睡前洗澡可以消除一天的疲劳而使你轻松入睡，但长期湿头发睡觉容易导致脱发。

（2）饥饿、饱食、酒后不要沐浴。这是因为空腹泡澡容易引起虚脱、眩晕及恶心等症状；刚饱餐后沐浴，会使大量血液由体内流向体表，容易引起消化机能障碍；酒后血液循环加速，这时泡澡容易诱发脑溢血。

（3）睡眠不足或是熬夜用脑过度时，猛然泡高温澡，可能会导致脑部缺血或"温泉休克"现象。

（4）刚做过剧烈运动，如打球后，不要马上泡高温澡，以免引起"温泉休克"现象。情绪极度兴奋或是生气时，也不宜泡澡。

（5）女性经期来时以及经期前后最好不要洗澡，怀孕期的妇女在怀孕初期和末期，不宜泡温泉。

（6）身体发烧，体温超过 37.5℃时，最好不要泡澡。急性疾病患者、传染病患者，如急性肺炎、急性支气管炎、急性扁桃腺发炎、急性中耳炎或发烧的急性感冒患者，最好不要泡澡。

另外，有的女性洗澡时喜欢用力揉搓肌肤，觉得这样才能洗干净，其实不然。如果总是这样反复用力揉搓肌肤反而会让皮肤变黑，这就是"摩擦黑变病"。"摩擦黑变病"的病因尚未完全搞清，但与用力搓澡的关系已被专家确认，所以女性洗澡时一定要对自己温柔点。还要注意不能天天搓澡，这很容易让皮肤变老，一般 3 天搓一次就足够了。

精油美颜，开启一生幸福的芳香之旅

提及芳香疗法，大家都会觉得那是新近流行的时尚，其实不然。让我们把时间的指针倒拨，直到那遥远得超乎想象的境地，譬如几千年前的古埃及。是的，自那时起，埃及人已经开始使用香油香膏了。芳香植物被用到各种领域：祭祀、驱邪、医疗以及美容。

对植物的倾心，自古有之。而现代"芳香疗法"的正式提出，源于 20 世纪早期。1937 年法国化学家盖特弗塞有一次在香水公司实验室里研发新产品，结果发生了化学爆炸，烫伤了手。他在惊慌中把剧痛的手掌浸入了随手拿到的一碗液体里。这也许是神奇的机缘，盖特弗塞发现他手上的疼痛缓解了，而且此后手上也没有留下疤痕。那碗液体正是薰衣草精油。这激发了他极大的兴趣，盖特弗塞开始研究"香精油"的治疗效果。这些油来自大自然而且纯度很高，是蒸馏植物的某一部位制成的。他称这个新的方法为"芳香疗法"。

20 世纪 50 年代，莫利夫人把芳香疗法介绍到英国，并应用到美容养颜上。此举激发了芳香疗法在欧洲的盛行。

而现在，这个绵延了几千年的神奇疗法越来越吸引人们的目光。因为芳香疗法不仅是一门严谨的科学，它所内含的充满艺术感的人文情怀，对人的心理所起到的巨大慰藉作用更是不可忽视的。下面我们就介绍一些常用的精油疗法。

1. 玫瑰精油

（1）每天早上洗脸时，将一滴玫瑰精油滴于温水中，用毛巾按敷脸部皮肤，可延缓衰老，保持皮肤健康亮丽。

（2）将玫瑰精油 3 滴加薰衣草精油 1 滴加乳香精油 1 滴，放在 5 毫升玫瑰果油中，每周 1～2 次做脸部皮肤按摩，可使皮肤滋润柔软，有保湿与抗皱的作用。对于老化及干性肌肤来说，如此做可以有效调理肤质，促进皮肤的新陈代谢。

（3）用玫瑰精油 2 滴加天竺葵 2 滴，滴于 5 毫升按摩底油中，以顺时针方向轻柔地按摩下腹部，可缓和痛经及调理经前症候群，还可用于荷尔蒙失调的更年期障碍。

（4）滴 5 ~ 6 滴的玫瑰精油于浴缸中，不仅可以促进血液循环，还可以改善荷尔蒙失调，对生理不顺、更年期荷尔蒙分泌不足有调理的作用。

2. 薰衣草精油

（1）睡觉时将 1 ~ 2 滴薰衣草精油滴于枕头上，能安然入梦。

（2）薰衣草 5 滴加薄荷 2 滴加荷荷芭油 30 毫升调制均匀，然后轻揉胸前和背部，能缓解咳嗽症状。

（3）薰衣草 3 滴加百里香 2 滴，以熏蒸法放在卧室内就寝，能预防流行感冒。

（4）薰衣草 1 滴加茶树 2 滴调制均匀，滴入一碗热水（1000 毫升）中，吸入含有精油分子的蒸汽 5 ~ 10 分钟，能缓解咽喉炎或咽喉痛。

（5）薰衣草 3 滴加入 100 毫升冷水中，冷敷或轻按太阳穴至后脑部。或者薰衣草 1 滴加薄荷 1 滴加荷荷芭油 5 毫升，按摩太阳穴和额头，可以缓解头痛或偏头痛。

（6）薰衣草 3 滴加茶树 3 滴加蒸馏水 90 毫升做成伤口洗涤剂。能促进擦伤或割伤等伤口的愈合。

（7）天竺葵 10 滴加迷迭香 10 滴加薰衣草 5 滴加荷荷芭油 50 毫升，然后用按摩的方式促进血液循环，能缓解腰腿疼痛。

（8）薰衣草 2 滴加姜 2 滴加葡萄籽油 15 毫升，按摩关节或泡澡，能治疗风湿关节炎。

（9）薰衣草 6 滴加尤加利 5 滴加迷迭香 4 滴加荷荷芭油 25 毫升，制成按摩油，按摩疼痛的部位，能缓解肌肉酸痛。

（10）薰衣草 1 滴，涂于唇上，可治疗唇疮。

（11）薰衣草 5 滴加茶树油 5 滴，滴入温水中，用足浴法泡脚，能治疗脚气。

（12）将适量薰衣草直接涂抹于鼻孔、太阳穴。或滴于纸巾上，直接吸入，能预防晕车。

（13）薰衣草 6 滴加茶树 3 滴，或甘菊 6 滴加佛手柑 2 滴混合均匀，取 4 ~ 5 滴滴入盆中坐浴约 15 分钟，可治疗阴道炎。

3. 茉莉精油

（1）保养皮肤：茉莉 3 滴加乳香 3 滴加薰衣草 2 滴加荷荷芭油 10 毫升调制均匀，沐浴后身体水分未擦干时，涂抹全身，可延缓皮肤老化，改善皮肤松弛。

（2）助产黄金配方：茉莉 3 滴加薰衣草 3 滴加杜松子 2 滴加小麦胚芽油 10 毫升加甜杏仁油 40 毫升。产妇分娩时做腹部按摩，可加快分娩过程，减轻分娩痛苦。

（3）减少妊娠纹：茉莉 3 滴加乳香 2 滴加荷荷芭油 5 毫升。按摩腹部，每天一次，能减少妊娠纹。

（4）滋润护发：茉莉 1 滴加檀香木 2 滴加天竺葵 2 滴加荷荷芭油 20 毫升调制均匀，洗发后按摩头发和头皮，能滋养秀发。

（5）开朗心情：将茉莉 3 滴加甜橙 3 滴加檀香 2 滴混合均匀后滴入薰香灯中，温暖的气息，能使人精神愉快，忘记烦恼。

4．柠檬精油

（1）空气清新剂：柠檬精油 2 滴加水 100 毫升制成空气清新剂。

（2）清新口气：柠檬精油 2 滴滴入 200 毫升的清水中漱口，可以消除口中异味及预防口腔黏膜的感染。

（3）护发养发：将柠檬精油 2 滴滴入洗脸盆中，将洗好的头发浸泡其中约 5～10 分钟，起来后直接用毛巾擦干，不但可以减少头皮屑的发生，还可以护发、柔顺发丝。

（4）提神醒脑：柠檬精油 2 滴加罗勒精油 2 滴混合均匀，滴入香薰炉中，能提神醒脑，增强记忆力，提高工作效率。

（5）防治感冒：柠檬精油 2 滴加桉树精油 3 滴加太阳花油 5 毫升，调匀后按摩背部、腹部、上胸部位 20 分钟，然后盖上被子睡觉，睡醒后症状即可缓解。

（6）减肥瘦身：柠檬精油 2 滴加肉桂精油 3 滴加迷迭香精油 3 滴加太阳花油 6 毫升，做局部减肥按摩，可去除多余积水，减肥瘦身。

5．天竺葵精油

（1）问题肌肤：天竺葵 4 滴加玫瑰 3 滴加佛手柑 2 滴加乳液 50 毫升，抹擦患处，能平衡皮脂分泌，改善肌肤状况，唤醒肌肤活力。

（2）丰胸健美：天竺葵 5 滴加檀香 2 滴加玫瑰 3 滴加 10 毫升基础油调制均匀，每晚临睡前涂抹于乳房上，并按摩 5～10 分钟，可促进乳腺发育，起健胸作用。

（3）泌尿系统感染：天竺葵 3 滴加杜松子 2 滴加佛手柑 3 滴混合均匀，滴在浴缸里，半身浴 15～20 分钟，能改善尿道感染。

（4）强化循环系统：天竺葵 5 滴加檀香 3 滴加鼠尾草 2 滴加甜杏仁油 20 毫升调制成按摩油，按摩胸部、颈部，能强化循环系统，对喉部及唇部的感染有较好疗效，并能缓解神经痛。

（5）女性呵护：天竺葵 5 滴加橙花 2 滴加薰衣草 3 滴加杏仁油 20 毫升调制成按摩油，全身按摩能调节荷尔蒙，改善经前症候群、更年期症状、乳房胀痛等。

（6）抚平情绪：天竺葵 3 滴加葡萄柚 3 滴加依兰 2 滴，滴在熏香炉中，能提振精神、缓解压力。

6.檀香精油

（1）皮肤保养：将檀香 5 滴加薰衣草 3 滴加天竺葵 2 滴加入 50 毫升无香料乳液中，用于日常的皮肤护理和按摩，可消除皮肤干燥、脱皮及干疹，柔软皮肤。

（2）防治呼吸系统疾病：檀香 2 滴加没药 1 滴加薰衣草 2 滴混合均匀，滴入热水中，将蒸气吸入，对胸腔感染之支气管炎、肺部感染的喉咙痛、干咳也有效果。

（3）放松情绪：将檀香 3 滴加乳香 3 滴加玫瑰 2 滴调制均匀，滴入熏香炉中，可缓解神经紧张及焦虑。

（4）女性保健：将檀香 3 滴加安息香 3 滴加玫瑰 2 滴混合均匀，滴入八分满的浴缸中泡澡，能净化性器官，改善阴道的分泌作用，改善因性接触或性行为引起的疾病。

7.茶树精油

（1）将茶树精油 1 滴滴在洗手盆里洗手，可抑菌、杀菌，让双手散发草本芳香。

（2）将茶树精油 3 滴加迷迭香精油 4 滴，于一盆 3 公斤的热水中坐浴 15 分钟，连续一周，能有效改善阴道炎、膀胱炎等症。

（3）茶树精油 4 滴加薰衣草精油 3 滴加葡萄籽油 5 毫升，调配后涂抹于患处。严重者可直接使用茶树精油 4 滴和薰衣草精油 3 滴混合后直接涂抹于局部患处，能抑制脚气。

（4）经常用茶树精油 2 滴加薄荷 1 滴加 500 毫升温水漱口，可保持口气清新，防止蛀牙。

（5）将茶树精油 2 滴加桉树精油 3 滴加天竺葵精油 1 滴，滴于香薰炉做蒸熏，可治疗咳嗽和呼吸系统等疾病。

8.迷迭香精油

（1）强化心脏：迷迭香 5 滴加玫瑰 3 滴加牛膝草 2 滴加甜杏仁油 10 毫升加葡萄籽油 10 毫升，用以按摩，能使低血压恢复正常，是珍贵的强心剂和心脏刺激剂。

（2）缓解肌肉酸痛：迷迭香 5 滴加黑胡椒 3 滴加姜 2 滴加甜杏仁油 16 毫升加小麦胚芽油 4 毫升，用以按摩，可以止痛，舒缓痛风、风湿痛以及使用过度的肌肉。

（3）瘦身减肥：迷迭香 3 滴加葡萄柚 3 滴加杜松 2 滴，用以沐浴，因为它利尿，可以改善女性经期中水分滞留的症状，达到瘦身效果。对肥胖症也有好处。

芳香精油对女人的吸引力应该是天生的，美丽与芳香总对女人有着致命的诱惑力。有哪个女人会厌弃来自纯真自然的呵护呢，更何况这呵护还带着缤纷的色彩和迷人的芳香。

第五章

时刻养护，时刻靓丽

第一节

四季养颜各不同

❀ 养颜也要顺应四季的"生长收藏"法则

　　一年四季，自然万物都随着季节的变化而变更，人的皮肤同样也随着季节的更换发生着微妙的变化。《黄帝内经》上说"智者之养生，顺四时而适寒暑，和喜怒而安居处，节阴阳而调刚柔"。其实养护容颜也是一样，只有顺应天时，随着时令的更迭而改变，适时而食，才能让容颜永葆青春活力。

　　《黄帝内经》里有句话说："夫四时阴阳者，万物之根本也，所以圣人春夏养阳，秋冬养阴，以从其根，故与万物沉浮于生长之门。逆其根，则伐其本，坏其真矣。"四季阴阳是万物的根本，也就是在春夏季节保养阳气，在秋冬季节保养阴气。因为身体与天地万物的运行规律一样，春夏秋冬分别对应阳气的"生、长、收、藏"。如果违背了这个规律，就会戕害生命力，破坏人身真元之气，损害身体健康，没有了健康，容颜也就成了无源之水、无根之木。

　　四季轮回、寒暑更替是人类赖以生存的必要条件。春生、夏长、秋收、冬藏是生物适应四季气象变化形成的普遍规律。人类在长期的进化过程中，获得了适应自然变化的能力，表现为"人与天地相应"。所以，人的各种生理功能，有着与天地自然变化几近同步的节律性和适应外界变化做出自我调整的能力。简言之，就是要法时，养生和养颜都要法时。

1. 春季养"生"，让身体与万物一起复苏

　　春天是阳气生发的季节，《黄帝内经》说："春三月，此谓发陈，天地俱生，万物以荣。夜卧早起，广步于庭，被发缓形，以使志生，生而勿杀，予而勿夺，赏而勿罚。此春气之应，养生之道也。"这段话就是春季的养生养颜总纲。

首先，春天要晚睡早起，不要睡得太多，否则会阻碍身体内部气机的生发。春暖花开的季节应该多活动，节假日的时候可以踏青去游玩，一方面放松心情，一方面唤醒冬季里沉睡的身体，还能呼吸天地之间的清气，是很快乐的体验。

春天是肝气最足、肝火最旺的时候。肝在中医五行当中属木，此时它的功能就像是春天的树木生长时的情形。这时候人最容易生气发火，肝胆是相表里的，肝脏的火气要借助胆经的通道才能往外发，所以很多人会莫名其妙地感到嘴苦、肩膀酸痛、偏头痛、乳房及两肋胀痛、臀部及大腿外侧疼痛。这时你按摩一下肝经上的太冲穴就可以达到止痛的效果。因为出现上述疼痛的地方就是胆经的循行路线，通过胆经来抒发肝之郁气，是最为顺畅的。

春季有人经常腿抽筋，有人经常会腹泻，有人经常困倦，这又是一种情形，就是"肝旺脾虚"。五行中肝属木，脾属土，二者是相克的关系。肝气过旺，气血过多地流注于肝经，脾经就会相对显得虚弱，脾主血，负责运送血液灌溉到周身，脾虚必生血不足、运血无力。造成以上诸般症状，这时可以服用红枣山药薏米粥以健脾养血，脾血一足，肝脾之间就平和无偏了。

早春天气，乍暖还寒，所以一定要注意增减衣服。所谓"春捂"，就是说早春要穿暖一点，不要急于脱冬衣；办公室及家里要多开窗户，一天至少开两次窗户，每次 15 ～ 30 分钟；多吃温阳性食物、生发性食物、酸性食物、甜味食物等，如豆芽、韭菜、青笋、香椿、酸枣、橙子、猕猴桃、羊肝、猪肝、鸡肝等。

2. 夏季养"长"，适当宣泄体内瘀滞

夏季是天地万物生长、葱郁茂盛的时期。这时，大自然阳光充沛，热力充足，万物都借助这一自然趋势加速生长发育。人在这个季节也要宣泄出体内的瘀滞，这样才能使气血通畅，为以后的收藏腾出地方。如果在夏天宣泄得不够，到了秋冬季节想进补的话，就补不进来了。

另外，因为夏季属火，主生长、主散发，夏天多晒太阳、多出汗，可借阳气的充足来赶走身体里的积寒。但现代人通常都处于有空调的环境下，整个夏天都很少出汗，这样反而会让体内的寒气加深，抑制散发，秋天就会得痿证（呼吸方面的病），降低了适应秋天的能力。

中医认为长夏（农历6月，阳历7—8月）属土，五脏中的脾也属土，长夏的气候特点是偏湿，"湿气通于脾"，也就是说湿气与脾的关系最大。所以，脾应于长夏，是脾气最旺盛、消化吸收力最强之时，因而是养"长"的大好时机。另外，夏季对应人体五脏中的"心"，有心脏病的人在夏天容易复发或者症状加重。所以夏季应以养心为先。

那么夏天我们应该怎样"养长"和"养心"呢？

（1）要保证睡眠，中午的时候人们总是精神不振、昏昏欲睡，因此有条件的话可以增加午休的时间，以消除疲劳，保持精力充沛。

（2）要保证营养，夏季天热气压低，人体消耗大，所以这时候更应该

注意养自己的身体，增加营养，多吃绿叶蔬菜和瓜果，早晚时喝点粥或汤是大有好处的，尤其是绿豆汤或粥，既能生津止渴、清凉解暑，又能滋养身体。

（3）要及时补水，多喝凉白开水，不能用饮料代替饮水。

（4）不能贪凉。《黄帝内经》里说"防因暑取凉"，这是告诫人们在炎热的夏天，在解暑的同时一定要注意保护体内的阳气，因为天气炎热，出汗较多，毛孔处于开放的状态，这时机体最易受外邪侵袭。所以不能过于避热趋凉，如吃冷饮、穿露脐装、露天乘凉过夜、用凉水洗脚，这些都会导致中气内虚，暑热和风寒等外邪乘虚而入。

（5）保持心静。夏天容易使人心烦，特别是在气温高、无风、早晚温度变化不明显时，就更容易使人心胸憋闷，产生烦躁和厌烦情绪，从而诱发精神疾病。所以夏天应该清心寡欲、收心养神。

3. 秋季养"收"，处处收敛不外泄

秋季的三个月，是万物收获的季节。此时秋风急劲，气温下降，地气内敛，外现清明，人们也应该早睡早起，收敛精神而不外散，以缓和秋季肃杀的伤伐，使神气安定。这是秋季养生的法则，如果违背了这个法则，就会伤损肺脏，到了冬季便会出现顽固不化的泄泻，供给冬季收藏的就减少了。

生活中我们应该如何进行"养收"呢？

（1）早睡早起。秋季，自然界的阳气由疏泄趋向收敛、闭藏，在起居方面要合理安排睡眠时间，早卧早起。晚上10点就睡觉，11点就能养肝胆之气，不然你的肝胆是养不起来的。

（2）使志安宁。肾藏志，顺应了秋收之气，就能使肾经不妄动。所以在秋季的时候性生活要有所收敛，以养精气。

（3）饮食调养。秋天气候干燥，应防"秋燥"，膳食应贯彻"少辛增酸"原则，尽可能少食葱、姜、蒜、韭菜等辛味之品，多食酸味果蔬。如雪梨、鸭梨，生食可清火，煮熟可滋阴、润肺而防燥。

秋季易伤津液，故饮食还要以防燥护阴、滋阴润肺为基本准则。多食芝麻、核桃、糯米、蜂蜜、乳品等可以起到滋阴润肺、养血的作用。

（4）内心宁静。秋季日照减少，花木开始凋谢，特别是霜降之后，"无边落木萧萧下"，常使人触景生情，心中产生凄凉、忧郁、烦躁等情绪。因此秋季养肺就要注意精神情志方面的养生，培养乐观情绪，可以参加一些登山赏红叶等有意义的活动。我国古代民间就有重阳节登高赏景的习俗，登高远眺，饱览奇景，有心旷神怡之感，可使一切忧郁、惆怅顿然消失，又调剂生活，实为人间乐事。

4. 冬季养"藏"，养肾防寒是关键

冬季的主气为寒，寒为阴邪，易伤人体阳气，阴邪伤阳后，人体阳气虚弱，生理机能受到抑制，就会产生一派寒象，常见情况有恶寒、脘腹冷痛等。另外，冬季是自然界万物闭藏的季节，人体的阳气也要潜藏于内。由于阳气

的闭藏，人体新陈代谢水平相应降低。因而需要生命的原动力"肾"来发挥作用，以保证生命活动适应自然界的变化。人体能量和热量总来源于肾，也就是人们常说的"火力"，"火力"旺说明肾脏机能强，生命力也强。反之生命力就弱。冬天，肾脏机能正常则可调节肌体适应严冬的变化，否则将会导致心颤代谢失调而发病。综上所述，冬季养生的重点是"防寒养肾"。

《天枢天年》中黄帝问岐伯，有人不能寿终而死的原因。岐伯回答："薄脉少血，其肉不实，数中风寒……故中寿而尽也。"其中"数中风寒"便是早亡的一个重要原因。所以我们要健康，要长寿，就要防寒。现在很多人，尤其是时尚女性，冬天的时候，上身穿得厚厚的，下面却只穿条裙子。这样的装束虽然美丽，但对身体的伤害是无穷的。俗话说"风从颈后入，寒从脚下起"。虽然血总是热的，但很多人气血虚弱，或阳气不足，新鲜血液很难循环到脚上去，没有热血的抵挡，寒气便会乘虚从脚下侵入。

冬季属阴属水，要藏得住才能保证春季的生发。因此，冬季一定要养好肾阴，要收敛，澡都要少洗，每周一到两次，但可以每天用热水泡脚。这样才能养住体内已经收敛的阳气，所谓"无扰乎阳"。

衣服要穿暖，多晒太阳，冬天不宜洗冷水澡也不提倡冬泳，以免阳气耗损太大；多吃温补性食物，这些食物能温暖人身，祛除寒邪，温热性食物主要指温热及养阳性食物如羊肉、牛肉、鸡肉、鹿茸等，其中，羊肉和鸡肉是冬天温补的主要肉食品。

另外，中医认为肾藏精，是人的生命之本。房事不节，会损伤肾精，久而久之，便会使肾气亏损，产生精神萎靡、耳目失聪、面容憔悴、皮肤干枯等未老先衰的症状。冬季与肾脏相应，因此这个季节应节制性生活，以保肾固精。

由此可见，四季阴阳不同，对人体造成的影响也不同。养颜同养生一样，要顺应四季的阴阳，按照季节的不同采取各有侧重的养护方式，才能收到事半功倍的效果。

❀ 春季是保养容颜的最好季节

俗话说："一年之计在于春"，对于女性的养颜大计来说，春天可是保养容颜不可错过的大好时机。春天万物生发，人体内的阳气也处于上升的趋势，各种生理功能逐渐活跃，最有利于生精血、化精气，充实人们的五脏器官。也正因为如此，才有了"人面桃花相映红"的动人景象。

然而，春天也是"百草发芽，百病发作"的季节。恼人的春风，不仅卷走水分，还裹挟着花粉、灰尘，袭击着人的肌肤。一些女性的面部或眼角经常会出现小红疙瘩或者红斑，上面有细碎的糠状鳞屑，有的奇痒难忍，夜间更是厉害，抓破后不但皮肤会受到伤害，平日小心打理的形象也大打折扣，让女性非常苦恼。因此，在春季里如何对抗过敏，做好"面子"工作就成了女性的一项必修课。

其实，这并不是一件难事，只要做好日常的皮肤护理，再让自己盛开的味蕾畅享一些春日美食，你就能轻松解决过敏问题。

1. 做好皮肤日常护理

从外面回来后要及时把落在脸上的花粉、灰尘等过敏性物质洗去，以减少致病的机会。洗脸的时候不要用碱性强的肥皂或洗面奶，以免破坏皮脂膜而降低皮肤抵抗力。在护肤品的选择上，最好使用纯天然植物护肤品，如含海藻、甘草、薰衣草精华或芦荟的护肤品通常具有抗过敏的功效。尽量不要用一些特殊功效的护肤品，如祛斑、焕肤、强效美白等产品。注意皮肤的保湿，尽量不化浓妆。如果出现皮肤过敏，要立即停止使用任何化妆品，对皮肤进行观察和保养护理。

具体可以这样护理：早上洁肤后，除了保湿，还要用敏感皮肤专用的日霜，外出前涂上防晒霜；晚上洗脸后，先用热毛巾覆盖脸2分钟，接着用冷毛巾覆盖1分钟，然后用营养型化妆水涂抹面部，轻轻拍打，让皮肤吸收，最后再涂上保湿防过敏型的营养晚霜，轻柔按摩至吸收。

2. 注意饮食营养的均衡

少食用油腻、甜食及刺激性食物、烟、酒等。要多吃些富含维生素的蔬菜、水果、野菜等，以增强机体免疫能力。下面三种是最有效的抗过敏食物：

（1）蜂蜜。蜂蜜质地滋润，可润燥滑肠、清热润肺、缓急止痛，是春季最理想的保健饮品。每天早晚冲上一杯蜂蜜水，就可以远离伤风、气喘、瘙痒、咳嗽及干眼等季节性过敏症状。

（2）红枣。红枣中含有大量抗过敏物质——环磷酸腺苷，可阻止过敏症状的发生。用10颗红枣煮水喝，每天3次，就可以治疗过敏症。

（3）胡萝卜。胡萝卜营养价值很高，它所含的维生素易被人体吸收，具有强身作用。而其中的β-胡萝卜素更能有效预防花粉过敏症、过敏性皮炎等过敏反应。长期吃胡萝卜及其制品，既可获得较好的强身健体效果，又可使皮肤处于健康状态，变得光泽、红润、细嫩。

3. 春季自制花粥

春天正是百花盛开的季节，有的女性虽然会对鲜花过敏，但这并不妨碍用鲜花菜肴来关爱自己。下面几款非常好吃易做的自制养颜粥，可以让你在春天里喝出如花美颜。

（1）玫瑰花粥

熬玫瑰花粥，最好采用经过脱水处理的尚未开放的小玫瑰花蕾，所有营养物质都含在尚未开放的花蕾之中。用新鲜粳米熬制成粥，煮熟后加入适量的小玫瑰花蕾，待粥熬成粉红时，即可食用。常食玫瑰花粥，不仅可悦人容颜，使皮肤更加细腻有致，还可治疗肝气郁结引起的胃痛，另外它还有镇静、安抚、抗忧郁的功效。

（2）茉莉花粥

每年 7—8 月，将尚未完全开放的茉莉花采集后经脱水处理制成干茉莉花，既可泡茶，又可熬粥。用新鲜粳米 100 克煮粥，待粥将好时，放入干茉莉花 3 ～ 5 克，再煮 5 ～ 10 分钟即成。茉莉花粥味甜清香，十分爽口，茉莉花的香气可上透头顶，下达小腹，解除胸中陈腐之气，不但令人神清气爽，还可调理干燥皮肤，具有美肌艳容、健身提神、防老抗衰的功效。

（3）菜花粥

菜花含有多种维生素、胡萝卜素及钙、磷、铁等矿物质，对增强肝脏解毒能力、促进生长发育、细嫩肌肤有一定的功效。做粥时，取鲜菜花 50 克（干品 10 克），粳米 50 ～ 100 克，红糖适量，加水 500 克，文火煮粥，待粥稠时，加入菜花，以表面见油为度，适宜早晚服用。

（4）桃花粥

取桃花（干品）2 克，粳米 100 克，红糖 30 克。将桃花置于砂锅中，用水浸泡 30 分钟，加入粳米，文火煨粥，粥成时加入红糖，拌匀。每日 1 剂，早餐 1 次趁温热食用，每 5 剂为一疗程，间隔 5 日后可服用下一疗程。适用于血瘀表现（如脸色黯黑、月经中有血块、舌有紫斑、大便长期干结）者。此粥既有美容作用，又可以活血化瘀。但不宜久服，且月经期间应暂停服用，月经量过多者忌服。

（5）杏花粥

杏花具有补中益气、祛风通络、美容养颜的作用。将杏花熬粥服用，可以借米谷助其药力，让肠胃充分吸收其内含的抑制皮肤细胞酪氨酸酶活性的有效成分，以预防粉刺和黑斑的产生。

另外给大家推荐一个简单实用还省钱的好方法：将金银花、野菊花、玫瑰花混在一起煮一锅汤，放在冰箱里，每次洗澡时加一点进去，这样能更彻底地为身体做一次大扫除，把扰人的病毒全都赶跑。白天最好不要给皮肤太多的负担，平时喜欢化浓妆的人只用一些基础护理的保养品和隔离霜就可以了，让皮肤也能好好呼吸，做一个温暖春日里的天然美人。

4. 春季护肤小细节

全面养护容颜，除了要做好肌肤的保养工作外，还要结合春天的季节特点，注意生活细节：

（1）多喝水

春天多风，人体容易因空气干燥而缺水，多喝水可补充体液，增进血液循环，促进新陈代谢。多喝水还有利于消化吸收和排除废物，减少代谢产物和毒素对肝脏的损害。

（2）服饰宽松

阳气最怕压抑，喜欢自由自在。春季在衣着上应尽量穿得宽松一点儿，不要束缚太紧，特别是辫子不要扎太紧，帽子也不要太紧，形体得以舒展，气血不致瘀积。肝气顺畅，这样才能让我们的阳气好好地工作。

（3）心情舒畅

由于肝喜疏恶郁，故生气发怒易导致肝脏气血瘀滞不畅而成疾。首先要学会制怒，尽力做到心平气和、乐观开朗，使肝火熄灭，肝气正常生发、顺调。

（4）饮食平衡

食物中的蛋白质、碳水化合物、脂肪、维生素、矿物质等要保持相应的比例。同时保持五味不偏。尽量少吃辛辣食品，多吃新鲜蔬菜、水果；不暴饮暴食或饥饱不均。

（5）适量运动

做适量的运动，如散步、踏青、打球、打太极拳等，既能使人体气血通畅，促进吐故纳新，强身健体，又可怡情养肝，达到护肝保健的目的。

◎ 春季护肤关键词：少油、多水

春天是多风的季节，风起的是散热的作用。同时，风还有干燥的作用，能把皮肤、呼吸道表面的水分都吹干，所以我们在春天会感觉干燥、皮肤瘙痒。春回大地，万物复苏，所以要注重皮肤的保湿。

1. 小心，春天并不全是生机

肌肤之所以在春季特别容易干燥，其实是与春季多风、多沙的气候分不开的。在早春时节，肌肤的油脂分泌都还处于休眠状态，但春季干燥的风沙会将水分抽走。如果你感到皮肤紧绷发干，就是典型的缺水表现。要是再不采取保护措施，就会进一步恶化，粗糙、皲裂、脱皮、干纹都会蜂拥而至，让你无从招架。尤其在北方，这种现象更严重。

2. 春季护肤，少油多水

春季的皮肤保养，第一步就是把护肤品都换成适合春季使用的，因为冬季护肤品对于春季的皮肤来说太油腻了。

春天是人体机能最活跃的季节，这时的皮肤其实并不缺油，干涩是因为皮肤缺水所造成的，因此一定要选用保湿功能较强的护肤品。保湿护肤品并不能直接给肌肤提供水分，它主要是通过皮肤细胞吸收一些能够携带水分子的物质，以及通过吸收空气中水分的保湿因子，形成脸部湿润小环境来给皮肤保湿。所以，要尽量让你的居室保持适宜的湿度。总的来说，春季护肤品应该调整为保湿及具有修复受损细胞功能的低油面霜。

3. 春季的脸蛋儿，要分"区"治理

有些人会发现这样一个问题，那就是补水功课虽然做得很到位，T区部位的水分都已经"过剩"了，而脸颊的肌肤还处于"饥渴"的状态。对此，要提醒大家，在春季要想让皮肤保持最佳状态，必须抛弃一般人常用的补水方法，

只有针对肌肤的不同部位进行"分区管理"，才能让肌肤喝到充足的水分。下面，就来看看如何根据Ｔ区、Ｕ区、唇部的不同情况来对症补水吧。

（1）Ｔ区：不必强力去油。Ｔ区部位一直给人"多油"的印象，但是在春季，Ｔ区一般不会特别油。可以用温和的保湿化妆水补水，并在Ｔ区部位停留的时间稍长一点，如果感觉不够，还可以用吸饱化妆水的化妆棉敷一会儿。

两周去一次角质就行了，千万别贪多，否则皮肤会变薄。此外，尽量选择油性低的保湿乳液，一旦觉得Ｔ区干燥就立刻涂抹，以达到最佳保湿效果。

（2）唇部：每周做唇膜，睡前是关键。唇部也是春季保湿应该照顾到的重点对象。虽然春天不像冬天那么干燥、寒冷，但大风让唇部水分的蒸发速度加快，一旦水分缺乏，就容易导致唇部干燥脱皮。建议大家每周做一次唇膜来深度滋养嘴唇。蜂蜜是唇膜的最佳材料，在双唇涂上蜂蜜，用一小片保鲜膜覆盖，15分钟后洗净即可。纯天然的自制唇膜非常安全，就算不小心吃到嘴里，也是甜甜的。唇膜最好在晚上入睡前做，效果会更好。如果你有化妆的习惯，要记得用专门的唇部卸妆液仔细把唇妆卸掉，再做唇膜，这样才能更好地保护唇部皮肤。

（3）Ｕ区：补水又"加"油。和Ｔ区相比，脸颊的Ｕ区部位一直是最需要保湿滋润的。在春天，只需根据自己的肤质选择合适的补水保湿产品就能缓解皮肤干燥。含有玫瑰或红石榴精华的护肤品，绝对是春天补水的好选择，还可以准备一瓶喷雾以便随时补水。

如果Ｕ区有干燥脱皮的现象，应该勤做补水面膜，补水的同时注意补油，另外也可以补充一些维生素Ａ，改善脱皮的现象。

做个夏季里如花般娇艳的女人

夏日的阳光就像人们盛放的热情，在带给我们炎热的同时还带来美的享受。很多人对夏季的感受可谓又恨又爱，恨的是酷热的高温、无处不在的强紫外线，爱的是夏天里可以挥洒青春的美好身段，随便穿件吊带衫就是风情万种……其实，只要多用一点心做好日常护理，你就可以完全地爱上夏天。

1. 时刻防晒

虽然做了种种防护措施，但还是会被晒伤，是防晒产品不够好，还是自己对防晒的认识不足呢？下面我们列举一些防晒误区，看你有没有犯类似错误。

误区一：阴天厚重的云层可以阻挡紫外线，所以阴天出门不用防晒。

误区二：马上要出门了，这会儿涂点防晒霜吧。

误区三：今天上班忘记涂防晒霜了，没事儿，就这么几次。

误区四：我出门前擦了防晒霜，今天可以高枕无忧了。

其实，紫外线是无处不在的，即使阴天、室内也会有讨厌的紫外线出没，所以，防晒应该随时随地进行；防晒品中的有效成分必须渗透至角质表层后，才能发挥长时间的保护效果，因此应在出门前半小时就擦好防晒用品，出门前最好再补充一次；不要以为一两次忘记防晒没什么，日晒对皮肤的伤害是会累积的，时间长了脸上就会出现斑点、皱纹、老化等现象；防晒产品在暴晒部位涂抹数小时后，其防晒效果会渐渐减弱，这时应及时洗去并重新涂抹，以确保防晒效果的延续。

认识了这几个误区，我们就要小心地绕道而行，注意防晒的小细节，让自己的防晒工作真正发挥功效。

(1) 尽量避免在夏季早上10点—下午2点这个时间段外出，因为这段时间的阳光最强、紫外线最具威力。

(2) 夏日外出，每隔2～3小时应当补搽一次防晒品。而游泳时应使用防水且防晒指数较高的防晒品。

(3) 暴晒后，用毛巾包着冰块来冰镇发红的被灼伤皮肤以减缓局部燥热，并尽量少用手抓，否则将会加剧晒后斑的产生。

(4) 外出时，不要只照顾"脸面"，双手、手臂、脚、膝等外露部位都应涂防晒品，这样既可以防晒又可以有效减少斑点，特别是预防中年以后过早生成"老年斑"。

防晒是一件非常需要细心的事情，一定不能怕麻烦，这样才能在夏日的阳光下自由呼吸，畅享白皙美丽。

2．夏日肌肤问题全攻略

护肤，是夏日生活中的必修课程。但阳光的虐待，也使夏日的护肤工作遭遇更多挑战，我们必须了解夏日护肤过程中的种种问题和对策，才能确保娇容不会因为不恰当的保养方式而受到伤害。

(1) 蚊虫叮伤

夏季是蚊虫活跃的季节，大量的蚊子、跳蚤等害虫袭击着我们的皮肤，还有可能传播多种疾病，真的是非常可恨。蚊虫叮伤因人而异，轻者无明显症状，重者可显著红肿，并发生瘀斑。所以，灭蚊是减少蚊虫叮伤的重点。被蚊虫叮咬后，可以涂抹一些花露水、风油精，不能一味用手抓挠，避免挠破了发生感染。

(2) 痱子

遇上高温闷热、出汗多、蒸发不畅的天气，小水疱、丘疹似的痱子常在额头、颈部、胸背、肘与腋窝等部位出现。要解决这样的问题，大家可以在洗澡水中滴点花露水，或者洗澡后涂点痱子粉。居室和工作场所要适当通风，避免温度过高。不过，切忌出了大汗直接洗冷水浴，汗毛孔突然闭塞最易得病。

(3) 皮肤癣

手癣、足癣、股癣等皆因真菌引起，在潮湿闷热的夏季，发病率增多，同时病变程度往往加重。所以一定要保持皮肤的清洁与干燥。夏日里，轻薄透气的棉质衣物是首选，袜子等衣物要勤换洗。洗完澡后，擦干净脚趾缝、手指缝等"旮旯"，不给癣留下可乘之机。

（4）皮肤感染

夏季皮肤病防治不当，会引发皮肤感染，如毛囊化脓感染等。针对这一问题，女士们一定要加强体育锻炼，增强机体抵抗力，减少皮肤感染的患病概率。个人卫生用品要勤洗勤换。多服些维生素制剂，饮食上忌食辛辣、刺激性食物。

（5）毛孔粗大

夏季炎热，油脂分泌过多，造成面部毛孔粗大，很影响美观。所以，大家首先需要做的是用温水和洁面用品彻底洗干净脸，然后拍上一些收敛性的化妆水，再用冰毛巾冷敷，这样有助于收缩毛孔，使皮肤感觉非常清爽。

（6）皮肤干燥

夏季经常待在空调房里的女性常会出现皮肤干燥的情况，解决这种肌肤问题的关键就是及时补水，经常敷补水面膜，多喝水补充体内水分。不要用频繁洗脸的方式来为肌肤补水，这样反而会使脸部的深层水分也随着脸表面的水珠一起被蒸发掉，起到相反的效果。

《黄帝内经》中说：夏季要"无厌于日"，所以大家不要怕热怕晒就总是躲在空调房里，该出汗的时候就要出汗。其实，高温不可怕，紫外线也不可怕，只要将肌肤防护做得面面俱到，我们就能在阳光下尽情挥洒美丽。

夏季美食谱，爱美就要这么吃

中医认为，夏季五行属火，主长养。也就是说，在这个季节，万物蓬勃生长，呈现一派欣欣向荣的景象。但是，暑气外逼，阴气内藏，女性的身体经常处于一种外阳内阴的不平衡状态之中，脾胃功能也因此衰减。所以这个时候的饮食要注意清淡。调整体内的阴阳平衡，容颜才能由内而外焕发出生机和光彩。

下面我们就介绍几款清凉滋补的靓汤和养颜花茶，一来可以调理身体；二来可以养颜美容，另外还能纤体。下面我们就一起来看看吧。

1.夏季清凉滋补汤

（1）人参竹荪汤

材料：参须30克，竹荪15克，银耳15克，枸杞10克，红枣10颗。

做法：竹荪洗去杂质，泡水发软，切成小段，银耳发开去蒂，切成小块。锅中放适量水，放入所有材料，大火煮开，改用小火熬煮40分钟左右，最后加入冰糖即可。

功效：清凉退火，益气生津。

注意：根据个人体质，参须可适量调整。

（2）绿豆银耳汤

材料：绿豆60克，银耳15克，冰糖适量。

做法：绿豆洗净泡水 2 ～ 3 小时，银耳泡水发开，去掉黄蒂。锅中置 600 毫升水，放入所有材料，用中火煮开后，改用小火继续煮 30 ～ 40 分钟，加入冰糖即可。

功效：消暑解毒，益气补血。

（3）椰子银耳煲老鸡

材料：半个土鸡（约 500 克）、椰子 1 个、干银耳 40 克、红枣 12 粒、姜 3 片、盐适量。

做法：将椰子去皮，取其椰子水与新鲜椰子肉。将鸡余烫后备用。将银耳先泡水 15 分钟，洗净去蒂备用。将鸡放入锅中，加热水淹过鸡肉，以大火煮沸，转中火续煮 45 分钟。再放入银耳、红枣、姜片，一起煮 45 分钟，然后加盐调味即可。

功效：消暑、降火、健脾胃、纤体。

注意：椰肉中的纤维质具有纤体的功效。整个的椰子自己取椰汁及椰肉较为困难，购买时可请卖主切开，帮忙取出椰子水与新鲜椰肉，这样既方便又省力。

（4）胡萝卜炖牛肉

材料：胡萝卜 200 克、牛腱 200 克、红枣 8 粒、姜 2 片、水 1500 毫升、酒少许、盐适量。

做法：将牛腱洗净，切成条块状备用；将胡萝卜洗净后切块备用；将牛腱余烫后捞起备用；把水煮开后，放入牛腱、胡萝卜、红枣及姜片，以盅炖煮一个半小时，然后再加入调味料调味即可。

功效：活血明目、抗氧化、防皱。

注意：牛腱一定要选择新鲜的，煮出来的汤味道才会鲜甜。牛肉含丰富的脂肪、蛋白质、铁质。尤其是铁质对女性补血很有助益，而蛋白质则能增强人体的抵抗力。

（5）莲藕排骨汤

材料：莲藕 500 克、排骨 400 克、章鱼干 2 片、老姜 3 片、水 3500 毫升、盐适量。

做法：将章鱼干先泡温水 20 分钟；将莲藕去皮，以刀背拍过后切片备用。将排骨余烫后备用。将所有食材一起放入水中，以中火煮一个半小时后熄火，再加盐调味即可。

功效：养颜抗老，活血润肤，促进新陈代谢。

注意：以刀背拍打莲藕的目的，是为了增加其烹煮后松酥的口感。煮汤的过程最好不要中途加水，若是煮到水量过少非得加水时，则可添加热水，以节省烹调时间。

2. 夏季除烦润燥花茶

（1）桂花茶

桂花开放分两个阶段，第一阶段闻香不见花，俗称"佛花"；第二阶段花的花瓣全部飘落，所收集的花瓣经过加工即可制成花茶饮用。

桂花茶可以暖胃，胃寒胃胀时饮用最佳。还能止咳化痰、养身润肺、缓解口干舌燥，经常饮用可以缓解胀气、润肠通便、美白皮肤、排除体内毒素。此外，它还可以化痰散瘀，对食欲不振、经闭腹痛有一定疗效。

（2）菩提子茶

用10片左右带叶的菩提子花，冲入沸水，浸泡10分钟左右即可。

在西方的传说中，菩提子花是诸神献给维纳斯的礼物，夏天开出的米黄色花朵虽然很小，香气却极清远。菩提子花茶富含维生素C，具有松弛神经、宁神安眠的作用，对于头痛失眠有改善效果。睡前1小时适量饮用。对促进消化、减轻感冒发烧、缓解鼻黏膜炎和咽喉疼痛有一定效果。运动后饮用，可让身体感觉舒适，还能助消化，促进新陈代谢。

（3）薰衣草茶

取一匙干的薰衣草花焖泡5～10分钟，直接饮用味道有些微苦涩，加蜂蜜调匀后可去除。

薰衣草花茶有缓解疲劳和压力、改善睡眠的功效，特别有助于减轻头疼、失眠、咳嗽、偏头痛、神经紧张等症状，同时也具有一定的抗衰老及滋润肌肤的美容功效。

（4）马鞭草茶

冲泡饮用即可。

马鞭草茶具有提神、平缓情绪、消除呕心、促进消化的功效，另外还能有效解决下半身的水肿困扰，特别适合因上班长坐而腿肿的人，但孕期女性应避免饮用。

（5）金银花茶

金银花有清热解毒、疏利咽喉、消暑除烦的作用。可治疗暑热症、泻痢、流感、疮疖肿毒、急慢性扁桃体炎、牙周炎等症，非常适合夏季饮用。

不过，金银花性寒，不适合长期饮用，特别是虚寒体质的女性就更要注意。

❀ 秋冬到，该给肌肤排排毒了

秋冬到，肌肤的新陈代谢开始转慢，盛夏的骄阳和潮湿让一些毒素潜藏起来，慢慢堆积在肌肤表面排不出去或者排出的速度较慢。在进入秋天之后，这些问题就显现出来，例如肤色暗沉、干燥缺水，甚至出现色斑，手感也比夏季要粗糙很多，这说明你的肌肤需要排毒了。在清除了体内大部分的毒素之后，才能安心进补保养，我们的肌肤才能安然度过接下来这一年中最冷的冬季。

古人有云："美在其中而畅于四肢。"这是说只有机体内部健康了，才会有美丽的外在。中医认为女性要注重益气养阴，要注意清除体内多余的积垢，包括排阴毒、利湿、化瘀等。女性健美要以养阴为主，女性阴气充足，身体才能健康，外表方能华美雍容。

1. 测测你的肌肤是否有毒素

（1）肤色不是很黑，但暗沉发黄。
（2）天气转凉，脸部的肌肤更加出油。
（3）坚持用眼霜，但黑眼圈和眼袋依然明显。
（4）皮肤变得干燥，摸上去很粗糙。
（5）皮肤抵抗力降低，容易出现过敏现象。

如果以上现象中你有 3 个以上，说明"中毒"的症状在你身上突出，要赶快着手排毒了。

2. 排出毒素三大策略

（1）洗脸、沐浴就是在排毒

先用温水洗脸，接下来用冷水冲 30 秒，再用温水洗，再用冷水冲，冷热交替的洗脸法，能够促进血液循环，也是促进排毒的小窍门。洗澡的时候，打点浴盐，不仅能使皮肤光滑细嫩，还能舒缓疲劳、松弛神经、安抚情绪。

（2）多做运动，排毒效果也不错

秋季应经常进行一些大运动量的活动或是外出旅游，这样才能加速身体的新陈代谢，在不断喝水不断出汗的同时，身体的毒素也会随着汗液排出。

（3）天然食物，净化肌肤毒素

直接食用一些有利于排毒的水果或蔬菜，也是美容排毒的关键。当然，在补充排毒食品时，要避免油炸、烧烤、饼干、罐头等容易堆积毒素的食物。可多吃些石榴、燕麦片、苹果、地瓜、胡萝卜、木耳等，这些食物都有很好的排毒效果，大家平时可以多吃一点。其中的地瓜就是红薯，李时珍在《本草纲目》中指出地瓜可以"补虚乏，益气力，健脾胃"，李时珍还有"海中之人多寿，乃食甘薯故也"之说。所以多食地瓜好处多多。

◉ 秋"收"，容颜也要跟着收获

秋天，是收获的季节，但同时也是容颜的"多事之秋"。很多女性朋友的皮肤会变得干燥无光，那么，这个季节到底应该怎么做，才能赢得身体和容颜的双重收获呢？

《黄帝内经·素问》指出："秋三月，此为容平，天气以急，地气以明；早卧早起，与鸡俱兴；使志安宁，以缓秋刑；收敛神气，使秋气平；无外其志，使肺气清；此秋气之应，养生之道。逆之则伤肺，冬为飧泄，奉藏者少。"这段话的意思是：秋天三个月，是万物成熟收获的季节。这时天气已凉，应该像鸡一样夜寐晨醒，使意志安逸宁静，以缓和秋天肃杀气候对人体健康的影响。这个时候还要收敛神气，使自己的身体与秋天的气候相适应，不要急躁发怒，以使肺气不受秋燥的损害。这就是适应秋天气候的养生法。倘若违反了这种自然规律，就会损伤肺气，到了冬天就容易患消化不良、腹泻等疾病。

从这段话中，我们提炼出以下两个养生养颜要点：

1. 秋季饮食应"少辛增酸，以养肝气"

秋天天气凉爽、气候干燥，人们在食欲大增的同时，便秘、咽喉疼痛等疾病也不断地找上门来。所以，在饮食上，一定要注意"少辛增酸"。所谓少辛，就是要少吃一些辛味的食物，这是因为肺与秋相应，肺气盛于秋。辛味入肺，少吃辛味，是以防肺气太盛；中医认为，金克木，即肺气太盛会损伤肝的功能，故在秋天要"增酸"，酸入肝，以增加肝脏的功能，抵御过盛肺气之侵入。因此，在秋天一定要少吃一些葱、姜、蒜、韭、椒等辛味之品，而要多吃一些酸味的水果和蔬菜，如山楂、苹果、石榴、葡萄、芒果、阳桃、柚子、柠檬等。这些水果中所含的鞣酸、有机酸、纤维素等物质，能起到刺激消化液分泌、加速胃肠道蠕动的作用。

2. 肌肤护理：滋阴润肺加补水

秋季是水果丰美的季节，大家可以多吃一些应季的果品，既清心养肺，又可补水美容，让你在秋天干燥的季节，也能拥有令人羡慕的水润肌肤。比如，梨可以清热解毒、润肺生津、止咳化痰；柑橘有生津止咳、润肺化痰、醒酒利尿等功效；石榴有生津液、止烦渴的作用；荸荠有清热生津、化湿祛痰、凉血解毒等功效，多吃对皮肤很有好处。另外，可以把梨洗净去核切片，加水煮沸 30 分钟，然后加少许冰糖煮成梨汤喝，既过嘴瘾又可除秋燥。当然也可以把梨、苹果、香蕉混在一起榨成果汁，这样什么营养都有了。

对抗秋季干燥不光靠吃，还可以把这些水果捣烂或榨汁后敷在脸上，这样内外兼养，享了口福，也美了容颜，两全其美。将一个苹果去皮捣烂，加一茶匙蜂蜜，再加少许普通乳霜，敷于洗干净的脸上，20 分钟后用温水洗净，再用冷水冲洗一下，然后涂上适合自己的面霜。这个方法很适合皮肤干燥的女性。另外，用捣烂的香蕉敷脸，也能柔化干性皮肤。过 20 分钟后用温水洗干净，涂上面霜，方便快捷。对于油性皮肤的女性来说，可将榨好的柠檬汁加少许温水，用来擦脸，这有助于去除脸上的死皮细胞。其他一些水果也有独特的护肤作用：西柚汁对毛孔过大有收敛作用；橙比柠檬温和，对中性肤质特别适合。大家可根据自己的肌肤情况选择适合自己的水果。

🏵 冬"藏"，养颜就要做好饮食、保暖工作

经过春、夏、秋三季之后，寒冷的冬天来临了。《黄帝内经》中说："冬三月，此谓闭藏。水冰地坼，无扰平阳。早卧晚起，必待日光，使志若伏若

匿，若有私意，若已有得，去寒就温，无泄皮肤，使气亟夺，此冬气之应，养藏之道也。"其中"去寒就温"就是说冬天一定要注意保暖，因为冷是一切麻烦的根源。身体血行不畅，面部就会长斑点，体内的能量就不能滋润皮肤，皮肤也就没了生气。所以，女性在冬天里要泡热水。天冷时，在热水里泡上半个小时，加上按摩，再冷的身体也会变热。如果没条件的话泡泡脚也可以，再不行就捧一杯热水，或者怀抱暖水袋，总之方法很多。

"冬三月，此谓闭藏"就是说冬季整个天地都封闭了，人体也要关闭所有开泄的气机，要收藏。我们都知道冬眠的动物，它们一到冬天就开始蛰伏起来不再活动，以降低能量的消耗。其实，在冬天人也应该像动物这样，减少消耗注意收藏，具体做法就是：减少洗澡的次数、减少运动量、早睡晚起、多吃些味道浓厚有滋补功效的食物。

我国自古以来就讲究冬令进补，因为冬天人们食欲大增，脾胃运化转旺，此时进补可谓是投资少、见效快。但是进补有道才能起到理想的效果，女性在冬季要补出好容颜就要了解以下内容。

1. 冬季进补，应"省咸增苦，以养心气"

冬季气候寒冷，万物收藏。这时人的活动应该有所收敛，将一定的能量储存于体内，为来年的"春生夏长"做准备。冬季在饮食调养方面，以温肾阳、健脾胃为主。这是因为，肾是人生之本，是人体生长发育之本，肾主咸味属水，心主苦味主火，水克火。冬季是肾经旺盛之时，在这个季节如果咸味吃得过多会增加肾的负担，因此冬季要适当地减少咸味，多吃苦味的食物。

2. 因人而异，辨证施食

人的体质各异，其阴阳盛衰、寒热虚实偏差相当大，因此，冬季六节气饮食亦应因人而异，辨证施食。阴虚之人应多食补阴食品，如芝麻、糯米、蜂蜜、乳品、蔬菜、水果、鱼类等；阳虚之人应多食温阳食品，如韭菜等；气虚者应食人参、莲肉、山药、大枣等补气之物；血虚者应食荔枝、黑木耳、甲鱼、羊肝等；阳盛者宜食水果、蔬菜如苦瓜，忌牛羊狗肉、酒等辛热之物；血瘀者宜多食桃仁、油菜、黑豆等，痰湿者多食白萝卜、紫菜、海蜇、洋葱、扁豆、白果等；气郁者少饮酒，多食佛手、橙子、橘皮、荞麦、茴香等。

3. 进补时间也有讲究

专家认为，在冬至前后进补为最佳。《易经》中说"冬至阳生"，节气运行到冬至这一天，阴极阳生，此时人体内阳气蓬勃生发，最易吸收外来的营养，而发挥其滋补功效，因此在这一天前后进补最为适宜。当然这不是绝对的，要因人而异。患有慢性疾病又属于阳虚体质的人需长时间进补，可从立冬开始直至立春。体质一般而不需大补的人，可在三九天集中进补。

4. 滋润防燥是关键

冬天虽然清爽，但空气过于干燥，气候寒冷，容易咳嗽，而此类咳嗽多是燥咳，所以应以润肺生津为主，如煲老糖水，将陈皮、冰糖加水煲两小时就可以了。

5. 药物进补要有禁忌

冬天进补以食物最佳，但也有人选择药物进补，这就需要注意饮食中的禁忌，以提高补益效率。在服用人参等补气药物时，忌食萝卜，特别是生萝卜。进补期间，要少饮浓茶和咖啡，因为它们都是消导之品，会使补品中的有效成分分解而降低补效。

进补时要少吃寒凉滋腻的食品，如冷牛奶、肥肉、糯米点心等，以免败伤胃气，造成积滞，影响补品的消化和吸收。进补过程中，不能过多食大蒜、辣椒等辛辣食物，因为这些食物不仅与补阴类药物不适合，也会使补气、补阴药的效果降低。

有许多药物制成了补酒形式，患有高血压、肝病的女性或者孕妇千万不要饮用。

关于冬季进补，很多姐妹还有这样的顾虑：本来冬天活动得就少，再吃一些滋补的肉食，岂不是要长胖了吗？其实，让我们发胖的不是肉，而是过冷的体质。一旦我们的体质过冷，就会需要更多的脂肪来保温，我们的肚脐下就会长肥肉；而一旦我们的身体暖和了，肥肉也就没有存在的必要了，就会自然消失。

❄ 冬日护肤要做好，小心肌肤也"感冒"

寒冷的冬季里，女孩们都裹上了厚厚的棉衣，身上是暖和了，可是面部皮肤还暴露在寒风中，脸蛋、耳朵都冻得红彤彤的。进到温暖的屋里，脸上就开始发烧，尤其是耳朵。一次两次还好，如果经常让面部肌肤承受这么大的温差变化，它也会"感冒"的，起皮、发红、脸色暗沉等问题就都出来了，其实这些就是皮肤生病的症状。

1. 肌肤也会害感冒

人的面部有着非常丰富的血脉和神经，它们一方面负责输送营养，一方面又将多余的毒废物代谢出去。但是，"热胀冷缩"的原理不只是适用于物体的，血管神经也一样。冬季天寒地冻的，血液循环也会受影响，营养的输送和毒废物的代谢就会受到阻滞，这就是我们的肤色在冬季会变黑、筋肉会纠结的原因所在。用温冷水交替洗脸就可以了。先用温水洗脸，然后再用冷水轻拍脸部，这样持续约1分钟左右，不仅可以有效防止冷空气给皮肤带来的不适，还可以起到收缩毛孔的作用。

此外，每天早晨起床前还可以做做面部按摩，将双手搓热后擦面，按照从脸部正中→下颌→唇→鼻子→额头的顺序，然后双手分开各自摩搓左右脸颊，到脸部发红微热的程度即可。这样可以加速面部的血液循环，加大皮肤的血流量，使皮肤升温、毛孔扩张，排出老旧的表皮细胞。

2. 肌肤含氧充足就会靓

细胞呼吸是需要氧气的，氧气就像是身体和皮肤的电池，只有氧气这个电池充足，皮肤才能健康光洁。然而，寒冷的冬天正是肌肤缺氧的主要季节。给皮肤补"氧"的最好方法就属按摩了，就好似给肌肤做有氧运动。

按摩的方法也很简单，用指腹从额头中央按压至发际，重复5次；用食指和中指沿着眼周，轻柔地画一个大圈，重复5次完整的画圈；放松下巴，以指腹从嘴角按摩至脸颊，直到有温热感为止；以指腹在脖子上由上往下按摩，重复5次。每天坚持做，一定会有效果的。

3. 只要水润白，不要冬日红

很多人在冬天都会两颊红扑扑，别以为这是气色好的表现，其实这两团红是脆弱肌肤的信号。冬季室内外温差大，脆弱的肌肤毛细血管很容易受伤，这样就会加快皮肤老化和松弛。最直接的方法就是降低温差，如果难以改变室内温度，那就尽量在保暖外套里面穿轻薄的衣服吧，进屋后可以脱去外套，避免身体在室内温度过高。还有就是可以多食用富含胶原蛋白的食物。

从早到晚的养颜真经

❀ 清晨一杯水，肌肤水灵灵

　　大家都知道这句话："女人是水做的。"的确，水对于女性的健康和美丽起着尤为重要的作用。女性皮肤开始出现老化时最显著的变化就是变得干燥黯淡，不再那么水灵了。因此，女性养颜一定要注重水分的补充。但水要怎么喝也很重要。只要喝得得法，我们不仅能喝出健康，还能把自己变成一个"水美人"。

　　给肌肤补充水分最好的时机是早晨，经过一整夜的代谢，身体开始缺水。早晨醒来，首先要喝一大杯水。因为，你的身体已经七八个小时滴水未进了，血管内的血液正渴望着补充新鲜水分。早晨的这杯水对保护你的健康非常有益。人体经一夜睡眠，因排尿、呼吸、出汗、皮肤蒸发，体内的水分消耗很多，血液黏稠度增高、血容量减少、血流速度减慢、新陈代谢产生的废物毒素滞留体内不易排出。在这种状态下开始一天的活动，对身体是非常不利的。而晨起空腹喝一杯水，就如一股清泉，很快使血液得到稀释，血液黏稠度下降、血流通畅，组织细胞得到水的补充，废物毒素得以顺畅排出，身体"苏醒"了，便能以良好状态迎接新一天的到来。

　　那么早上喝的这杯水有没有讲究呢？有的，大家要注意以下三点：

　　（1）要喝什么样的水

　　新鲜的白开水是清晨第一杯水的最佳选择。白开水是天然状态的水经过多层净化处理后煮沸而来的，它里面所含的钙、镁元素对身体健康非常有益，有预防心血管疾病的作用。早晨起床后的第一杯水最好不要喝果汁、可乐、汽水等饮料，这些碳酸饮料中大都含有柠檬酸，长期饮用会导致缺钙，故晨起不宜饮用。

（2）喝多少水为宜

一个健康的人每天至少要喝 7 ～ 8 杯水（约 2.5 升），运动量大或天气炎热时，饮水量应相应增加。清晨起床时是一天身体补充水分的关键时刻，此时喝 300 毫升的水最佳。

（3）喝何种温度的水为宜

有的人喜欢早上起床以后喝冰箱里的冰水，觉得这样最提神，其实这是错误的。早晨，人的胃肠都已排空，过冷或过烫的水都会刺激肠胃，引起肠胃不适。早晨起床喝水，喝与室温相同的白开水最佳，因为这样能减少对胃肠的刺激。冬季以煮沸后冷却至 20℃ ～ 25℃的白开水为宜，因为这种温度的水具有特异的生物活性，容易透过细胞膜，促进新陈代谢，增强人体免疫力。

⚘ 早盐晚蜜，简单至上的女性养颜经

常坐办公室的白领们，不论男女都会担心自己的腰围。因为长时间地坐着，同时又缺乏运动，眼见着小腹就隆起了，不仅有碍观瞻，而且长此以往对健康的影响也是不小的。大家都知道，胖子比瘦子要承担更多的疾病风险。所以很多人开始用一些很极端的方法来减肥，有人甚至采取了极端的"断食法"，一个星期只喝水、吃苹果，虽然体重减下去了，身体却变得相当虚弱。不仅如此，免疫力也降低了，而且再恢复原来的饮食就会发现，体重秤上的指针又开始猛烈偏移。

其实，多数肥胖的人总感觉身体四肢胀胀的，这是因为人体内积蓄了过多的水分、脂肪和老旧废物。而体内寒湿重时，就需要更多的热量来祛寒，所以身体自己就会囤积更多的脂肪。这个时候，你采用断食法，脾胃就更容易受伤害了。所以，要想轻身，就要先祛除体内的寒湿气。

这里介绍一套"早盐晚蜜"的养生养颜经，尤其适合女性使用。

所谓"早盐"，就是每天早上空腹喝一杯加了 1 小勺竹盐的纯净水。按照《黄帝内经》讲的，咸属水归肾经，如果早上起床后，先喝上半杯白开水，然后再喝半杯淡盐水，可以保养一天的精神。盐水能促进肠胃蠕动，解除便秘，减少脂肪在肠道中的堆积和过量吸收，减少肥胖。竹盐比一般的盐更具有解毒排毒功能的原因是它的提炼技术，竹盐中的有机物能够渗入皮肤，促进皮肤的新陈代谢，排出体内多余的水分和废物。

所谓"晚蜜"，就是睡前用温开水调服 10 ～ 20 毫升蜂蜜。蜂蜜味甘，性平，自古就是滋补强身、排毒养颜的佳品。《本草纲目》记载它可以"不老延年"，对润肺止咳、润肠通便、排毒养颜有显著功效。近代医学研究证明，蜂蜜中的主要成分葡萄糖和果糖，很容易被人体吸收利用。常吃蜂蜜能达到排出毒素、美容养颜的效果，对防治心血管疾病和神经衰弱等症也很有好处。

"早盐晚蜜"的排毒效果虽好，但每个人也要考虑自身的体质，因为竹

盐中含有较多的钠，会引起血压增高，而蜂蜜中含糖量较高，所以，高血压、糖尿病患者要慎用此法。

此外，盐水和蜂蜜结合起来喝也很不错，因为二者有互补作用。蜂蜜中钾的含量较高，有助于排出体内多余的钠。当然，在此基础上，平时还要注意多运动，以促进体内机能的正常循环和代谢，如此才能排毒养颜两不误。

✤ 下午 3 点到 5 点，减肥最是好时机

下午 3 点到 5 点，也就是申时，中医认为此时是膀胱经当令的时候。膀胱经号称太阳，是很重要的经脉，它从足后跟沿着小腿、后脊柱正中间的两旁，一直上到脑部，是一条大的经脉。此时膀胱经很活跃，它又经过脑部，使气血很容易上输到脑部，所以这个时候不论是学习还是工作，效率都是很高的。

对于想把身材变得更苗条的美女们来说，下午 3 点到 5 点是一个不可错过的减肥好时机。因为膀胱经是人体最大的排毒通道，而其他诸如大肠排便、毛孔发汗、脚气排湿毒，气管排痰浊，以及涕泪、痘疹、呕秽等虽也是排毒的途径，但都是局部分段而行最后也要并归膀胱经。所以，要想去驱除体内之毒，膀胱经必须畅通无阻。疏通膀胱经就是减肥的一个好方法，尤其是对于水肿型的肥胖，在膀胱经当令时记得要多跑两趟厕所。还可以通过刺激膀胱经来促进体内垃圾的排出，以达到减肥的目的。

膀胱经大部分在背部，所以自己刺激时，应找一个类似擀面杖的东西放在背部，然后上下滚动，这样不仅可以有效刺激相关穴位，还能放松整个背部肌肉。坚持一段时间，对疏通膀胱经、促进毒素排出非常有效，大家不妨试一试。

✤ 晚餐时刻，要美丽就要管好你的嘴

一天三顿饭是人们生下来就一直遵循的，大家理所当然地认为这是最合理的。但实际上，古代的人们每天是只吃两顿饭的，早上 9 点左右和下午两三点各吃一次，他们的这种做法非常符合养生之道：早上 9 点左右是脾胃最旺盛的时候，这时候吃饭，可以得到最好的消化和吸收；下午两三点则是小肠经当令，正好可以将食物的精微运送到人体的各个部位，以供生命活动之需。

但是，我们现代人的生活规律都是每天三顿饭，有些人还会加上夜宵，一天四顿，如果让他们按照古人那样每天吃两顿，似乎有点不太可能，毕竟饿肚子对身体也没什么好处。所以，只能建议现代人早晨和中午吃得好一点，可以多吃一点，但是不要撑着，晚上一定要少吃一点。特别是男人过了 32 岁，女人过了 28 岁，身体的新陈代谢已经开始走下坡路，早上和中午阳气旺盛，吃的食物都能转化成气血滋养身体，但是到了晚上，自身的阳气不足了，代

谢缓慢，吃进去的食物不能化成气血，而成了多余的废物，也就是中医所说的"痰湿"，所以说晚上要少吃。

生活中会有一些女性，为了减肥，常常不吃早饭，午饭也只吃一点点儿，但到了晚上，因为饿了一天往往会放纵一下自己，大吃一顿，其实这无论是对保持身材，还是养生养颜来说，都是非常不可取的。早餐对人的健康非常重要，而且早上 7 点左右，是胃经当令的时间，此时吃得多些也不会发胖。而晚上则不同，由于晚上活动量小，加上不久后就要上床睡觉，吃得太多，会对身体造成负担。此时，食物也极易转化为脂肪，对追求身材苗条的女性来说，晚餐尤其要控制食量。

古语有云，"早上要吃好，晚上要吃少"，是非常符合健康之道的。

❀ 睡前泡泡脚，调理脏腑容颜好

传统中医认为，人的脚掌是一扇通向身体的"窗口"，因为人的双脚上分布着六大经脉，连着肝、脾、胃、肾等内脏，足底有 66 个穴位，贯穿全身血脉和经脉，五脏六腑的功能在脚上都有相应的穴位。经常洗脚就可刺激足部的太冲、隐白、太溪、涌泉以及踝关节以下各穴位，从而起到滋补元气、调理脏腑、疏通经络、促进新陈代谢，防治各脏腑功能紊乱、消化不良、便秘、脱发落发、耳鸣耳聋、头昏眼花、牙齿松动、失眠、关节麻木等症的作用，还有强身健体、延缓衰老的功效。因此，民间自古就有"春天洗脚，升阳固脱；夏天洗脚，暑湿可祛；秋天洗脚，肺润肠濡；冬天洗脚，丹田温灼"的说法。

脚与人的健康息息相关。因为脚掌有无数神经末梢，与大脑紧紧相连，同时又密布血管，故有人的"第二心脏"之称。另外，脚掌远离心脏，血液供应少，表面脂肪薄，保温力差，且与上呼吸道尤其是鼻腔黏膜有密切的神经联系，所以脚掌一旦受寒，就可能引起上呼吸道局部体温下降和抵抗力减弱，导致感冒等多种疾病。而热水泡脚就可使植物神经和内分泌系统得到调

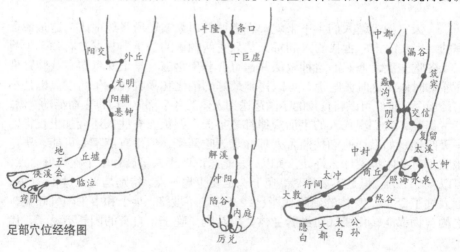

足部穴位经络图

节，并有益于大脑细胞增生，增强人的记忆力。同时，还能使体表血管扩张，血液循环得到改善。女性的娇美容颜离不开充盈的气血。五脏健康，女人才能有美丽的容颜。

1. 泡脚的最佳方法

热水泡脚也要有所讲究，最佳方法是：先倒适量水于脚盆中，水温因人而异，以脚感温热为准，水深开始以刚覆脚面为宜，先将双脚在盆水中浸泡5～10分钟，然后用手或毛巾反复揉搓足背、足心、足趾。为强化效果，可有意识地揉搓中部一些穴位，如位于足心的涌泉穴等。必要时，还可用手或毛巾上下反复揉搓小腿，直到腿上皮肤发红发热为止。为维持水温，需边搓洗边加热水，最后水可加到足踝以上，女性用水以要淹到小腿2/3处近三阴交穴为宜。洗完后，用干毛巾擦干净。实践表明，晚上临睡前泡脚的养生效果最佳，每次以20～30分钟为宜，泡脚完毕最好在半小时内上床睡觉，这样才有利于阳气的生发，也不会太多地透支健康。

2. 泡脚的注意事项

泡脚事虽小但方法很重要，还要注意这些细节，使泡脚的功效达到最好。

首先，泡完脚后要多喝水，及时补充水分。最好是一边泡脚，一边喝温水或生姜红糖水，让身体内部多产热，通过出汗让寒湿及时排出体外。这个方法对治疗女性痛经也非常有效。

其次，泡脚水的温度。泡脚水的温度没有明确的界限，要视人的承受能力而定。刚开始泡时温度可以低一些，然后再慢慢地增添热水，不断加温，泡到全身发热为宜。

❀ 夜晚来临，别让夜色吞噬了美丽

熬夜是美丽的第一大天敌。相信很多女性都知道这一点，但是由于现实所迫却很难做到不熬夜。可能工作任务重，老板一直在催促，所以女白领们总是夜以继日地工作，熬夜也成了家常便饭。而有些女人还喜欢泡夜店，习惯丰富的夜生活。如果你不能改变你的习惯，也要想办法把熬夜的"美丽负担"降到最小。

熬夜很消耗元气，所以应当用食物适当补充一下体力，但是不要吃难以消化的食物，以免给肠胃增加过重的负担而使得大脑缺氧，从而产生困意。为了保持头脑清醒，很多人大量喝茶或者咖啡，但是咖啡虽然提神，相对地也会消耗体内与神经、肌肉协调有关的 B 族维生素，而缺乏 B 族维生素的人本来就比较容易累，更可能形成恶性循环，养成酗茶、酗咖啡的习惯。因此，熬夜时多补充些 B 族维生素，反而比较有效。比如一杯温热的燕麦粥就可以为你补充 B 族维生素。另外甜食也是熬夜大忌，高糖虽有高热量，刚开始让人兴奋，却会消耗 B 族维生素，导致反效果，也容易造成肥胖问题。

熬夜除了对健康有负面影响外，对美丽更是坏处多多，那么我们该如何补救或者减轻呢？

首先，加班加点工作的白领丽人们，在熬夜前千万记得卸妆，否则厚厚的粉层或油渍让皮肤得不到顺畅呼吸，很容易引发皮肤问题。熬夜时的皮肤护理也很重要。通常情况下，皮肤从晚上 10 点到 11 点之间进入保养状态，在这段时间里，最好彻底清洁皮肤并涂抹乳液，使得皮肤就算不能正常入眠，也能得到养分与水分的补充。

其次，熬夜对你美丽的眼睛也是大敌，可能导致黑眼圈、眼袋等一系列容颜问题。解决的方案就是一杯枸杞茶。枸杞味甘、性平，能养肝明目，帮助你的眼睛恢复光彩。熬夜后要赶快进行这些补救措施。

早上利用保湿面膜敷一下脸，来补充缺水的肌肤。做个简易柔软操，活动一下筋骨，让精神也能早日恢复。然后吃一顿比较有营养的早餐，记住不能吃凉的食物。

另外，熬夜的人由于打乱了自身的新陈代谢规律，会使得体内废物和水分很容易积聚。第二天你会发现自己成了"包子脸"。要解决这样的水肿问题就要做淋巴按摩。用无名指轻柔按摩眼窝位置，有助淋巴循环。然后用手指尖配合呼吸按动面颊，由耳垂边方向至鼻颊骨旁边，呼气按、吸气放，很简单却很有效。

虽然我们为熬夜提供了一系列减轻损害的措施，但熬夜无论对健康还是对美丽都是害处多多的，所以大家要尽量少熬夜。

特殊时期给予特殊的关爱

月经初潮，绕开误区让青春更富光彩

青春期中期，大约在 13～14 岁的时候，少女会来月经。女性的月经周期绝大多数是有规律的，每月来潮一次是正常的生理现象，它依赖丘脑下部—脑垂体—卵巢轴的调节，无论哪个环节出了问题都会导致月经紊乱，影响女性健康。所以女性在经期要注意以下禁忌，不要认为是"老朋友"来了，就忽视了对自己的呵护。

1. 情绪激动

经期应与平时一样保持心情愉快，防止情绪波动，遇事不要激动，保持稳定的情绪极为重要。情绪激动、抑郁愤怒常使气滞进而导致经期推迟、痛经、闭经等。

2. 过于劳累

经期要注意合理安排作息时间，避免剧烈运动与体力劳动，做到劳逸结合。经期繁劳过力，可导致经期延长或月经过多；反之，过度安逸，气血凝滞，易致痛经等症。

3. 饮浓茶

经期应适当多饮白开水，不宜饮浓茶。因为浓茶中咖啡因含量较高，能刺激神经和心血管，容易导致痛经、经期延长或出血过多。同时茶中的鞣酸在肠道与食物中的铁结合，会发生沉淀，影响铁质吸收，引起贫血。此外，经期最好不饮酒、不吸烟、不吃刺激性强的食物。

4. 营养不足

经期应多吃一些鸡蛋、瘦肉、鱼、豆制品及新鲜蔬菜、水果等。不宜暴饮暴食、饮食偏嗜，如果吃过多辛辣助阳之品可能导致经期提前、月经过多等。过食寒凉生冷食物，可致痛经、闭经、带下病症。

5. 受寒凉

经期要注意保暖，避免着凉；不要淋雨、涉水或游泳，不要坐在潮湿、阴凉之处以及空调、电扇的风道口；也不要用凉水洗澡、洗脚，以免引起月经失调。

6. 坐浴

有些女性平时喜欢坐浴，但在月经期，因为子宫颈口微开，坐浴或盆浴很容易使污染的水进入子宫腔内，从而导致生殖器官发炎。

7. 穿紧身裤

如果月经期间穿立裆小、臀围小的紧身裤，会使局部毛细血管受压，从而影响血液循环，增加会阴摩擦，很容易造成会阴充血水肿，甚至还会引发泌尿生殖系统感染等疾病。

8. 高声哼唱

女性在经期呼吸道黏膜充血，声带也充血，甚至肿胀，高声哼唱或大声说话，声带肌易疲劳。

🌼 快乐食物齐登场，还经期无恙心情

月经是每个女人都要遭遇的，经前不适的人群占到 80% 左右：腹痛、胸闷、烦躁、长痘痘……每个月"大姨妈"造访前都有这么几天，各种讨厌的症状群起而攻，叫人怎么能不烦恼？

营养专家发现，经前不适与营养素的缺乏有关，只要补充相应的维生素，你就能轻松愉快地度过这段时间。

1. 喜怒无常

有些女性每次月经前都会变得喜怒无常，容易哭泣、抑郁，情绪的变化连自己都不明白怎么回事。

缺乏元素：维生素 B_6。研究表明，那些摄入了足够维生素 B_6 的女性，在经前也能够保持情绪的稳定，这是因为维生素 B_6 能帮助合成提升情绪的神经传递素，如多巴胺。还有一项研究表明，如果和镁制剂一起服用的话，维生素 B₆ 还能缓解经前焦虑。

有这种症状的女性应多吃菜花、胡萝卜和香蕉。

2. 胸部不适

有些女性一临近经期，就发现自己的胸部变硬，乳房胀痛到一点都不能碰。其实这也是经前综合征的常见症状之一。

缺乏元素：维生素 E。摄入维生素 E 的女性，胸部不适会降低 11%。这种营养物质能减少前列腺素的产生，而前列腺素是一种能引发一系列经前疼痛的物质。维生素 E 也能缓解腹痛。

有这种症状的女性应多食用蛋黄、生菜、辣椒、牛奶、小麦面包、白菜和花生。

3. 腹痛

有一部分女性在经前的一个星期就会感觉到断断续续的腹痛，当临近经期的 2～3 天，这种疼痛就变得更加剧烈。

缺乏元素：Ω-3 脂肪酸。腹痛是最为常见的经前问题，如果女性在每天的饮食中多摄入一些 Ω-3 脂肪酸就能缓解 40% 的腹痛。Ω-3 脂肪酸能减少女性体内一种荷尔蒙的分泌，而这种荷尔蒙可能在经前期加剧子宫收缩引起腹痛。Ω-3 脂肪酸还能缓解因经前综合征引起的焦虑。

有这种症状的女性应多食用深海鱼类，如三文鱼、金枪鱼等。

4. 失眠，睡眠质量不高

有些女性从经前一周就开始失眠，即使睡着了也很容易惊醒，觉得疲惫不堪，体力不支。

缺乏元素：色氨酸。因为荷尔蒙的变化，大约有 60% 的女性在经前一周都不容易入睡。不过色氨酸能有效提高睡眠质量，身体会利用色氨酸来产生一种化学复合胺，帮助你安然入睡。

有这种症状的女性应多食用火鸡肉、牛肉和山核桃。

5. 痘痘

有一部分女性每个月都能准确地知道自己的来月经时间，因为在那之前，讨厌的痘痘总是准时出现在她们的脸上。

缺乏元素：锌。痘痘找麻烦是女人最烦恼的事，一项研究表明，不长痘痘的女人体内锌的含量明显比长痘痘的女人高。锌能阻碍一种酶的生长，这种酶能够导致发炎和感染。此外，锌还能减少皮肤油脂分泌，减少感染机会。

有这种症状的女性应多食用牛肉、羊肉、虾和南瓜。

🌸 青春期保健乳房影响女人一生的秀挺

青春期乳房的发育标志着少女开始成熟，隆起的乳房也体现了女性成熟体形所特有的曲线美和健康美，并为日后哺乳婴儿准备了条件。因此，乳房的保护与保健是女性青春期卫生的重要方面。

乳房发育过程中出现的一些现象可能引起少女的困惑和不安，例如，是否戴胸罩、乳房过小或过大、两侧乳房不匀称、乳房畸形以及乳房肿块等问题。下面提供一些建议。

1. 少女不应束胸

处于青春期发育阶段的少女千万不要穿紧身内衣，束胸对少女的发育和健康有很多害处。第一，束胸时心脏、肺脏和大血管受到压迫，从而影响身体内脏器官的正常发育。第二，束胸会影响呼吸功能。第三，束胸压迫乳房，使血液循环不畅，从而产生乳房下部血液瘀滞而引起疼痛、乳房胀痛等不适，甚至造成乳头内陷、乳房发育不良，影响健美，也给将来哺乳带来困难。

2. 选戴合适的胸罩

乳房发育基本定型后，要及时选戴合适的胸罩。一般情况下，可用软尺从乳房上缘经乳头量至下缘，上下距离大于 16 厘米时即可戴胸罩。

3. 乳房的卫生

青春期的少女，由于内分泌的原因，每次月经周期前后，可能有乳房胀痛、乳头痒痛现象，这时少女们千万不要随便挤弄乳房、抠剔乳头，以免造成破口而发生感染。乳晕有许多腺体，会分泌油脂样物质，它可以保护皮肤，但也会沾染污垢、产生红肿等，因而要经常清洗，保持乳房的清洁卫生。

4. 乳房发育不良

若发现乳房过小或过大、双侧乳房发育不均匀、乳房不发育、乳房畸形以及乳房包块等现象，不必惊慌失措。若发现这些情况，一是可通过健美运动促进胸肌发达，使乳房显得丰满；二是在医生的指导下进行适当的调治。少女要到身体发育定型、性发育完全成熟时才能确定乳房是否发育不良，不要过早下结论。

5. 加强营养

适当增加动物蛋白和动物脂肪的摄入量。如果只吃素食，或者偏食，对乳房的发育都极为不利。

❀ 在最佳怀孕期要孩子

孩子是男女双方爱情的结晶，有个孩子，家庭会增加许多的快乐，在一定程度上还可以加强夫妻之间的感情。但是有些年轻男女怕麻烦，觉得生了孩子就没了自由，所以对此比较抗拒。我们知道花到了时候会开，果子到了季节会结，人也要顺着自然的规律，该要孩子的时候就得要个孩子。那么什么时候是最佳怀孕期呢？

1. 最佳怀孕季节

按《黄帝内经》的理论，最适合怀孕的季节是春天和秋天。因为冬天的时候，人的气血都到里面了，它以肾气为主。《黄帝内经》里说冬天重在藏精，夏天的时候所有气血都到外面了，里面的气血是最弱的。如果在夏天和冬天这两个季节里夫妻生活过多，这时候对身体来讲是一种损害，所以在中国古代养生里面，讲究夏避三伏，冬避三九。《黄帝内经》有一句话叫"冬不藏精，春必病瘟"，就是说这时候，正常的夫妻生活可以有，但是一定要注意节制。而春天和秋天的时候，正好是气血最旺盛的时候，气血一个是从外边往里边走，一个是里边向外面走，这时候整个的自然界气候，一个是春花之实，一个是秋收之实，这两个时间，如果要孩子的话，是最好的。

2. 最佳怀孕年龄

至于男女要孩子的最佳年龄，《黄帝内经》里讲女人在 28 岁的时候身体处于最佳时期，35 岁以后身体状况开始衰退。这就是说女人在 28 岁左右生育是最好的，最晚不能超过 35 岁。男人在 32 岁的时候身体状况最好，40 岁的时候身体素质开始下滑，所以男人最好在这一时期生育。

❀ 呵护生命的摇篮——子宫

子宫是女性重要的性器官，也是宝宝最初的摇篮。其实，只要体内的雌性激素水平正常，没有其他病变，子宫自身就可以保持健康。但是，现在有很多女孩不懂得爱惜自己的子宫，过早开始性生活、频繁流产等都让子宫遭受威胁。据统计，与子宫有关的疾病竟占妇科病的 1/2，即每两个妇科病人中，就有一人的子宫在遭难。

1. 子宫疾病的信号

（1）伴有下腹或腰背痛的月经量多、出血时间延长或不规则出血，这些症状提示子宫肌瘤的发生（良性子宫肌瘤）。

（2）大小便困难，当大笑、咳嗽、腰背痛时出现尿外溢，这可能提示有子宫脱垂现象。

（3）月经周期间出血或者绝经后出血，这些症状可能提示有子宫癌。

（4）慢性、不正常的绝经前出血，被称为功能失调性子宫出血。

（5）下腹急性或慢性疼痛，有子宫肌瘤或者另外严重的盆腔疾病。例如急性盆腔炎或子宫内膜异位症，应立即去看医生。

（6）月经量过多，导致贫血，这也可能是子宫肌瘤、功能失调性子宫出血、子宫癌或其他子宫疾病的症状。

2. 常见的子宫疾病——子宫肌瘤

子宫肌瘤是女性生殖器最常见的一种良性肿瘤，多无症状，少数表现为阴道出血、腹部触及肿物以及压迫症状等。子宫肌瘤多发于中年妇女，一般在绝经后就会停止生长并逐渐萎缩，所以，如果在快绝经的时候发现有子宫肌瘤，那基本就不用管它了，因为绝经以后，子宫肌瘤也就要萎缩了。这时如果还要手术治疗，就会大伤任脉之血，对身体非常不好。

3. 子宫心气过多导致小腹胀痛

有的女性在经前或者经期经常会有小腹胀痛的症状出现，这其实是到达子宫的心气太多导致的。

《黄帝内经》里说："胞宫络于心。"这句话的意思是：子宫和心脏有经络直接相连。在经前和经期，有适量的心气会沿着心脏和子宫相连的经络向下到达子宫，促使子宫向外排出经血。如果通往子宫的心气偏少，无力推动经血排出，就会导致你的月经迟迟不来；如果到达子宫的心气偏多，就会壅塞在子宫里面，导致小腹胀痛。

要解决这个问题，我们就要找到掌管心脏中心气潜藏与释放的穴位——手少阴心经的原穴神门穴（在腕横纹尺侧端，当尺侧腕屈肌腱的桡侧凹陷中）。根据中医"左升右降"的原则，左侧神门穴负责促使经气回归心脏潜藏，右侧神门穴负责让原本潜藏在心脏中的心气向外释放。在经前或经期出现小腹胀痛的时候，你就可以在左侧神门穴上贴白参片，或者直接按摩、艾灸，让心气重新回到心脏潜藏，小腹胀痛就会缓解。

4. 子宫的养护

子宫的重要意义已经不言而喻，所以女性朋友一定要把子宫的保健纳入日常生活的内容中，精心呵护。

（1）切忌早婚早育

女性过早婚育，由于子宫发育尚未完全成熟，不仅难以担负起孕育胎儿的重任，不利于优生，而且易使子宫不堪重负，进而罹患多种疾病，比如少女生育比成年女性更易发生难产，子宫破裂的机会显著增多，产后也更易出现子宫脱垂。

（2）注意性生活的卫生

不洁的性交，最容易引起子宫内膜炎、宫颈糜烂。女性性生活放纵，或怀孕年龄偏小，将会对自己的身心健康造成损害，常是宫内感染、宫颈糜烂以及子宫癌发病的直接原因。不洁的性生活，还包括男性龟头包皮垢对宫颈的刺激，也是导致子宫损害的因素之一。

此外，在妊娠期初期的三个月和临产两个月，最好禁止性生活，否则会引起流产或早产，对子宫有很大的损害。

（3）选择健康科学的分娩方式

子宫的受损与分娩不当有着密切的关系。因此，必须要做到"三不"，即一不要私自堕胎或找江湖医生进行手术，这样做的严重后果是，子宫破损或继发感染甚多；二不要滥用催产素药，在一些偏远农村，当孕妇分娩发生困难时，滥用催产素的情况时有发生，这相当危险，可能导致子宫破裂等；三不要用旧法接生，少数农村仍沿用旧法接生，包括在家自接，这对产妇和胎儿是一种严重威胁。

（4）绝经期的子宫保健

女性进入绝经期后，表明子宫已经退役，但此时的保健工作依然不可松懈。一般说来，老年期遭受癌症之害的可能性大增，表现在老年女性身上就是宫颈癌发病危险上升。故老年女性仍须注意观察来自生殖系统的癌症警号，如"老来红"、性生活出血等。

同时，更年期妇女要注意合理进餐，坚持适度体育锻炼，戒烟忌酒，防止肥胖。因为肥胖与吸烟也可增加子宫颈癌的发病危险。

另外，保养子宫一定要尽量避免人流。同卵巢养护一样，人工流产也会给子宫带来一系列健康隐患。所以暂时没有生育计划的年轻夫妇一定要做好避孕措施。万一情况发生，要到正规医院接受科学正规的流产手术。流产也是一种分娩，要认真对待。人流后一个月内应禁止盆浴，禁止性生活。给子宫一个复原的时间，也让身体有一个复原的机会。饮食上保证蛋白质的摄入，多吃鸡蛋、牛奶、鱼、禽、肉类等。多吃蔬菜和水果，但要少吃生、冷、硬的食物。同时不能过度劳累。

⊛ 阴部保养——关乎女人一生的幸福

阴道是女人身体上很重要的一个器官，它是女性的性交器官及经血排出与胎儿娩出的通道，关系着女人一生的幸福。所以女人要给自己的阴道最贴心的关怀，保证它的健康。

1. 日常阴部保养

（1）注意保暖

按照《黄帝内经》中的阴阳观，女性属阴，所以，女人的生殖系统最怕冷。女人的很多阴道及宫颈疾病都是由于受寒导致的，特别是下半身的寒凉会直接导致女性宫寒，不仅造成手脚冰凉、痛经，还会引起性欲淡薄。而宫寒造成的瘀血，也会导致白带增多，阴道内卫生环境变差，从而引发盆腔炎、子宫内膜异位症等。另外，中医还常说"暖宫孕子"，很多女人的不孕症就是宫寒造成的，只要子宫、盆腔气血通了，炎症消除自然就能怀上宝宝。

（2）保持下半身血液循环畅通

紧身的塑身衣和太紧的牛仔裤会让下半身的血液循环不畅，也不利于女性私处的干爽和透气，而私处湿气太大，则容易导致霉菌性阴道炎。

（3）不要久坐

下半身缺乏运动会导致盆腔瘀血，对心脏和血管也没有好处，还会导致女性乳房下垂。坚持锻炼，加强腰腹肌力量对保持身材、预防盆腔炎等各种妇科病都有很大作用，还可以提升性生活质量。瑜伽中有许多专门针对腹部循环的运动，非常有效。

（4）适度的性生活

适度的性生活能适当滋润阴道，可以看作是给私处最好的 SPA。

（5）健康饮食

女人在饮食上要当个"杂食动物"。每天 4 种以上水果和蔬菜，每星期吃两次鱼，另外在早餐时摄取各类谷物和奶制品，适当补充纤维素、叶酸、维生素 C 和维生素 E。

2．房事前后的阴部保养

不论是男性还是女性的外生殖器都有皱褶，很容易滋生细菌。每次房事，男子的精液和女子阴道分泌的黏液，都会粘在外生殖器上，阴道口或阴茎上的污物还会被带入阴道内，引起炎症。因此房事前后男女双方都应该清洗外生殖器，这是防止生殖道炎症、阻断各种传染病的重要措施之一。男子要注意洗净阴茎、阴囊，并将包皮向阴茎部牵拉，以充分暴露出阴茎头并清洗干净。女性清洗外阴要注意大小阴唇间、阴道前庭部，阴道内不需要清洗。

房事前后还应各排尿一次。房事前排尿，可防止膨胀的膀胱受压带来不适，影响性生活质量。房事后也应排尿一次，让尿液冲洗尿道口，可把少量的细菌冲刷掉，预防尿路感染。特别是女方。因尿道比较短，一旦感染，容易上行引起肾盂肾炎。

3．生育期间的阴部保养

自然分娩的时候，阴部会被拉伸，变得很薄，有些人还会因会阴没有足够的韧性而导致撕裂。如果从生宝宝六周前就开始按摩会阴，可以减少撕裂的危险。

每次洗完澡后将甜杏仁油（如果有旧的伤疤的话可以使用维生素 E 油）抹在会阴上，将手指放在阴道里，然后轻轻向着肛门方向按摩，记住要用力均匀，轻柔地向前按摩后再退回来，手法要稳，可按照 U 字形来回按摩

5～10分钟，直到有轻微的灼热感、发麻或有些刺痛感为止（在生产过程中，当婴儿的头出来时就和这种感觉类似）。

自然生产后，阴道一般都会变得松弛，如果做做下面这些锻炼可加强弹性的恢复，促进阴道紧实。

（1）在小便的过程中，有意识地屏住小便几秒钟，中断排尿，稍停后再继续排尿。如此反复，经过一段时间的锻炼后，可以提高阴道周围肌肉的张力。

（2）在有便意的时候，屏住大便，并做提肛运动。经常反复，可以很好地锻炼盆腔肌肉。

（3）仰卧，放松身体，将一个手指轻轻插入阴道后收缩阴道，夹紧阴道，持续3秒钟，然后放松，反复重复几次。时间可以逐渐加长。

（4）走路时，要有意识地绷紧大脚内侧及会阴部肌肉，后放松，重复练习。

经过这些日常的锻炼，可以大大改善盆腔肌肉的张力和阴道周围肌肉，帮助阴道弹性的恢复。

❀ 呵护乳房，成全女人的骄傲与荣光

乳房是女性重要的性别特征，不仅可以凸显曲线美，更是女性孕育生育的另一个摇篮，一个女人如果失去了乳房，那会是身体与精神的双重打击。所以，为了每个女人都能拥有健康的乳房，为了每个女人都能骄傲地"挺起胸膛"，我们一定要呵护好自己的乳房。

1. 乳房的日常保养

健康其实源于日常的保养，乳房的健康源自每天的呵护，获得乳房的健康，避免乳房的疾病，只要做到以下几点就没问题了。

（1）保持愉悦的心情，避免抑郁

中医在调理方法方面有一句很经典的话，"药补不如食补，食补不如神补"。做女人要性格开朗。所谓的神补就是调神，关键就是要"调理神明"，使五脏的神变得更好。调神就要求女人的心要粗一点，尽可能不生气或者少生气。

（2）培养爱好，加强修养

女人要有点儿事做，如果丧失了自我追求，就会使自己很容易在本来很细微的事情上想不开，从而影响情志，造成身心的伤害，患乳房疾病，所以要培养自己的爱好，让自己有事情做。

（3）营养要充足，不要忌食、偏食

遵循"低脂高纤"饮食原则，多吃全麦食品、豆类和蔬菜，控制动物蛋白摄入，同时注意补充适当的微量元素。不要忌食和偏食，否则你的乳房就会"缩水"。

（4）合适的胸罩很重要

根据自己的乳房情况佩戴质地柔软、大小合适的胸罩，使乳房在呈现优美外形的同时还能得到很好的固定和支撑。

（5）保持乳房的清洁

要经常清洗乳房，特别是乳头乳晕部位，对于先天性乳头凹陷者来说尤为重要，因为如果内藏污物，久而久之就会产生炎症。

2. 哺乳期的乳房保养

每个女性都希望自己的乳房丰满挺拔，春光常在。可是有不少产妇在孩子生下后便拒绝哺乳，代之以人工喂养，为的就是保持乳房的原有形态。其实，这种哺育婴儿会使乳房下垂，从而丧失女性的风韵的观念是错误的。

哺育婴儿是母爱的体现，母乳喂养婴儿是最佳方式。身体健康的产妇，都应以母乳喂养自己的宝宝。只要是科学保养，乳房是不会下垂的。

哺乳期间应注意以下几点：

（1）哺乳时不要让孩子过度牵拉乳头，每次哺乳后，用手轻轻托起乳房按摩 10 分钟。

（2）每日至少用温水洗乳房 2 次，这样不仅有利于乳房的清洁卫生，而且能增加悬韧带的弹性，从而防止乳房下垂。

（3）乳罩要选择松紧合适的，令其发挥最佳提托的效果。

（4）哺乳期不要过长，孩子满 10 个月时，就应该断奶。

（5）坚持做俯卧撑等扩胸运动，促使胸肌发达有力，增强对乳房的支撑作用。

◎ 做健康美丽女人要从调经开始

每个月总有那么几天，身体虚弱，心情烦躁，有时甚至还有难言的疼痛。千万不要责怪自己的"好朋友"，女性拥有正常的周期才是年轻健康的标志。女人一生大约要排卵 400 ~ 500 次，排卵期卵子没能受精，内分泌就会减少，促使子宫内膜脱落，引起出血，这样就形成了月经。月经不调是女性的一种常见疾病，多见于青春期女性或绝经期妇女，是指月经周期、经量、经色、经质等方面出现异常等一系列病症。那么，月经不调是什么原因引起的，又该怎样调理呢？

1. 引发月经不调的原因

外感寒凉是引起女性月经不调的一个重要原因。随着空调的广泛使用，室内室外温差增大，很容易使人体调节出现问题。很多女性往往不能很好地注意身体的保暖，导致寒邪阻滞胞宫而出现痛经、闭经等问题。

压力过重是引起女性月经不调的另一个重要原因。现代女性过度紧张的工作节奏、超常的精神压力，喝咖啡提神、熬夜加班已是家常便饭，日积月累，导致阴血暗耗。我们前面提到过要睡"子午觉"这是非常重要的，如果这两个时间段不能很好地睡觉休息，身体始终处于兴奋状态，就很可能导致阴阳平衡的紊乱，日久则出现身体多方面的不调，而女性往往表现为月经方面的异常。

在中医看来，引起月经不调的原因就是气血不足。《内经》曰："女子七岁，肾气盛，齿更发长。二七而天癸至，任脉通，太冲脉盛，月事以时下，故有子。"太冲脉盛，血液充盈，女子才能月经来潮而能生育。而"血为气之母，气为血之帅"，气与血是相互依存的关系，如果气血不足，月经就会出现异常。

2. 月经病的几种不同症状与防治

月经病有几种不同的表现形式，有的是月经提前，有的是月经延迟；有的是量多，有的是量少，症状不同，引发的原因也不同，在日常防治上也要有明确区分。

（1）月经量多

有些女性在周期内，一天要换5次以上的卫生巾，而且每片都是湿透的，这就属于月经量过多，这类女性多半是气虚。在防治上要注意补气，下面提供几个补气小良方：

养颜方

1. 山药薏仁茶

淮山药、薏苡仁各9克，水煎代茶饮。常饮山药薏仁茶可使中气足、精神好、脸色佳。

2. 香菇泥鳅粥

香菇泥鳅粥对于气虚及胃肠功能差的人极具功效。将泥鳅、大蒜、香菇、大米、葱共熬成粥，不但味道佳，且营养价值高。

3. 四神汤

莲子、薏苡仁、淮山药、芡实煮成汤是适合气虚之人的养生饮食。有人习惯在四神汤中加排骨、鸡肉等，为防止营养过剩、发胖，可以去掉附着的油脂再煮。

（2）月经量少

月经量少的女士一般是血虚，也就是通常所说的贫血。血虚的女性，生下来的孩子也会体弱多病，因此女性平时一定要多吃菠菜，它可以有效治疗缺铁性贫血。另外猪血也是补血的好食品，猪血中含有人体不可缺少的无机盐，如钠、钙、磷、钾、锌、铜、铁等，特别是猪血含铁丰富，每百克中含铁量45毫克比猪肝几乎高2倍（猪肝每百克含铁25毫克），是鲤鱼和牛肉的20多倍。铁是造血所必需的重要物质，有良好的补血功能。因此，血虚的女性膳食中要常有猪血，既防治缺铁性贫血，又能增补营养。

（3）月经提前或延后

一般来讲，正常的月经周期应该是 28 ~ 30 天，提前或推后一周称为月经提前或月经推后。月经经常提前或推后的女性一般都肾虚，肾虚不但导致了机体精血及微量元素的全面流失，促使体质变得更加虚弱，还加速了机体细胞的衰老。这表现为机体的各个系统、各种功能，包括免疫功能的紊乱失调。如果不及时治疗，长此以往，身体就会出现真正的疾病：感冒、高血压、高血脂、糖尿病、贫血、前列腺增生等。

肾虚的女性平时可用按摩法养肾：

搓擦腰眼：两手搓热后紧按腰部，用力搓 30 次。"腰为肾之府"，搓擦腰眼可疏通筋脉，增强肾脏功能。

揉按丹田：两手搓热，在下丹田按摩 30 ~ 50 次。此法常用之，可增强人体的免疫功能，起到强肾固本、延年益寿的作用。

在饮食方面，要多吃含铁、蛋白质多的食物，如木耳、大枣、乌鸡等；消化不良者可以多喝酸奶，吃山楂。

此外，有人认为女性经期要静养，所以就每天赖在床上不活动。其实完全不活动并不利于行经。女性在经期最好能进行一些柔和的运动，比如散步等，适当的运动可以加快血液循环，以利于经血的排出。

（4）痛经

有痛经的女士，一般来说是体内寒湿过重，如果不治好痛经，生下来的孩子也会多病。对女性来说，姜是极好的保健食品，它可以帮助女性摆脱痛经的困扰。

用小刀把姜削成薄片，放在杯子里，尽量多放几片，越辣越好，加上几勺红糖，不要怕热量高。女人在月经期间可以大量吃糖却不发胖，可以再加上一点儿红枣和桂圆，用沸水泡茶喝。如果不够烫，可以放在微波炉里热一下，姜茶越滚烫越有效。

木耳

🏵 孕期保养——准妈妈应该是最美的女人

怀孕，表明一个生命即将诞生，也代表一个女人真正的成熟。一个将要做母亲的女人是美丽的，一个怀孕的女人，她脸上那种对新生命的惊喜与期待，以及随时流露出来的母爱的温柔足以为这个女人增添圣洁的光辉。现在很多女人一直不想生育，就是怕生育破坏了自己的体形，其实，谁能说怀孕的女人不美丽呢？谁又能说一个已经做了母亲的女人不美丽呢？下面为准妈妈们准备了一些贴心提醒，还有一些应付孕期肌肤问题的小方法，希望她们能够顺利地孕育宝宝，做一个健康美丽的妈妈。

1. 孕期，首先保证营养充足

《黄帝内经》中说："阴阳者，天地之道也。万物之纲纪，变化之父母，生杀之本始。"男为阳，女为阴，中医认为：胎儿的形成就是男女的阴阳精气与天地之气交合而成的，男女的原始之精形成了胎儿的形体。怀孕期间，因为胎儿血液循环、胎儿器官和骨骼生长发育、胎盘生长及其正常功能等，母体对营养的需求量大大增加。所以，妊娠期间，饮食的质比量更为重要。但是，生产后很难恢复正常体形是大部分孕妇所顾忌的，既保证妊娠期的营养，又能尽量不破坏美好的形体，是每一个孕妇所希望的。所以，要了解妊娠期不同阶段身体对营养的需求，只要保证营养充足就可以了，饮食量可根据自己的食欲而定。

孕期前3个月，正是胎儿的器官形成阶段，此时一定不要偏食，应多吃些粗制的或未精加工的食品，不要吃有刺激性的东西和精制糖块。妊娠4～6个月是孕妇重点营养阶段，胎儿此时生长迅速，需要大量营养，孕妇应适当提高饮食的质量，增加营养，但不要吃得太多。最后3个月接近分娩和哺乳的阶段，孕妇需要良好的营养，平衡饮食，注意减轻过重的体重有助于晚上的睡眠，为孕妇的分娩和哺乳做好准备。此时应注意少吃不易消化的或可能引起便秘的食物。

具体来讲：

孕妇应少吃的食品包括：油条、糖精、盐、酸性食物、咸鱼、黄芪等。

孕妇应少吃的果品包括：山楂、桂圆、水果等。

孕妇应少喝的饮料包括：茶、咖啡、糯米甜酒、碳酸饮料、冷饮等。

此外，女性在妊娠期不要一味地安胎静养，在妊娠早、中期，身体尚灵活的时候，可以根据自己的身体素质和爱好，适当地参加一些体育活动。如打太极拳、散步、简单的体操等。

妊娠期适当的体育活动能促进机体新陈代谢与血液循环，可增强心、肺功能，有助于消化，还能增进全身肌肉力量，减少分娩时的痛苦。

2. 孕期的皮肤问题及对策

（1）蜘蛛斑

人在怀孕期间血管相当敏感，热了容易扩张，冷了又收缩得很快，结果脸上经常会出现毛细血管破坏的情况，形成蜘蛛斑。这个问题很好解决，只要平时避免对皮肤的冷热刺激，状况就可以缓解。

（2）蝴蝶斑

蝴蝶斑，又称为妊娠斑。怀孕时，鼻梁、两颊和颈部特别容易出现妊娠斑，它们是孕期美容的头号敌人。对付它们 就要多补充多种维生素，尤其是富含维生素C的食物和富含维生素 B_6 的奶制品，此外，还要保证充足的睡眠与平和自然的心态。

（3）妊娠纹

一般来说，妊娠纹容易长在肚子上，在怀孕的时候可以经常将少许橄榄油涂在腹部轻轻按摩，生育以后，皮肤就能变得和没生宝宝前一样光滑。

另外，怀孕期间由于受到荷尔蒙的影响，皮肤会出现两种情况，要么比平时细腻柔软、油脂分泌相对减少，要么皮肤因孕激素造成干燥脱皮，青春痘比怀孕前会更严重，面色也会随之暗淡。遇到第二种情况时也不用怕，要尽可能少用碱性大的清洁品，防止油脂的丧失，同时改用婴儿皂、甘油皂及沐浴乳清洁皮肤就可以了。

◎ 会坐月子的女人才好恢复元气

在我们中国的传统中，非常重视坐月子，身体上的很多病也可以在月子里治好。如果月子坐不好，就会落下很多病。为什么要叫"坐月子"呢？这是因为女性的月经周期是 28 天，是女人气血运行的一个周期，产后的调养至少需要 28 天左右的时间，所以老百姓把产后期间的调养形象地称之为"坐月子"。

1. 坐月子首先要防风寒

坐月子首先就要防风寒，这是非常重要的。在分娩过程中，产妇的筋骨腠理大开，同时伴随着疼痛、创伤、失血，体能快速下降，稍有不慎，风寒侵入体内，就会导致月子病。《黄帝内经·素问》中讲道："故风者，百病之始也。"受了风寒，什么病都可能引发，所以过去坐月子的时候不能洗澡、洗头、洗脚、刷牙，就是怕受风寒。不过现在的居住条件好了，屋子里的密封条件很好，该洗澡就洗澡，但是冬天最好擦擦就可以了，夏天可以洗淋浴，但一定不能盆浴。而且夏天不能吹空调。避开了风、寒对人身体的侵袭，子宫肌瘤和卵巢囊肿这两种跟寒邪有关的妇科病就不会发生了。

还有的产妇在月子期间因为血虚会觉得燥热，想喝凉水解渴。这是绝对不可以的，生完孩子马上喝凉水的，大多会出现"产后风"。有人说，在国外，很多女人在生完小孩后都喝凉水，为什么没事呢？这是因为东西方人体质有很大差异，西方人摄入的食物主要以肉类为主，体质偏热，所以喝凉水没事。中国人的饮食以五谷为主，体质偏寒，喝凉水就会寒上加寒，戕伤人体阳气。

产后虚弱的身体最怕寒凉之物，所以温性食物最为补。温补可以把体内的阳气升发起来，同时清理体内垃圾。生完小孩有很长一段时间都要出血，中医叫恶露，就是脏血、败血，要给它清理出去的。如果寒凉的东西侵入人体，寒凝气滞，这些垃圾就出不来，瘀在卵巢和子宫里形成血块，长久以后会导致很严重的妇科病。

2. 坐月子的补法

分娩过程中，因疼痛失血，出很多汗，一下子把人体的阴伤了。汗、血是同源的，损耗的都是人的元气。所以在过去，生完小孩后都会先炖点鸡汤补补，补充失去的体液。鸡汤酸性入肝，肝藏血，为女子的先天之本，女人补身子要先补肝。熬鸡汤时，可以放一些黄芪、党参、桂圆等有温补功效的药材。

胎儿是母亲的血养起来的，所以无论是顺产还是剖宫产，产妇都会失血阴亏，身体虚弱。过去的人都知道，生完小孩后，先不让产妇去吃补品，而是熬一点小米粥，里面加一点红糖，喝它就可以了。小米健脾养胃，补充后天生化机能；红糖色赤入心养肝，能迅速补充身体气血。这是我们的先人一直沿用的产后补法，是一种大智慧。

很多产妇生完小孩以后乳汁不足，这时可以煲一些鲫鱼汤、猪蹄汤来喝，促进乳汁的分泌。母乳喂养还对产妇健康很有益处，乳房通过婴儿的吸吮，使经脉畅通，可以减少乳腺炎、乳腺增生的发病概率。中医食疗的药汤是最好的营养补充方法。

养颜方

1. 花生猪蹄汤

材料：猪蹄2个，花生150克，盐、味精适量。

做法：将猪蹄洗净，和花生一起放入锅中，用小火炖熟，加食盐、味精调味即可食用。

功效：花生能益气、养血、润肺、和胃，猪蹄是补血通乳的食疗佳品。此汤对产后乳汁缺乏很有效。

2. 黄芪炖鸡汤

材料：黄芪30克，枸杞20克，母鸡1只，红枣8颗，葱、生姜、盐、米酒适量。

做法：将黄芪放入滤袋中，母鸡洗净、切块，生姜切片，葱切段，加清水1500毫升，用小火慢炖1小时后加盐、米酒即可食用。

功效：黄芪能补气健脾，益肺止汗，补气生血，中医常用于治疗产后乳汁缺少，还能补虚固表，是治疗产后虚寒证的主药。母鸡温中健脾，补益气血。此汤对产后体虚、面色萎黄、乳汁过少、易出虚汗者效果非常好。

3. 猪蹄通草汤

材料：猪蹄2只，通草8克，葱白3根，盐少许。

做法：将以上3味共同加水炖熟后服用。

功效：通草能清热通乳，对产后缺乳非常有效。此汤每天服3次，连服3日。

4. 回乳麦芽饮

材料：炒麦芽50克，山楂30克。

做法：煎水服用。

功效：此汤能健脾消食，中医常用于回乳，亦可减轻乳胀。

另外还要特别注意的是，孕妇在月子期间绝对不能行房事，要等满月过后才能开始性生活，否则会妨碍子宫的恢复，还会引发多种妇科疾病。

❀ 剖宫产后愈合"美容刀口"需要智慧

剖宫产因有伤口，同时产后腹内压突然减轻，腹肌松弛、肠子蠕动缓慢，易有便秘倾向，饮食的安排与自然产应有差别，产妇在术后 12 小时可以喝一点开水，刺激肠子蠕动，等到排气后，才可进食。刚开始进食的时候，应选择流质食物，然后由软质食物、固体食物渐进。

剖宫产术后一周内禁食蛋类及牛奶，以避免胀气。不要吃油腻的食物；不要吃深色素的食物，以免疤痕颜色加深；避免咖啡、茶、辣椒、酒等刺激性食物。

传统观念认为产妇不宜喝水，否则日后会肚大难消，这时必须多补充纤维质，多吃水果、蔬菜，以促肠道蠕动、预防便秘。一周后可开始摄取鱼、鲜奶、鸡精、肉类等高蛋白质食物，帮助组织修复。因为失血较多，产妇宜多吃含铁质食物补血。生冷类食物（如大白菜、白萝卜、西瓜、水梨等）禁食 40 天。

产后三周补身计划：

第一周：以清除恶露、促进伤口愈合为主。最初可以鸡汤、肉汤、鱼汤等汤水类进补，但是不可加酒。猪肝有助排恶露及补血，是剖宫产产妇最好的固体食物选择。甜点也可以帮助排除恶露。子宫收缩不佳的产妇，可以服用酪梨油，帮助平滑肌收缩、改善便秘。鱼、维生素 C 有助伤口愈合。药膳食补可添加黄芪、枸杞、红枣等中药材。

第二周：以防治腰酸背痛为主。食物部分与第一周相同，药膳部分则改用杜仲。

第三周：开始进补。食物部分与第一周相同，可以增加一些热量，食用鸡肉、排骨、猪蹄等。口渴时，可以喝红茶、葡萄酒、鱼汤。药膳食补可用四物、八珍、十全（冬日用）等中药材。

❀ 产后总动员，让美貌回到少女时代

生孩子、做妈妈是女人的宿命，但生完孩子后能否恢复少女时的体形是每个女人都关注的。生完孩子后，皮肤很容易变得松弛，尤其是乳房，由于肚子无情的拉扯，乳房会向下向外分开，变得难看。所以，产后就要开始塑身美体。

根据统计，约 70%～90% 的孕妇在首次怀孕时会出现妊娠纹，而妊娠纹一旦出现就很难消除，要经过很长的时间才会淡化，所以，预防妊娠纹，就显得极为重要。

准妈妈们在孕前就要注意锻炼身体，经常做按摩，坚持冷水擦浴，增强皮肤的弹性。同时也要注意营养，多吃富含蛋白质、维生素的食物，增加皮肤的弹性。

怀孕期间，准妈妈们切不可"胡吃海喝"，进食大量高热量食品，从而导致体重突增。实际上，准妈妈们要适当控制体重，在保证均衡、营养膳食的基础上，应避免过多地摄入碳水化合物和过剩的热量，以免体重增长过多。在怀孕时体重增长的幅度上，每个月的体重增加不宜超过 2 公斤，整个怀孕过程中体重的增长应控制在 11 ～ 14 公斤。

从怀孕初期就可以选择适合体质的乳液、按摩霜，在身体较易出现妊娠纹的部位，如肚子、大腿等处勤加按摩擦拭，以增加皮肤、肌肉的弹性以及血流的顺畅。不过需要注意的是，千万不可采用按压的按摩方式，要动作轻柔，以打圈的方式进行。所选用的乳液不要含有过多的化学制剂，一般的儿童霜就可以了。

分娩之后，要在第一时间内实施塑身计划，这段时间就是产后 6 个月。洗澡时用毛巾对腹部、腿部进行揉洗，再将温热的牛奶涂在肚皮上，用双手从里向外揉。最后再涂上纤体紧致霜，能收紧皮肤，并促进皮肤新陈代谢。此时应多吃富含维生素 C 的食物，如柑橘、草莓等。此外，适当的运动也能帮助产妇尽快恢复。

🌼 让更年期来得更晚一些

按照《黄帝内经》的理论，女性更年期一般出现在 42 岁左右，但是，由于现代社会女人身上承载的东西很多，家庭、孩子、工作，再加上生育、流产等因素，女性早衰已成为当今社会和医学界普遍关注的重要问题。现在，很多女性刚过 30 岁，就出现面部色斑、皱纹，乳房干瘪萎缩、松弛；阴道分泌液减少，性机能减退，失眠、烦躁、潮热、盗汗等症状，甚至有很多人在 35 岁左右就开始进入更年期。红颜易逝，而我们真的没有办法挽留吗？

要对抗更年期问题，首先女人要懂得好好呵护自己，调适心情、减缓压力，学会提高自我调节及控制的能力，保持精神愉快。要比过去更注重优化夫妻关系，要以温柔的回报和激情的响应缓和厌倦和排斥，努力使自己平和。

在饮食上，对于更年期有头昏、失眠、情绪不稳定等症状的女性，应选择富含 B 族维生素的食物，如粗粮（小米、麦片）、豆类和瘦肉、牛奶。牛奶中含有的色氨酸，有镇静安眠功效；绿叶菜、水果含有丰富的 B 族维生素。这些食品对维持神经系统的功能、促进消化有一定的作用。此外，要少吃盐（以普通盐量减半为宜），避免吃刺激性食品，如酒、咖啡、浓茶、胡椒等。

更年期在古代中医学里被称为脏燥。这是因为肾功能下降，肾水不足，导致体燥。在治疗上可以选择用五行经络刷，在后背上沿着三条路线刮痧：中间督脉一条，两边膀胱经各一条。每次刮痧 30 分钟为宜，刮时不要太使劲。因为肝心脾肺肾五脏，都有其在后背占据的背腧穴，也就是说后背是一个独立的五行区域，在后背刮痧，可以把五脏的五行关系全部调理和谐。

更年期的女性还经常发生头晕目眩的症状，这种头晕往往是非旋转性的，表现为头沉、头昏等症状，眩晕程度因人而异。头晕目眩并不可怕，只要应对有方，完全可以有效防止这种症状的发生。易发生眩晕症状的更年期女性，日常生活最好避免太强烈的光线，远离太嘈杂的环境，保持生活环境的平和安静。当眩晕发作时，要尽快平躺休息，避免头部活动，以免摔倒造成其他身体伤害。等眩晕症状好转后，要慢慢做一些头部和肢体的活动，逐渐摆脱虚弱的身体状态。还应遵守上文提到的饮食宜忌。

另外，更年期卵巢功能急剧衰退，特别容易罹患子宫肌瘤、卵巢肿瘤、子宫颈癌等胞宫疾病。因此，更年期的女性朋友还要注意子宫和卵巢的保养。

在预防更年期提前方面，一个很简单也很重要的方法就是：在该生育的时候生育。要知道，女性一生中如果有一次完整的孕育过程，就能增加10年的免疫力，而一直没有生育过的女性就可能提前进入更年期。

第六章

《黄帝内经》中的养生法

善用《黄帝内经》，女人健康才美丽

❀ 按摩经络能使女人远离易患的很多疾病

当今社会，女人已成为当之无愧的"半边天"，肩负着事业和家庭的两副重担，工作竞争之激烈，家庭责任之繁重，使女性承受着巨大的压力，因此女性的健康问题日益突显。据医生介绍，乳腺癌、宫颈癌、高血压、糖尿病、乳腺增生、便秘、月经不调等疾病已呈现出发病率升高、发病时间提前的趋势，这严重危害着女性的健康。除此之外，现代都市白领们还面临着重大的工作和生活压力，相关疾病也随之而生，如颈椎病、腰肌劳损、失眠、亚健康等。医生提醒此现象应该引起女性和整个社会的关注。

虽然现在的医学技术很发达，但是我们也不可能把医生 24 小时带在身边，身体不舒服了医生也不能马上为你解决。所以如果哪个女人正忍受着疾病所带来的痛苦，但又不能及时去医院，或者即使去医院也不能起到很好的作用，那她们该怎么办呢？经络按摩可以救女人于危难间，只要适当、正确、科学地按摩经络就能达到手到病除的效果，最起码也能起到缓解病情和痛苦的作用。所以，女人一定要掌握一些运用经络、穴位来进行自我保健和预防疾病的方法，这样就等于有了个随身的保健医生，既方便又省钱还省时，何乐而不为呢？

《黄帝内经》中说，经络可以调节人体功能，具有"决死生、处百病"的作用。医学研究认为，经络的存在，是各种长寿方法产生作用的关键，它在人体内起总调度、总开关、总控制的作用，无时无刻不在控制着人的身体健康。女人只要在日常生活中经常利用经穴来做好自身保健，就能避免很多常见病症。

"太冲"和"膻中"是乳腺疾病的克星

胸部是女人的第一个"S"形曲线，谁都希望胸部曲线完美无瑕。但是不知从什么时候起，患胸部疾病的女性越来越多了，乳腺疾病是现阶段危害女性健康的主要疾病之一，尤其是乳腺癌严重威胁妇女的生命。

一般乳腺病都会有乳房包块的症状，但是，并不是所有摸起来像包块的感觉都意味着患了乳腺疾病。有的女性尤其是年轻未婚女子，乳腺的腺体和结缔组织有厚薄不均的现象，摸起来有疙疙瘩瘩或有颗粒状的感觉，这可能是正常的，用不着忧心忡忡。如果是新长出的包块就需要特别注意，因为青春发育期后出现乳房肿块，很可能是乳腺疾病所致。因此，学会乳房的自我检查，早发现病情，及早治疗是十分重要的。

从中医的角度看，乳腺系统疾病都是肝经惹的祸。肝经经过乳房，当情绪不好，肝气郁结，气不通畅时，影响乳络，各种乳腺病就发生了，比如乳腺炎、乳腺增生，甚至是癌变等。因此，治疗乳腺疾病首先要疏通肝经，让心情好起来。下面就分别介绍一下乳腺炎和乳腺增生的经络疗法。

1. 按摩"太冲"和"膻中"来治乳腺炎

做了妈妈是女人一生莫大的幸福，但也经常会面临这样的情况：给宝宝喂奶一个月左右，乳头就开始皲裂、胀痛，感觉特别疼，不敢喂奶，一喂奶就感觉痛得不得了，严重时都不敢碰，一碰就胀疼胀疼的，其实这就是乳腺炎的症状，一般以初产妇较多见，发病多在产后 3 ~ 4 周。如不及时处理，则易发展为蜂窝组织炎、化脓性乳腺炎。

太冲穴能降血压、平肝清热、清利头目。膻中穴在前正中线上，两乳头连线的中点。如果你不小心得了乳腺炎，一定要及时采用按摩和辅助疗法进行治愈，以防疾病恶化。具体操作方法：坚持每天下午3—5点按揉太冲和膻中穴 3 ~ 5 分钟，然后捏拿乳房，用手五指着力，抓起患侧乳房，一抓一松揉捏，反复 10 ~ 15 次，重点放在有硬块的地方，坚持下去就能使肿块柔软。

按摩之外，还有热敷疗法。将仙人掌或者六神丸捣碎加热后外敷 5 分钟。女性朋友还应常备逍遥丸。感到乳房胀痛时，吃上一袋。平时用橘核或者玫瑰花泡水喝，也可以疏肝理气。

此外，哺乳时期的女性要穿棉质内衣，因为鲜艳夺目的尼龙化纤材料的内衣，掉下的微小线头非常容易钻到乳头里面去，引起炎症。

2. 按压"行间"和"膻中"，可有效防止乳腺增生

乳腺增生多见于 25 ~ 45 岁女性，其本质上是一种生理增生与复旧不全造成的乳腺正常结构的紊乱，症状是双侧乳房同时或相继出现肿块，经前肿痛加重，经后减轻。

很多患了乳腺增生的女士非常紧张，生怕和乳腺癌挂上钩。其实，由乳

腺增生演变成癌症的概率很小，只要注意调整自己的情绪，舒缓压力，再配合一些按摩治疗，乳腺增生是不会严重威胁到健康的。

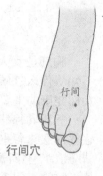

行间

行间穴

具体操作方法：每次月经前7天开始，每天用手指按压两侧行间穴（从脚上的大拇指和第二趾根部之间的中央起，稍靠近大拇指指侧之处，在脚的表面交接处就是行间穴）2分钟，或者从行间向太冲推，临睡前按揉膻中穴2分钟，或者沿着前正中线从下向上推。月经来后停止。可以解除乳房胀痛，防止乳腺增生。

防止乳腺增生除了按摩预防之外，还要注意改变生活中的一些环境行为因素，从根本上防止乳腺增生病。如调整生活节奏，减轻各种压力，改善心理状态；注意建立低脂饮食、不吸烟、不喝酒、多活动等良好的生活习惯；注意防止乳房部位的外伤，等等。

✾ 肥胖症的补法治疗原则

人体内脂肪积聚过多，体重超过标准体重的20%以上者，称为肥胖症。肥胖之人脂肪多，就像穿了一件"大皮袄"，不容易散热，夏天多汗容易中暑和长痱子。由于体重增加，脚上的足弓消失，容易成为扁平足，虽然走路不多，也容易出现腰酸、腿痛、脚掌和脚后跟痛等症状。而且，肥胖也是困扰众多爱美女士的一大难题，为了苗条的身材，无数人在减肥的路上前仆后继，减肥药减肥茶吃了一大堆，却总是收效甚微，甚至适得其反。究其原因，都是没有明白导致肥胖的原因，没有用对方法。

人们常常用"虚胖"来形容胖。肥胖的人一般在活动后很容易出现心慌、气短、疲乏、多汗等症，这都是因为身体"虚"的缘故，这种虚只能用补来解决。

有句话叫"血虚怕冷，气虚怕饿"。血少的人容易发冷，而气虚的人容易饿，总想着吃。针对这种食欲旺盛的情况，最好的方法就是补气。常用十几片黄芪泡水喝，每晚少吃饭，食用10颗桂圆、10枚红枣（这个红枣是炒黑的枣，煮水泡上喝），就不会因为晚上吃少了而感到饿，同时红枣和桂圆又补了气血。另外，平时要多吃海虾，这也是补气、补肾最好的方法。当气补足后，就会发现饭量能很好地控制了，不会老是觉得饿。坚持一段时间，体重就会逐渐下降。

对于那些吃得少，也不容易饿的胖人来说，发胖是因为血虚，平时要多吃鳝鱼、黑米、海虾、牛肉等，气血补足了，肥胖的赘肉自然就消失了。

另外，用按摩的方法也可以减肥，每天早上醒来后将手臂内侧的肺经来回慢慢搓100下，再搓大腿上的胃经和脾经各50下，能有效地促进胃肠道的消化、吸收功能，并能促进排便，及时排出身体内的毒素与废物。中午的时候搓手臂内侧的心经，慢慢来回上下搓100次，然后再在腰部肾俞穴搓100下，因为中午是阳气最旺盛的时候，这时是补肾、强肾的最好时机。晚上临睡前在手臂外侧中间的三焦经上来回搓100下，能有效地缓解全身各个脏器的疲劳，使睡眠质量提高，好的睡眠也是人体补血的关键。

❀ 内分泌失调——从三焦经寻找出路

对于内分泌失调，大家也许并不陌生：你脸上长斑了、出痘了，朋友会告诉你内分泌失调；你最近情绪不好、脾气暴躁，佳人会说你内分泌失调；你最近工作不在状态、心不在焉、丢三落四，同事会说你内分泌失调；月经不调、乳房肿块、妇科肿瘤，医生会告诉你是内分泌失调所致……这些症状是否已经引起了你的重视？

女性25岁以后，身体状况开始下滑，很多以前不曾遇到的问题，比如面部黄褐斑、痤疮粉刺、乳房肿块、子宫肌瘤等问题相继出现。乳房肿块有可能转化为乳腺癌，而子宫肌瘤的患病率也高达20%，女性有可能因此切除部分或整个子宫而导致不孕，甚至发生癌变……内分泌失调导致的疾病和症状不仅如此，还可能导致肌肤干燥、皮肤暗淡无光、皮肤过敏、皱纹早现、月经紊乱、带下异常、乳房松弛、局部肥胖、失眠多梦、情绪波动、烦躁忧虑、燥热不安、疑神疑鬼、疲乏无力或对性生活淡漠甚至厌恶、无性高潮、夫妻关系紧张等。可见内分泌失调不仅仅影响容貌，还时刻威胁着女性健康。在最近的医学调查中显示，内分泌失调导致的上述疾病，正在向低龄化发展，少女也已成为内分泌失调的威胁对象。

如果你正在为内分泌失调而倍感焦虑不安不妨揉揉自己的三焦经，治疗的效果通常会让你喜出望外。

三焦，用通俗的话来说，就是人整个体腔的通道。古人把心、肺归于上焦，脾、胃、肝、胆、小肠归于中焦，肾、大肠、膀胱归于下焦。《难经·三十八难》云："三焦者，主持诸气，有名而无形。"《灵枢》上说三焦经"主气所生病者"，这种"气"类似于现代医学所讲的内分泌的功能。

去医院看病，很多症状查不出病因，往往会被诊断为"内分泌失调"。但很多时候，医生也很难确定是哪个内分泌系统出现了问题，这时医生常常会给你开一些谷维素或B族维生素这些比较安全平和的药物，但治疗作用实在有限。当你焦虑不安、不知所措的时候，不妨揉揉自己的三焦经。

三焦经从手走头，起于无名指指甲角的关冲穴，止于眉毛外端的丝竹空，左右各23个穴位。三焦经属火，焦字本身就是"火烧"的意思。看来此经"火气"不小。三焦经与胆经是同名经，二者都是少阳经，上下相通，所以肝胆郁结的"火气"也常常会由三焦经而出，于是三焦经便成了身体的"出气筒"。三焦经直通头面，所以此经的症状多表现在头部和面部，如头痛、耳鸣、耳聋、咽肿、喉痛、眼睛红赤、面部肿痛等。三焦经的症状多与情志有关，且多发于脾气暴躁之人，打通此经，可以疏泄"火气"，因此可以说三焦经是"暴脾气"人群的保护神。及早打通此经，还可预防"更年期综合征"。此经穴位多在腕、臂、肘、肩，"经脉所过，主治所及"，所以对风湿性关节炎也有特效。下面所讲的几个穴位都较容易找，大家可以试一试。

液门（荥水穴）：津液之门，在无名指、小指缝间。此穴最善治津液亏少之症，如口干舌燥、眼涩无泪。"荥主身热"，液门还能解头面烘热、头痛目赤、齿龈肿痛、暴怒引发的耳聋诸症，此穴还善治手臂红肿、烦躁不眠、眼皮沉重难睁、大腿酸痛疲劳诸症。

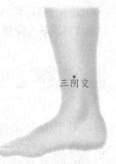

三阴交穴

中渚（俞木穴）：此穴在手背侧，四、五掌骨间。俞主"体重节痛"。木气通于肝，肝主筋，所以此穴最能舒筋止痛，腰膝痛、肩膀痛、臂肘痛、手腕痛、坐骨神经痛，都是中渚穴的适应证。此穴还可治偏头痛、牙痛、耳痛、胃脘痛、急性扁桃体炎等。此外，四肢麻木、腿脚抽筋、脸抽眼跳等肝风内动之症，都可通过掐按中渚来调治。

外关（络穴）：此穴非常好找，在腕背横纹上2寸。外关即与外界相通的门户。胸中郁结之气可由此排出，外感风寒或风热可由此消散。此穴络心包经，因此外关可以引心包经血液以通经活络，可治落枕、肩周炎、感冒、中耳炎、痄腮、结膜炎等。此穴还能舒肝利胆，散郁解忧，可治月经不调、心烦头痛、厌食口苦、胸胁胀满、五心烦热、失眠急躁等症。若脚踝扭伤，用力点按外关穴，可即时缓解症状。平日多揉外关穴，还可以防治太阳穴附近长黄褐斑和鱼尾纹，以及青少年的假性近视。外关穴功效众多，且又是防止衰老的要穴，不可小视。

支沟穴：此穴在外关上1寸，所以与外关穴的功用较为类似。也可舒肝解郁、化解风寒，但同时还善治急性头痛、急性腰扭伤、胆囊炎、胆石症、小儿抽动症。古书皆言其善治便秘，但其最为特效是治疗"肋间神经痛"，俗称"岔气"。当岔气时，用拇指重力点按支沟穴，即时见效。

经络穴位，就是我们与身体交流的通道，想要真正认识自己，不必去远方寻求开悟，因为答案就在我们自己身上。

❀ 防治崩漏，重点是要辨证施护

崩漏是月经的期与量严重紊乱的类月经病，是指经血非时崩下不止或淋漓漏下不尽，前者为"崩"，后者为"漏"。崩漏的出血状况虽然不同，但其发病机理是一致的，而且在疾病发展过程中相互转化，如血崩日久，气血耗伤，可变成漏；久漏不止，病势日进，也能成崩，所以临床上常常崩漏并称。正如宋代医学家严用和在《济生方》中所说："崩漏之病本乎一症，轻者谓之漏下，甚者谓之崩中。"

崩漏的原因，多数由于血热或血瘀，也有由于肝肾虚热或心脾气虚，导致冲任失调而经常出血。少数还有由于肾阳虚所致的。

1. 崩漏的辨证分型及治法

（1）实热型

症状：出血量多，或淋漓日久不止，色深红，烦热，口干，夜卧少寐，伴胸肋胀，大便秘结，脉弦数或滑数有力；舌质红苔黄燥。

治法：一般用清热固经汤加知母、玄参；如兼胁胀便秘的，用逍遥散去白术加丹皮、栀子、炒蒲黄、血余炭、制大黄、醋炒香附。

（2）虚热型

症状：出血持续时间长，色鲜红，量时多时少；午后低热，颜面潮红、晕眩耳鸣，有时心悸、口燥唇红；脉细数、舌质红少苔。此为肝肾虚热的崩漏证，临床上比较多见。

治法：六味地黄汤加龟甲、龙骨、牡蛎、白芍、枸杞子、白菊花、女贞子、旱莲草；或知柏地黄汤合左归饮加减。

（3）气虚型

症状：出血量时多时少，色淡红，面色少华或萎黄，时觉头晕、心悸、肢重倦怠，食欲不振。脉虚弱无力，舌质红或浮胖，有薄苔。此属心脾气虚的崩漏证，常见于崩漏日久或更年期妇女之气血不足者。

治法：先用固本止崩汤，或举元煎加阿胶、艾叶炭、海螵蛸；血止后用归脾汤或补中益气汤加减调理。

（4）阳虚型

症状：出血淋漓或大下，血色清稀，腹部隐痛，喜热喜按，腰酸腿软，四肢欠温，面浮肢肿，大便溏薄；脉象沉而无力，或濡弱，舌质淡润，面色苍白或晦暗。

治法：偏于肾阳虚的金匮肾气丸去泽泻、丹皮加菟丝子、巴戟天、仙灵脾。近人报道：加减真武汤亦有效；偏于脾阳虚的前方加党参、白术、黄芪、炮姜。

（5）血瘀型

症状：出血紫暗有小块，下腹刺痛拒按（按之有包块），血块排出后腹痛暂时缓解，但仍胀痛；脉沉弦或涩，舌边有紫斑点，唇色暗红。

治法：逐瘀止崩汤或祛瘀消症汤加三七末1.5克（分吞）。另有积瘀生热，血热妄行而崩漏不止的。用功血方，颇有疗效。

2. 崩漏的防治要点

血崩皆从经漏开始，所以防崩应先治经漏，同时还要根据崩漏成因进行防治。崩漏的成因，除前面提出的几点外，尚有因长期忧郁、突然大怒（伤肝）而引起，有因恐怖焦虑（劳伤心神）而引起，有因性生活不节（伤肾）而引起，有因多食辛辣（血热妄行）而引起。这些情志及生活方面的因素，都能导致崩漏，患者必须及时注意。还有在经漏时长途骑车，腰腹部过分着力，容易使经漏加多，或转血崩，亦宜注意。

一旦发生崩漏症状，初起应以止血为主，有热则清热，有瘀则消瘀，待血止热除然后补其虚。

🏵 子宫脱垂，就按足三里、百会和关元

子宫脱垂是妇科的一种常见病，指的是子宫从正常位置沿阴道下降，宫颈外口达坐骨棘水平以下，甚至子宫全部脱出于阴道口以外。子宫脱垂常会伴有阴道前壁和后壁膨出，病人感觉会阴处有下坠感，阴道有肿物脱出。中医学称之为"阴挺""阴颓""阴菌""阴脱"等，因其多发生在产后，故又有"产肠不收""子肠不收"之称。产生子宫脱垂的主要原因包括：

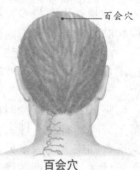

百会穴

(1) 分娩时子宫盆底肌、筋膜、韧带受到严重的损伤和伸展。在产褥期未得到恢复、过早参加体力劳动致使子宫承受不住腹腔的压力而脱出。

(2) 产妇在产后经常仰卧、盆底肌等组织由于松弛造成子宫后位，子宫轴线与骨盆（阴道）线相一致，成水平线。当腹压增加时，子宫就沿阴道下垂。

(3) 产妇长期哺乳（应该断乳时不断）使卵巢功能恢复不足、雌激素水平低，因而体质虚弱，造成子宫支持力不够，加之腹压增加的因素出现，如体力劳动、体虚咳嗽等。

大部分医院往往对子宫脱垂束手无策，其实只要每天坚持按揉足三里3分钟，艾灸关元穴15分钟，3个月以后，就可以消除此病带来的痛苦和不便。此病治疗的关键是要坚持不断地进行。

🏵 应对宫颈糜烂，日常保健加食疗

宫颈糜烂是慢性宫颈炎的一种表现形式，当宫颈外口表皮脱落，被宫颈口另外一种上皮组织所代替后，由于覆盖面的新生上皮很薄，甚至能看到下方的血管和红色的组织，看上去就像真正的糜烂，所以才称之为宫颈糜烂，而实际上，并不是真正的溃烂。

1. 宫颈糜烂的诱因

宫颈糜烂的发生是由于分娩、流产、产褥期感染、手术操作或性生活损伤宫颈，病原体侵入而引起感染所导致的。希望能够引起大家的重视的是，由于性生活时阴茎与宫颈有着直接的接触，如果不注意性生活卫生，可能会直接把病菌带入阴道，感染宫颈。而对已患宫颈糜烂的妇女来说，则可加重其宫颈炎症，有可能使糜烂面扩大。严重的宫颈糜烂有时还会出现性交时出血。因此，无论女性是否患有宫颈糜烂，都要注意性交卫生。

2. 宫颈糜烂的外在症状

患宫颈糜烂后，会出现白带增多、黏稠，偶尔也可能出现脓性、血性白带，腰酸、腹痛及下腹部重坠感也常常伴随而来，性生活时也可能会引起接触性出血，异味的出现也是极有可能的。

3. 宫颈糜烂能否癌变

许多患有宫颈糜烂的女性都很关心这个问题，这也是她们就医的主要原因。回答是肯定的。有宫颈糜烂的妇女，宫颈癌发生率为0.73%，显著高于无宫颈糜烂者的0.1%。在长期慢性炎症的刺激下，颈管增生而来的柱状上皮可发生非典型增生，如不及时治疗，其中一部分最终会发展为癌，不过这种发展转变过程比较缓慢。

4. 宫颈糜烂日常保健

（1）饮食宜清淡。多吃水果蔬菜及清淡食物，并要注意休息。

（2）注意各关键时期的卫生保健。很多女性非常容易感染此病，一定要注意卫生保健，尤其是经期、妊娠期及产后期。

（3）保持外阴清洁。保持外阴清洁是非常必要的，而且应定期去医院做检查，做到早发现、早治疗，同时避免不洁性交。

（4）必要时采用手术治疗。根据病情，必要时可采用手术方式进行治疗。

5. 宫颈糜烂的食疗方法

鱼腥草煲猪肺：适用于热毒蕴结者。鲜鱼腥草60克，猪肺约200克，将猪肺切成块状，用手挤洗去泡沫，加清水适量煲汤，用食盐少许调味，饮汤食猪肺。

马鞭草蒸猪肝：适用于热毒盛者。鲜马鞭草60克，猪肝60～100克，将马鞭草洗净切成小段，猪肝切片，混匀后用瓦碟载之，隔水蒸熟服食，每日1次。

气海、关元和血海，对付慢性盆腔炎

盆腔炎是一种较为常见的妇科疾病，大多是因个人卫生、不洁性交等引起的。急性盆腔炎表现为：下腹疼痛、发热，病情严重者，还会有高热、寒战、头痛、食欲不振等情况发生。

慢性盆腔炎表现为：低热、易疲乏、病程较长，有神经衰弱症状，如精神不振、周身不适、失眠等，还有下腹部坠胀、疼痛及腰骶部酸痛等症状。常在劳累、性交后及月经前后加剧。此外，患者还可出现月经增多和白带增多的现象。

慢性盆腔炎可以通过穴位特效疗法来缓解和治疗，具体方法是：患者仰卧，双膝屈曲，先进行常规腹部按摩数次，再点按气海、关元、血海、三阴交各半分钟。痛点部位多施手法，坚持一段时间就会有效。

此外，患有慢性盆腔炎的女性在生活中还要注意几个方面：

（1）注意个人卫生。加强经期、产后、流产后的个人卫生，勤换内裤及卫生巾，避免受风寒，不宜过度劳累。

（2）多吃清淡的食物。多食有营养的食物，如鸡蛋、豆腐、赤豆、菠菜等。忌食生、冷和刺激性的食物。

（3）经期避免性生活。月经期忌房事，以免感染。月经期要注意卫生，最好用消毒卫生巾。

❀ 内调加外用，治疗阴道炎

阴道炎是妇科中的常见病、多发病，多见于中年妇女，临床常见的阴道炎，有滴虫性阴道炎和霉菌性阴道炎。

滴虫性阴道炎：主要由毛滴虫感染引起。表现为白带灰黄色，呈肥皂泡沫状，有臭味，阴部奇痒难忍。

妇科检查：阴道壁可见散在性出血点。白带常规检查，找到阴道毛滴虫。

霉菌性阴道炎：由白色念珠菌感染引起。主要表现为小便刺痛、尿频、尿急、性交痛、白带呈白色豆腐渣状。

妇科检查：小阴唇内及阴道黏膜附有白色膜状物，擦去后见有红肿黏膜面。白带常规检查找到白色念珠菌。

中医在治疗阴道炎方面也有独特的建树，具体方法如下：

（1）内服方：滋阴益肾、清热止带。方用知柏地黄丸加减。药用熟地12克，萸肉12克，山药15克，泽泻12克，椿根白皮15克，蒲公英20克，旱莲草15克，水煎2次，早晚分服。每日1剂。

加减：阴虚火旺，熟地改为生地；尿频尿痛者加鹿含草15克；带下秽臭者，加龙胆草6克，粉草12克，因瘙痒影响睡眠者加酸枣仁10克，夜交屯10克；滴虫性阴道炎加百部10克，苦参10克；霉菌性阴道炎加黄芩10克，虎杖30克。

（2）外治方：苦参30克，蛇床子20克，狼毒10克，雄黄10克，龙胆草15克。上述药材打碎纱布包，加水半盆煎煮半小时，去渣取汁，趁热先熏后洗，约20分钟，每晚临睡前熏洗一次。初起者2～7次，即可获效，病程长者7～15次见效。治疗期间，暂停房事，忌辛辣刺激性食物。

为了避免阴道炎的侵扰，日常就要做好预防措施，主要应注意以下几点：

（1）注意经期卫生，内裤要宽大透气，并要勤换勤洗。

（2）每天清洗外阴，保持外阴清洁干燥，严禁搔抓，禁用冷热水及肥皂水或有刺激性水液洗擦。

（3）多吃营养丰富的食物，忌酒忌烟，不吃辛辣刺激、海鲜虾蟹等过敏性食物。

（4）炎症未完全治愈时，应避免房事。

（5）积极参加妇女病普查工作，及早发现妇女生殖器疾患，及早彻底治疗。

第二节

精心养护，女性"三期"平安度过

◎ 更年期综合征，按压三阴交穴最可靠

更年期是女性卵巢功能从旺盛状态逐渐衰退到完全消失的一个过渡时期，包括绝经期和绝经前后的一段时间。一般在40岁以后，女性都会或早或晚地经历更年期，生理和心理上会出现一系列的变化。

部分妇女在更年期会出现一些与性激素减少有关的特殊症状，如早期的潮热、出汗、易激动等。晚期因泌尿生殖道萎缩而发生的外阴瘙痒、阴道干痛、尿频急、尿失禁、膀胱炎等，以及一些属于心理或精神方面的非特殊症状，如倦怠、头晕、头痛、抑郁、失眠等，称为更年期综合征。

其实大多数妇女都能够平稳地度过更年期，但也有少数妇女由于更年期生理与心理变化较大，被一系列症状所困扰，而影响了身心的健康。因此每个到了更年期的妇女都要注意加强自我保健，顺利地度过人生的这一时期。自我保健的最佳方法就是按压三阴交穴位。

三阴交穴位位于内踝上3寸处，胫骨后缘。女性朋友对这个穴位应该予以高度重视，经常对它进行刺激，可以治疗月经不调、痛经等妇科常见病症。

对于更年期有头昏、失眠、情绪不稳定等症状的女性，要选择富含B族维生素的食物，如粗粮（小米、麦片）、豆类和瘦肉、牛奶等。牛奶中含有的色氨酸，有镇静安眠功效；绿叶菜、水果含有丰富的B族维生素。这些食品对维持神经系统的功能、促进消化都有一定的作用。此外，要少吃盐（以普通盐量减半为宜），避免吃刺激性食品，如酒、咖啡、浓茶、胡椒等。

❀ 经前综合征，心腧、神门来解决

很多女性朋友，尤其是未婚的年轻女孩子，每次月经来的前几天，常常会变得情绪不稳、焦虑紧张、胸部肿胀、头痛、睡不好，注意力也没办法集中。可是月经来潮，这些症状就消失了。这就是 PMS（经前综合征），也是女人专属的情绪指标。

众所周知，许多女性在月经周期中存在情绪波动问题，尤其是在月经前和月经期，情绪不稳，抑郁或脾气暴躁。主要表现为烦躁、焦虑、易怒、疲劳、头痛、乳房胀痛、腹胀、浮肿等，其实，这全是心血不足惹的祸。有些女性本身心血不足，月经时大量气血又被派到冲任，心血更虚了，心主管神志，心自身都衰弱了，怎么能好好地管制神志呢？所以会造成情绪上的波动，或低落或焦虑。可见，要想避免经期的情绪波动就要补充气血，安神定志。其中最好的、最有效的、最便捷的就是按揉心腧穴和神门穴。

心腧穴位于人体背部，在第五胸椎旁约 15 寸的位置，大约两指的宽度，此部位是心功能的反应点，心血不足时心腧按起来又酸又疼，平时按揉这个部位就能补心。

神门穴在手腕的横线上，弯曲小拇指，牵动手腕上的肌腱，肌腱靠里就是神门穴的位置，神门穴是心经的原穴，可以补充心脏的原动力，每天坚持按揉此穴能补心气、养心血，气血足了，神志自然就清醒了。

建议你每天早晚按揉两侧神门穴 2 ~ 3 分钟，然后再按揉两侧心腧穴 2 ~ 3 分钟，只要长期坚持下去，就能让你在经期有个好情绪，轻松愉快地度过经期。

此外研究还表明，那些摄入足够维生素 B 族的女人，在经前就能够保持情绪的稳定。这是因为 B 族维生素，能帮助合成提升情绪的神经传递素，如果和镁制剂一起服用的话，B 族维生素还能缓解经前焦虑。推荐食物有菜花、胡萝卜、香蕉等。

❀ 经期腹泻，驱除脾虚是关键

经期腹泻多是由体内虚寒造成的。这在年轻女性的身上比较常见，因为处于这个年龄段的很多女性都常常节食减肥，常吃一些青菜水果之类的食物，而远离肉类和主食，时间长了就会使脾虚寒。当来月经的时候，气血就会充盈冲脉、任脉，脾气会变得更虚。因为脾是主运化水湿的，脾不能正常工作了，那么水湿也会消极怠工，不好好工作，也就不能正常排泄了，所以就会出现腹泻，如果泛滥到皮肤就会出现脸部浮肿。

可见，要想经期不腹泻就要补脾气，而补脾气最好的办法就是灸脾腧穴。脾腧穴位于人体的背部，在第十一胸椎脊突下，左右旁开两指宽处。每天坚持灸此穴就能缓解经期腹泻的症状。灸此穴最好在上午 7—9 点进行。

此外，从饮食上调养脾脏也可以达到不错的功效，下面两款药膳就是很好的：

养颜方

1. 山药茯苓粥
材料：山药 50 克、茯苓 50 克、粳米 250 克。
做法：先将粳米炒焦，与山药、茯苓一同加水煮粥即可。
2. 莲子粥
材料：莲子 50 克、白扁豆 50 克、薏仁米 50 克、糯米 100 克。
做法：莲子去心，与白扁豆、薏仁米、糯米一同洗净，加水煮成粥即可。

此外，丝瓜汁有"美人水"之称，它含有丰富的营养成分：维生素 B_1、维生素 C 等，能保护皮肤、消除斑块，使皮肤洁白、细嫩，更重要的是，它对调理月经很有帮助。

❀ 经期头痛，得从补充气血上下手

经前期出现头痛，为经前期紧张综合征的症状之一。经前期紧张综合征的常见表现有经前期头痛、乳房胀痛、手足或面部浮肿、注意力不集中、精神紧张、情绪不稳，重者有腹胀、恶心或呕吐等症状。症状常在经前 7～14 天开始出现，经前 2～3 天加重，经期内症状明显减轻或消失。经期出现头痛的原因是气血亏虚、经络不畅，因为本身体质较差，经前或经后气血会更虚，头脑营养跟不上，所以就会出现头痛。可见，要想避免经期头痛，最根本的办法就是补充气血。而补充气血最好的方法是按揉足三里、太阳穴和印堂。

足三里是阳明胃经的合穴，其矛头直指头痛，只要每天坚持按揉足三里就能达到防治头痛的目的。除了按揉足三里外，还要按揉太阳穴和印堂部位。

建议你每天早上 7—9 点按揉或艾灸两侧足三里 3 分钟。月经前 7 天开始，分别推前额、按揉太阳穴和印堂 2 分钟，直至月经结束。

除了按揉经穴外，要防止经期头痛还要配合饮食调节，避免吃含奶酪丰富的食品，如牛奶、冰激凌、腌制的肉类，以及咖啡、巧克力，因为这些食物均能诱发头痛，还要避免过度运动或劳累，以防经血过多、经期延长或闭经。

❀ 孕期呕吐，要学会与经络切磋

怀孕后发生的恶心、呕吐现象称为"妊娠呕吐"或"妊娠反应"。

多数妇女怀孕6周以上时，常常出现恶心、呕吐现象，一般多在早晨起床后数小时内发生。症状轻者仅会食欲下降、晨间恶心或偶有呕吐。少数人症状明显，吃什么吐什么，不吃也吐，甚至吐出胆汁。呕吐也不限于早晨，可能全天都会发生，严重时还会出现脱水和酸中毒。有的孕妇除了呕吐外，还有饮食习惯的改变，如喜欢吃酸性食物，厌油食，嗅觉特别灵敏，嗅到厌恶的气味后即可引起呕吐。

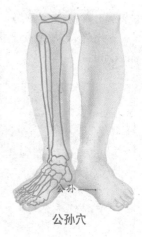
公孙穴

妊娠的时候，为了肚子里的宝宝，孕妇的阴血都下行到冲任养胎，最后冲气偏盛，脾胃气血偏虚，胃气虚不能向下推动食物，反而会跟着冲气往上跑，所以不想吃东西，甚至厌食，营养跟不上就会发生头晕、浑身无力的症状。

所以要想不呕吐，吃得香，睡得好，最好的方法是健脾胃，把胃气拉下来。而健脾胃最好的办法就是按揉足三里、内关和公孙穴。

足三里是胃的下合穴，跟胃气是直接相通的，按揉这里可以将胃气往下导。所以，平时用手指按揉足三里或者艾灸就可以了。

内关是手厥阴心包经的络穴，按揉它能使身体上下通畅。内关穴位于前臂内侧正中，腕横线上方两横指、两筋之间。公孙穴是足太阴脾经的络穴，按揉它能调理脾胃，疏通肠道，肠道通畅了，胃气也就跟着往下走了。另外，跟它相通的冲脉正是妊娠呕吐的关键所在。公孙穴位于脚内缘，第一跖骨基底的前下方，顺着大脚趾根向上捋，凹进去的地方就是。

建议每天早晨按揉足三里3分钟，下午5—6点按揉内关穴和公孙穴4～5分钟，长期坚持一定会得到很好的效果。

附录

《黄帝内经》全本

上古天真论篇第一

昔在黄帝，生而神灵，弱而能言，幼而徇齐，长而敦敏，成而登天。

乃问于天师曰：余闻上古之人，春秋皆度百岁，而动作不衰；今时之人，年半百而动作皆衰者，时世异耶？人将失之耶？

岐伯对曰：上古之人，其知道者，法于阴阳，和于术数，食饮有节，起居有常，不妄作劳，故能形与神俱，而尽终其天年，度百岁乃去。

今时之人不然也，以酒为浆，以妄为常，醉以入房，以欲竭其精，以耗散其真，不知持满，不时御神，务快其心，逆于生乐，起居无节，故半百而衰也。

夫上古圣人之教下也，皆谓之虚邪贼风，避之有时，恬淡虚无，真气从之，精神内守，病安从来。

是以志闲而少欲，心安而不惧，形劳而不倦，气从以顺，各从其欲，皆得所愿。

故美其食，任其服，乐其俗，高下不相慕，其民故曰朴。是以嗜欲不能劳其目，淫邪不能惑其心，愚智贤不肖不惧于物，故合于道。所以能年皆度百岁。而动作不衰者，以其德全不危故也。

帝曰：人年老而无子者，材力尽邪？将天数然也？

岐伯曰：女子七岁肾气盛，齿更发长。

二七而天癸至，任脉通，太冲脉盛，月事以时下，故有子。

三七肾气平均，故真牙生而长极。

四七筋骨坚，发长极，身体盛壮。

五七阳明脉衰，面始焦，发始堕。

六七三阳脉衰于上，面皆焦，发始白。

七七任脉虚，太冲脉衰少，天癸竭，地道不通，故形坏而无子也。

丈夫八岁，肾气实，发长齿更。

二八肾气盛，天癸至，精气溢写，阴阳和，故能有子。

三八肾气平均，筋骨劲强，故真牙生而长极。

四八筋骨隆盛，肌肉满壮。

五八肾气衰，发堕齿槁。

六八阳气衰竭于上，面焦，发鬓颁白。

七八肝气衰，筋不能动，八八天癸竭，精少，肾藏衰，形体皆极。

则齿发去。

肾者主水，受五藏六府之精而藏之，故五藏盛，乃能泻。

今五藏皆衰，筋骨解堕，天癸尽矣，故发鬓白，身体重，行步不正，而无子耳。

帝曰：有其年已老，而有子者，何也？

岐伯曰：此其天寿过度，气脉常通，而肾气有余也。此虽有子，男子不过尽八八，女子不过尽七七，而天地之精气皆竭矣。

帝曰：夫道者，年皆百数，能有子乎？

岐伯曰：夫道者能却老而全形，身年虽寿，能生子也。

黄帝曰：余闻上古有真人者，提挈天地，把握阴阳，呼吸精气，独立守神，肌肉若一，故能寿敝天地，无有终时，此其道生。

中古之时，有至人者，淳德全道，和于阴阳，调于四时，去世离俗，积精全神，游行天地之间，视听八达之外，此盖益其寿命而强者也，亦归于真人。

其次有圣人者，处天地之和，从八风之理，适嗜欲于世俗之间，无恚嗔之心，行不欲离于世，被服章，举不欲观于俗，外不劳形于事，内无思想之患，以恬愉为务，以自得为功，形体不敝，精神不散，亦可以百数。

其次有贤人者，法则天地，象似日月，辩列星辰，逆从阴阳，分别四时，将从上古。合同于道，亦可使益寿而有极时。

✿ 四气调神大论篇第二

春三月，此谓发陈。天地俱生，万物以荣，早卧早起，广步于庭，被发缓形，以使志生，生而勿杀，予而勿夺，赏而勿罚，此春气之应，养生之道也。逆之则伤肝，夏为寒变，奉长者少。

夏三月，此谓蕃秀。天地气交，万物华实，夜卧早起，无厌于日，使志无怒，使华英成秀，使气得泄，若所爱在外，此夏气之应，养长之道也。逆之则伤心，秋为痎疟，奉收者少，冬至重病。

秋三月，此谓容平。天气以急，地气以明，早卧早起，与鸡俱兴，使志安宁，以缓秋刑，收敛神气，使秋气平，无外其志，使肺气清，此秋气之应，养收之道也。逆之则伤肺，冬为飧泄，奉藏者少。

冬三月，此谓闭藏。水冰地坼，无扰乎阳，早卧晚起，必待日光，使志若伏若匿，若有私意，若已有得，去寒就温，无泄皮肤，使气亟夺。此冬气之应，养藏之道也。逆之则伤肾，春为痿厥，奉生者少。

天气，清净光明者也，藏德不止，故不下也。天明则日月不明，邪害空窍。

阳气者闭塞，地气者冒明，云雾不精，则上应白露不下。

交通不表，万物命故不施，不施则名木多死。

恶气不发，风雨不节，白露不下，则菀槁不荣。

贼风数至，暴雨数起，天地四时不相保，与道相失，则未央绝灭。

唯圣人从之，故身无奇病，万物不失，生气不竭。

逆春气，则少阳不生，肝气内变。

逆夏气，则太阳不长，心气内洞。

逆秋气，则太阴不收，肺气焦满。

逆冬气，则少阴不藏，肾气独沉。

夫四时阴阳者，万物之根本也。所以圣人春夏养阳，秋冬养阴，以从其根，故与万物沉浮于生长之门。逆其根，则伐其本，坏其真矣。

故阴阳四时者，万物之终始也，死生之本也，逆之则灾害生，从之则苛疾不起，是谓得道。

道者，圣人行之，愚者背之。从阴阳则生，逆之则死，从之则治，逆之则乱。反顺为逆，是谓内格。

是故圣人不治已病，治未病，不治已乱，治未乱，此之谓也。夫病已成而后药之，乱已成而后治之，譬犹渴而穿井，斗而铸兵，不亦晚乎？

◉ 生气通天论篇第三

黄帝曰：夫自古通天者，生之本，本于阴阳。天地之间，六合之内，其气九州、九窍、五藏、十二节，皆通乎天气。其生五，其气三，数犯此者，则邪气伤人，此寿命之本也。

苍天之气，清净则志意治，顺之则阳气固，虽有贼邪，弗能害也。此因时之序。故圣人传精神，服天气，而通神明。失之则内闭九窍，外壅肌肉，卫气解散，此谓自伤，气之削也。

阳气者若天与日，失其所，则折寿而不彰故天运当以日光明。是故阳因而上，卫外者也。

因于寒，欲如运枢，起居如惊，神气乃浮。

因于暑，汗烦则喘喝，静则多言，体若燔炭，汗出乃散。

因于湿，首如裹，湿热不攘，大筋缑短，小筋弛长。缑短为拘，弛长为痿。

因于气，为肿，四维相代，阳气乃竭。

阳气者，烦劳则张，精绝，辟积于夏，使人煎厥目盲不可以视，耳闭不可以听，溃溃乎若坏都，泪泪乎不可止。

阳气者，大怒则形气绝；而血菀于上，使人薄厥。有伤于筋，纵，其若不容。汗出偏沮，使人偏枯。汗出见湿，乃生痤疿。

高梁之变，足生大疔，受如持虚。劳汗当风，寒薄为皶，郁乃痤。阳气者，精则养神，柔则养筋。开阖不得，寒气从之，乃生大偻；陷脉为瘘，留连肉腠，俞气化薄，传为善畏，及为惊骇；营气不从，逆于肉理，乃生痈肿；魄汗未尽，形弱而气烁，穴俞以闭，发为风疟。

故风者，百病之始也，清静则肉腠闭拒，虽有大风苛毒，弗之能害，此因时之序也。

故病久则传化，上下不并，良医弗为。故阳畜积病死，而阳气当隔，隔者当泻，不亟正治，粗乃败之。故阳气者，一日而主外。平旦阳气生，日中而阳气隆，日西而阳气已虚，气门乃闭。是故暮而收拒，无扰筋骨，无见雾露，反此三时，形乃困薄。

岐伯曰：阴者，藏精而起亟也；阳者，卫外而为固也。阴不胜其阳，则脉流薄疾，并乃狂。阳不胜其阴，则五藏气争，九窍不通。

是以圣人陈阴阳，筋脉和同，骨髓坚固，气血皆从；如是则内外调和，邪不能害，耳目聪明，气立如故。

风客淫气，精乃亡，邪伤肝也。因而饱食，筋脉横解，肠澼为痔；因而大饮，则气逆；因而强力，肾气乃伤，高骨乃坏。凡阴阳之要，阳密乃固，两者不和，若春无秋，若冬无夏。因而和之，是谓圣度。故阳强不能密，阴气乃绝；阴平阳秘，精神乃治；阴阳离决，精气乃绝。

因于露风，乃生寒热。是以春伤于风，邪气留连，乃为洞泄；夏伤于暑，秋为痎疟；秋伤于湿，冬逆而咳，发为痿厥；冬伤于寒，春必病温。

四时之气，更伤五藏。

阴之所生，本在五味；阴之五宫，伤在五味。是故味过于酸，肝气以津，脾气乃绝；味过于咸，大骨气劳，短肌，心气抑；味过于甘，心气喘满，色黑，肾气不衡；味过于苦，脾气濡，胃气乃厚；味过于辛，筋脉沮弛，精神乃央。

是故谨和五味，骨正筋柔，气血以流，腠理以密，如是则骨气以精。谨道如法，长有天命。

金匮真言论篇第四

黄帝问曰：天有八风，经有五风，何谓？

岐伯对曰：八风发邪，以为经风，触五脏，邪气发病。所谓得四时之胜者：春胜长夏，长夏胜冬，冬胜夏，夏胜秋，秋胜春，所谓四时之胜也。

东风生于春，病在肝，俞在颈项；南风生于夏，病在心，俞在胸胁；西风生于秋，病在肺，俞在肩背；北风生于冬，病在肾，俞在腰股；中央为土，病在脾，俞在脊。

故春气者，病在头；夏气者，病在脏；秋气者，病在肩背；冬气者，病在四支。

故春善病鼽衄，仲夏善病胸胁，长夏善病洞泄寒中，秋善病风疟，冬善病痹厥。故冬不按跷，春不鼽衄，春不病颈项，仲夏不病胸胁，长夏不病洞泄寒中，秋不病风疟，冬不病痹厥，飧泄而汗出也。

夫精者，身之本也。故藏于精者，春不病温。夏暑汗不出者，秋成风疟，此平人脉法也。

故曰：阴中有阴，阳中有阳。平旦至日中，天之阳，阳中之阳也；日中至黄昏，天之阳，阳中之阴也；合夜至鸡鸣，天之阴，阴中之阴也；鸡鸣至平旦，天之阴，阴中之阳也。

故人亦应之。

夫言人之阴阳，则外为阳，内为阴；言人身之阴阳，则背为阳，腹为阴；言人身之脏腑中阴阳，则脏者为阴，腑者为阳，肝、心、脾、肺、肾五脏皆为阴，胆、胃、大肠、小肠、膀胱、三焦六腑皆为阳。

所以欲知阴中之阴，阳中之阳者何也？为冬病在阴，夏病在阳，春病在阴，秋病在阳，皆视其所在，为施针石也。

故背为阳，阳中之阳，心也；背为阳，阳中之阴，肺也；腹为阴，阴中之阴，肾也；腹为阴，阴中之阳，肝也；腹为阴，阴中之至阴，脾也。

此皆阴阳表里，内外雌雄，相输应也。故以应天之阴阳也。

帝曰：五脏应四时，各有攸受乎？

岐伯曰：有。

东方青色，入通于肝，开窍于目，藏精于肝。其病发惊骇；其味酸，其类草木，其畜鸡，其谷麦，其应四时，上为岁星，是以春气在头也。其音角，其数八，是以知病之在筋也，其臭臊。

南方赤色，入通于心，开窍于舌，藏精于心，故病在五脏；其味苦，其类火，其畜羊，其谷黍，其应四时，上为荧惑星。是以知病之在脉也。其音徵，其数七，其臭焦。

中央黄色，入通于脾，开窍于口，藏精于脾，故病在背。其味甘，其类土，其畜牛，其谷稷，其应四时上为镇星，是以知病之在肉也，其音宫，其数五，其臭香。

西方白色，入通于肺，开窍于鼻，藏精于肺，故病在背；其味辛，其类金，其畜马，其谷稻，其应四时，上为太白星，是以知病之在皮毛也。其音商，其数九，其臭腥。

北方黑色，入通于肾，开窍于二阴，藏精于肾，故病在谿其味咸，其类水，其畜彘，其谷豆，其应四时，上为辰星，是以知病之在骨也。其音羽，其数六，其臭腐。

故善为脉者，谨察五脏六腑，一逆一从，阴阳、表里、雌雄之纪，藏之心意，合心于精，非其人勿教，非其真勿授，是谓得道。

阴阳应象大论篇第五

黄帝曰：阴阳者，天地之道也，万物之纲纪，变化之父母，生杀之本始，神明之府也。治病必求于本。

故积阳为天，积阴为地。阴静阳躁，阳生阴长，阳杀阴藏，阳化气，阴成形。寒极生热，热极生寒；寒气生浊，热气生清；清气在下，则生飧泄，浊气在上，则生䐜胀。此阴阳反作，病之逆从也。

故清阳为天，浊阴为地。地气上为云，天气下为雨；雨出地气，云出天气。故清阳出上窍，浊阴出下窍；清阳发腠理，浊阴走五脏；清阳实四支，浊阴归六腑。

水为阴，火为阳。阳为气，阴为味。味归形，形归气，气归精，精归化；精食气，形食味，化生精，气生形。味伤形，气伤精，精化为气，气伤于味。

阴味出下窍，阳气出上窍。味厚者为阴，薄为阴之阳；气厚者为阳，薄为阳之阴。味厚则泄，薄则通；气薄则发泄，厚则发热。

壮火之气衰，少火之气壮。壮火食气，气食少火。壮火散气，少火生气。气味辛甘发散为阳，酸苦涌泄为阴。

阴胜则阳病，阳胜则阴病。阳胜则热，阴胜则寒。重寒则热，重热则寒。

寒伤形，热伤气，气伤痛，形伤肿。故先痛而后肿者，气伤形也；先肿而后痛者，形伤气也。

风胜则动，热胜则肿，燥胜则干，寒胜则浮，湿胜则濡泻。

天有四时五行，以生长收藏，以生寒暑燥湿风。人有五脏化五气，以生喜怒悲忧恐。故喜怒伤气，寒暑伤形。暴怒伤阴，暴喜伤阳。厥气上行，满脉去形。喜怒不节，寒暑过度，生乃不固。

故重阴必阳，重阳必阴。故曰：冬伤于寒，春必温病；春伤于风，夏生飧泄；夏伤于暑，秋必痎疟；秋伤于湿，冬生咳嗽。

帝曰：余闻上古圣人，论理人形，列别脏腑，端络经脉，会通六合，各从其经；气穴所发，各有处名，谿谷属骨，皆有所起，分部逆从，各有条理；四时阴阳，尽有经纪；外内之应，皆有表里，其信然乎？

岐伯对曰：东方生风，风生木，木生酸，酸生肝，肝生筋，筋生心，肝主目。其在天为玄，在人为道，在地为化。化生五味，道生智，玄生神，神在天为风，在地为木，在体为筋，在藏为肝，在色为苍，在音为角，在声为呼，在变动为握，在窍为目，在味为酸，在志为怒。怒伤肝，悲胜怒；风伤筋，燥胜风，酸伤筋，辛胜酸。

南方生热，热生火，火生苦，苦生心，心生血，血生脾，心主舌。其在天为热，在地为火，在体为脉，在藏为心，在色为赤，在音为徵，在声为笑，在变动为忧，在窍为舌，在味为苦，在志为喜。喜伤心，恐胜喜，热伤气，寒胜热，苦伤气，咸胜苦。

中央生湿，湿生土，土生甘，甘生脾，脾生肉，肉生肺脾主口。其在天为湿，在地为土，在体为肉，在藏为脾，在色为黄，在音为宫，在声为歌，在变动为哕，在窍为口，在味为甘，在志为思。思伤脾，怒胜思；湿伤肉，风胜湿；甘伤肉，酸胜甘。

西方生燥，燥生金，金生辛，辛生肺，肺生皮毛，皮毛在肾，肺主鼻。其在天为燥，在地为金，在体为皮毛，在藏为肺，在色为白，在音为商，在声为哭，在变动为咳，在窍为鼻，在味为辛，在志为忧。忧伤肺，喜胜忧；热伤皮毛，寒胜热；辛伤皮毛，苦胜辛。

北方生寒，寒生水，水生咸，咸生肾，肾生骨髓，髓生肝，肾主耳。其在天为寒，在地为水，在体为骨，在藏为肾，在色为黑，在音为羽，在声为呻，在变动为栗，在窍为耳，在味为咸，在志为恐。恐伤肾，思胜恐，寒伤血，燥胜寒；咸伤血，甘胜咸。

故曰：天地者，万物之上下也；阴阳者，血气之男女也；左右者，阴阳之道路也；水火者，阴阳之征兆也；阴阳者，万物之能始也。

故曰：阴在内，阳之守也，阳在外，阴之使也。

帝曰：法阴阳奈何？

岐伯曰：阳胜则身热，腠理闭，喘粗为之俯仰，汗不出而热，齿干以烦冤，腹满死，能冬不能夏。

阴胜则身寒，汗出，身常清，数栗而寒，寒则厥，厥则腹满死，能夏不能冬。此阴阳更胜之变，病之形能也。

帝曰：调此二者，奈何？

岐伯曰：能知七损八益，则二者可调，不知用此，则早衰之节也。

年四十而阴气自半也，起居衰矣。年五十，体重，耳目不聪明矣；年六十，阴痿，气大衰，九窍不利，下虚上实，涕泣俱出矣。

故曰：知之则强，不知则老，故同出而名异耳。智者察同，愚者察异，愚者不足，智者有余；有余而耳目聪明，身体轻强，老者复壮，壮者益治。

是以圣人为无为之事，乐恬淡之能，从欲快志于虚无之守，故寿命无穷，与天地终，此圣人之治身也。

天不足西北，故西北方阴也，而人右耳目不如左明也；地不满东南，故东南方阳也，而人左手足不如右强也。

帝曰：何以然？

岐伯曰：东方阳也，阳者其精并于上，并于上，则上明而下虚，故使耳目聪明，而手足不便也；西方阴也，阴者其精并于下，并于下则下盛而上虚，故其耳目不聪明而手足便也。故俱感于邪，其在上则右甚，在下则左甚，此天地阴阳所不能全也，故邪居之。

故天有精，地有形，天有八纪，地有五里，故能为万物之父母。清阳上天，浊阴归地，是故天地之动静，神明为之纲纪，故能以生长收藏，终而复始。

惟贤人上配天以养头，下象地以养足，中傍人事以养五脏。天地通于肺，地气通于嗌，风气通于肝，雷气通于心，谷气通于脾，雨气通于肾。

六经为川，肠胃为海，九窍为水注之气。以天地为之阴阳，人之汗以天地之雨名之；人之气，以天地之疾风名之。暴气象雷，逆气象阳。

故治不法天之纪，不用地之理，则灾害至矣。

故邪风之至，疾如风雨，故善治者治皮毛，其次治肌肤，其次治筋脉，其次治六腑，其次治五脏。治五脏者，半死半生也。

故天之邪气感，感则害人五藏；水谷之寒热，感则害于六腑；地之湿气，感则害皮肉筋脉。

故善用针者，从阴引阳，从阳引阴；以右治左，以左治右；以我知彼，以表知里；以观过与不及之理，见微得过，用之不殆。

善诊者，察色按脉，先别阴阳；审清浊，而知部分；视喘息，听音声，而知所苦；观权衡规矩，而知病所主；按尺寸，观浮沉滑涩，而知病所生。以治无过，以诊则不失矣。

故曰：病之始起也，可刺而已；其盛，可待衰而已。故因其轻而扬之；因其重而减之；因其衰而彰之。

形不足者，温之以气；精不足者，补之以味。其高者，因而越之；其下者，引而竭之；中满者，泻之于内；其有邪者，渍形以为汗；其在皮者，汗而发之，其慓悍者，按而收之；其实者，散而泻之。审其阴阳，以别柔刚。阳病治阴，阴病治阳；定其血气，各守其乡。血实宜决之，气虚宜掣引之。

◉ 阴阳离合篇第六

　　黄帝问曰：余闻天为阳，地为阴，日为阳，月为阴。大小月三百六十日成一岁，人亦应之。今三阴三阳，不应阴阳，其故何也？

　　岐伯对曰：阴阳者，数之可十，推之可百；数之可千，推之可万；万之大，不可胜数，然其要一也。

　　天覆地载，万物方生，未出地者，命曰阴处，名曰阴中之阴；则出地者，命曰阴中之阳。阳予之正，阴为之主，故生因春，长因夏，收因秋，藏因冬。失常则天地四塞。阴阳之变，其在人者，亦数之可数。

　　帝曰：愿闻三阴三阳之离合也。

　　岐伯曰：圣人南面而立，前曰广明，后曰太冲。太冲之地，名曰少阴，少阴之上，名曰太阳。太阳根起于至阴，结于命门，名曰阴中之阳。

　　中身而上名曰广明，广明之下名曰太阴，太阴之前，名曰阳明。阳明根起于厉兑，名曰阴中之阳。厥阴之表，名曰少阳。少阳根起于窍阴，名曰阴中之少阳。

　　是故三阳之离合也，太阳为开，阳明为阖，少阳为枢。三经者，不得相失也，搏而勿浮，命曰一阳。

　　帝曰：愿闻三阴？

　　岐伯曰：外者为阳，内者为阴。然则中为阴，其冲在下，名曰太阴，太阴根起于隐白，名曰阴中之阴。

　　太阴之后，名曰少阴，少阴根起于涌泉，名曰阴中之少阴。少阴之前，名曰厥阴，厥阴根起于大敦，阴之绝阳，名曰阴之绝阴。是故三阴之离合也，太阴为开，厥阴为阖，少阴为枢。三经者，不得相失也，搏而勿沉，名曰一阴。

　　阴阳雩重，重传为一周，气里形表而为相成也。

◉ 阴阳别论篇第七

　　黄帝问曰：人有四经十二从，何谓？

　　岐伯对曰：四经应四时，十二从应十二月，十二月应十二脉。脉有阴阳，知阳者知阴，知阴者知阳。

　　凡阳有五，五五二十五阳。所谓阴者，真脏也，见则为败，败必死也；所谓阳者，胃脘之阳也。别于阳者，知病处也；别于阴者，知生死之期。

　　三阳在头，三阴在手，所谓一也。别于阳者，知病忌时；别于阴者，知死生之期。谨熟阴阳，无与众谋。

所谓阴阳者，去者为阴，至者为阳；静者为阴，动者为阳；迟者为阴，数者为阳。

凡持真脉之藏脉者，肝至悬绝急，十八日死；心至悬绝，九日死；肺至悬绝，十二日死；肾至悬绝，七日死；脾至悬绝，四日死。

曰：二阳之病发心脾，有不得隐曲，女子不月；其传为风消，其传为息贲者，死不治。

曰：三阳为病，发寒热，下为痈肿，及为痿厥腨痛；其传为索泽，其传为㿉疝。

曰：一阳发病，少气，善咳，善泄。其传为心掣，其传为隔。

二阳一阴发病，主惊骇，背痛、善噫，善欠，名曰风厥。

二阴一阳发病，善胀，心满善气。

三阴三阳发病，为偏枯痿易，四肢不举。

鼓一阳曰钩，鼓一阴曰毛，鼓阳胜急曰弦，鼓阳至而绝曰石，阴阳相过曰溜。

阴争于内，阳扰于外，魄汗未藏，四逆而起，起则熏肺，使人喘鸣。

阴之所生，和本曰和。是故刚与刚，阳气破散，阴气乃消亡；淖则刚柔不和，经气乃绝。

死阴之属，不过三日而死；生阳之属，不过四日而死。

所谓生阳、死阴者，肝之心谓之生阳，心之肺谓之死阴，肺之肾谓之重阴，肾之脾谓之辟阴，死不治。

结阳者，肿四支；结阴者，便血一升，再结二升，三结三升；阴阳结斜，多阴少阳曰石水，少腹肿。二阳结谓之消。三阳结谓之隔。三阴结谓之水。一阴一阳结谓之喉痹。

阴搏阳别，谓之有子。阴阳虚，肠澼死；阳加于阴谓之汗；阴虚阳搏谓之崩。

三阴俱搏，二十日夜半死；二阴俱搏，十三日夕时死；一阴俱搏，十日死；三阳搏且鼓，三日死；三阴三阳俱搏，心腹满，发尽，不得隐曲，五日死；二阳俱搏，其病温，死不治，不过十日死。

🏵 灵兰秘典论篇第八

黄帝问曰：愿闻十二脏之相使，贵贱何如？

岐伯对曰：悉乎哉问也。请遂言之！

心者，君主之官也，神明出焉。肺者，相傅之官，治节出焉。肝者，将军之官，谋虑出焉。胆者，中正之官，决断出焉。膻中者，臣使之官，喜乐出焉。脾胃者，仓廪之官，五味出焉。大肠者，传道之官，变化出焉。小肠者，受盛之官，化物出焉。肾者，作强之官，伎巧出焉。三焦者，决渎之官，水道出焉。膀胱者，州都之官，津液藏焉，气化则能出矣。

凡此十二官者，不得相失也。

故主明则下安，以此养生则寿，殁世不殆，以为天下则大昌；主不明则十二官危，使道闭塞而不通，形乃大伤，以此养生则殃，以为天下者，其宗大危。戒之戒之。

至道在微，变化无穷，孰知其原？窘乎哉！消者瞿瞿，孰知其要？闵闵之当，孰者为良？

恍惚之数，生于毫氂，毫氂之数，起于度量，千之万之，可以益大，推之大之，其形乃制。

黄帝曰：善哉！余闻精光之道，大圣之业，而宣明大道。非齐戒择吉日，不敢受也。黄帝乃择吉日良兆，而藏灵兰之室，以传保焉。

六节脏象论篇第九

黄帝问曰：余闻天以六六之节，以成一岁，地以九九制会，计人亦有三百六十五节，以为天地久矣。不知其所谓也？

岐伯对曰：昭乎哉问也！请遂言之。夫六六之节、九九制会者，所以正天之度、气之数也。天度者，所以制日月之行也；气数者，所以纪化生之用也。

天为阳，地为阴；日为阳，月为阴，行有分纪，周有道理。日行一度，月行十三度而有奇焉，故大小月三百六十五日而成岁，积气余而盈闰矣。

立端于始，表正于中，推余于终，而天度毕矣。

帝曰：余已闻天度矣，愿闻气数，何以合之？

岐伯曰：天以六六为节，地以九九制会，天有十日，日六竟而周甲，甲六复而终岁，三百六十日法也。

夫自古通天者，生之本，本于阴阳。其气九州、九窍，皆通乎天气。故其生五，其气三，三而成天，三而成地，三而成人，三而三之，合则为九。九分为九野，九野为九脏，故形脏四，神脏五，合为九脏以应之也。

帝曰：余已闻六六九九之会也，夫子言积气盈闰，愿闻何谓气？请夫子发蒙解惑焉。

岐伯曰：此上帝所秘，先师传之也。

帝曰：请遂闻之。

岐伯曰：五日谓之候，三候谓之气，六气谓之时，四时谓之岁，而各从其主治焉。五运相袭而皆治之，终期之日，周而复始；时立气布，如环无端，候亦同法。故曰：不知年之所加，气之盛衰，虚实之所起，不可以为工矣。

帝曰：五运之始，如环无端，其太过不及如何？

岐伯曰：五气更立，各有所胜，盛虚之变，此其常也。

帝曰：平气何如？

岐伯曰：无过者也。

帝曰：太过不及奈何？

岐伯曰：在经有也。

帝曰：何谓所胜？

岐伯曰：春胜长夏，长夏胜冬，冬胜夏，夏胜秋，秋胜春，所谓得五行时之胜，各以其气命其脏。

帝曰：何以知其胜？

岐伯曰：求其至也，皆归始春。未至而至，此谓太过，则薄所不胜，而乘所胜也，命曰气淫，不分邪僻内生工不能禁；至而不至，此谓不及，则所胜妄行，而所生受病，所不胜薄之也，命曰气迫。所谓求其至者，气至之时也。谨候其时，气可与期，失时反候，五治不分，邪僻内生，工不能禁也。

帝曰：有不袭乎？

岐伯曰：苍天之气，不得无常也。气之不袭是谓非常，非常则变矣。

帝曰：非常而变奈何？

岐伯曰：变至则病，所胜则微，所不胜则甚。因而重感于邪则死矣。故非其时则微，当其时则甚也。

帝曰：善！余闻气合而有形，因变以正名。天地之运，阴阳之化，其于万物，孰少孰多，可得闻乎？

岐伯曰：悉乎哉问也！天至广不可度，地至大，不可量，大神灵问，请陈其方。草生五色，五色之变，不可胜视；草生五味，五味之美，不可胜极，嗜欲不同，各有所通。天食人以五气，地食人以五味。五气入鼻，藏于心肺，上使五色修明，音声能彰；五味入口，藏于肠胃，味有所藏，以养五气，气和而生，津液相成，神乃自生。

帝曰：脏象何如？

岐伯曰：心者，生之本，神之变也；其华在面，其充在血脉，为阳中之太阳，通于夏气。

肺者，气之本，魄之处也；其华在毛，其充在皮，为阳中之太阴，通于秋气。

肾者，主蛰，封藏之本，精之处也；其华在发，其充在骨，为阴中之太阴，通于冬气。

肝者，罢极之本，魂之居也；其华在爪，其充在筋，以生血气，其味酸，其色苍，此为阳中之少阳，通于春气。

脾、胃、大肠、小肠、三焦、膀胱者，仓廪之本，营之居也，名曰器，能化糟粕，转味而入出者也；其华在唇四白，其充在肌，其味甘，其色黄，此至阴之类，通于土气。

凡十一藏，取决于胆也。

故人迎一盛病在少阳，二盛病在太阳，三盛病在阳明，四盛已上为格阳。

寸口一盛病在厥阴，二盛病在少阴，三盛病在太阴，四盛已上为关阴。

人迎与寸口俱盛四倍以上为关格。关格之脉，赢不能极于天地之精气，则死矣。

五脏生成篇第十

心之合脉也，其荣色也，其主肾也。

肺之合皮也，其荣毛也，其主心也。

肝之合筋也，其荣爪也，其主肺也。

脾之合肉也，其荣唇也，其主肝也。

肾之合骨也，其荣发也，其主脾也。

是故多食咸，则脉凝泣而变色；多食苦，则皮槁而毛拔；多食辛，则筋急而爪枯；多食酸，则肉胝䐢而唇揭；多食甘，则骨痛而发落，此五味之所伤也。故心欲苦，肺欲辛，肝欲酸，脾欲甘，肾欲咸。此五味之所合也。

五藏之气：故色见青如草兹者死，黄如枳实者死，黑如台者死，赤如衃血者死，白如枯骨者死，此五色之见死也；青如翠羽者生，赤如鸡冠者生，黄如蟹腹者生，白如豕膏者生，黑如乌羽者生，此五色之见生也。生于心，如以缟裹朱；生于肺，如以缟裹红；生于肝，如以缟裹朱；生于肺，如以缟裹红；生于肝，如以缟裹甘；生于脾，如以缟裹楼实；生于肾，如以缟裹紫。此五藏所生之外荣也。

色味当五藏，白当肺、辛，赤当心苦，青当肝、酸，黄当脾、甘，黑当肾、咸。故白当皮，赤当脉，青当筋，黄当肉，黑当骨。

诸脉者，皆属于目；诸髓者，皆属于脑，诸筋者，皆属于节；诸血者，皆属于心；诸气者，皆属于肺。此四支八溪之朝夕也。故人卧血归于肝，肝受血而能视，足受血而能步，掌受血而能握，指受血而能摄。卧出而风吹之，血凝于肤者为痹，凝于脉者为泣，凝于足者为厥，此三者，血行而不得反其空，故为痹厥也。人有大谷十二分，小溪三百五十四名，少十二俞，此皆卫气所留止，邪气之所客也，针石缘而去之。

诊病之始，五决为纪。欲知其始，先建其母。所谓五决者，五脉也。

是以头痛巅疾，下虚上实，过在足少阴巨阳，甚则入肾。徇蒙招尤，目冥耳聋，下实上虚，过在足少阳、厥阴，甚则入肝。腹满䐜胀，支鬲胠胁，下厥上冒，过在足太阴、阳明。咳嗽上气，厥在胸中，过在手阳明太阴。心烦头痛，病在鬲中，过在手巨阳、少阴。

夫脉之小、大、滑、涩、浮、沉，可以指别；五藏之象，可以类推；五藏相音可以意识；五色微诊，可以目察。能合脉色，可以万全。

赤脉之至也，喘而坚，诊曰有积气在中，时害于食，名曰心痹，得之外疾，思虑而心虚，故邪从之。

白脉之至也喘而浮。上虚下实，惊，有积气在胸中，喘而虚。名曰肺痹，寒热，得之醉而使内也。

青脉之至也长而左右弹。有积气在心下支胠，名曰肝痹，得之寒湿，与疝同法，腰痛足清头痛。

黄脉之至也，大而虚，有积气在腹中，有厥气，名曰厥疝。女子同法，得之疾使四支，汗出当风。

黑脉之至也上坚而大。有积气在小腹与阴，名曰肾痹，得之沐浴，清水而卧。

凡相五色之奇脉，面黄目青，面黄目赤，面黄目白，面黄目黑者，皆不死也。面青目赤，面赤目白，面青目黑，面黑目白，面赤目青，皆死也。

五脏别论篇第十一

黄帝问曰：余闻方士，或以脑髓为脏，或以肠胃为脏，或以为腑。敢问更相反，皆自谓是，不知其道，愿闻其说。

岐伯对曰：脑、髓、骨、脉、胆、女子胞，此六者，地气之所生也。皆藏于阴而象于地，故藏而不泻，名曰奇恒之腑。

夫胃、大肠、小肠、三焦、膀胱，此五者，天气之所生也，其气象天，故泻而不藏，此受五脏浊气，名曰传化之腑，此不能久留，输泻者也。

魄门亦为五脏使，水谷不得久藏。

所谓五脏者藏精气而不泻也，故满而不能实。六腑者，传化物而不藏，故实而不能满也。水谷入口，则胃实而肠虚；食下，则肠实而胃虚。

故曰实而不满。

帝曰：气口何以独为五脏主？

岐伯曰：胃者，水谷之海，六腑之大源也。五味入口，藏于胃，以养五脏气；气口亦太阴也，是以五脏六腑之气味，皆出于胃，变见于气口。故五气入鼻，藏于心肺，肺有病，而鼻为之不利也。凡治病必察其下，适其脉，观其志意，与其病也。

拘于鬼神者，不可与言至德；恶于针石者，不可与言至巧；病不许治者，病必不治，治之无功矣。

异法方宜论篇第十二

黄帝问曰：医之治病也，一病而治各不同，皆愈，何也？

岐伯对曰：地势使然也。

故东方之域，天地之所始生也。鱼盐之地，海滨傍水，其民食鱼而嗜咸，皆安其处，美其食。鱼者使人热中，盐者胜血，故其民皆黑色疏理。其病皆为痈疡，其治宜砭石。故砭石者，亦从东方来。

西方者，金玉之域，沙石之处，天地之所收引也。其民陵居而多风，水土刚强，其民不衣而褐荐，华食而脂肥，故邪不能伤其形体，其病生于内，其治宜毒药。故毒药者亦从西方来。

北方者，天地所闭藏之域也。其地高陵居，风寒冰冽，其民乐野处而乳食，脏寒生满病，其治宜灸焫。故灸焫者，亦从北方来。

南方者，天地所长养，阳之所盛处也。其地下，水土弱，雾露之所聚也。其民嗜酸而食胕，故其民皆致理而赤色，其病挛痹，其治宜微针。故九针者，亦从南方来。

中央者，其地平以湿，天地所以生万物也众。其民食杂而不劳，故其病多痿厥寒热。其治宜导引按跷，故导引按跷者，亦从中央出也。

故圣人杂合以治，各得其所宜，故治所以异而病皆愈者，得病之情，知治之大体也。

🌀 移精变气论篇第十三

黄帝问曰：余闻古之治病，惟其移精变气，可祝由而已。今世治病，毒药治其内，针石治其外，或愈或不愈，何也？

岐伯对曰：往古人居禽兽之间，动作以避寒，阴居以避暑，内无眷慕之累，外无伸官之形，此恬淡之世，邪不能深入也。故毒药不能治其内，针石不能治其外，故可移精变气祝由而已。

当今之世不然，忧患缘其内，苦形伤其外，又失四时之从，逆寒暑之宜，贼风数至，虚邪朝夕，内至五藏骨髓，外伤空窍肌肤，所以小病必甚，大病必死。故祝由不能已也。

帝曰：善。余欲临病人，观死生，决嫌疑，欲知其要，如日月光，可得闻乎？

岐伯曰：色脉者，上帝之所贵也，先师之所传也。

上古使僦贷季，理色脉而通神明，合之金、木、水、火、土，四时、八风、六合，不离其常，变化相移，以观其妙，以知其要。欲知其要，则色脉是矣。色以应日，脉以应月，常求其要，则其要也。

夫色之变化，以应四时之脉，此上帝之所贵，以合于神明也，所以远死而近生，生道以长，命曰圣王。

中古之治病，至而治之，汤液十日，以去八风五痹之病，十日不已，治以草苏草荄之枝，本末为助，标本已得，邪气乃服。

暮世之病也，则不然，治不本四时，不知日月，不审逆从，病形已成，乃欲微针治其外，汤液治其内，粗工兇兇，以为可攻，故病未已，新病复起。

帝曰：愿闻要道。

岐伯曰：治之要极，无失色脉，用之不惑，治之大则。逆从倒行，标本不得，亡神失国！去故就新，乃得真人。

帝曰：余闻其要于夫子矣！夫子言不离色脉，此余之所知也。

岐伯曰：治之极于一。

帝曰：何谓一？

岐伯曰：一者因问得之。

帝曰：奈何？

岐伯曰：闭户塞牖，系之病者，数问其情，以从其意，得神者昌，失神者亡。

帝曰：善。

⚛ 汤液醪醴论篇第十四

黄帝问曰：为五谷汤液及醪醴，奈何？

岐伯对曰：必以稻米，炊之稻薪，稻米者完，稻薪者坚。

帝曰：何以然？

岐伯曰：此得天地之和，高下之宜，故能至完；伐取得时，故能至坚也。

帝曰：上古圣人作汤液醪醴，为而不用，何也？

岐伯曰：自古圣人之作汤液醪醴者，以为备耳，夫上古作汤液，故为而弗服也。

中古之世，道德稍衰，邪气时至，服之万全。

帝曰：今之世不必已，何也？

岐伯曰：当今之世，必齐毒药攻其中，镵石、针艾治其外也。

帝曰：形弊血尽而功不应者何？

岐伯曰：神不使也。

帝曰：何谓神不使？

岐伯曰：针石，道也。精神不进，志意不治，故病不可愈。今精坏神去，营卫不可复收。何者？嗜欲无穷，而忧患不止，精气弛坏，荣泣卫除，故神去之而病不愈也。

帝曰：夫病之始生也，极微极精，必先入结于皮肤。今良工皆称曰病成，名曰逆，则针石不能治，良药不能及也。今良工皆得其法，守其数，亲戚兄弟远近，音声日闻于耳，五色日见于目，而病不愈者，亦何暇不早乎？

岐伯曰：病为本，工为标，标本不得，邪气不服，此之谓也。

帝曰：其有不从毫毛而生，五脏阳以竭也，津液充郭，其魄独居，孤精于内，气耗于外，形不可与衣相保，此四极急而动中，是气拒于内而形施于外，治之奈何？

岐伯曰：平治于权衡，去宛陈莝，微动四极，温衣缪刺其处，以复其形。开鬼门，洁净府，精以时服，五阳已布，疏涤五脏，故精自生，形自盛，骨肉相保，巨气乃平。

帝曰：善。

⚛ 玉版论要篇第十五

黄帝问曰：余闻揆度奇恒，所指不同，用之奈何？

岐伯对曰：揆度者，度病之浅深也。奇恒者，言奇病也。请言道之至数，五色脉变，揆度奇恒，道在于一。

神转不回，回则不转，乃失其机。至数之要，迫近以微，著之玉版，命曰合玉机。

容色见上下左右，各在其要。其色见浅者，汤液主治，十日已；其见深者，必齐主治，二十一日已；其见大深者，醪酒主治，百日已；色夭面脱，不治，百日尽已。

脉短气绝死，病温虚甚，死。

色见上下左右，各在其要。上为逆，下为从；女子右为逆，左为从；男子左为逆，右为从。易，重阳死，重阴死。

阴阳反他，治在权衡相夺，奇恒事也，揆度事也。

搏脉痹躄，寒热之交。脉孤为消气，虚泄为夺血。孤为逆，虚为从。

行奇恒之法，以太阴始，行所不胜曰逆，逆则死。行所胜曰从，从则活。八风四时之胜，终而复始，逆行一过，不可复数，论要毕矣。

诊要经终论篇第十六

黄帝问曰：诊要何如？

岐伯对曰：正月、二月，天气始方，地气始发，人气在肝；三月、四月，天气正方，地气定发，人气在脾；五月、六月，天气盛，地气高，人气在头；七月、八月，阴气始杀，人气在肺；九月、十月，阴气始冰，地气始闭，人气在心；十一月、十二月，冰复，地气合，人气在肾。

故春刺散俞及与分理，血出而止，甚者传气，间者环也。

夏刺络俞，见血而止。尽气闭环，痛病必下。

秋刺皮肤，循理，上下同法，神变而止。

冬刺俞窍于分理，甚者直下，间者散下。

春夏秋冬，各有所刺，法其所在。春刺夏分，脉乱气微，入淫骨髓，病不能愈，令人不嗜食，又且少气；

春刺秋分，筋挛逆气，环为咳嗽，病不愈，令人时惊，又且哭；

春刺冬分，邪气著藏，令人胀，病不愈，又且欲言语。

夏刺春分，病不愈，令人解堕；

夏刺秋分，病不愈，令人心中欲无言，惕惕如人将捕之；

夏刺冬分，病不愈，令人少气，时欲怒。

秋刺春分，病不已，令人惕然，欲有所为，起而忘之；

秋刺夏分，病不已，令人益嗜卧，且又善梦；

秋刺冬分，病不已，令人洒洒时寒。

冬刺春分，病不已，令人欲卧不能眠，眠而有见；

冬刺夏分，病不愈，气上，发为诸痹；

冬刺秋分，病不已，令人善渴。

凡刺胸腹者，必避五脏。中心者，环死；中脾者，五日死；中肾者，七日死；中肺者，五日死。中鬲者，皆为伤中，其病虽愈，不过一岁必死。

刺避五脏者，知逆从也。所谓从者，鬲与脾肾之处，不知者反之。刺胸腹者，必以布巾著之，乃从单巾上刺，刺之不愈，复刺。刺针必肃，刺肿摇针，经刺勿摇，此刺之道也。

帝曰：愿闻十二经脉之终奈何？

岐伯曰：太阳之脉，其终也戴眼，反折瘛疭，其色白，绝汗乃出，出则死矣。

少阳终者，耳聋，百节皆纵，目睘绝系。绝系一日半死，其死也色先青，白乃死矣。

阳明终者，口目动作，善惊，妄言，色黄。其上下经盛，不仁则终矣。

少阴终者，面黑齿长而垢，腹胀闭，上下不通而终矣。

太阴终者，腹胀闭，不得息，善噫善呕，呕则逆，逆则面赤，不逆则上下不通，不通则面黑，皮毛焦而终矣。

厥阴终者，中热嗌干，善溺，心烦，甚则舌卷，卵上缩而终矣。此十二经之所败也。

⚙ 脉要精微论篇第十七

黄帝问曰：诊法何如？

岐伯对曰：诊法常以平旦，阴气未动，阳气未散，饮食未进，经脉未盛，络脉调匀，气血未乱，故乃可诊有过之脉。

切脉动静而视精明，察五色，观五脏有余不足，六腑强弱，形之盛衰，以此参伍，决死生之分。

夫脉者，血之府也。长则气治，短则气病，数则烦心，大则病进，上盛则气急，下盛则气胀，代则气衰、细则气少、涩则心痛，浑浑革至如涌泉。病进而色弊，绵绵其去如弦绝死。

夫精明五色者，气之华也。赤欲如白裹朱，不欲如赭；白欲如鹅羽，不欲如盐；青欲如苍璧之泽，不欲如蓝；黄欲如罗裹雄黄，不欲如黄土；黑欲如重漆色，不欲如地苍。五色精微象见矣，其寿不久也。

夫精明者，所以视万物别白黑、审短长；以长为短，以白为黑。如是则精衰矣。

五藏者中之守也。中盛藏满，气盛伤恐者，声如从室中言，是中气之湿也。言而微，终日乃复言者，此夺气也，衣被不敛，言语善恶不避亲疏者，此神明之乱也；仓廪不藏者，是门户不要也；水泉不止者，是膀胱不藏也。得守者生，失守者死。

夫五藏者，身之强也。头者，精明之府，头倾视深精神将夺矣；背者，胸中之府，背曲肩随，府将坏矣；腰者，肾之府，转摇不能，肾将惫矣；膝者，筋之府，屈伸不能，行则偻附，筋将惫矣；骨者，髓之府，不能久立，行则振掉，骨将惫矣。得强则生，失强则死。

岐伯曰：反四时者，有余为精，不足为消。应太过，不足为精；应不足，有余为消。阴阳不相应，病名曰关格。

帝曰：脉其四时动奈何？知病之所在奈何？知病之所变奈何？知病乍在内奈何？知病乍在外奈何？请问此五者，可得闻乎？

岐伯曰：请言其与天运转也。万物之外，六合之内，天地之变，阴阳之应，彼春之暖，为夏之暑，彼秋之忿，为冬之怒，四变之动，脉与之上下，以春应中规，夏应中矩，秋应中衡，冬应中权。

是故冬至四十五日，阳气微上，阴气微下；夏至四十五日，阴气微上，阳气微下。阴阳有时，与脉为期，期而相失，知脉所分，分之有期，故知死时。微妙在脉，不可不察，察之有纪，从阴阳始，始之有经，从五行生，生之有度，四时为宜，补泻勿失，与天地如一，得一之情，以知死生。

是故声合五音，色合五行，脉合阴阳。

是知阴盛则梦涉大水恐惧，阳盛则梦大火燔灼。阴阳俱盛则梦相杀毁伤；上盛则梦飞，下盛则梦堕；甚饱则梦予，甚饥则梦取；肝气盛则梦怒，肺气盛则梦哭；短虫多则梦聚众，长虫多则梦相击毁伤。

是故持脉有道，虚静为保。春日浮，如鱼之游在波；夏日在肤，泛泛乎万物有余；秋日下肤，蛰虫将去；冬日在骨，蛰虫周密，君子居室。故曰：知内者按而纪之，知外者终而始之，此六者持脉之大法。

心脉搏坚而长，当病舌卷不能言；其软而散者，当消环自已。肺脉搏坚而长，当病唾血；其软而散者，当病灌汗，至今不复散发也。肝脉搏坚而长，色不青，当病坠若搏，因血在胁下，令人喘逆；其软而散，色泽者，当病溢饮，溢饮者，渴暴多饮，而易入肌皮肠胃之外也。胃脉搏坚而长，其色赤，当病折髀；其软而散者，当病食痹。脾脉搏坚而长，其色黄，当病少气；其软而散，色不泽者，当病足骱胫肿，若水状也。肾脉搏坚而长，其色黄而赤者，当病折腰；其软而散者，当病少血至今不复也。

帝曰：诊得心脉而急，此为何病，病形何如？

岐伯曰：病名心疝，少腹当有形也。

帝曰：何以言之？

岐伯曰：心为牡藏，小肠为之使，故曰少腹当有形也。

帝曰：诊得胃脉，病形何如？

岐伯曰：胃脉实则胀，虚则泄。

帝曰：病成而变何谓？

岐伯曰：风成为寒热；瘅成为消中；厥成为巅疾；久风为飧泄；脉风成为疠。病之变化，不可胜数。

帝曰：诸痈肿筋挛骨痛，此皆安生？

岐伯曰：此寒气之肿，八风之变也。

帝曰：治之奈何？

岐伯曰：比四时之病，以其胜治之愈也。

帝曰：有故病五脏发动，因伤脉色，各何以知其久暴至之病乎？

岐伯曰：悉乎哉问也！徵其脉小色不夺者，新病也；徵其脉不夺，其色夺者，此久病也；徵其脉与五色俱夺者，此久病也；徵其脉与五色俱不夺者，新病也。肝与肾脉并至，其色苍赤，当病毁伤，不见血，已见血，湿若中水也。

尺内两傍，则季胁也，尺外以候肾，尺里以候腹。中附上左外以候肝，内以候膈，右外以候胃，内以候脾。上附上右外以候肺，内以候胸中；左外以候心，内以候膻中。前以候前，后以候后。上竟上者，胸喉中事也；下竟下者，少腹腰股膝胫足中事也。

粗大者，阴不足，阳有余，为热中也。来疾去徐，上实下虚，为厥巅疾；来徐去疾，上虚下实，为恶风也，故中恶风者，阳气受也。

有脉俱沉细数者，少阴厥也。沉细数散者，寒热也。浮而散者，为眴仆。诸浮不躁者，皆在阳，则为热；其有躁者在手。诸细而沉者，皆在阴，则为骨痛；其有静者在足。数动一代者，病在阳之脉也，泄及便脓血。

诸过者切之，涩者阳气有余也；滑者，阴气有余也。阳气有余，为身热无汗；阴气有余，为多汗身寒；阴阳有余则无汗而寒。

推而外之，内而不外，有心腹积也；推而内之，外而不内，身有热也；推而上之，上而不下，腰足清也；推而下之，下而不上，头项痛也。按之至骨，脉气少者，腰脊痛而身有痹也。

⚜ 平人气象论篇第十八

黄帝问曰：平人何如？

岐伯对曰：人一呼脉再动，一吸脉亦再动，呼吸定息脉五动，闰以太息，命曰平人。平人者，不病也。常以不病调病人，医不病，故为病人平息以调之为法。

人一呼脉一动，一吸脉一动，曰少气。人一呼脉三动，一吸脉三动而躁，尺热曰病温，尺不热脉滑曰病风；脉涩曰痹。人一呼脉四动以上曰死；脉绝不至曰死；乍疏乍数曰死。

平人之常气禀于胃，胃者平人之常气也；人无胃气曰逆，逆者死。

春胃微弦曰平，弦多胃少曰肝病，但弦无胃曰死；胃而有毛曰秋病，毛甚曰今病。藏真散于肝，肝藏筋膜之气也。

夏胃微钩曰平，钩多胃少曰心病，但钩无胃曰死；胃而有石曰冬病，石甚曰今病。藏真通于心，心藏血脉之气。长夏胃微软弱曰平，弱多胃少曰脾病，但代无胃曰死；软弱有石曰冬病，弱甚曰今病。藏真濡于脾，脾藏肌肉之气也。

秋胃微毛曰平，毛多胃少曰肺病，但毛无胃曰死；毛而有弦曰春病，弦甚曰今病。藏真高于肺，以行荣卫阴阳也。

冬胃微石曰平，石多胃少曰肾病，但石无胃曰死；石而有钩曰夏病，钩甚曰今病。藏真下于肾，肾藏骨髓之气也。

胃之大络。名曰虚里，贯鬲络肺，出于左乳下，其动应衣，脉宗气也。盛喘数绝者，则在病中，结则横有积矣。绝不至曰死，乳之下其动应衣，宗气泄也。

欲知寸口太过与不及，寸口之脉中手短者，曰头痛；寸口脉中手长者，曰足胫痛；寸口脉中手促上击者，曰肩背痛；寸口脉沉而坚者，曰病在中；寸口脉浮而盛者，曰病在外；寸口脉沉而弱，曰寒热及疝瘕少腹痛；寸口脉沉而横，曰胁下有积，腹中有横积痛；寸口脉沉而涩，曰寒热。

脉盛滑坚者，曰病在外；脉小实而坚者，病在内。脉小弱以涩，谓之久病；脉滑浮而疾者，谓之新病。脉急者，曰疝瘕少腹痛。脉滑曰风，脉涩曰痹，缓而滑曰热中，盛而坚曰胀。

脉从阴阳，病易已；脉逆阴阳，病难已；脉得四时之顺，曰病无他；脉反四时及不间脏曰难已。

臂多青脉曰脱血，尺脉缓涩，谓之解㑊，安卧脉盛谓之脱血，尺涩脉滑谓之多汗，尺寒脉细谓之后泄，脉尺粗常热者谓之热中。

肝见庚辛死，心见壬癸死，脾见甲乙死，肺见丙丁死，肾见戊己死。是为真藏见，皆死。

颈脉动喘疾咳曰水，目裹微肿如卧蚕起之状曰水。溺黄赤安卧者，黄疸。已食如饥者，胃疸。面肿曰风。足胫肿曰水。目黄者曰黄疸。妇人手少阴脉动甚者，妊子也。

脉有逆从四时，未有脏形。春夏而脉瘦，秋冬而脉浮大，命曰逆四时也。

风热而脉静，泄而脱血脉实，病在中脉虚，病在外脉坚涩者，皆难治，命曰反四时也。

人以水谷为本，故人绝水谷则死，脉无胃气亦死。所谓无胃气者，但得真脏脉不得胃气也。所谓脉不得胃气者，肝不弦，肾不石也。

太阳脉至，洪大以长；少阳脉至，乍数乍疏，乍短乍长；阳明脉至，浮大而短。

夫平心脉来，累累如连珠，如循琅玕，曰心平。夏以胃气为本。病心脉来，喘喘连属，其中微曲曰心病。死心脉来，前曲后居，如操带钩曰心死。

平肺脉来，厌厌聂聂，如落榆荚，曰肺平。秋以胃气为本。病肺脉来，不上不下，如循鸡羽，曰肺病。死肺脉来，如物之浮，如风吹毛，曰肺死。

平肝脉来，软弱招招，如揭长竿末梢曰肝平。春以胃气为本。病肝脉来，盈实而滑，如循长竿，曰肝病。死肝脉来，急益劲如新张弓弦，曰肝死。

平脾脉来，和柔相离，如鸡践地，曰脾平。长夏以胃气为本。病脾病来，实而盈数，如鸡举足，曰脾病。死脾脉来，锐坚如鸟之喙，如鸟之距，如屋之漏，如水之流，曰脾死。

平肾脉来，喘喘累累如钩，按之而坚，曰肾平。冬以胃气为本。病肾脉来，如引葛，按之益坚，曰肾病。死肾脉来，发如夺索，辟辟如弹石，曰肾死。

玉机真藏论篇第十九

黄帝问曰：春脉如弦，何如而弦？

岐伯对曰：春脉者，肝也，东方木也，万物之所以始生也，故其气，来软弱轻虚而滑，端直以长，故曰弦，反此者病。

帝曰：何如而反？

岐伯曰：其气来实而强，此谓太过，病在外；其气来不实而微，此谓不及，病在中。

春脉太过与不及，其病皆何如？

岐伯曰：太过则令人善忘，忽忽眩冒而巅疾；其不及，则令人胸痛引背，下则两胁胠满。

帝曰：善。

夏脉如钩，何如而钩？

岐伯曰：夏脉者心也，南方火也，万物之所以盛长也，故其气来盛去衰，故曰钩，反此者病。

帝曰：何如而反？

岐伯曰：其气来盛去亦盛，此谓太过，病在外；其气来不盛去反盛，此谓不及，病在中。

帝曰：夏脉太过与不及，其病皆何如？

岐伯曰：太过则令人身热而肤痛，为浸淫；其不及，则令人烦心，上见咳唾，下为气泄。

帝曰：善。

秋脉如浮，何如而浮？

岐伯曰：秋脉者肺也，西方金也，万物之所以收成也，故其气来，轻虚以浮，来急去散，故曰浮，反此者病。

帝曰：何如而反？

岐伯曰：其气来毛而中央坚，两傍虚，此谓太过，病在外；其气来毛而微，此谓不及，病在中。

帝曰：秋脉太过与不及，其病皆何如？

岐伯曰：太过则令人逆气而背痛。愠愠然，其不及则令人喘，呼吸少气而咳，上气见血，下闻病音。

帝曰：善。冬脉如营，何如而营？

岐伯曰：冬脉者，肾也。北方水也，万物之所以含藏也。故其气来沉以搏，故曰营，反此者病。

帝曰：何如而反？

岐伯曰：其气来如弹石者，此谓太过，病在外；其去如数者，此谓不及，病在中。

帝曰：冬脉太过与不及，其病皆何如？

岐伯曰：太过则令人解㑊，脊脉痛而少气，不欲言；其不及则令人心悬如病饥，䏚中清，脊中痛，少腹满，小便变。

帝曰：善。

帝曰：四时之序，逆从之变异也，然脾脉独何主？

岐伯曰：脾脉者土也，孤脏，以灌四傍者也。

帝曰：然而脾善恶，可得见之乎？

岐伯曰：善者不可得见，恶者可见。

帝曰：恶者何如可见？

岐伯曰：其来如水之流者，此谓太过，病在外；如鸟之喙者，此谓不及，病在中。

帝曰：夫子言脾为孤脏，中央以灌四傍，其太过与不及，其病皆何如？

岐伯曰：太过则令人四支不举，其不及则令人九窍不通，名曰重强。

帝瞿然而起，再拜稽首曰：善。吾得脉之大要，天下至数，五色脉变，揆度奇恒，道在于一，神转不回，回则不转，乃失其机。至数之要，迫近以微，著之玉版，藏之脏腑，每旦读之，名曰《玉机》。

五藏受气于其所生，传之于其所胜，气舍于其所生，死于其所不胜。病之且死，必先传行，至其所不胜，病乃死。此言气之逆行也。

肝受气于心，传之于脾，气舍于肾，至肺而死。心受气于脾，传之于肺，气舍于肝，至肾而死。脾受气于肺，传之于肾，气舍于心，至肝而死。肺受气于肾，传之于肝，气舍于脾，至心而死。肾受气于肝，传之于心，气舍于肺，至脾而死。此皆逆死也，一日一夜，五分之，此所以占死生之早暮也。

黄帝曰：五脏相通，移皆有次。五脏有病，则各传其所胜；不治，法三月，若六月，若三日，若六日，传五脏而当死，是顺传其所胜之次。故曰：别于阳者，知病从来；别于阴者，知死生之期。言知至其所困而死。

是故风者，百病之长也。今风寒客于人，使人毫毛毕直，皮肤闭而为热。当是之时，可汗而发也；盛痹不仁肿病，当是之时，可汤熨及火灸刺而去之。弗治，病入舍于肺，名曰肺痹，发咳上气，弗治，肺即传而行之肝，病名曰肝痹，一名曰厥，胁痛出食。当是之时，可按若刺耳；弗治，肝传之脾，病名曰脾风发瘅，腹中热，烦心出黄，当此之时，可按、可药、可浴；弗治，脾传之肾，病名曰疝瘕，少腹冤热而痛，出白，一名曰蛊，当此之时，可按、可药。弗治，肾传之心，筋脉相引而急，病名曰瘛。当此之时，可灸、可药。弗治，满十日，法当死。肾因传之心，心即复反传而行之肺，发寒热，法当三岁死，此病之次也。

然其卒发者，不必治于传，或其传化有不以次，不以次入者，忧恐悲喜怒，令不得以其次，故令人有大病矣。

因而喜，大虚则肾气乘矣，怒则肝气乘矣，悲则肺气乘矣，恐则脾气乘矣，忧则心气乘矣，此其道也。故病有五，五五二十五变及其传化。传，乘之名也。

大骨枯槁，大肉陷下，胸中气满，喘息不便，其气动形，期六月死，真藏脉见，乃予之期日。

大骨枯槁，大肉陷下，胸中气满，喘息不便，内痛引肩颈，期一月死。真藏见，乃予之期日。

大骨枯槁，大肉陷下，胸中气满，喘息不便，内痛引肩项，身热、脱肉破胭。真藏见，十月之内死。

大骨枯槁，大肉陷下，肩髓内消，动作益衰。真藏来见，期一岁死，见其真藏，乃予之期日。

大骨枯槁，大肉陷下，胸中气满，腹内痛，心中不便，肩项身热，破胭脱肉，目眶陷。真藏见，目不见人，立死；其见人者，至其所不胜之时则死。

急虚身中卒至，五脏绝闭，脉道不通，气不往来，譬如堕溺，不可为期。其脉绝不来，若人一息五六至，其形肉不脱，真脏虽不见，犹死也。

真肝脉至，中外急，如循刀刃责责然，如按琴瑟弦，色青白不泽，毛折乃死；真心脉至，坚而搏，如循薏苡子累累然，色赤黑不泽，毛折乃死。真肺脉至，大而虚，如以毛羽中人肤，色白赤不泽，毛折乃死；真肾脉至，搏而绝，如指弹石辟辟然，色黑黄不泽，毛折乃死；真脾脉至，弱而乍数乍疏，色黄青不泽，毛折乃死。诸真脏脉见者，皆死不治也。

黄帝曰：见真脏曰死，何也？

岐伯曰：五脏者，皆禀气于胃，胃者五脏之本也；脏气者，不能自致于手太阴，必因于胃气，乃至于手太阴也。故五脏各以其时，自为而至于手太阴也。故邪气胜者，精气衰也；故病甚者，胃气不能与之俱至于手太阴，故真脏之气独见，独见者，病胜脏也，故曰死。

帝曰：善。

黄帝曰：凡治病察其形气色泽，脉之盛衰，病之新故，乃治之无后其时。

形气相得，谓之可治；色泽以浮，谓之易已；脉从四时，谓之可治；脉弱以滑，是有胃气，命曰易治，取之以时；形气相失，谓之难治；色夭不泽，谓之难已；脉实以坚，谓之益甚；脉逆四时，为不可治。必察四难，而明告之。

所谓逆四时者，春得肺脉，夏得肾脉，秋得心脉，冬得脾脉，其至皆悬绝沉涩者，命曰逆四时。未有脏形，于春夏而脉沉涩，秋冬而脉浮大，名曰逆四时也。

病热脉静；泄而脉大；脱血而脉实，病在中，脉实坚，病在外，脉不实坚者，皆难治。

黄帝曰：余闻虚实以决死生，愿闻其情？

岐伯曰：五实死，五虚死。

帝曰：愿闻五实、五虚？

岐伯曰：脉盛，皮热，腹胀，前后不通，闷瞀，此谓五实。脉细，皮寒，气少，泄利前后，饮食不入，此谓五虚。

帝曰：其时有生者何也？

岐伯曰：浆粥入胃，泄注止，则虚者活；身汗得后利，则实者活。此其候也。

⚜ 三部九候论篇第二十

黄帝问曰：余闻九针于夫子，众多博大，不可胜数。余愿闻要道，以属子孙，传之后世，著之骨髓，藏之肝肺，歃血而受，不敢妄泄。令合天道，必有终始。上应天光，星辰历纪，下副四时五行，贵贱更立，冬阳夏阴，以人应之奈何，愿闻其方。

岐伯对曰：妙乎哉问也！此天地之至数。

帝曰：愿闻天地之至数，合于人形血气，通决死生，为之奈何？

岐伯曰：天地之至数始于一，终于九焉。一者天，二者地，三者人，因而三之，三三者九，以应九野。

故人有三部，部有三候，以决死生，以处百病，以调虚实，而除邪疾。

帝曰：何谓三部？

岐伯曰：有下部、有中部、有上部，部各有三候。三候者，有天，有地，有人也。必指而导之，乃以为真。

上部天，两额之动脉；上部地，两颊之动脉；上部人，耳前之动脉；中部天，手太阴也；中部地，手阳明也；中部人，手少阴也；下部天，足厥阴也；下部地，足少阴也；下部人，足太阴也。

故下部之天以候肝，地以候肾，人以候脾胃之气。

帝曰：中部之候奈何？

岐伯曰：亦有天，亦有地，亦有人，天以候肺，地以候胸中之气，人以候心。

帝曰：上部以何候之？

岐伯曰：亦有天，亦有地，亦有人。天以候头角之气，地以候口齿之气，人以候耳目之气。

三部者，各有天，各有地，各有人。三而成天，三而成地，三而成人。三而三之，合则为九，九分为九野，九野为九脏。故神脏五，形脏四，合为九脏。五脏已败，其色必夭，夭必死矣。

帝曰：以候奈何？

岐伯曰：必先度其形之肥瘦，以调其气之虚实，实则泻之，虚则补之。必先去其血脉而后调之，无问其病，以平为期。

帝曰：决死生奈何？

岐伯曰：形盛脉细，少气不足以息者危；形瘦脉大，胸中多气者死。形气相得者生；参伍不调者病；三部九候皆相失者死；上下左右之脉相应如参春者，病甚；上下左右相失不可数者死；中部之候虽独调，与众藏相失者死；

中部之候相减者死；目内陷者死。

帝曰：何以知病之所在？

岐伯曰：察九候独小者病，独大者病，独疾者病，独迟者病，独热者病，独寒者病，独陷下者病。

以左手足上，去踝五寸按之，庶右手足当踝而弹之，其应过五寸以上，蠕蠕然者，不病；其应疾，中手浑浑然者病；中手徐徐然者病；其应上不能至五寸，弹之不应者死。

是以脱肉身不去者死。中部乍疏乍数者死。其脉代而钩者，病在络脉。

九候之相应也，上下若一，不得相失。一候后则病，二候后则病甚，三候后则病危。所谓后者，应不俱也。察其腑脏，以知死生之期，必先知经脉，然后知病脉。真脏脉见者，胜死。足太阳气绝者，其足不可屈伸，死必戴眼。

帝曰：冬阴夏阳奈何？

岐伯曰：九候之脉，皆沉细悬绝者为阴，主冬，故以夜半死，盛躁喘数者为阳，主夏，故以日中死。是故寒热病者以平旦死；热中及热病者以日中死；病风者，以日夕死；病水者，以夜半死；其脉乍疏乍数、乍迟乍疾者，日乘四季死；形肉已脱，九候虽调，犹死。七诊虽见，九候皆从者，不死。所言不死者，风气之病，及经月之病，似七诊之病而非也，故言不死。若有七诊之病，其脉候亦败者死矣。必发哕噫。

必审问其所始病，与今之所方病，而后各切循其脉，视其经络浮沉，以上下逆从循之。其脉疾者，不病，其脉迟者病；脉不往来者死；皮肤着者死。

帝曰：其可治奈何？

岐伯曰：经病者，治其经，孙络病者，治其孙络血；血病身有痛者治其经络。其病者在奇邪，奇邪之脉，则缪刺之，留瘦不移，节而刺之。上实下虚，切而从之，索其结络脉，刺出其血，以见通之。瞳子高者，太阳不足。戴眼者，太阳已绝，此决死生之要，不可不察也。手指及手外踝上五指留针。

🌸 经脉别论篇第二十一

黄帝问曰：人之居处、动静、勇怯，脉亦为之变乎？

岐伯曰：凡人之惊恐恚劳动静，皆为变也。是以夜行则喘出于肾，淫气病肺；有所堕恐，喘出于肝，淫气害脾；有所惊恐，喘出于肺，淫气伤心；渡水跌仆，喘出于肾与骨。当是之时，勇者气行则已；怯者则着而为病也。

故曰：诊病之道，观人勇怯、骨肉皮肤，能知其情，以为诊法也。

故饮食饱甚，汗出于胃；惊而夺精，汗出于心；持重远行，汗出于肾；疾走恐惧，汗出于肝；摇体劳苦，汗出于脾。故春秋冬夏，四时阴阳，生病起于过用，此为常也。

食气入胃，散精于肝，淫气于筋。食气入胃，浊气归心，淫精于脉；脉气流经，经气归于肺，肺朝百脉，输精于皮毛；脉合精，行气于腑；腑精神明，留于四脏，气归于权衡；权衡以平，气口成寸，以决死生。

饮入于胃，游溢精气，上输于脾；脾气散精，上归于肺；通调水道，下输膀胱；水精四布，五经并行，合于四时五脏阴阳，揆度以为常也。

太阳藏独至，厥喘虚气逆，是阴不足阳有余也。表里当俱泻，取之下俞。阳明藏独至，是阳气重并也。当泻阳补阴，取之下俞。少阳藏独至，是厥气也。蹻前卒大，取之下俞。少阳独至者，一阳之过也。

太阴藏搏者，用心省真，五脉气少，胃气不平，三阴也。宜治其下俞，补阳泻阴。

一阳独啸，少阳厥也。阳并于上，四脉争张，气归于肾。宜治其经络；泻阳补阴。

一阴至，厥阴之治也，真虚痛心，厥气留薄，发为白汗，调食和药，治在下俞。

帝曰：太阳脏何象？

岐伯曰：象三阳而浮也。

帝曰：少阳脏何象？

岐伯曰：象一阳也，一阳脏者，滑而不实也。

帝曰：阳明脏何象？

岐伯曰：象大浮也。太阴脏搏，言伏鼓也。二阴搏至，肾沉不浮也。

藏气法时论篇第二十二

黄帝问曰：合人形以法四时五行而治，何如而从，何如而逆？得失之意，愿闻其事。

岐伯对曰：五行者，金、木、水、火、土也，更贵更贱，以知死生，以决成败，而定五脏之气，间甚之时，死生之期也。

帝曰：愿卒闻之。

岐伯曰：肝主春，足厥阴、少阳主治。其日甲乙；肝苦急，急食甘以缓之。

心主夏，手少阴、太阳主治，其日丙丁，心苦缓，急食酸以收之。

脾主长夏，足太阴、阳明主治，其日戊己，脾苦湿，急食苦以燥之。

肺主秋，手太阴、阳明主治，其日庚辛，肺苦气上逆，急食苦以泄之。

肾主冬，足少阴、太阳主治，其日壬癸，肾苦燥，急食辛以润之。开腠理，致津液，通气也。

病在肝，愈于夏；夏不愈，甚于秋。秋不死，持于冬，起于春。禁当风。

肝病者，愈在丙丁；丙丁不愈，加于庚辛。庚辛不死，持于壬癸，起于甲乙。

肝病者，平旦慧，下晡甚，夜半静。

肝欲散，急食辛以散之，用辛补之，酸泻之。

病在心，愈在长夏；长夏不愈，甚于冬；冬不死，持于春，起于夏。禁温食热衣。

心病者，愈在戊己，戊己不愈，加于壬癸；壬癸不死，持于甲乙，起于丙丁。

心病者，日中慧，夜半甚，平旦静。

心欲软，急食咸以软之；用咸补之，甘泻之。

病在脾，愈在秋，秋不愈，甚于春，春不死，持于夏，起于长夏，禁温食饱食、湿地濡衣。

脾病者，愈在庚辛；庚辛不愈，加于甲乙；甲乙不死，持于丙丁，起于戊己。

脾病者，日昳慧，日出甚，下晡静。

脾欲缓，急食甘以缓之，用苦泻之，甘补之。

病在肺，愈于冬；冬不愈，甚于夏；夏不死，持于长夏，起于秋，禁寒饮食寒衣。

肺病者，愈在壬癸，壬癸不愈，加于丙丁；丙丁不死，持于戊己，起于庚辛。

肺病者，下晡慧，日中甚，夜半静。

肺欲收，急食酸以收之，用酸补之，辛泻之。

病在肾，愈在春，春不愈，甚于长夏，长夏不死，持于秋，起于冬，禁犯焠热食，温灸衣。

肾病者，愈在甲乙；甲乙不愈，甚于戊己；戊己不死，持于庚辛，起于壬癸。

肾病者，夜半慧，四季甚，下晡静。

肾欲坚，急食苦以坚之，用苦补之，咸泻之。

夫邪气之客于身也，以胜相加，至其所生而愈，至其所不胜而甚，至于所生而持，自得其位而起。必先定五脏之脉，乃可言间甚之时，死生之期也。

肝病者，两胁下痛引少腹，令人善怒。虚则目无所见，耳无所闻，善恐，如人将捕之。取其经厥阴与少阳，气逆则头痛，耳聋不聪、颊肿、取血者。

心病者，胸中痛，胁支满，胁下痛，膺背肩胛间痛，两臂内痛；虚则胸腹大，胁下与腰相引而痛、取其经，少阴太阳舌下血者，其变病刺郄中血者。

脾病者，身重，善肌，肉痿，足不收行，善瘈，脚下痛。虚则痛满肠鸣，飧泄食不化。取其经，太阴、阳明、少阴血者。

肺病者，喘咳逆气，肩背痛，汗出，尻阴股膝、髀腨胻足皆痛；虚则少气，不能报息，耳聋嗌干。取其经，太阴、足太阳之外，厥阴内血者。

肾病者，腹大胫肿，喘咳身重，寝汗出，憎风；虚则胸中痛，大腹、小腹痛，清厥，意不乐。取其经，少阴、太阳血者。

肝色青，宜食甘，粳米、牛肉、枣、葵皆甘。

心色赤，宜食酸，小豆、犬肉、李、韭皆酸。

肺色白，宜食苦，麦、羊肉、杏、薤皆苦。

脾色黄，宜食咸，大豆、豕肉、栗薤、藿皆咸。

肾色黑，宜食辛，黄黍、鸡肉、桃、葱皆辛。

辛散、酸收、甘缓、苦坚、咸软。

毒药攻邪。五谷为食。五果为助。五畜为益，五菜为充，气味合而服之，以补精益气。

此五者，有辛、酸、甘、苦、咸，各有所利，或散，或收，或缓，或急、或坚、或软，四时五脏，病随五味所宜也。

❀ 宣明五气篇第二十三

五味所入：酸入肝、辛入肺、苦入心、咸入肾、甘入脾，是谓五入。

五气所病：心为噫、肺为咳、肝为语、脾为吞、肾为欠，为嚏，胃为气逆、为哕、为恐，大肠、小肠为泄，下焦溢为水，膀胱不利为癃，不约为遗弱，胆为怒，是为五病。

五精所并：精气并于心则喜，并于肺则悲，并于肝则忧，并于脾则畏，并于肾则恐，是谓五并，虚而相并者也。

五脏所恶：心恶热、肺恶寒、肝恶风、脾恶湿、肾恶燥。是谓五恶。

五脏化液：心为汗、肺为涕、肝为泪、脾为涎、肾为唾。是为五液。

五味所禁：辛走气、气病无多食辛；咸走血，血病无多食咸；苦走骨，骨病无多食苦；甘走肉，肉病无多食甘；酸走筋，筋病无多食酸。是谓五禁，无令多食。

五病所发：阴病发于骨，阳病发于血，阴病发于肉，阳病发于冬；阴病发于夏，是谓五发。

五邪所乱：邪入于阳则狂，邪入于阴则痹，搏阳则为巅疾，搏阴则为瘖，阳入之阴则静，阴出之阳则怒，是谓五乱。

五邪所见：春得秋脉，夏得冬脉，长夏得春脉，秋得夏脉，冬得长夏脉，名曰阴出之阳，病善怒，不治。是谓五邪，皆同命，死不治。

五脏所藏：心藏神、肺藏魄、肝藏魂、脾藏意、肾藏志。是谓五脏所藏。

五脏所主：心主脉、肺主皮、肝主筋、脾主肉、肾主骨。是为五脏所主。

五劳所伤：久视伤血、久卧伤气、久坐伤肉、久立伤骨、久行伤筋。是谓五劳所伤。

五脉应象：肝脉弦、心脉钩、脾脉代、肺脉毛、肾脉石。是谓五脏之脉。

❀ 血气形志篇第二十四

夫人之常数，太阳常多血少气，少阳常少血多气，阳明常多气多血，少阴常少血多气，厥阴常多血少气，太阴常多气少血。此天之常数。

足太阳与少阴为表里，少阳与厥阴为表里，阳明与太阴为表里，是为足阴阳也。

手太阳与少阴为表里，少阳与心主为表里，阳明与太阴为表里，是为手之阴阳也。

今知手足阴阳所苦。凡治病必先去其血，乃去其所苦，伺之所欲，然后泻有余，补不足。

欲知背俞，先度其两乳间，中折之，更以他草度去半已，即以两隅相拄也，乃举以度其背，令其一隅居上，齐脊大柱，两隅在下，当其下隅者，肺之俞也；复下一度，心之俞也。复下一度，左角肝之俞也。右角脾之俞也，复下一度，肾之俞也，是为五脏之俞，灸刺之度也。

形乐志苦，病生于脉，治之以灸刺。形乐志乐，病生于肉，治之以针石；形苦志乐，病生于筋，治之以熨引；形苦志苦，病生于咽嗌，治之以百药；形数惊恐，经络不通，病生于不仁，治之以按摩醪药。

是谓五形志也。

刺阳明，出血气；刺太阳出血恶气；刺少阳，出气恶血；刺太阴，出气恶血；刺少阴，出气恶血，刺厥阴出血恶气也。

❀ 宝命全形论篇第二十五

黄帝问曰：天覆地载，万物悉备，莫贵于人。人以天地之气生，四时之法成，君王众庶，尽欲全形，形之疾病，莫知其情，留淫日深，著于骨髓，心私虑之。余欲针除其疾病，为之奈何？

岐伯对曰：夫盐之味咸者，其气令器津泄；弦绝者，其音嘶败；木敷者，其叶发；病深者，其声哕。人有此三者，是谓坏腑，毒药无治，短针无取，此皆绝皮伤内，血气争矣。

帝曰：余念其痛，心为之乱惑，反甚其病，不可更代，百姓闻之，以为残贼，为之奈何？

岐伯曰：夫人生于地，悬命于天，天地合气，命之曰人。人能应四时者，天地为之父母；知万物者，谓之天子。天有阴阳，人有十二节。天有寒暑，人有虚实。能经天地阴阳之化者，不失四时；知十二节之理者，圣智不能欺也；能存八动之变，五胜更立，能达虚实之数者，独出独入，呿吟至微，秋毫在目。

帝曰：人生有形，不离阴阳。天地合气，别为九野，分为四时，月有大小，日有短长。万物并至，不可胜量。虚实呿吟，敢问其方？岐伯曰：木得金而伐，火得水而灭，土得木而达，金得火而缺，水得土而绝。万物尽然，不可胜竭。故针有悬布天下者五，黔首共余食，莫知之也。一曰治神，二曰知养身，三曰知毒药为真，四曰制砭石大小，五曰知脏腑血气之诊。五法俱立，各有所先。

今末世之刺也，虚者实之，满者泄之，此皆众工所共知也。若夫法天则地，随应而动，和之者若响，随之者若影，道无鬼神，独来独往。

帝曰：愿闻其道。

岐伯曰：凡刺之真，必先治神，五脏已定，九候已备，后乃存针，众脉不见，众凶弗闻，外内相得，无以形先，可玩往来，乃施于人。

人有虚实，五虚勿近，五实勿远，至其当发，间不容瞚。手动若务，针耀而匀。静意视息，观适之变，是谓冥冥，莫知其形，见其乌乌，见其稷稷，徒见其飞，不知其谁。伏如横弩，起如发机。

帝曰：何如而虚？何如而实？

岐伯曰：刺虚者须其实，刺实者须其虚；经气已至，慎守勿失，深浅在志，远近若一，如临深渊，手如握虎，神无营于众物。

八正神明论篇第二十六

黄帝问曰：用针之服，必有法则焉，今何法何则？

岐伯对曰：法天则地，合以天光。

帝曰：愿卒闻之。

岐伯曰：凡刺之法，必候日月星辰，四时八正之气，气定乃刺之。是故天温日月，则人血淖液，而卫气浮，故血易泻，气易行；天寒日阴，则人血凝泣，而卫气沉。月始生，则血气始精，卫气始行；月郭满，则血气实，肌肉坚；月郭空，则肌肉减，经络虚，卫气去，形独居，是以因天时而调血气也。

是以天寒无刺，天温无疑，月生无泻，月满无补，月郭空无治。是谓得时而调之。因天之序，盛虚之时，移光定位，正立而待之。

故曰月生而写，是谓重虚；月满而补，血气扬溢；络有留血，命曰重实；月郭空而治，是谓乱经。阴阳相错，真邪不别，沉以留止，外虚内乱，淫邪乃起。

帝曰：星辰八正四时何候？

岐伯曰：星辰者，所以制日月之行也。八正者，所以八风之虚邪以时至者也。四时者所以春秋冬夏之气所在，以时调之也。八正之虚邪而避之勿犯也。以身之虚而逢天之虚，两虚相感，其气至骨，入则伤五脏，工候救之，弗能伤也。故曰天忌不可不知也。

帝曰：善！

其法星辰者，余闻之矣，愿闻法往古者。

岐伯曰：法往古者，先知《针经》也，验于来今者，先知日之寒温，月之虚盛，以候气之浮沉，而调之于身，观其立有验也。

观其冥冥者，言形气荣卫之不形于外，而工独知之。以日之寒温，月之虚盛，四时气之浮沉，参伍相合而调之，工常先见之。然而不形于外，故曰观于冥冥焉。通于无穷者，可以传于后世也。是故工之所以异也。然而不形见于外，故俱不能见也。视之无形，尝之无味，故谓冥冥，若神仿佛。

虚邪者，八正之虚邪气也。正邪者，身形若用力汗出，腠理开，逢虚风，其中人也微，故莫知其情，莫见其形。

上工救其萌芽，必先见三部九候之气，尽调不败而救之，故曰上工。下工救其已成，救其已败，救其已成者，言不知三部九候之相失，因病而败之也，知其所在者，知诊三部九候之病脉处而治之，故曰守其门户焉，莫知其情，而见邪形也。

帝曰：余闻补泻，未得其意。

岐伯曰：泻必用方，方者以气方盛也，以月方满也，以日方温也，以身方定也，以息方吸而内针，乃复候其方吸而转针，乃复候其方呼而徐引针。故曰写必用方，其气而行焉。

补必用员，员者行也；行者，移也，刺必中其荣，复以吸排针也。故员与方，排针也。故养神者，必知形之肥瘦，荣卫血气之盛衰。血气者，人之神，不可不谨养。

帝曰：妙乎哉论也，合人形于阴阳四时，虚实之应，冥冥之期，其非夫子，孰能通之！然夫子数言形与神，何谓形？何谓神？愿卒闻之。

岐伯曰：请言形，形乎形，目冥冥，问其所病，索之于经，慧然在前，按之不得，不知其情，故曰形。

帝曰：何谓神？

岐伯曰：请言神，神乎神，耳不闻，目明，心开而志先，慧然独悟，口弗能言，俱视独见，适若昏，昭然独明，若风吹云，故曰神。三部九候为之原，九针之论，不必存也。

离合真邪论篇第二十七

黄帝问曰：余闻九针九篇，夫子乃因而九之，九九八十一篇，余尽通其意矣。经言气之盛衰，左右倾移，以上调下，以左调右，有余不足，补泻于荣输，余知之矣。此皆荣卫之顷移，虚实之所生，非邪气从外入于经也。余愿闻邪气之在经也，其病人何如？取之奈何？

岐伯对曰：夫圣人之起度数，必应于天地；故天有宿度，地有经水，人有经脉。天地温和，则经水安静；天寒地冻，则经水凝泣；天暑地热，则经水沸溢，卒风暴起，则经水波涌而陇起。

夫邪之入于脉也，寒则血凝泣，暑则气淖泽，虚邪因而入客，亦如经水之得风也，经之动脉，其至也，亦时陇起，其行于脉中，循循然。

其至寸口中手也，时大时小，大则邪至，小则平，其行无常处，在阴与阳，不可为度，从而察之，三部九候。卒然逢之，早遏其路。

吸则内针，无令气忤；静以久留，无令邪布；吸则转针，以得气为故；候呼引针，呼尽乃去，大气皆出，故命曰泻。

帝曰：不足者补之奈何？

岐伯曰：必先扪而循之，切而散之，推而按之，弹而怒之，抓而下之，通而取之，外引其门，以闭其神。呼尽内针，静以久留，以气至为故，如待所贵，不知日暮。其气以至，适而自护，候吸引针，气不得出；各在其处，推阖其门，令神气存，大气留止，故命曰补。

帝曰：候气奈何？

岐伯曰：夫邪去络入于经也，舍于血脉之中，其寒温未相得，如涌波之起也，时来时去，故不常在。故曰方其来也，必按而止之，止而取之，无逢其冲而泻之。

真气者，经气也，经气太虚，故曰其来不可逢，此之谓也。

故曰候邪不审，大气已过，泻之则真气脱，脱则不复，邪气复至，而病益蓄。故曰其往不可追，此之谓也。

不可挂以发者，待邪之至时而发针写矣。若先若后者，血气已尽，其病不可下。故曰知其可取如发机，不知其取如扣椎。故曰知机道者，不可挂以发，不知机者，扣之不发，此之谓也。

帝曰：补泻奈何？

岐伯曰：此攻邪也。疾出以去盛血，而复其真气。此邪新客溶溶未有定处也。推之则前，引之则止，逆而刺之，温血也，刺出其血，其病立已。

帝曰：善。然真邪以合，波陇不起，候之奈何？

岐伯曰：审扪循三部九候之盛虚而调之。察其左右上下相失及相减者，审其病藏以期之。

不知三部者，阴阳不别，天地不分；地以候地，天以候天，人以候人，调之中府，以定三部。故曰刺不知三部九候病脉之处，虽有大过且至，工不能禁也。

诛罚无过，命曰大惑，反乱大经，真不可复，用实为虚，以邪为真，用针无义，反为气贼，夺人正气，以从为为逆，荣卫散乱，真气已失。邪独内著，绝人长命，予人夭殃，不知三部九候，故不能久长；因不知合之四时五行，因加相胜，释邪攻正，绝人长命。

邪之新客来也，未有定处，推之则前，引之则止，逢而泻之，其病立已。

通评虚实论篇第二十八

黄帝问曰：何谓虚实？

岐伯对曰：邪气盛则实，精气夺则虚。

帝曰：虚实何如？

岐伯曰：气虚者，肺虚也；气逆者，足寒也。非其时则生，当其时则死。余藏皆如此。

帝曰：何谓重实？

岐伯曰：所谓重实者，言大热病，气热脉满，是谓重实。

帝曰：经络俱实何如？何以治之？

岐伯曰：经络皆实，是寸脉急而尺缓也，皆当治之。故曰：滑则从，涩则逆也。夫虚实者，皆从其物类始，故五脏骨肉滑利，可以长久也。

帝曰：经气不足，经气有余，如何？

岐伯曰：络气不足，经气有余者，脉口热而尺寒也。秋冬为逆，春夏为从，治主病者。

帝曰：经虚络满何如？

岐伯曰：经虚络满者，尺热满，脉口寒涩也。此春夏死，秋冬生也。

帝曰：治此者奈何？

岐伯曰：络满经虚，灸阴刺阳，经满络虚，刺阴灸阳。

帝曰：何谓重虚？

岐伯曰：脉气上虚尺虚，是谓重虚。

帝曰：何以治之？

岐伯曰：所谓气虚者，言无常也；尺虚者，行步恇然；脉虚者，不象阴也。如此者。滑则生，涩则死也。

帝曰：寒气暴上，脉满而实，何如？

岐伯曰：实而滑则生，实而逆则死。

帝曰：脉实满，手足寒，头热，何如？

岐伯曰：春秋则生，冬夏则死。脉浮而涩，涩而身有热者死。

帝曰：其形尽满何如？

岐伯曰：其形尽满者，脉急大坚，尺涩而不应也。如是者，故从则生，逆则死。

帝曰：何谓从则生，逆则死？

岐伯曰：所谓从者，手足温也。所谓逆者，手足寒也。

帝曰：乳子而病热，脉悬小者何如？

岐伯曰：手足温则生，寒则死。

帝曰：乳子中风热，喘鸣肩息者，脉何如？

岐伯曰：喘鸣肩息者，脉实大地。缓则生，急则死。

帝曰：肠澼血，何如？

岐伯曰：身热则死，寒则生。

帝曰：肠澼下白沫，何如？

岐伯曰：脉沉则生，脉浮则死。

帝曰：肠澼下脓血，何如？

岐伯曰：脉悬绝则死，滑大则生。

帝曰：肠澼之属，身不热，脉不悬绝，何如？岐伯曰：滑大者曰生，悬涩者曰死，以藏期之。

帝曰：癫疾何如？

岐伯曰：脉搏大滑，久自已；脉小坚急，死不治。

帝曰：癫疾之脉，虚实何如？

岐伯曰：虚则可治，实则死。

帝曰：消瘅虚实何如？

岐伯曰：脉实大，病久可治，脉悬小坚，病久不可治。

帝曰：形度、骨度、脉度、筋度、何以知其度也？

帝曰：春亟治经络；夏亟治经俞，秋亟治六腑。冬则闭塞者，闭塞者，用药而少针石也。所谓少针石者，非痈疽之谓也。痈疽不待顷时回。

痛不知所，按之不应手，乍来乍已，刺手太阴傍三，痏与缨脉各二。

掖痈大热，刺足少阳五；刺而热不止，刺手心主三，刺手大阴经络者，大骨之会各三。

暴痈筋软，随分而痛，魄汗不尽，胞气不足，治在经俞。

腹暴满，按之不下，取手太阳经络者，胃也募也。少阴俞去脊椎三寸傍五，用员利针。

霍乱，刺俞傍五，足阳明及上傍三。

刺痫惊脉五，针手太阴各五，刺经太阳五，刺手少阴经络傍者一，足阳明一，上踝五寸刺三针。

凡治消瘅、仆击、偏枯、痿厥、气满发逆，肥贵人，则高梁之疾也。隔塞、闭绝、上下不通，则暴忧之病也。暴厥而聋偏塞闭不通，内气暴薄也。不从内外中风之病，故瘦留著也。蹠跛，寒风湿之病也。

黄帝曰：黄疸暴痛，癫狂厥狂，久逆之所生也。五脏不平，六腑闭塞之所生也。头痛耳鸣，九窍不利，肠胃之所生也。

❀ 太阴阳明论篇第二十九

黄帝问曰：太阴、阳明为表里，脾胃脉也。生病而异者何也？

岐伯对曰：阴阳异位，更虚更实，更逆更从，或从内或从外，所从不同，故病异名也。

帝曰：愿闻其异状也。

岐伯曰：阳者天气也，主外；阴者地气也，主内。故阳道实，阴道虚。故犯贼风虚邪者阳受之，食饮不节，起居不时者，阴受之。阳受之，则入六腑，阴受之则入五脏。

入六腑则身热不时卧，上为喘呼；入五脏则满闭塞，下为飧泄，久为肠澼。故喉主天气，咽主地气。故阳受风气，阴受湿气。故阴气从足上行至头，而下行循臂至指端；阳气从手上行至头，而下行至足。故曰：阳病者，上行极而下；阴病者下行极而上。故伤于风者，上先受之；伤于湿者，下先受之。

帝曰：脾病而四支不用，何也？

岐伯曰：四支皆禀气于胃而不得至经，必因于脾，乃得禀也。今脾病不能为胃行其津液，四支不得禀水谷气，气日以衰，脉道不利，筋骨肌肉，皆无气以生，故不用焉。

帝曰：脾不主时，何也？

岐伯曰：脾者土也。治中央，常以四时长四藏，各十八日寄治，不得独主于时也。脾脏者，常著胃土之精也。土者，生万物而法天地，故上下至头足不得主时也。

帝曰：脾与胃，以膜相连耳，而能为之行其津液何也？

岐伯曰：足太阴者，三阴也，其脉贯胃，属脾，络嗌，故太阴为之行气于三阴；阳明者，表也，五脏六腑之海也，亦为之行气于三阳。脏腑各因其经而受气于阳明，故为胃行其津液。四支不得禀水谷气，日以益衰，阴道不利，筋骨肌肉，无气以生，故不用焉。

阳明脉解篇第三十

黄帝问曰：足阳明之脉病，恶人与火，闻木音则惕然而惊，钟鼓不为动，闻木音而惊何也？愿闻其故。

岐伯对曰：阳明者，胃脉也，胃者，土也，故闻木音而惊者，土恶木也。

帝曰：善。其恶火何也？

岐伯曰：阳明主肉，其脉血气盛，邪客之则热，热甚则恶火。

帝曰：其恶人何也？

岐伯曰：阳明厥则喘而悗，悗则恶人。

帝曰：或喘而死者，或喘而生者，何也？

岐伯曰：厥逆连脏则死，连经则生。

帝曰：善！病甚则弃衣而走，登高而歌，或至不食数日，逾垣上屋，所上之处，皆非其素所能也，病反能者何也？

岐伯曰：四支者诸阳之本也。阳盛则四支实，实则能登高也。

帝曰：其弃衣而走者何也？

岐伯曰：热盛于身，故弃衣欲走也。

帝曰：其妄言骂詈，不避亲疏而歌者何也？

岐伯曰：阳盛则使人妄言骂詈，不避亲疏而欲食，不欲食，故妄走也。

热论篇第三十一

黄帝问曰：今夫热病者，皆伤寒之类也，或愈或死，其死皆以六七日之间，其愈皆以十日以上者，何也？不知其解，愿闻其故。

岐伯对曰：巨阳者，诸阳之属也。其脉连于风府，故为诸阳主气也。人之伤于寒也，则为病热，热虽甚不死；其两感于寒而病者，必不免于死。

帝曰：愿闻其状。

岐伯曰：伤寒一日，巨阳受之，故头项痛，腰脊强；二日阳明受之，阳明主肉，其脉侠鼻，络于目，故身热，目疼而鼻干，不得卧也；三日少阳受之，少阳主胆，其脉循胁络于耳，故胸胁痛而耳聋。三阳经络皆受其病，而未入于脏者，故可汗而已。四日太阴受之，太阴脉布胃中，络于嗌，故腹满而嗌干；五日少阴受之。少阴脉贯肾，络于肺，系舌本，故口燥舌干而渴；六日厥阴受之。厥阴脉循阴器而络于肝，故烦满而囊缩。

三阴三阳、五脏六腑皆受病，荣卫不行，五脏不通，则死矣。

其不两感于寒者，七日巨阳病衰，头痛少愈；八日阳明病衰，身热少愈；九日少阳病衰，耳聋微闻；十日太阴病衰，腹减如故，则思饮食，十一日少阴病衰，渴止不满，舌干已而嚏，十二日厥阴病衰，囊纵，少腹微下，大气皆去，病日已矣。

帝曰：治之奈何？

岐伯曰：治之各通其脏脉，病日衰已矣。其未满三日者，可汗而已；其满三日者，可泄而已。

帝曰：热病可愈，时有所遗者，何也？

岐伯曰：诸遗者，热甚而强食之，故有所遗也。若此者，皆病已衰而热有所藏，因其谷气相薄，两热相合，故有所遗也。

帝曰：善！治遗奈何？

岐伯曰：视其虚实，调其逆从，可使必已矣。

帝曰：病热当何禁之？

岐伯曰：病热少愈，食肉则复，多食则遗，此其禁也。

帝曰：其病两感于寒者，其脉应与其病形何如？

岐伯曰：两感于寒者，病一日，则巨阳与少阴俱病，则头痛，口干而烦满；二日则阳明与太阴俱病，则腹满，身热，不欲食，谵言；三日则少阳与厥阴俱病，则耳聋，囊缩而厥，水浆不入，不知人，六日死。

帝曰：五脏已伤，六腑不通，荣卫不行，如是之后，三日乃死，何也？

岐伯曰：阳明者，十二经脉之长也，其血气盛，故不知人，三日，其气乃尽，故死矣。

凡病伤寒而成温者，先夏至日者为病温，后夏至日者，为病暑。暑当与汗皆出，勿止。

🌀 刺热篇第三十二

肝热病者，小便先黄，腹痛多卧，身热。热争则狂言及惊，胁满痛，手足躁，不得安卧；庚辛甚，甲乙大汗，气逆则庚辛死。刺足厥阴少阳，其逆则头痛员员，脉引冲头也。

心热病者，先不乐，数日乃热，热争则卒心痛，烦闷善呕，头痛面赤，无汗；壬癸甚，丙丁大汗。气逆则壬癸死，刺手少阴太阳。

脾热病者，先头重，颊痛，烦心，颜青，欲呕，身热。热争则腰痛，不可用俯仰，腹满泄，两颌痛；甲乙甚，戊己大汗，气逆则甲乙死。刺足太阴、阳明。

肺热病者，先淅然厥，起毫毛，恶风寒，舌上黄，身热。热争则喘咳，痛走胸膺背，不得大息，头痛不堪，汗出而寒；丙丁甚，庚辛大汗。气逆则丙丁死。刺手太阴、阳明，出血如大豆，立已。

肾热病者，先腰痛胻痠，苦渴数饮，身热。热争则项痛而强，胻寒且痠，足下热，不欲言，其逆则项痛员员澹澹然。戊己甚，壬癸大汗。气逆则戊己死。刺足少阴太阳，诸汗者，至其所胜日汗出也。

肝热病者，左颊先赤；心热病者，颜先赤；脾热病者，鼻先赤；肺热病者，右颊先赤；肾热病者，颐先赤。病虽未发，见赤色者刺之，名曰治未病。

热病从部所起者，至期而已；其刺之反者，三周而已；重逆则死。诸当汗者，至其所胜日，汗大出也。

诸治热病，以饮之寒水，乃刺之；必寒应之，居止寒处，身寒而止也。

热病先胸胁痛，手足躁，刺足少阳，补足太阴，病甚者为五十九刺。

热病始手臂病者，刺手阳明太阴而汗出止。

热病始于头首者，刺项太阳而汗出止。热病始于足胫者，刺足阳明而汗出止。

热病先身重，骨痛，耳聋，好瞑，刺足少阴，病甚为五十九刺。

热病先眩冒而热，胸胁满，刺足少阴、少阳。

太阳之脉，色荣颧骨，热病也。荣未交，曰今且得汗，待时而已；与厥阴脉争见者，死期不过三日，其热病内连肾，少阳之脉色也。少阳之脉色荣颊前，热病也。荣未交，曰今且得汗，待时而已；与少阴脉争见者，死期不过三日。

热病气穴，三椎下间主胸中热；四椎下间主鬲中热；五椎下间主肝热；六椎下间主脾热；七椎下间主肾热。荣在骶也。项上三椎陷者中也。颊下逆颧为大瘕，下牙车为腹满，颧后为胁痛，颊上者，鬲上也。

❀ 评热病论篇第三十三

黄帝问曰：有病温者，汗出辄复热，而脉躁疾，不为汗衰，狂言不能食，病名为何？

岐伯对曰：病名阴阳交，交者死也。

帝曰：愿闻其说。

岐伯曰：人所以汗出者，皆生于谷，谷生于精。今邪气交争于骨肉而得汗者，是邪却而精胜也。精胜，则当能食而不复热。复热者，邪气也。汗者，精气也。今汗出而辄复热者，是邪胜也，不能食者，精无俾也。病而留者，其寿可立而倾也。且夫《热论》曰：汗出而脉尚躁盛者死。今脉不与汗相应，此不胜其病也，其死明矣。狂言者是失志，失志者死，今见三死，不见一生，虽愈必死也。

帝曰：有病身热，汗出烦满，烦满不为汗解，此为何病？

岐伯曰：汗出而身热者风也；汗出而烦满不解者，厥也，病名曰风厥。

帝曰：愿卒闻之。

岐伯曰：巨阳主气，故先受邪，少阴与其为表里也，得热则上从之，从之则厥也。

帝曰：治之奈何？

岐伯曰：表里刺之，饮之服汤。

帝曰：劳风为病何如？

岐伯曰：劳风法在肺下，其为病也，使人强上冥视，唾出若涕，恶风而振寒，此为劳风之病。

帝曰：治之奈何？

岐伯曰：以救俯仰。巨阳引。精者三日，中年者五日，不精者七日，咳出青黄涕，其状如脓，大如弹丸，从口中若鼻中出，不出则伤肺，伤肺则死也。

帝曰：有病肾风者，面胕然疮壅，害于言，可刺否？

岐伯曰：虚不当刺，不当刺而刺，后五日其气必至。

帝曰：其至何如？

岐伯曰：至必少气时热，时热从胸背上至头，汗出手热，口干，苦渴，小便黄，目下肿，腹中鸣，身重难以行，月事不来，烦而不能食，不能正偃，正偃则咳，病名曰风水，论在《刺法》中。

帝曰：愿闻其说。

岐伯曰：邪之所凑，其气必虚；阴虚者，阳必凑之。故少气时热而汗出也。小便黄者，少腹中有热也。不能正偃者，胃中不和也。正偃则咳甚，上迫肺也。诸有水气者，微肿先见于目下也。

帝曰：何以言？

岐伯曰：水者阴也，目下亦阴也，腹者至阴之所居。故水在腹者，必使目下肿也。真气上逆，故口苦舌干，卧不得正偃，正偃则咳出清水也。诸水病者，故不得卧，卧则惊，惊则咳甚也，腹中鸣者，病本于胃也。薄脾则烦不能食。食不下者，胃脘隔也。身重难以行者，胃脉在足也。月事不来者，胞脉闭也。胞脉者，属心而络于胞中。今气上迫肺，心气不得下通，故月事不来也。帝曰：善！

逆调论篇第三十四

黄帝问曰：人身非常温也，非常热也，为之热而烦满者，何也？

岐伯对曰：阴气少而阳气胜，故热而烦满也。

帝曰：人身非衣寒也，中非有寒气也，寒从中生者何？

岐伯曰：是人多痹气也，阳气少，阴气多，故身寒如从水中出。

帝曰：人有四支热，逢风寒如炙如火者，何也？

岐伯曰：是人者，阴气虚，阳气盛，四支者，阳也，两阳相得而阴气虚少，少水不能灭盛火，而阳独治。独治者不能生长也，独胜而止耳。逢风而如炙如火者，是人当肉烁也。

帝曰：人有身寒，汤火不能热，厚衣不能温，然不冻栗，是为何病？

岐伯曰：是人者，素肾气胜，以水为事，太阳气衰，肾脂枯木不长，一水不能胜两火。肾者水也，而生于骨，肾不生，则髓不能满，故寒甚至骨也。所以不能冻栗者，肝一阳也，心二阳也，肾孤脏也，一水不能胜二火，故不能冻栗，病名曰骨痹，是人当挛节也。

帝曰：人之肉苛者，虽近亦絮，犹尚苛也，是谓何疾？

岐伯曰：荣气虚，卫气实也，荣气虚则不仁，卫气虚则不用，荣卫俱虚，则不仁且不用，肉如故也。人与志不相有，曰死。

帝曰：人有逆气不得卧而息有音者，有不得卧而息无音者；有起居如故息有音者；有得卧，行而喘者；有不得卧，不能行而喘者；有不得卧，卧而喘者。皆何脏使然？愿闻其故。

岐伯曰：不得卧而息有音者，是阳明之逆也，足三阳者下行，今逆而上行，故息有音也。阳明者，胃脉也，胃者，六腑之海，其气亦下行。阳明逆，不得从其道，故不得卧也。《下经》曰：胃不和，则卧不安。此之谓也。

夫起居如故而息有音者，此肺之络脉逆也，络脉不得随经上下，故留经而不行，络脉之病人也微，故起居如故而息有音也。

夫不得卧，卧则喘者，是水气之客也。夫水者，循津液而流也，肾者水藏主津液，主卧与喘也。

帝曰：善！

疟论篇第三十五

黄帝问曰：夫疟皆生于风，其蓄作有时者何也？

岐伯对曰：疟之始发也，先起于毫毛，伸欠乃作，寒慄鼓颔，腰脊俱痛，寒去则内外皆热，头疼如破，渴欲冷饮。

帝曰：何气使然？愿闻其道。

岐伯曰：阴阳上下交争，虚实更作，阴阳相移也。

阳并于阴，则阴实而阳虚，阳明虚则寒慄鼓颔也；巨阳虚则腰背头项痛；三阳俱虚，则阴气胜，阴气胜则骨寒而痛，寒生于内，故中外皆寒。阳盛则外热，阴虚则内热，外内皆热，则喘而渴，故欲冷饮也。

此皆得之夏伤于暑，热气盛，藏于皮肤之内，肠胃之外，皆荣气之所舍也。

此令人汗空疏，腠理开，因得秋气，汗出遇风，及得之以浴，水气舍于皮肤之内，与卫气并居，卫气者，昼日行于阳，夜行于阴，此气得阳而外出，得阴而内薄，内外相薄，是以日作。

帝曰：其间日而作者何也？

岐伯曰：其气之舍深，内薄于阴，阳气独发，阴邪内著，阴与阳争不得出，是以间日而作也。

帝曰：善！

其作日晏与其日早者何气使然？

岐伯曰：邪气客于风府，循膂而下，卫气一日一夜大会于风府，其明日日下一节，故其作也晏，此先客于脊背也，每至于风府，则腠理开，腠理开，则邪气入，邪气入则病作，以此日作稍益晏也。其出于风府，日下一节，二十五日下至骶骨；二十六日入于脊内，注于伏膂之脉；其气上行，九日出于缺盆之中。其气日高，故作日益早也。

其间日发者，由邪气内薄于五脏，横连募原也。其道远，其气深，其行迟，不能与卫气俱行，不得皆出。故间日乃作也。

帝曰：夫子言卫气每至于风府，腠理乃发，发则邪气入，入则病作，今卫气日下一节，其气之发也，不当风府，其日作者奈何？

岐伯曰：此邪气客于头项，循膂而下者也。故虚实不同，邪中异所，则不得当其风府也。故邪中于头项者，气至头项而病；中于背者，气至背而病；中于腰脊者，气至腰脊而病；中于手足者，气至手足而病；卫气之所在与邪气相合，则病作。故风无常府，卫气之所发，必开其腠理，邪气之所合，则其府也。

帝曰：善！

夫风之与疟也，相似同类，而风独常在，疟得有时而休者何也？

岐伯曰：风气留其处，故常在；疟气随经络，沉以内薄，故卫气应乃作。

帝曰：疟先寒而后热者，何也？

岐伯曰：夏伤于大暑，其汗大出，腠理开发，因遇夏气凄沧之水寒，藏于腠理皮肤之中，秋伤于风，则病成矣。夫寒者，阴气也，风者，阳气也，先伤于寒而后伤于风，故先寒而后热也，病以时作，名曰寒疟。

帝曰：先热而后寒者，何也？

岐伯曰：此先伤于风，而后伤于寒。故先热而后寒也。亦以时作，名曰温疟。

其但热而不寒者，阴气先绝，阳气独发，则少气烦冤，手足热而欲呕，名曰瘅疟。

帝曰：夫经言有余者泻之，不足者补之，今热为有余，寒为不足。夫疟者之寒，汤火不能温也，及其热，冰水不能寒也，此皆有余不足之类。当此之时，良工不能止，必须其自衰，乃刺之，其故何也？愿闻其说。

岐伯曰：经言无刺熇熇之热，无刺浑浑之脉，无刺漉漉之汗，故为其病逆，未可治也。夫疟之始发也，阳气并于阴，当是之时，阳虚而阴盛，外无气，故先寒慄也，阴气逆极，则复出之阳，阳与阴复并于外，则阴虚而阳实，故先热而渴。

夫疟气者，并于阳则阳胜，并于阴则阴胜；阴胜则寒，阳胜则热。疟者，风寒之气不常也。病极则复。至病之发也，如火之热，如风雨不可当也。故经言曰：方其盛时必毁，因其衰也，事必大昌。此之谓也。

夫疟之未发也，阴未并阳，阳未并阴，因而调之，真气得安，邪气乃亡。故工不能治其已发，为其气逆也。

帝曰：善。

攻之奈何？早晏何如？

岐伯曰：疟之且发也，阴阳之且移也，必从四末始也。阳已伤，阴从之，故先其时紧束其处，令邪气不得入，阴气不得出，审候见之，在孙络盛坚而血者，皆取之，此真往而未得并者也。

帝曰：疟不发，其应何如？

岐伯曰：疟气者，必更盛更虚。当气之所在也，病在阳，则热而脉躁；在阴，则寒而脉静；极则阴阳俱衰，卫气相离，故病得休；卫气集，则复病也。

帝曰：时有间二日或至数日发，或渴或不渴，其故何也？

岐伯曰：其间日者邪气与卫气客于六腑，而有时相失，不能相得，故休数日乃作也。疟者，阴阳更胜也，或甚或不甚，故或渴或不渴。

帝曰：论言夏伤于暑，秋必病疟，今疟不必应者，何也？

岐伯曰：此应四时者也。其病异形者，反四时也。其以秋病者寒甚，以冬病者寒不甚，以春病者恶风，以夏病者多汗。

帝曰：夫病温疟与寒疟，而皆安舍，舍于何藏？

岐伯曰：温疟者，得之冬中于风，寒气藏于骨髓之中，至春则阳气大发，邪气不能自出，因遇大暑，脑髓烁，肌肉消，腠理发泄，或有所用力，邪气与汗皆出。此病藏于肾，其气先从内出之于外也。如是者，阴虚而阳盛，阳盛则热矣。衰则气复反入，入则阳虚，阳虚则寒矣。故先热而后寒，名曰温疟。

帝曰：瘅疟何如？

岐伯曰：瘅疟者，肺素有热，气盛于身，厥逆上冲，中气实而不外泄，因有所用力，腠理开，风寒舍于皮肤之内，分肉之间而发，发则阳气盛，阳气盛而不衰，则病矣。其气不及于阴，故但热而不寒，气内藏于心，而外舍于分肉之间，令人消烁脱肉，故命曰瘅疟。

帝曰：善。

🌀 刺疟篇第三十六

足太阳之疟，令人腰痛头重，寒从背起，先寒后热。

熇熇暍暍然，热止汗出，难已，刺郄中出血。足少阳之疟，令人身体解㑊，寒不甚，热不甚，恶见人，见人心惕惕然，热多汗出甚，刺足少阳。

足阳明之疟，令人先寒，洒淅洒淅，寒甚久乃热，热去汗出，喜见日月光火气，乃快然。刺足阳明跗上。

足太阴之疟，令人不乐，好太息，不嗜食，多寒热汗出，病至则善呕，呕已乃衰，即取之。足太阴之疟，令人呕吐甚，多寒热，热多寒少，欲闭户牖而处，其病难已。

足厥阴之疟，令人腰痛，少腹满、小便不利、如癃状，非癃也。数便，意恐惧，气不足，腹中悒悒，刺足厥阴。

肺疟者，令人心寒，寒甚热，热间善惊，如有所见者，刺手太阴阳明。

心疟者，令人烦心甚，欲得清水，反寒多，不甚热，刺手少阴。

肝疟者，令人色苍苍然太息，其状若死者，刺足厥阴见血。

脾疟者，令人寒，腹中痛。热则肠中鸣，鸣已汗出，刺足太阴。

肾疟者，令人洒洒然，腰脊痛，宛转大便难，目眴眴然，手足寒。刺足太阳、少阴。

胃疟者，令人且病也，善饥而不能食，食而支满腹大，刺足阳明、太阴横脉出血。

疟发身方热，刺趾上动脉，开其空，出其血，立寒；疟方欲寒，刺手阳明太阴、足阳明太阴。疟脉满大急，刺背俞，用中针傍伍俞各一，适肥瘦出其血也。疟脉小实急，灸胫少阴，刺指井。疟脉满大急，刺背俞，用五胠俞、背俞各一，适行至于血也。疟脉缓大虚，便宜用药，不宜用针。

凡治疟，先发如食顷，乃可以治，过之则失时也。

诸疟而脉不见，刺十指间出血，血去必已；先视身之赤如小豆者，尽取之。

十二疟者，其发各不同时，察其病形，以知其何脉之病也。先其发时如食顷而刺之，一刺则衰，二刺则知，三刺则已；不已刺舌下两脉出血；不已，刺郄中盛经出血，又刺项已下侠脊者，必已。舌下两脉者，廉泉也。

刺疟者，必先问其病之所先发者，先刺之。先头痛及重者，先刺头上及两额、两眉间出血。先项背痛者，先刺之。先腰脊痛者，先刺郄中出血。先手臂痛者，先刺手少阴阳明十指间；先足胫酸痛者，先刺足阳明十指间出血。

风疟，疟发则汗出恶风，刺三阳经背俞之血者。胻痠痛甚，按之不可，名曰胕髓病。以镵针，针绝骨出血，立已。身体小痛，刺至阴。

诸阴之井，无出血，间日一刺。疟不渴，间日而作，刺足太阳。渴而间日作，刺足少阳。湿疟汗不出，为五十九刺。

气厥论篇第三十七

黄帝问曰：五脏六腑寒热相移者何？

岐伯曰：肾移寒于肝，痈肿，少气。

脾移寒于肝，痈肿，筋挛。

肝移寒于心，狂隔中。

心移寒于肺，肺消。肺消者饮一溲二，死不治。

肺移寒于肾，为涌水；涌水者，按腹不坚，水气客于大肠，疾行则鸣濯濯，如囊裹浆水之病也。

脾移热于肝，则为惊衄。

肝移热于心，则死。

心移热于肺，传为鬲消。

肺移热于肾，传为柔痓。

肾移热于脾，传为虚，肠澼，不可治。胞移热于膀胱，则癃溺血。

膀胱移热于小肠，鬲肠不便，上为口糜。

小肠移热于大肠，为虙瘕，为沉。

大肠移热于胃，善食而瘦，以谓之食亦。

胃移热于胆，亦曰食亦。

胆移热于脑，则辛頞鼻渊。鼻渊者，浊涕不下止也，传为衄蔑瞑目。故得之气厥也。

❀ 咳论篇第三十八

黄帝问曰：肺之令人咳，何也？

岐伯对曰：五脏六腑皆令人咳，非独肺也。

帝曰：愿闻其状。

岐伯曰：皮毛者，肺之合也；皮毛先受邪气，邪气以从其合也。其寒饮食入胃，从肺脉上至于肺，则肺寒，肺寒则外内合邪，因而客之，则为肺咳。

五脏各以其时受病，非其时，各传以与之。

人与天地相参，故五脏各以治时，感于寒则受病，微则为咳，甚者为泄为痛。乘秋则肺先受邪，乘春则肝先受之，乘夏则心先受之，乘至阴则脾先受之，乘冬则肾先受之。

帝曰：何以异之？

岐伯曰：肺咳之状，咳而喘息有音，甚则唾血。心咳之状，咳则心痛，喉中介介如梗状，甚则咽肿，喉痹。肝咳之状，咳则两胁下痛，甚则不可以转，转则两胠下满。脾咳之状，咳则右胁下痛，阴阴引肩背，甚则不可以动，动则咳剧。肾咳之状，咳则腰背相引而痛，甚则咳涎。

帝曰：六腑之咳奈何？安所受病？

岐伯曰：五脏之久咳，乃移于六腑。脾咳不已，则胃受之。胃咳之状，咳而呕，呕甚则长虫出。肝咳不已，则胆受之，胆咳之状，咳呕胆汁。肺咳不已，则大肠变之，大肠咳状，咳而遗矢。心咳不已，则小肠受之；小肠咳状，咳而失气，气与咳俱失。肾咳不已则膀胱受之；膀胱咳状，咳而遗溺。久咳不已，则三焦受之；三焦咳状，咳而腹满不欲食饮。

此皆聚于胃，关于肺，使人多涕唾而面浮肿气逆也。

帝曰：治之奈何？

岐伯曰：治脏者，治其俞，治腑者治其合；浮肿者，治其经。

帝曰：善。

举痛论篇第三十九

黄帝问曰：余闻善言天者，必有验于人；善言古者，必有合于今；善言人者，必有厌于己。如此则道不惑而要数极，所谓明也。今余问于夫子，令言而可知，视而可见，扪而可得，令验于己而发蒙解惑，可得而闻乎？

岐伯再拜稽首曰：何道之问也？

帝曰：愿闻人之五脏卒痛，何气使然？

岐伯对曰：经脉流行不止，环周不休，寒气入经而稽迟。泣而不行，客于脉外则血少，客于脉中则气不通，故卒然而痛。

帝曰：其痛或卒然而止者；或痛甚不休者；或痛甚不可按者；或按之而痛止者，或按之无益者，或喘动应手者，或心与背相引而痛者；或胁肋与少腹相引而痛者，或腹痛引阴股者，或痛宿昔而成积者，或卒然痛死不知人，有少间复生者，或痛而呕者，或腹痛而后泄者，或痛而闭不通者。凡此诸痛，各不同形，别之奈何？

岐伯曰：寒气客于脉外则脉寒，脉寒则缩蜷，缩蜷则脉绌急，则外引小络，故卒然而痛，得炅则痛立止；因重中于寒，则痛久矣。

寒气客于经脉之中，与炅气相薄，则脉满，满则痛而不可按也。寒气稽留，炅气从上，则脉充大而血气乱，故痛甚不可按也。

寒气稽留，气从上，则脉充大而血气乱，故痛甚不可按也。

寒气客于肠胃之间，膜原之下，血不得散，小络急引故痛。按之则血气散，故按之痛止。

寒气客于侠脊之脉，则深按之不能及，故按之无益也。

寒气客于冲脉，冲脉起于关元，随腹直上，寒气客则脉不通，脉不通则气因之，故喘气应手矣。

寒气客于背俞之脉，则脉泣，脉泣则血虚，血虚则痛。其俞注于心，故相引而痛。按之则热气至，热气至则痛上矣。

寒气客于厥阴之脉，厥阴之脉者，络阴器，系于肝。寒气客于脉中，则血泣脉急，故胁肋与少腹相引痛矣。

厥气客于阴股，寒气上及少腹，血泣在下相引，故腹痛引阴股。

寒气客于小肠膜原之间，络血之中，血泣不得注入大经，血气稽留不得行，故宿昔而成积矣。

寒气客于五脏，厥逆上泄，阴气竭，阳气未入，故卒然痛死不知人，气复反则生矣。

寒气客于肠胃，厥逆上出，故痛而呕也。

寒气客于小肠，小肠不得成聚，故后泻腹痛矣。

热气留于小肠，肠中痛，瘅热焦渴，则坚干不得出，故痛而闭不通矣。

帝曰：所谓言而可知者也，视而可见奈何？

岐伯曰：五脏六腑固尽有部，视其五色，黄赤为热，白为寒，青黑为痛，此所谓视而可见者也。

帝曰：扪而可得奈何？

岐伯曰：视其主病之，脉坚而血及陷下者，皆可扪而得也。

帝曰：善。余知百病生于气也，怒则气上，喜则气缓，悲则气消，恐则气下，寒则气收，炅则气泄，惊则气乱，劳则气耗，思则气结。九气不同，何病之生？

岐伯曰：怒则气逆，甚则呕血及飧泄，故气上矣。喜则气和志达，荣卫通利，故气缓矣。悲则心系急，肺布叶举，而上焦不通，荣卫不散，热气在中，故气消矣。

恐则精却，却则上焦闭，闭则气还，还则下焦胀，故气不行矣。

寒则腠理闭，气不行，故气收矣。炅则腠理开，荣卫通，汗大泄，故气泄。

惊则心无所依，神无所归，虑无所定，故气乱矣。劳则喘息汗出，外内皆越，故气耗矣。思则心有所存，神有所归，正气留而不行，故气结矣。

❀ 腹中论篇第四十

黄帝问曰：有病心腹满，旦食则不能暮食，此为何病？

岐伯对曰：名为鼓胀。

帝曰：治之奈何？

岐伯曰：治之以鸡矢醴，一剂知，二剂已。

帝曰：其时有复发者，何也？

岐伯曰：此饮食不节，故时有病也。虽然其病也已，时故当病气聚于腹也。

帝曰：有病胸胁支满者，妨于食，病至则先闻腥臊臭，出清液，先唾血，四支清，目眩，时时前后血，病名为何，何以得之？

岐伯曰：病名血枯，此得之年少时有所大脱血；若醉入房中，气竭肝伤，故月事衰少不来也。

帝曰：治之奈何？复以何术？

岐伯曰：以四乌骨一藘茹二物并合之，丸以雀卵，大小如豆，以五丸为后饭，饮以鲍鱼汁，利肠中及伤肝也。

帝曰：病有少腹盛，上下左右皆有根，此为何病？可治不？

岐伯曰：病名曰伏梁。

帝曰：伏梁何因而得之？

岐伯曰：裹大脓血，居肠胃之外，不可治，治之每切按之致死。

帝曰：何以然？

岐伯曰：此下则因阴，必下脓血，上则迫胃脘，生膈侠胃脘内痈，此久病也，难治。居脐上为逆，居脐下为从，勿动亟夺，论在《刺法》中。

帝曰：人有身体髀股胻皆肿，环脐而痛，是为何病？

岐伯曰：病名伏梁，此风根也。其气溢于大肠而著于肓，肓之原在脐下，故环脐而痛也。不可动之，动之为水溺涩之病。

帝曰：夫子数言热中，消中，不可服高粱芳草、石药，石药发瘨，芳草发狂。夫热中消中者，皆富贵人也，今禁高粱，是不合其心，禁芳草、石药，是病不愈，愿闻其说。

岐伯曰：夫芳草之气美，石药之气悍，二者其气急疾坚劲，故非缓心和人，不可以服此二者。

帝曰：不可以服此二者，何以然？

岐伯曰：夫热气慓悍，药气亦然，二者相遇，恐内伤脾，脾者土也，而恶木，服此药者，至甲乙日更论。

帝曰：善。有病膺肿颈痛。

胸满腹胀，此为何病？何以得之？

岐伯曰：名厥逆。

帝曰：治之奈何？

岐伯曰：灸之则瘖，石之则狂，须其气并，乃可治也。

帝曰：何以然？

岐伯曰：阴气重上，有余于上，灸之则阳气入阴，入则瘖，石之则阳气虚，虚则狂。须其气并而治之，可使全也。

帝曰：善。

何以知怀子之且生也？

岐伯曰：身有病而无邪脉也。

帝曰：病热而有所痛者，何也？

岐伯曰：病热者，阳脉也，以三阳之动也。人迎一盛少阳，二盛太阳，三盛阳明。入阴也。夫阳入于阴，故病在头与腹，乃䐜胀而头痛也。

帝曰：善。

❀ 刺腰痛篇第四十一

足太阳脉令人腰痛，引项脊尻背如重状，刺其郄中太阳正经出血，春无见血。

少阳令人腰痛，如以针刺其皮中，循循然不可以俯仰，不可以顾。刺少阳成骨之端出血，成骨在膝外廉之骨独起者，夏无出血。

阳明令人腰痛，不可以顾，顾如有见者，善悲。刺阳明于骭前三，上下和之出血，秋无见血。

足少阴令人腰痛，痛引脊内廉。刺少阴于内踝上二痏。春无见血，出血太多，不可复也。

厥阴之脉，令人腰痛，腰中如张弓弩弦，刺厥阴之脉，在腨踵鱼腹之外，循之累累然，乃刺之。其病令人善言默默然不慧，刺之三痏。

解脉令人腰痛，痛引肩，目然，时遗溲。刺解脉，在膝筋肉分间郄外廉之横脉出血，血变而止。

解脉令人腰痛如引带，常如折腰状，善恐；刺解脉，在郄中结络如黍米，刺之血射以黑，见赤血而已。

同阴之脉令人腰痛，痛如小锤居其中，怫然肿。刺同阴之脉在外踝上绝骨之端，为三痏。

阳维之脉令人腰痛，痛上怫然肿，刺阳维之脉，脉与太阳合腨下间，去地一尺所。

衡络之脉令人腰痛，不可以俯仰，仰则恐仆，得之举重伤腰，衡络绝，恶血归之。刺之在郄阳、筋之间，上郄数寸，衡居，为二痏出血。

会阴之脉令人腰痛，痛上漯漯然汗出。汗干令人欲饮，饮已欲走。刺直肠之脉上三痏，在跷上郄下五寸横居，视其盛者出血。

飞阳之脉令人腰痛，痛上怫怫然，甚则悲以恐。刺飞阳之脉，在内踝上五寸，少阴之前，与阴维之会。

昌阳之脉令人腰痛，痛引膺，目䀮䀮然，甚则反折，舌卷不能言，刺内筋为二。在内踝上大筋前，太阴后上踝二寸所。

散脉令人腰痛而热，热甚生烦，腰下如有横木居其中，甚则遗溲；刺散脉在膝前骨肉分间，络外廉束脉，为三痏。

肉里之脉令人腰痛，不可以咳，咳则筋缩急。刺肉里之脉，为二痏，在太阳之外，少阳绝骨之后。

腰痛挟脊而痛至头几几然，目䀮䀮欲僵仆，刺足太阳郄中出血。

腰痛上寒，刺足太阳、阳明；上热，刺足厥阴；不可以俯仰，刺足少阳；中热而喘，刺足少阴，刺郄中出血。

腰痛上寒不可顾，刺足阳明；上热刺足太阴；中热而喘，刺足少阴。大便难，刺足少阴；少腹满，刺足厥阴。如折不可以俯仰，不可举，刺足太阳；引脊内廉，刺足少阴。

腰痛引少腹控䏚，不可以仰；刺腰尻交者，两髁上，以月生死为痏数，发针立已，左取右，右取左。

风论篇第四十二

黄帝问曰：风之伤人也，或为寒热，或为热中，或为寒中，或为疠风，或为偏枯，或为风也；其病各异，其名不同。或内至五脏六腑，不知其解，愿闻其说。

岐伯对曰：风气藏在皮肤之间，内不得通，外不得泄。

风者，善行而数变，腠理开则洒然寒，闭则热而闷。其寒也则衰食饮；其热也则消肌肉。故使人怢慄而不能食，名曰寒热。

风气与阳明入胃，循脉而上至目内眦，其人肥，则风气不得外泄，则为热中而目黄；人瘦则外泄而寒，则为寒中而泣出。

风气与太阳俱入，行诸脉俞，散于分肉之间，与卫气相干，其道不利。故使肌肉愤䐜而有疡，卫气有所凝而不行，故其肉有不仁也。

疠者，有荣气热府，其气不清，故使其鼻柱坏而色败，皮肤疡溃。风寒客于脉而不去，名曰疠风，或名曰寒热。

以春甲乙伤于风者为肝风；以夏丙丁伤于风者为心风；以季夏戊己伤于邪者为脾风；以秋庚辛中于邪者为肺风；以冬壬癸中于邪者为肾风。

风中五脏六腑之俞，亦为脏腑之风，各入其门户所中，则为偏风。

风气循风府而上，则为脑风，风入系头，则为目风，眼寒。

饮酒中风，则为漏风。入房汗出中风，则为内风。新沐中风，则为首风。久风入中，则为肠风，飧泄。外在腠理，则为泄风。

故风者，百病之长也，至其变化，乃为他病也，无常方，然致有风气也。

帝曰：五脏风之形状不同者何？愿闻其诊，及其病能。

岐伯曰：肺风之状，多汗恶风，色皏然白，时咳短气，昼日则差，暮则甚，诊在眉上，其色白。

心风之状，多汗恶风，焦绝善怒吓，赤色，病甚则言不可快，诊在口，其色赤。

肝风之状，多汗恶风，善悲，色微苍，嗌干善怒，时憎女子，诊在目下，其色青。

脾风之状，多汗恶风，身体怠堕，四支不欲动，色薄微黄，不嗜食，诊在鼻上，其色黄。

肾风之状，多汗恶风，面痝然浮肿，脊痛不能正立，其色炲，隐曲不利，诊在肌上，其色黑。

胃风之状，颈多汗恶风，食饮不下，膈塞不通，腹善满，失衣则胀，食寒则泄，诊形瘦而腹大。

首风之状，头面多汗，恶风、当先风一日，则病甚，头痛不可以出内，至其风日，则病少愈。

漏风之状，或多汗，常不可单衣，食则汗出，甚则身汗，喘息恶风，衣常濡，口干善渴，不能劳事。

泄风之状，多汗，汗出泄衣上，口中干，上渍其风，不能劳事，身体尽痛，则寒。

帝曰：善。

◉ 痹论篇第四十三

黄帝问曰：痹之安生？

岐伯对曰：风寒湿三气杂至，合而为痹也。其风气胜者为行痹，寒气胜者为痛痹，湿气胜者为著痹也。

帝曰：其有五者，何也？

岐伯曰：以冬遇此者为骨痹，以春遇此者为筋痹；以夏遇此者为脉痹；以至阴遇此着为肌痹；以秋遇此者为皮痹。

帝曰：内舍五脏六腑，何气使然？

岐伯曰：五脏皆有合，病久而不去者，内舍其合也。故骨痹不已，复感于邪，内会于肾；筋痹不已，复感于邪，内会于肝；脉痹不已，复感于邪，内会于心；肌痹不已，复感于邪，内舍于脾；皮痹不已，复感于邪，内舍于肺。所谓痹者，各以其时重感于风寒湿之气也。

凡痹之客五脏者：肺痹者，烦满喘而呕。心痹者，脉不通，烦则心下鼓，暴上气而喘，嗌干善噫，厥气上则恐。肝痹者，夜卧则惊，多饮数小便，上为引如怀。肾痹者，善胀，尻以代踵，脊以代头。脾痹者，四支解堕，发咳呕汁，上为大塞。肠痹者，数饮而出不得，中气喘争，时发飧泄。胞痹者，少腹膀胱按之内痛，若沃以汤，涩于小便，上为清涕。

阴气者，静则神藏，躁则消亡。饮食自倍，肠胃乃伤。

淫气喘息，痹聚在肺；淫气忧思，痹聚在心；淫气遗溺，痹聚在肾；淫气乏竭，痹聚在肝；淫气肌绝，痹聚在脾。诸痹不已，亦益内也。其风气胜者，其人易已也。

帝曰：痹，其时有死者，或疼久者，或易已者，其何故也？

岐伯曰：其入脏者死，其留连筋骨者疼久，其留皮肤间者易已。

帝曰：其客于六腑者何也？

岐伯曰：此亦其食饮居处，为其病本也。六腑亦各有俞，风寒湿气中其俞，而食饮应之，循俞而入，各舍其府也。

帝曰：以针治之奈何？

岐伯曰：五脏有俞，六腑有合，循脉之分，各有所发，各随其过，则病瘳也。

帝曰：荣卫之气，亦令人痹乎？

岐伯曰：荣者水谷之精气也，和调于五脏，洒陈于六腑，乃能入于脉也。故循脉上下贯五脏，络六腑也。卫者，水谷之悍气也。其气剽疾滑利，不能入于脉也。故循皮肤之中，分肉之间，熏于肓膜，散于胸腹。逆其气则病，从其气则愈，不与风寒湿气合，故不为痹。

帝曰：善！

痹，或痛，或不仁，或寒，或热，或燥，或湿，其故何也？

岐伯曰：痛者寒气多也，有寒故痛也。

其不痛不仁者，病久入深，荣卫之行涩，经络时疏，故不通，皮肤不营，故为不仁。

其寒者，阳气少，阴气多，与病相益，故寒也。

其热者，阳气多，阴气少，病气胜，阳遭阴，故为痹热。

其多汗而濡者，此其逢湿甚也。阳气少，阴气盛，两气相盛，故汗出而濡也。

帝曰：夫痹之为病，不痛何也？

岐伯曰：痹在于骨则重；在于脉则血凝而不流；在于筋则屈不伸；在于肉则不仁；在于皮则寒。故具此五者，则不痛也。

凡痹之类，逢寒则虫，逢热则纵。

帝曰：善。

◉ 痿论篇第四十四

黄帝问曰：五脏使人痿，何也？

岐伯对曰：肺主身之皮毛，心主身之血脉，肝主身之筋膜，脾主身之肌肉，肾主身之骨髓。

故肺热叶焦，则皮毛虚弱急薄，著则生痿躄也；心气热，则下脉厥而上，上则下脉虚，虚则生脉痿，枢析挈，胫纵而不任地也。肝气热，则胆泄口苦，筋膜干，筋膜干则筋急而挛，发为筋痿；脾气热，则胃干而渴，肌肉不仁，发为肉痿。肾气热，则腰脊不举，骨枯而髓减，发为骨痿。

帝曰：何以得之？

岐伯曰：肺者脏之长也，为心之盖也，有所失亡，所求不得，则发肺鸣，鸣则肺热叶焦，故曰：五脏因肺热叶焦，发为痿，此之谓也。

悲哀太甚，则胞络绝，胞络绝，则阳气内动，发则心下崩，数溲血也。故《本病》曰：大经空虚，发为肌痹，传为脉痿。

思想无穷，所愿不得，意淫于外，入房太甚，宗筋弛纵，发为筋痿，及为白淫。故《下经》曰：筋痿者，生于肝使内也。

有渐于湿，以水为事，若有所留，居处相湿，肌肉濡渍，痹而不仁，发为肉痿。故《下经》曰：肉痿者，得之湿地也。

有所远行劳倦，逢大热而渴，渴则阳气内伐，内伐则热合于肾，肾者水藏也；今水不胜火，则骨枯而髓虚。故足不任身，发为骨痿。故《下经》曰：骨痿者，生于大热也。

帝曰：何以别之？

岐伯曰：肺热者，色白而毛败；心热者，色赤而络脉溢；肝热者，色苍而爪枯；脾热者，色黄而肉蠕动；肾热者，色黑而齿槁。

帝曰：如夫子言可矣。论言治痿者独取阳明，何也？

岐伯曰：阳明者五脏六腑之海，主闰宗筋，宗筋主束骨而利机关也。冲脉者，经脉之海也，主渗灌溪谷，与阳明合于宗筋，阴阳总宗筋之会，会于气街，而阳明为之长，皆属于带脉，而络于督脉。故阳明虚，则宗筋纵，带脉不引，故足痿不用也。

帝曰：治之奈何？

岐伯曰：各补其荥，而通其俞，调其虚实，和其逆顺；筋脉骨肉，各以其时受月，则病已矣。

帝曰：善。

厥论篇第四十五

黄帝问曰：厥之寒热者，何也？

岐伯对曰：阳气衰于下，则为寒厥；阴气衰于下，则为热厥。

帝曰：热厥之为热也，必数于足下者何也？

岐伯曰：阳气起于足五指之表，阴脉者，集于足下，而聚于足心，故阳气胜，则足下热也。

帝曰：寒厥之为寒也，必从五指而上于膝者，何也？

岐伯曰：阴气起于足五指之里，集于膝下而聚于膝上，故阴气胜，则从五指至膝上寒，其寒也，不从外，皆从内也。

帝曰：寒厥何失而然也？

岐伯曰：前阴者，宗筋之所聚，太阴、阳明之所合也。春夏则阳气多而阴气少，秋冬则阴气盛而阳气衰；此人者质壮，以秋冬夺于所用，下气上争，不能复，精气溢下，邪气因从之而上也。气因于中，阳气衰，不能渗营其经络，阳气日损，阴气独在，故手足为之寒也。

帝曰：热厥何如而然也？

岐伯曰：酒入于胃，则络脉满而经脉虚。脾主为胃行其津液者也，阴气虚则阳气入，阳气入则胃不和，胃不和则精气竭，精气竭则不营其四支也。此人必数醉若饱以入房，气聚于脾中不得散，酒气与谷气相薄，热盛于中，故热遍于身，内热而溺赤也。夫酒气盛而慓悍，肾气有衰，阳气独胜，故手足为之热也。

帝曰：厥或令人腹满，或令人暴不和人，或至半日远至一日，乃知人者，何也？

岐伯曰：阴气盛于上则下虚，下虚则腹胀满，阳气盛于上则下气重上，而邪气逆，逆则阳气乱，阳气乱，则不知人也。

帝曰：善。愿闻六经脉之厥状病能也。

岐伯曰：巨阳之厥，则肿首头重，足不能行，发为眴仆。

阳明之厥，则癫疾欲走呼，腹满不得卧，面赤而热，妄见而妄言。

少阳之厥，则暴聋颊肿而热，胁痛，胻不可以运。

太阴之厥，则腹满䐜胀，后不利，不欲食，食则呕，不得卧。

少阴之厥，则口干溺赤，腹满心痛。

厥阴之厥，则少腹肿痛，腹胀，泾溲不利，好卧，屈膝、阴缩肿，胻内热。

盛则泻之；虚则补之；不盛不虚，以经取之。

太阴厥逆，胻急挛，心痛引腹，治主病者。少阴厥逆，虚满呕变，下泄清，治主病者。厥阴厥逆，挛、腰痛，虚满前闭，谵言，治主病者。三阴俱逆，不得前后，使人手足寒，三日死。

太阳厥逆，僵仆，呕血善衄，治主病者。少阳厥逆，机关不利，机关不利者，腰不可以行，项不可以顾，发肠痈，不可治，惊者死。阳明厥逆，喘咳身热，善惊，衄，呕血。

手太阴厥逆，虚满而咳，善呕沫，治主病者。手心主少阴厥逆，心痛引喉，身热，死不可治。

手太阳厥逆，耳聋泣出，项不可以顾，腰不可以俯仰。治主病者。手阳明、少阳厥逆，发喉痹，嗌肿，痉，治主病者。

❀ 病能论篇第四十六

黄帝问曰：人病胃脘痈者，诊当何如？

岐伯对曰：诊此者，当候胃脉，其脉当沉细，沉细者气逆，逆者人迎甚盛，甚盛则热。人迎者，胃脉也，逆而盛，则热聚于胃口而不行，故胃脘为痈也。

帝曰：善。

人有卧而有所不安者，何也？

岐伯曰：脏有所伤，及精有所之寄则安，故人不能悬其病也。

帝曰：人之不得偃卧者，何也？

岐伯曰：肺者，脏之盖也，肺气盛则脉大，脉大则不得偃卧，论在《奇恒阴阳》中。

帝曰：有病厥者，诊右脉沉而紧，左脉浮而迟，不然病主安在？

岐伯曰：冬诊之，右脉固为沉紧，此应四时；左脉浮而迟，此逆四时。在左当主病在肾，颇关在肺，当腰痛也。

帝曰：何以言之？

岐伯曰：少阴脉贯肾络肺，今得肺脉，肾为之病，故肾为腰痛之病也。

帝曰：善。

有病颈痈者，或石治之，或针灸治之，而皆已。其真安在？

岐伯曰：此同名异等者也。夫痈气之息者，宜以针开除去之；夫气盛血聚者，宜石而泻之。此所谓同病异治也。

帝曰：有病怒狂者，此病安生？

岐伯曰：生于阳也。

帝曰：阳何以使人狂？

岐伯曰：阳气者，因暴折而难决，故善怒也，病名曰阳厥。

帝曰：何以知之？

岐伯曰：阳明者常动，巨阳、少阳不动，不动而动，大疾，此其候也。

帝曰：治之奈何？

岐伯曰：夺其食即已。夫食入于阴，长气于阳，故夺其食即已。使之服以生铁络为饮，夫生铁络者，下气疾也。

帝曰：善。

有病身热解堕，汗出如浴。恶风少气，此为何病？

岐伯曰：病名曰酒风。

帝曰：治之奈何？

岐伯曰：以泽泻、白术各十分，麋衔五分，合以三指撮为后饭。

所谓深之细者，其中手如针也。摩之切之，聚者坚也，博者，大也。

《上经》者，言气之通天也；《下经》者，言病之变化也；《金匮》者，决死生也。《揆度》者，切度之也。《奇恒》者，言奇病也。

所谓奇者，使奇病不得以四时死也。恒者，得以四时死也。所谓揆者，方切求之也，言切求其脉理也；度者，得其病处，以四时度之也。

🏵 奇病论篇第四十七

黄帝问曰：人有重身，九月而瘖，此为何也？

岐伯对曰：胞之络脉绝也。

帝曰：何以言之？

岐伯曰：胞络者，系于肾，少阴之脉，贯肾系舌本，故不能言。

帝曰：治之奈何？

岐伯曰：无治也，当十月复。《刺法》曰，无损不足，益有余，以成其疹，然后调之。

所谓无损不足者，身羸瘦，无用镵石也；无益其有余者，腹中有形而泄之，泄之则精出而病独擅中，故曰疹成也。

帝曰：病胁下满，气逆，二三岁不已，是为何病？

岐伯曰：病名曰息积，此不妨于食，不可灸刺，积为导引服药，药不能独治也。

帝曰：人有身体髀股骱皆肿，环脐而痛，是为何病？

岐伯曰：病名曰伏梁，此风根也。其气溢于大肠而著于肓，肓之原在脐下，故环脐而痛也。不可动之，动之为水溺涩之病也。

帝曰：人有尺脉数甚，筋急而见，此为何病？

岐伯曰：此所谓疹筋，是人腹必急，白色黑色见，则病甚。

帝曰：人有病头痛以数岁不已，此安得之，名为何病？

岐伯曰：当有所犯大寒，内至骨髓，髓者以脑为主，脑逆，故令头痛，齿亦痛，病名厥逆。

帝曰：善。

帝曰：有病口甘者，病名为何？何以得之？

岐伯曰：此五气之溢也，名曰脾瘅。夫五味入口，藏于胃，脾为之行其精气，津液在脾，故令人口甘也，此肥美之所发也，此人必数食甘美而多肥也。肥者令人内热，甘者令人中满，故其气上溢，转为消渴。治之以兰，除陈气也。

帝曰：有病口苦，取阳陵泉。口苦者，病名为何？何以得之？

岐伯曰：病名曰胆瘅。夫肝者，中之将也，取决于胆，咽为之使，此人者数谋虑不决，故胆虚，气上逆而口为之苦。治之以胆募俞，治在《阴阳十二官相使》中。

帝曰：有癃者，一日数十溲，此不足也。身热如炭，颈膺如格，人迎躁盛，喘息，气逆，此有余也。太阴脉微细如发者，此不足也。其病安在？名为何病？

岐伯曰：病在太阴，其盛在胃，颇在肺，病名曰厥，死不治。此所谓得五有余，二不足也。

帝曰：何谓五有余二不足？

岐伯曰：所谓五有余者，五病之气有余也；二不足者，亦病气之不足也。今外得五有余，内得二不足，此其身不表不里，亦正死明矣。

帝曰：人生而有病癫疾者，病名曰何？安所得之？

岐伯曰：病名为胎病，此得之在母腹中时，其母有所大惊、气上而不下，精气并居，故令子发为癫疾也。

帝曰：有病痝然有水状，切其脉大紧，身无痛者，形不瘦，不能食，食少，名为何病？

岐伯曰：病生在肾，名为肾风。肾风而不能食，善惊，惊已，心气痿者死。

帝曰：善。

◎ 大奇论篇第四十八

肝满、肾满、肺满皆实，即为肿。

肺之雍，喘而两胠满；肝雍，两满，卧则惊，不得小便；肾雍，脚下至少腹满，胫有大小，髀骱大跛，易偏枯。

心脉满大，痫瘈筋挛。肝脉小急，痫筋挛；肝脉骛暴，有所惊骇，脉不至若瘖，不治自已。

肾脉小急，肝脉小急，心脉小急，不鼓皆为瘕。

肝肾并沉为石水，并浮为风水，并虚为死，并小弦欲惊。

肾脉大急沉，肝脉大急沉，皆为疝。

心脉搏滑急为心疝。肺脉沉搏为肺疝。

三阳急为瘕；三阴急为疝；二阴急为痫厥，二阳急为惊。

脾脉外鼓，沉为肠澼，久自已。肝脉小缓，为肠澼，易治。肾脉小搏沉，为肠澼下血，血湿身热者死。心肝澼亦下血，二脏同病者可治。其脉小沉濇为肠澼，其身热者死，热见七日死。胃脉沉鼓濇，胃外鼓大，心脉小坚急，皆鬲偏枯。男子发左、女子发右，不瘖舌转，可治，三十日起；其从者瘖三岁起，年不满二十者，三岁死。

脉至而搏，血衄身热者死。脉来悬钩浮为常脉。

脉至如喘，名曰暴厥，暴厥者，不知与人言。脉至如数，使人暴惊，三四日自已。

脉至浮合，浮合如数，一息十至以上，是经气予不足也，微见九十日死。

脉至如火薪然，是心精之予夺也，草干而死。

脉至如散叶，是肝气予虚也，木叶落而死。

脉至如省客，省客者，脉塞而鼓，是肾气予不足也，悬去枣华而死。

脉至如丸泥，是胃精予不足也，榆荚落而死。

脉至如横格，是胆气予不足也，禾熟而死。

脉至如弦缕，是胞精予不足也，病善言，下霜而死，不言可治。

脉至如交漆，交漆者，左右傍至也，微见三十日死。

脉至如涌泉，浮鼓肌中，太阳气予不足也。少气味，韭英而死。

脉至如颓土之状，按之不得，是肌气予不足也。五色先见黑，白垒发死。

脉至如悬雍，悬雍者，浮揣切之益大，是十二俞之予不足也，水凝而死。

脉至如偃刀，偃刀者，浮之小急，按之坚大急，五脏菀熟，寒热独并于肾也，如此其人不得坐，立春而死。

脉至如丸滑不直手，不直手者，按之不可得也。是大肠气予不足也，枣叶生而死。

脉至如华者令人善恐，不欲坐卧，行立常听，是小肠气予不足也。季秋而死。

脉解篇第四十九

太阳所谓肿腰脽痛者，正月太阳寅，寅太阳也。正月阳气出，在上而阴气盛，阳未得自次也，故肿腰椎脽痛也。

病偏虚为跛者，正月阳气冻解地气而出也，所谓偏虚者，冬寒颇有不足者，故偏虚为跛也。

所谓强上引背者，阳气大上而争，故强上也。

所谓耳鸣者，阳气万物盛上而跃，故耳鸣也。

所谓甚则狂巅疾者，阳尽在上，而阴气从下，下虚上实，故狂巅疾也。

所谓浮为聋者，皆在气也。

所谓入中为瘖者，阳盛已衰，故为瘖也。

内夺而厥，则为瘖俳，此肾虚也，少阴不至者，厥也。

少阳所谓心胁痛者，言少阳盛也。盛者，心之所表也，九月阳气尽而阴气盛，故心胁痛也。

所谓不可反侧者，阴气藏物也，物藏则不动，故不可反侧也。

所谓甚则跃者，九月万物尽衰，草木华落而堕，则气去阳而之阴，气盛而阳之下长，故谓跃。

阳明所谓洒洒振寒者，阳明者午也，五月盛阳之阴也，阳盛而阴气加之，故洒洒振寒也。

所谓胫肿而股不收者，是五月盛阳之阴也。阳者，衰于五月，而一阴气上，与阳始争，故胫肿而股不收也。

所谓上喘而为水者，阴气下而复上，上则邪客于脏腑间，故为水也。

所谓胸痛少气者，水气在脏腑也；水者阴气也，阴气在中，故胸痛少气也。

所谓甚则厥，恶人与火，闻木音则惕然而惊者，阳气与阴气相薄，水火相恶，故惕然而惊也。

所谓欲独闭户牖而处者，阴阳相薄也，阳尽而阴盛，故欲独闭户牖而居。

所谓病至则欲乘高而歌，弃衣而走者，阴阳复争而外并于阳，故使之弃衣而走也。

所谓客孙脉，则头痛鼻衄腹肿者，阳明并于上，上者则其孙络太阴也，故头痛鼻衄腹肿也。

太阴所谓病胀者，太阴子也，十一月万物气皆藏于中，故曰病胀。

所谓上走心为噫者，阴盛而上走于阳明，阳明络属心，故曰上走心为噫也。

所谓食则呕者，物盛满而上溢，故呕也。

所谓得后与气则快然如衰者，十二月阴气下衰，而阳气且出，故曰得后与气则快然如衰也。

少阴所谓腰痛者，少阴者，肾也，十月万物阳气皆伤，故腰痛也。

所谓呕咳上气喘者，阴气在下，阳气在上，诸阳气浮，无所依从，故呕咳上气喘也。

所谓色色不能久立久坐，起则目𥆧𥆧无所见者，万物阴阳不定未有主也。秋气始至，微霜始下，而方杀万物，阴阳内夺，故目无所见也。

所谓少气善怒者，阳气不治，阳气不治，则阳气不得出，肝气当治而未得，故善怒，善怒者，名曰煎厥。

所谓恐如人将捕之者，秋气万物未有毕去，阴气少，阳气入，阴阳相薄，故恐也。

所谓恶闻食臭者，胃无气，故恶闻臭也。所谓而黑如地色者，秋气内夺，故变于色也。

所谓咳则有血者，阳脉伤也，阳气未盛于上而脉满，满则咳，故血见于鼻也。

厥阴所谓颓疝，妇人少腹肿者，厥阴者，辰也，三月阳中之阴，邪在中，故曰疝少腹肿也。

所谓腰脊痛不可以俯仰者，三月一振，荣华万物，一俯而不仰也。

所谓癞疝肤胀者，曰阴亦盛而脉胀不通，故曰癞疝也。所谓甚则嗌干热中者，阴阳相薄而热，故嗌干也。

❀ 刺要论篇第五十

黄帝问曰：愿闻刺要。

岐伯对曰：病有浮沉，刺有浅深，各至其理，无过其道，过之则内伤，不及则生外壅，壅则邪从之。浅深不得，反为大贼，内动五脏，后生大病。

故曰：病有在毫毛腠理者，有在皮肤者，有在肌肉者，有在脉者，有在筋者，有在骨者，有在髓者。

是故刺毫毛腠理无伤皮，皮伤则内动肺，肺动则秋病温疟，然寒慄。

刺皮无伤肉，肉伤则内动脾，脾动则七十二日四季之月，病腹胀烦不嗜食。

刺肉无伤脉，脉伤则内动心，心动则夏病心痛。

刺脉无伤筋，筋伤则内动肝，肝动则春病热而筋弛。

刺筋无伤骨，骨伤则内动肾，肾动则冬病胀，腰痛。

刺骨无伤髓，髓伤则销铄胻酸，体解㑊然不去矣。

⚙ 刺齐论篇第五十一

黄帝问曰：愿闻刺浅深之分。

岐伯对曰：刺骨者无伤筋，刺筋者勿伤肉，刺肉者无伤脉，刺脉者无伤皮；刺皮者无伤肉，刺肉者无伤筋，刺筋者无伤骨。

帝曰：余未知其所谓，愿闻其解。

岐伯曰：刺骨无伤筋者，针至筋而去，不及骨也。刺筋无伤肉者，至肉而去，不及筋也；刺肉无伤脉者，至脉而去，不及肉也。刺脉无伤皮者，至皮而去，不及脉也。

所谓刺皮无伤肉者，病在皮中，针入皮中无伤肉也；刺肉无伤筋者，过肉中筋也；刺筋无伤骨者，过筋中骨也。此之谓反也。

⚙ 刺禁论篇第五十二

黄帝问曰：愿闻禁数。

岐伯对曰：脏有要害，不可不察。肝生于左，肺脏于右，心部于表，肾治于里，脾为之使，胃为之市。

鬲肓之上，中有父母，七节之傍。中有小心，从之有福，逆之有咎。

刺中心，一日死。其动为噫。

刺中肝，五日死。其动为语。

刺中肾，六日死。其动为嚏。

刺中肺，三日死。其动为咳。

刺中脾，十日死。其动为吞。

刺中胆，一日半死。其动为呕。

刺跗上，中大脉，血出不止，死。

刺面，中溜脉，不幸为盲。

刺头，中脑户，入脑立死。

刺舌下，中脉太过，血出不止为瘖。

刺足下布络，中脉，血不出为肿。

刺郄中大脉，令人仆脱色。

刺气街中脉，血不出，为肿鼠仆。

刺脊间，中髓为伛。

刺乳上，中乳房，为肿根蚀。

刺缺盆中内陷，气泄，令人喘咳逆。

刺手鱼腹内陷为，肿。

无刺大醉，令人气乱。无刺大怒，令人气逆。无刺大劳人，无刺新饱人，无刺大饥人，无刺大渴人，无刺大惊人。

刺阴股，中大脉，血出不止，死。

刺客主人内陷，中脉，为内漏为聋。

刺膝膑出液为跛。

刺臂太阴脉，出血多，立死。

刺足少阴脉，重虚出血，为舌难以言。

刺膺中陷，中肺为喘逆仰息。

刺肘中内陷，气归之，为之不屈伸。

刺阴股下三寸内陷，令人遗溺。

刺腋下胁间内陷，令人咳。

刺少腹，中膀胱，溺出，令人少腹满。

刺腨肠内陷，为肿。

刺匡上陷骨中脉，为漏为盲。

刺关节中液出，不得屈伸。

刺志论篇第五十三

黄帝问曰：愿闻虚实之要。

岐伯对曰：气实形实，气虚形虚，此其常也，反此者病。谷盛气盛，谷虚气虚，此其常也，反此者病。脉实血实，脉虚血虚，此其常也，反此者病。

帝曰：如何而反？

岐伯曰：气虚身热，此谓反也；谷入多而气少，此谓反也；谷不入而气多，此谓反也；脉盛血少，此谓反也；脉少血多，此谓反也。

气盛身寒，得之伤寒。气虚身热，得之伤暑。谷入多而气少者，得之有所脱血，湿居下也。谷入少而气多者，邪在胃及与肺也。脉小血多者，饮中热也。脉大血少者，脉有风气，水浆不入，此之谓也。

夫实者，气入也；虚者，气出也。气实者热也；气虚者寒也。

入实者，左手开针空也；入虚者，左手闭针空也。

针解篇第五十四

黄帝问曰：愿闻九针之解，虚实之道。

岐伯对曰：刺虚则实之者，针下热也。气实乃热也；满而泄之者，针下寒也，气虚乃寒也。菀陈则除之者，出恶血也。

邪胜则虚之者，出针勿按。徐而疾则实者，徐出针而疾按之；疾而徐则虚者，疾出针而徐按之。

言实与虚者，寒温气多少也。

若无若有者，疾不可知也。

察后与先者，知病先后也。

为虚与实者，工勿失其法。若得若失者，离其法也。

虚实之要，九针最妙者，为其各有所宜也。

补泻之时者，与气开阖相合也。

九针之名，各不同形者，针穷其所当补泻也。

刺实须其虚者，留针阴气隆至，乃去针也；刺虚须其实者，阳气隆至，针下热，乃去针也。

经气已至，慎守勿失者，勿变更也。深浅在志者，知病之内外也。远近如一者，深浅其候等也。

如临深渊者，不敢堕也。手如握虎者，欲其壮也。神无营于众物者，静志观病人，无左右视也。义无邪下者，欲端以正也。

必正其神者，欲瞻病人目制其神，令气易行也。

所谓三里者，下膝三寸也。所谓跗之者，举膝分易见也。巨虚者，跷足胻独陷者。下廉者，陷下者也。

帝曰：余闻九针上应天地四时阴阳，愿闻其方，令可传于后世以为常也。

岐伯曰：夫一天、二地、三人、四时、五音、六律、七星、八风、九野，身形亦应之，针各有所宜，故曰九针。

人皮应天，人肉应地，人脉应人，人筋应时，人声应音，人阴阳合气应律，人齿面目应星，人出入气应风，人九窍三百六十五络应野。

故一针皮，二针肉，三针脉，四针筋，五针骨，六针调阴阳，七针益精，八针除风，九针通九窍、除三百六十五节气。此之谓各有所主也。

人心意应八风，人气应天，人发齿耳目五声，应五音六律，人阴阳脉血气应地。人肝目应之九。

长刺节论篇第五十五

刺家不诊，听病者言，在头，头疾痛，为藏针之。刺至骨病已，上无伤骨肉及皮，皮者道也。

阳刺，入一傍四处，治寒热。

深专者刺大脏，迫脏刺背，背俞也。刺之迫脏，脏会，腹中寒热去而止。与刺之要，发针而浅出血。

治腐肿者，刺腐上，视痈小大深浅刺。刺大者多血，小者深之，必端内针为故止。

病在少腹有积，刺皮䯒以下，至少腹而止；刺侠脊两旁四椎间，刺两髂季胁肋间，导腹中气热下已。

病在少腹，腹痛不得大小便，病名曰疝，得之寒。刺少腹两股间，刺腰髁骨间，刺而多之，尽灵病已。

病在筋，筋挛节痛，不可以行，名曰筋痹。刺筋上为故，刺分肉间，不可中骨也。病起筋灵，病已止。

病在肌肤，肌肤尽痛，名曰肌痹，伤于寒湿。刺大分小分，多发针而深之，以热为故，无伤筋骨，伤筋骨，痈发若变。诸分尽热，病已止。

病在骨，骨重不可举，骨髓酸痛，寒气至，名曰骨痹。深者刺无伤脉肉为故。其道大分小分，骨热病已止。

病在诸阳脉，且寒且热，诸分且寒且热，名曰狂。刺之虚脉，视分尽热病已止。

病初发岁一发，不治月一发，不治月四五发，名曰癫病。刺诸分诸脉。其无寒者，以针调之病已止。

病风且寒且热，炅汗出，一日数过，先刺诸分理络脉，汗出且寒且热，三日一刺，百日而已。

病大风，骨节重，须眉堕，名曰大风，刺肌肉为故。汗出百日，刺骨髓，汗出百日，凡二百日须眉生而止针。

◉ 皮部论篇第五十六

黄帝问曰：余闻皮有分部，脉有经纪，筋有结络，骨有度量，其所生病各异，别其分部，左右上下，阴阳所在，病之始终，愿闻其道。

岐伯对曰：欲知皮部，以经脉为纪者，诸经皆然。

阳明之阳，名曰害蜚，上下同法，视其部中有浮络者，皆阳明之络也。其色多青则痛，多黑则痹，黄赤则热，多白则寒，五色皆见，则寒热也。络盛则入客于经。阳主外，阴主内。

少阳之阳，名曰枢持。上下同法，视其部中有浮络者，皆少阳之络也。络盛则入客于经，故在阳者主内，在阴者主出，以渗于内，诸经皆然。

太阳之阳，名曰关枢，上下同法，视其部中，有浮络者，皆太阳之络也。络盛则入客于经。

少阴之阴，名曰枢儒，上下同法，视其部中，有浮络者，皆少阴之络也。络盛则入客于经，其入经也，从阳部注于经；其出者，从阴内注于骨。

心主之阴，名曰害肩，上下同法，视其部中有浮络者，皆心主之络也。

络盛则入客于经。

太阴之阴，名曰关蛰，上下同法，视其部中有浮络者，皆太阴之络也。络盛则入客于经。

凡十二经络脉者，皮之部也。

是故百病之始生也，必先于皮毛；邪中之则腠理开，开则入客于络脉；留而不去，传入于经；留而不去，传入于府，廪于肠胃。

邪之始入于皮也，然起毫毛，开腠理；其入于络也，则络脉盛色变；其入客于经也，则感虚，乃陷下；其留于筋骨之间，寒多则筋挛骨痛；热多则筋弛骨消，肉烁䐃破毛直而败。

帝曰：夫子言皮之十二部，其生病皆何如？

岐伯曰：皮者，脉之部也。邪客于皮，则腠理开，开则邪入客于络脉；络脉满，则注于经脉；经脉满，则入舍于腑脏也。故皮者有分部不与，而生大病也。

帝曰：善。

❀ 经络论篇第五十七

黄帝问曰：夫络脉之见也，其五色各异，青黄赤白黑不同，其故何也？

岐伯对曰：经有常色，而络无常变也。

帝曰：经之常色何如？

岐伯曰：心赤、肺白、肝青、脾黄、肾黑，皆亦应其经脉之色也。

帝曰：络之阴阳，亦应其经乎？

岐伯曰：阴络之色应其经，阳络之色变无常，随四时而行也。寒多则凝泣，凝泣则青黑；热多则淖泽，淖泽则黄赤。此皆常色，谓之无病。五色具见者，谓之寒热。

帝曰：善。

❀ 气穴论篇第五十八

黄帝问曰：余闻气穴三百六十五以应一岁，未知其所，愿卒闻之。

岐伯稽首再拜对曰：窘乎哉问也！其非圣帝，孰能穷其道焉！因请溢意尽言其处。

帝捧手逡巡而却曰：夫子之开余道也，目未见其处，耳未闻其数，而目已明，耳以聪矣。

岐伯曰：此所谓"圣人易语，良马易御"也。

帝曰：余非圣人之易语也，世言真数开人意，今余所访问者真数，发蒙解惑，未足以论也。然余愿闻夫子溢志尽言其处，令解其意，请藏之金匮，不敢复出。

岐伯再拜而起曰：臣请言之。背与心相控而痛，所治天突与十椎及上纪，上纪者，胃脘也，下纪者，关元也。背胸邪系阴阳左右如此，其病前后痛濇，胸胁痛而不得息，不得卧、上气、短气、偏痛、脉满起，斜出尻脉，络胸胁，支心贯鬲，上肩加天突，斜下肩，交十椎下。

脏俞五十穴。腑俞七十二穴。热俞五十九穴，水俞五十七穴。

头上五行，行五，五五二十五穴。

中两傍各五，凡十穴。大椎上两傍各一，凡二穴。目瞳子浮白二穴。两髀厌分中二穴。犊鼻二穴。耳中多所闻二穴。眉本二穴。完骨二穴。顶中央一穴。枕骨二穴。上关二穴，大迎二穴，下关二穴，天柱二穴，巨虚上下廉四穴，曲牙二穴，天突一穴，天府二穴，天牖二穴，扶突二穴，天窗二穴，肩解二穴，关元一穴，委阳二穴，肩贞二穴，瘖门一穴，齐一穴，胸俞十二穴，背俞二穴，膺俞十二穴，分肉二穴，踝上横二穴，阴阳跷四穴。水俞在诸分，热俞在气穴，寒热俞在两骸厌中二穴，大禁二十五，在天府下五寸。

凡三百六十五穴，针之所由行也。

帝曰：余已知气穴之处，游针之居，愿闻孙络溪谷，亦有所应乎？

岐伯曰：孙络三百六十五穴会，亦以应一岁，以溢奇邪，以通荣卫，荣卫稽留，卫散荣溢，气竭血著。外为发热，内为少气。疾泻无怠，以通荣卫，见而泻之，无问所会。

帝曰：善。愿闻溪谷之会也。

岐伯曰：肉之大会为谷，肉之小会为谿，肉分之间，谿谷之会，以行荣卫，以会大气。邪盛气壅，脉热肉败，荣卫不行，必将为脓，内销骨髓，外破大腘。留于节凑，必将为败。积寒留舍，荣卫不居，卷肉缩筋，肋肘不得伸。内为骨痹，外为不仁，命曰不足，大寒留于谿谷也。谿谷三百六十五穴会。亦应一岁。其小痹淫溢，循脉往来，微针所及，与法相同。

帝乃避左右而起，再拜曰：今日发蒙解惑，藏之金匮，不敢复出。

乃藏之金兰之室，署曰："气穴所在"。

岐伯曰：孙络之脉别经者，其血盛而当泻者，亦三百六十五脉，并注于络，传注十二络脉，非独十四络脉也，内解泻于中者十脉。

◉ 气府论篇第五十九

足太阳脉气所发者，七十八穴：

两眉头各一，入发至项三寸半傍五，相去三寸。其浮气在皮中者，凡五行，行五，五五二十五，项中大筋两傍，各一，风府两傍，各一。侠背以下至尻尾二十一节，十五间各一，五脏之俞各五，六腑之俞各六。委中以下至足小指傍，各六俞。

足少阳脉气所发者六十二穴。

两角上各二，直目上发际内各五，耳前角上各一耳前角下各一，锐发下各一，客主人各一，耳后陷中，各一，下关各一，耳下牙车之后各一，缺盆各一，腋下三寸，胁下至，八间各一，髀枢中傍各一，膝以下至足小趾次趾各六俞。

足阳明脉气血所发者，六十八穴。

额颅发际旁各三，面鼽骨空各一，大迎之骨空各一，人迎各一。缺盆外骨空各一。膺中骨间各一，侠鸠尾之外，当乳下三寸，侠胃脘各五，侠脐广三寸，各三，下齐二寸，侠之各三，气街动脉各一，伏菟上各一，三里以下至足中趾各八俞，分之所在穴空。

手太阳脉气所发者，三十六穴。

目内眦各一，目外眦各一，鼽骨下各一。耳郭上各一，耳中各一，巨骨穴各一，曲掖上骨穴各一，柱骨上陷者各一，上天窗四寸，各一，肩解各一。肩解下三寸，各一，肘以下至手小指本各六俞。

手阳明脉气所发者，二十二穴。

鼻空外廉项上，各二，大迎骨空各一，柱骨之会各一，骨之会各一，肘以下至手大指次指本各六俞。

手少阳脉气所发者三十二穴。

鼽骨下各一，眉后各一，角上各一，下完骨后各一，项中足太阳之前各一，侠扶突各一，肩贞各一，肩贞下三寸分间各一，肘以下至手小指次指本各六俞。

督脉气所发者，二十八穴。

项中央二，发际后中八，面中三，大椎以下至尻尾及旁十五穴，至骶下凡二十一节脊椎法也。

任脉之气所发者，二十八穴。

喉中央二，膺中骨陷中各一，鸠尾下三寸，胃脘五寸，胃脘以下至横骨六寸半一，腹脉法也。下阴别一，目下各一，下唇一，断交一。

冲脉气所发者，二十二穴。

侠鸠尾外各半寸，至齐寸一，侠齐下旁各五分，至横骨寸一，腹脉法也。

足少阴舌下，厥阴毛中急脉各一，手少阴各一，阴阳跻各一，手足诸鱼际脉气所发者，

凡三百六十五穴也。

◉ 骨空论篇第六十

黄帝问曰：余闻风者，百病之始也，以针治之奈何？

岐伯对曰：风从外入，令人振寒，汗出，头痛，身重，恶寒。治在风府，调其阴阳。不足则补，有余则泻。

大风颈项痛，刺风府，风府在上椎。

大风汗出，灸譩譆，譩譆在背下侠脊三寸所，压之令病人呼譩譆，譩譆应手。

从风憎风，刺眉头。失枕，在肩上横骨间，折使榆臂，齐肘正，灸脊中。络季胁引少腹而痛胀，刺谚谘。

腰痛不可以转摇，急引阴卵，刺八髎与痛上，八在腰尻分间。

鼠瘘寒热，还刺寒府。寒府在附膝外解营。取膝上外者使之拜，取足心者使之跪。

任脉者，起于中极之下，以上毛际，循腹里，上关元，至咽喉，上颐循面入目。冲脉者，起于气街，并少阴之经，侠脐上行，至胸中而散。

任脉为病，男子内结七疝，女子带下瘕聚。冲脉为病，逆气里急。

督脉为病，脊强反折。督脉者，起于少腹以下骨中央。女子入系廷孔，其孔，溺孔之端也。其络循阴器，合篡间，绕篡后，别绕臀至少阴，与巨阳中络者，合少阴上股内后廉贯脊属肾。与太阳起于目内眦，上额，交巅上，入络脑，还出别下项，循肩髆内侠脊抵腰中，入循膂，络肾。

其男子循茎下至篡，与女子等，其少腹直上者，贯脐中央，上贯心，入喉，上颐环唇，上系两目之下中央。

此生病，从少腹上冲心而痛，不得前后，为冲疝；其女子不孕，癃，痔，遗溺，嗌干。督脉生病治督脉，治在骨上，甚者在脐下营。

其上气有音者，治其喉中央，在缺盆中者，其病上冲喉者，治其渐，渐者上侠颐也。

寒膝伸不屈，治其楗；坐而膝痛，治其机；立而暑解，治其骸关；膝痛，痛及拇指，治其腘；坐而膝痛如物隐者，治其关；膝痛不可屈伸，治其背内；连骺若折，活阳明中俞髎。若别，治巨阳少阴荥，淫泺胫痠，不能久立，治少阳之维，在外上五寸。

辅骨上横骨下为楗，侠髋为机，膝解为骸关，侠膝之骨为连骸，骸下为辅，辅上为腘，腘上为关，头横骨为枕。

水俞五十七穴者：尻上五行，行五，伏菟上两行，行五，左右各一行，行五，踝上各一行，行六穴。

髓穴在脑后三分，在颅际锐骨之下，一在龂基下；一在项后中复骨下；一在脊骨上空，在风府上。脊骨下空，在尻骨下空；数髓空在面侠鼻；或骨空在口下当两肩。两髆骨空，在髆中之阳。臂骨空在臂阳，去踝四寸两骨空门间。股骨上空在股阳，出上膝四寸。骺骨空，在辅骨之上端。股际骨空在毛中动下。尻骨空在髀骨之后相去四寸。扁骨有渗理凑无髓孔，易髓无空。

灸寒热之法，先灸项大椎，以年为壮数；次灸橛骨，以年为壮数。

视背俞陷者灸之，举臂肩上陷者灸之，两季胁之间灸之，外踝上绝骨之端灸之，足小指次指间灸之，腨下陷脉灸之，外踝后灸之。缺盆骨上切之坚痛如筋者灸之，膺中陷骨间灸之，掌束骨下灸之，脐下关元三寸灸之，毛际动脉灸之，膝下三寸分间灸之，足阳明跗上动脉灸之，巅上一灸之。

犬所啮之处灸之三壮，即以犬伤病法灸之。

凡当灸二十九处。伤食灸之，不已者，必视其经之过于阳者，数刺其俞而药之。

水热穴论篇第六十一

黄帝问曰：少阴何以主肾，肾何以主水？

岐伯对曰：肾者，至阴也；至阴者，盛水也。肺者，太阴也；少阴者，冬脉也。故其本在肾，其末在肺，皆积水也。

帝曰：肾何以能聚水而生病？

岐伯曰：肾者，胃之关也，关门不利，故聚水而从其类也。上下溢于皮肤，故为肿。肿者，聚水而生病也。

帝曰：诸水皆生于肾乎？

岐伯曰：肾者牝脏也，地气上者，属于肾，而生水液也。故曰：至阴勇而劳甚，则肾汗出，肾汗出逢于风，内不得入于脏腑，外不得越于皮肤，客于玄府，行于皮里，传为胕肿，本之于肾，名曰风水。所谓玄府者，汗空也。

帝曰：水俞五十七处者，是何主也？

岐伯曰：肾俞五十七穴，积阴之所聚也，水所从出入也。尻上五行、行五者，此肾俞。故水病下为肿大腹，上为喘呼、不得卧者，标本俱病，故肺为喘呼，肾为水肿，肺为逆不得卧，分为相输俱受者，水气之所留也。

伏菟上各二行、行五者，此肾之街也。三阴之所交结于脚也。踝上各一行、行六者，此肾脉之下行也，名曰太冲。凡五十七穴者，皆藏之阴络，水之所客也。

帝曰：春取络脉分肉何也？

岐伯曰：春者木始治，肝气始生；肝气急，其风疾。经脉常深，其气少，不能深入，故取络脉分肉间。

帝曰：夏取盛经分腠何也？

岐伯曰：夏者火始治，心气始长，脉瘦气弱，阳气留溢，热熏分腠，内至于经。故取盛经分腠。绝肤而病去者，邪居浅也。所谓盛经者，阳脉也。

帝曰：秋取经俞，何也？

岐伯曰：秋者金始治，肺将收杀，金将胜火，阳气在合，阴气初胜，湿气及体阴气未盛，未能深入，故取俞以写阴邪，取合以虚阳邪，阳气始衰，故取于合。

帝曰：冬取井荥何也？

岐伯曰：冬者水始治，肾方闭，阳气衰少，阴气坚盛，巨阳伏沉，阳脉乃去，故取井以下阴逆，取荥以实阳气。故曰："冬取井荥，春不鼽衄"。

帝曰：夫子言治热病五十九俞，余论其意，未能领别其处，愿闻其处，因闻其意。

岐伯曰：头上五行行五者，以越诸阳之热逆也；大杼、膺俞、缺盆、背俞，此八者，以泻胸中之热也；气街、三里、巨虚上下廉，此八者，以泻胃中之热也；云门、髃骨、委中、髓空，此八者，以泻四支之热也。五脏俞傍五，此十者，以泻五脏之热也。凡此五十九穴者，皆热之左右也。

帝曰：人伤于寒，而传为热，何也？

岐伯曰：夫寒盛则生热也。

调经论篇第六十二

黄帝问曰：余闻刺法言，有余泻之，不足补之。何谓有余，何谓不足？

岐伯对曰：有余有五，不足亦有五，帝欲何问？

帝曰：愿尽闻之。

岐伯曰：神有余有不足，气有余有不足，血有余有不足，形有余有不足，志有余，有不足。凡此十者，其气不等也。

帝曰：人有精气、津液、四支、九窍、五脏十六部，三百六十五节，乃生百病，百病之生，皆有虚实。今夫子乃言有余有五，不足亦有五，何以生之乎？

岐伯曰：皆生于五脏也。夫心藏神，肺藏气，肝藏血，脾藏肉，肾藏志，而此成形。志意通，内连骨髓而成身形五脏。五脏之道，皆出于经隧，以行血气。血气不和，百病乃变化而生，是故守经隧焉。

帝曰：神有余不足何如？

岐伯曰：神有余则笑不休，神不足则悲。血气未并，五脏安定，邪客于形，洒淅起于毫毛，未入于经络也。故命曰神之微。

帝曰：补泻奈何？

岐伯曰：神有余则泻其小络之血，出血勿之深斥；无中其大经，神气乃平。神不足者，视其虚络，按而致之，刺而利之，无出其血，无泄其气，以通其经，神气乃平。

帝曰：刺微奈何？

岐伯曰：按摩勿释，著针勿斥，移气于不足，神气乃得复。

帝曰：善。

气有余不足奈何？

岐伯曰：气有余则喘咳上气，不足则息利少气。血气未并，五脏安定，皮肤微病，命曰白气微泄。

帝曰：补泻奈何？

岐伯曰：气有余则泻其经隧，无伤其经，无出其血，无泄其气。不足则补其经隧，无出其气。

帝曰：刺微奈何？

岐伯曰：按摩勿释，出针视之，曰我将深之，适人必革，精气自伏，邪气散乱，无所休息，气泄腠理，真气乃相得。

帝曰：善。血有余不足奈何？

岐伯曰：血有余则怒，不足则恐，血气未并，五脏安定，孙络水溢，则经有留血。

帝曰：补泻奈何？

岐伯曰：血有余则泻其盛经出其血；不足，则视其虚经，内针其脉中，久留而视，脉大疾出其针，无令血泄。

帝曰：刺留血奈何？

岐伯曰：视其血络，刺出其血，无令恶血得入于经，以成其疾。

帝曰：善。

形有余不足奈何？

岐伯曰：形有余则腹胀，泾溲不利。不足则四支不用，血气未并，五脏安定。肌肉蠕动，命曰微风。

帝曰：补泻奈何？

岐伯曰：形有余则泻其阳经，不足则补其阳络。

帝曰：刺微奈何？

岐伯曰：取分肉间，无中其经，无伤其络，卫气得复，邪气乃索。

帝曰：善。

志有余不足奈何？

岐伯曰：志有余则腹胀飧泄，不足则厥。血气未并，五脏安定，骨节有动。

帝曰：补泻奈何？

岐伯曰：志有余则泻然筋血者；不足则补其复溜。

帝曰：刺未并奈何？

岐伯曰：即取之无中其经，邪所乃能立虚。

帝曰：善。

余已闻虚实之形，不知其何以生？

岐伯曰：气血以并，阴阳相倾，气乱于卫，血逆于经，血气离居，一实一虚。血并于阴，气并于阳，故为惊狂。血并于阳，气并于阴，乃为炅中。血并于上，气并于下，心烦惋善怒。血并于下，气并于上，乱而喜忘。

帝曰：血并于阴，气并于阳，如是血气离居，何者为实？何者为虚？

岐伯曰：血气者喜温而恶寒，寒则泣不能流，温则消而去之，是故气之所并为血虚，血之所并为气虚。

帝曰：人之所有者，血与气耳。今夫子乃言血并为虚，气并为虚，是无实乎？

岐伯曰：有者为实，无者为虚；故气并则无血，血并则无气，今血与气相失，故为虚焉。络之与孙络俱输于经，血与气并，则为实焉。血之与气并走于上，则为大厥，厥则暴死；气复反则生，不反则死。

帝曰：实者何道从来？虚者何道从去？虚实之要。愿闻其故。

岐伯曰：夫阴与阳皆有俞会。阳注于阴，阴满之外，阴阳均平，以充其形，九候若一，命曰平人。夫邪之生也，或生于阴，或生于阳。其生于阳者，得之风雨寒暑；其生于阴者，得之饮食居处，阴阳喜怒。

帝曰：风雨之伤人奈何？

岐伯曰：风雨之伤人也，先客于皮肤，传入于孙脉，孙脉满则传入于络脉，络脉满则输于大经脉，血气与邪并，客于分腠之间，其脉坚大，故曰实。实者，外坚充满不可按之，按之则痛。

帝曰：寒湿之伤人奈何？

岐伯曰：寒湿之中人也，皮肤收，肌肉坚紧，荣血泣，卫气去，故曰虚。虚者，聂辟气不足，按之则气足以温之，故快然而不痛。

帝曰：善。

阴之生实奈何？

岐伯曰：喜怒不节，则阴气上逆，上逆则下虚，下虚则阳气走之。故曰实矣。

帝曰：阴之生虚奈何？

岐伯曰：喜则气下，悲则气消，消则脉虚空；因寒饮食，寒气熏满，则血泣气去，故曰虚矣。

帝曰：经言阳虚则外寒，阴虚则内热，阳盛则外热，阴盛则内寒。余已闻之矣，不知其所由然也。

岐伯曰：阳受气于上焦，以温皮肤分肉之间，今寒气在外，则上焦不通，上焦不通，则寒气独留于外，故寒慄。

帝曰：阴虚生内热奈何？

岐伯曰：有所劳倦，形气衰少，谷气不盛，上焦不行，下脘不通，胃气热，热气熏胸中，故内热。

帝曰：阳盛生外热奈何？

岐伯曰：上焦不通利，则皮肤致密，腠理闭塞，玄府不通，卫气不得泄越，故外热。

帝曰：阴盛生内寒奈何？

岐伯曰：厥气上逆，寒气积于胸中而不泻，不泻则温气去，寒独留，则血凝泣，凝则脉不通，其脉盛大以涩，故中寒。

帝曰：阴与阳并，血气以并，病形以成，刺之奈何？

岐伯曰：刺此者取之经隧，取血于营，取气于卫。用形哉，因四时多少高下。

帝曰：血气以并，病形以成，阴阳相倾，补泻奈何？

岐伯曰：泻实者，气盛乃内针，针与气俱内，以开其门，如利其户，针与气俱出，精气不伤，邪气乃下，外门不闭，以出其疾；摇大其道，如利其路，是谓大泻，必切而出，大气乃屈。

帝曰：补虚奈何？

岐伯曰：持针勿置，以定其意，候呼内针，气出针入，针空四塞，精无从去，方实而疾出针，气入针出，热不能还，闭塞其门，邪气布散，精气乃得存，动气候时，近气不失，远气乃来，是谓追之。

帝曰：夫子言虚实者有十，生于五脏，五脏五脉耳。夫十二经脉皆生其病，今夫子独言五脏。夫十二经脉者，皆络三百六十五节，节有病，必被经脉，经脉之病，皆有虚实，何以合之？

岐伯曰：五脏者故得六腑与为表里，经络支节，各生虚实，其病所居，随而调之。

病在脉，调之血；病在血，调之络；病在气，调之卫；病在肉，调之分肉；病在筋，调之筋；病在骨，调之骨。燔针劫刺其下及与急者；病在骨，淬针药熨。病不知所痛，两跷为上。身形有痛，九候莫病，则缪刺之，痛在于左而右脉病者，巨刺之。必谨察其九候，针道备矣。

⚙ 缪刺论篇第六十三

　　黄帝问曰：余闻缪刺，未得其意，何谓缪刺？

　　岐伯对曰：夫邪之客于形也，必先舍于皮毛；留而不去，入舍于孙脉；留而不去，入舍于络脉；留而不去，入舍于经脉；内连五脏，散于肠胃，阴阳俱感，五脏乃伤，此邪之从皮毛而入，极于五脏之次也。如此则治其经焉。今邪客于皮毛，入舍于孙络，留而不去，闭塞不通，不得入于经，流溢于大络而生奇病也。夫邪客大络者，左注右，右注左，上下左右与经相干，而布于四末，其气无常处，不入于经俞，命曰缪刺。

　　帝曰：愿闻缪刺，以左取右，以右取左，奈何？其与巨刺何以别之？

　　岐伯曰：邪客于经，左盛则右病，右盛则左病，亦有移易者，左痛未已而右脉先病，如此者，必巨刺之，必中其经，非络脉也。故络病者，其痛与经脉缪处，故命曰缪刺。

　　帝曰：愿闻缪刺奈何？取之何如？

　　岐伯曰：邪客于足少阴之络，令人卒心痛、暴胀，胸胁支满无积者，刺然骨之前出血，如食顷而已；不已，左取右，右取左，病新发者，取五日已。

　　邪客于手少阳之络，令人喉痹舌卷，口干心烦，臂外廉痛，手不及头，刺手中指次指爪甲上，去端如韭叶，各一痏，壮者立已，老者有顷已，左取右，右取左，此新病数日已。

　　邪客于足厥阴之络，令人卒疝暴痛。刺足大指爪甲上与肉交者，各一痏，男子立已，女子有顷已，左取右，右取左。

　　邪客于足太阳之络，令人头项肩痛。刺小指爪甲上与肉交者，各一痏，立已。不已，刺外踝下三痏，左取右，右取左，如食顷已。

　　邪客于手阳明之络，令人气满胸中，喘息而支胠，胸中热。刺手大指次指爪甲上，去端如韭叶，各一痏，左取右，右取左，如食顷已。

　　邪客于臂掌之间，不可得屈。刺其踝后，先以指按之痛，乃刺之。以月死生为数，月生一日一痏，二日二痏，十五日十五痏，十六日十四痏。

　　邪客于足阳跷之脉，令人目痛，从内眦始。刺外踝之下半寸所各二痏，左刺右，右刺左，如行十里顷而已。

　　人有所堕坠，恶血留内，腹中满胀，不得前后。先饮利药，此上伤厥阴之脉，下伤少阴之络。刺足内踝之下，然骨之前，血脉出血，刺足跗上动脉。不已，刺三毛上各一，见血立已，左刺右，右刺左。善悲惊不乐，刺如右方。

　　邪客于手阳明之络，令人耳聋，时不闻音。刺手大指次指爪甲上去端如韭叶各一痏，立闻。不已，刺中指爪甲上与肉交者，立闻。其不时闻者，不可刺也。耳中生风者，亦刺之如此数，左刺右，右刺左。

凡痹往来，行无常处者，在分肉间痛而刺之，以月死生为数，用针者，随气盛衰，以为痏数，针过其日数则脱气，不及日数则气不泻，左刺右，右刺左，病已止，不已复刺之如法，月生一日一痏，二日二痏，渐多之，十五日十五，十六日，十四，渐少之。

邪客于足阳明之经，令人鼽衄，上齿寒。刺足中指次指爪甲上与肉交者，各一痏，左刺右，右刺左。

邪客于足少阳之络，令人胁痛，不得息，咳而汗出。刺足小指次指爪甲上与肉交者，各一痏，不得息立已，汗出立止，咳者温衣饮食，一日已。左刺右，右刺左，病立已，不已，覆刺如法。

邪客于足少阴之络，令人嗌痛，不可内食，无故善怒，气上走贲上。刺足下中央之脉，各三痏，凡六刺，立已。左刺右，右刺左，嗌中肿，不能内，唾时不能出唾者，刺然骨之前，出血立已，左刺右，右刺左。

邪客于足太阴之络，令人腰痛，引少腹控眇，不可以抑息，刺腰尻之解，两胛之上，是腰俞，以月死生为痏数，发针立已，左刺右，右刺左。

邪客于足太阳之络，令人拘挛、背急、引胁而痛，刺之从项始，数脊椎侠脊，按疾之应手如痛，刺之傍三痏，立已。

邪客于足少阳之络，令人留于枢中痛，髀不可举，刺枢中，以毫针，寒则久留。针以月死生为数，立已。

治诸经刺之，所过者不病，则缪刺之。耳聋、刺手阳明，不已，刺其通脉，出耳前者。齿龋，刺手阳明。不已，刺其脉，入齿中，立已。

邪客于五脏之间，其病也，脉引而痛，时来时止，视其病缪刺之于手足爪甲上，视其脉，出其血，间日一刺，一刺不已，五刺已。

缪传引上齿，齿唇寒痛，视其手背脉血者，去之，足阳明中指爪甲上一痏，手大指次指爪甲上各一痏，立已，左取右，右取左。

邪客于手足少阴太阴足阳明之络，此五络皆会于耳中，上络左角，五络俱竭，令人身脉皆动，而形无知也，其状若尸，或曰尸厥。

刺其足大指内侧爪甲上，去端如韭叶，后刺足心，后刺足中指爪甲上各一痏，后刺手大指内侧，去端如韭叶，后刺手心主，少阴锐骨之端，各一痏，立已。不已，以竹管吹其两耳，剃其左角之发，方一寸燔治，饮以美酒一杯，不能饮者，灌之，立已。

凡刺之数，无视其经脉，切而从之，审其虚实而调之。不调者，经刺之；有痛而经不病者，缪刺之。因视其皮部有血络者，尽取之，此缪刺之数也。

❁ 四时刺逆从论篇第六十四

厥阴有余，病阴痹；不足，病生热痹；滑则病狐疝风；涩则病少腹积气。
少阴有余，皮痹隐轸；不足，病肺痹；滑则病肺风疝；涩则病积溲血。

太阴有余，病肉痹寒中；不足病脾痹；滑则病脾风疝；濇则病积，心腹时满。

阳明有余，病脉痹，身时热；不足，病心痹；滑则病心风疝；濇则病积，时善惊。

太阳有余，病骨痹身重；不足，病肾痹；滑则病肾风疝；濇则病积，善时巅疾。

少阳有余，病筋痹胁满；不足，病肝痹，滑则病肝风疝；濇则病积，时筋急目痛。

是故春气在经脉，夏气在孙络，长夏气在肌肉，秋气在皮肤，冬气在骨髓中。

帝曰：余愿闻其故。

岐伯曰：春者，天气始开，地气始泄，冻解冰释，水行经通，故人气在脉。夏者，经满气溢，入孙络受血，皮肤充实。长夏者，经络皆盛，内溢肌中。秋者，天气始收，腠理闭塞，皮肤引急。冬者盖藏，血气在中。内着骨髓，通于五脏。

是故邪气者，常随四时之气血而入客也。至其变化，不可为度，然必从其经气，辟除其邪，除其邪则乱气不生。

帝曰：逆四时而生乱气奈何？

岐伯曰：春刺络脉，血气外溢，令人少气；春刺肌肉，血气环逆，令人上气；春刺筋骨，血气内着，令人腹胀。

夏刺经脉，血气乃竭，令人解㑊；夏刺肌肉，血气内却，令人善恐；夏刺筋骨，血气上逆，令人善怒。

秋刺经脉，血气上逆，令人善忘，秋刺络脉，气不外行，令人卧，不欲动；秋刺筋骨，血气内散，令人寒慄。

冬刺经脉，气血皆脱，令人目不明；冬刺络脉，内气外泄，留为大痹，冬刺肌肉，阳气竭绝，令人善忘。

凡此四时刺者，大逆之病，不可不从也；反之则生乱气相淫病焉。故刺不知四时之经，病之所生，以从为逆，正气内乱，与精相薄，必审九候，正气不乱，精气不转。

帝曰：善。

刺五脏中心一日死，其动为噫；中肝五日死，其动为语；中肺三日死，其动为咳。中肾六日死，其动为嚏欠；中脾十日死，其动为吞。刺伤人五脏必死，其动则依其脏之所变，候知其死也。

⚛ 标本病传论篇第六十五

黄帝问曰：病有标本，刺有逆从奈何？

岐伯对曰：凡刺之方，必别阴阳，前后相应，逆从得施，标本相移，故曰：有其在标而求之于标，有其在本而求之于本，有其在本而求之于标，有其在标而求之于本。故治有取标而得者，有取本而得者，有逆取而得者，有从取而得者。故知逆与从，正行无问；知标本者，万举万当；不知标本，是谓妄行。

夫阴阳、逆从、标本之为道也，小而大，言一而知百病之害；少而多，浅而博，可以言一而知百也。以浅而知深，察近而知远，言标与本，易而勿及。

治反为逆，治得为从。

先病而后逆者，治其本；先逆而后病者，治其本。

先寒而后生病者，治其本；先病而后生寒者，治其本。

先热而后生病者，治其本；先热而后生中满者治其标。

先病而后泄者，治其本；先泄而后生他病者，治其本。必先调之，乃治其他病。

先病而后先中满者，治其标；先中满而后烦心者治其本。

人有客气有同气。小大不利，治其标；小大利治其本。

病发而有余，本而标之，先治其本，后治其标。病发而不足，标而本之，先治其标，后治其本。

谨察间甚，以意调之；间者并行，甚者独行。先以小大不利而后生病者治其本。

夫病传者，心病先心痛，一日而咳；三日胁支痛，五日闭塞不通，身痛体重；三日不已，死。冬夜半，夏日中。

肺病喘咳，三日而胁支满痛，一日身重体痛，五日而胀；十日不已，死。冬日入，夏日出。

肝病头目眩胁支满，三日体重身痛，五日而胀；三日腰脊少腹痛，胫酸，三日不已；死。冬日入，夏早食。

脾病身痛体重，一日而胀，二日少腹腰脊痛，胫酸，三日背膂筋痛，小便闭，十日不已，死。冬人定，夏晏食。

肾病少腹腰脊痛胻酸，三日背膂筋痛，小便闭，三日腹胀，三日两胁肢痛，三日不已死。冬大晨，夏晏晡。

胃病胀满，五日少腹腰脊痛胻酸，三日背膂筋痛，小便闭，五日身体重，六日不已死。冬夜半后，夏日昳。

膀胱病，小便闭，五日少腹胀，腰脊痛胻酸，一日腹胀，一日身体痛，二日不已死。冬鸡鸣，夏下晡。

诸病以次是相传，如是者，皆有死期，不可刺，间一脏止及至三四脏者，乃可刺也。

⚛ 天元纪大论篇第六十六

黄帝问曰：天有五行御五位，以生寒暑燥湿风；人有五脏化五气，以生喜怒思忧恐。《论》言：五运相袭，而皆治之，终期之日，周而复始，余已知之矣。愿闻其与三阴三阳之候，奈何合之？

鬼臾区稽首再拜对曰：昭乎哉问也。夫五运阴阳者，天地之道也，万物之纲纪，变化之父母，生杀之本始，神明之府也，可不通乎？故物生谓之化，物极谓之变，阴阳不测谓之神，神用无方谓之圣。

夫变化之为用也，在天为玄，在人为道，在地为化，化生五味，道生智，玄生神。

神在天为风，在地为木；在天为热，在地为火；在天为湿，在地为土；在天为燥，在地为金；在天为寒，在地为水。故在天为气，在地成形，形气相感而化生万物矣。

然天地者，万物之上下也；左右者，阴阳之道路也；水火者，阴阳之征兆也；金木者，生长之终始也。气有多少，形有盛衰，上下相召，而损益彰矣。

帝曰：愿闻五运之主时也。如何？

鬼臾区曰：五气运行，各终期日，非独主时也。

帝曰：请问其所谓也。

鬼臾区曰：臣积考《太始天元册》文曰：太虚寥廓，肇基化元，万物资始，五运终天，布气真灵，摠统坤元，九星悬朗，七曜周旋。曰阴曰阳，曰柔曰刚，幽显既位，寒暑弛张，生生化化，品物咸章。臣斯十世，此之谓也。

帝曰：善。

何谓气有多少，形有盛衰？

鬼臾区曰：阴阳之气，各有多少，故曰三阴三阳也。形有盛衰，谓五行之治，各有太过不及也。故其始也，有余而往，不足随之；不足而往，有余从之。知迎知随，气可与期。应天为天符，承岁为岁直，三合为治。

帝曰：上下相召奈何？

鬼臾区曰：寒暑燥湿风火，天之阴阳也，三阴三阳上奉之；木火土金水火，地之阴阳也，生长化收藏下应之。

天以阳生阴长，地以阳杀阴藏。天有阴阳，地亦有阴阳。木火土金水火，地之阴阳也，生长化收藏。故阳中有阴，阴中有阳。所以欲知天地之阴阳者，应天之气，动而不息，故五岁而右迁；应地之气，静而守位，故六期而环会。动静相召，上下相临，阴阳相错，而变由生也。

帝曰：上下周纪，其有数乎？

鬼臾区曰：天以六为节，地以五为制。周天气者，六期为一备；终地纪者，五岁为一周。君火以明，相火以位。五六相合，而七百二十气为一纪，凡三十岁，千四百四十气，凡六十岁，而为一周，不及太过，斯皆见矣。

帝曰：夫子之言，上终天气，下毕地纪，可谓悉矣！余愿闻而藏之，上以治民，下以治身，使百姓昭著，上下和亲，德泽下流，子孙无忧，传之后世，无有终时，可得闻乎？

鬼臾区曰：至数之机，迫迮以微，其来可见，其往可追，敬之者昌，慢之者亡，无道行弘，必得天殃。谨奉天道，请言真要。

帝曰：善言始者，必会于终，善言近者，必知其远，是则至数极而道不惑，所谓明矣！愿夫子推而次之，令有条理，简而不匮，久而不绝，易用难忘，为之纲纪。至数之要，愿尽闻之。

鬼臾区曰：昭乎哉问，明乎哉道！如鼓之应桴，响之应声也。臣闻之，甲己之岁，土运统之；乙庚之岁，金运统之；丙辛之岁，水运统之；丁壬之岁，木运统之；戊癸之岁，火运统之。

帝曰：其于三阴三阳，合之奈何？

鬼臾区曰：子午之岁，上见少阴；丑未之岁，上见太阴；寅申之岁，上见少阳；卯酉之岁，上见阳明；辰戌之岁，上见太阳；巳亥之岁，上见厥阴。少阴所谓标也，厥阴所谓终也。

厥阴之上，风气主之；少阴之上，热气主之；太阴之上，湿气主之；少阳之上，相火主之；阳明之上，燥气主之；太阳之上，寒气主之。所谓本也，是谓六元。

帝曰：光乎哉道，明乎哉论！请着之玉版、藏之金匮，署曰《天元纪》。

五运行大论篇第六十七

黄帝坐明堂，始正天纲，临观八极，考建五常。请天师而问之曰：论言天地之动静，神明为之纪，阴阳之升降，寒暑彰其兆。余闻五运之数于夫子，夫子之所言，正五气之各主岁尔，首甲定运，余因论之。鬼臾区曰：土主甲己，金主乙庚，水主丙辛，木主丁壬，火主戊癸。子午之上，少阴主之；丑未之上，太阴主之；寅申之上，少阳主之；卯酉之上，阳明主之；辰戌之上，太阳主之；巳亥之上，厥阴主之。不合阴阳，其故何也？

岐伯曰：是明道也，此天地之阴阳也。

夫数之可数者，人中之阴阳也。然所合，数之可得者也。夫阴阳者，数之可十，推之可百，数之可千，推之可万，天地阴阳者，不以数推，以象之谓也。

帝曰：愿闻其所始也。

岐伯曰：昭乎哉问也！臣览《太始天元册》文，丹天之气，经于牛、女戊分；黅天之气，经于心、尾己分；苍天之气，经于危、室、柳、鬼；素天之气，经于亢氐昴毕；玄天之气，经于张翼娄胃。所谓戊己分者，奎、壁、角、轸，则天地之门户也。

夫候之所始，道之所生，不可不通也。

帝曰：善。

论言天地者，万物之上下；左右者，阴阳之道路。未知其所谓也？

岐伯曰：所谓上下者，岁上下见阴阳之所在也。左右者，诸上见厥阴，左少阴，右太阳；见少阴，左太阴，右厥阴；见太阴，左少阳，右少阴；见少阳，左阳明，右太阴；见阳明，左太阳，右少阳；见太阳，左厥阴，右阳明。所谓面北而命其位，言其见也。

帝曰：何谓下？

岐伯曰：厥阴在上，则少阳在下，左阳明，右太阴；少阴在上，则阳明在下，左太阳，右少阳；太阴在上，则太阳在下，左厥阴，右阳明；少阳在上，则厥阴在下，左少阴，右太阳；阳明在上，则少阴在下，左太阴，右厥阴；太阳在上，则太阴在下，左少阳，右少阴；所谓面南而命其位，言其见也。

上下相遘，寒暑相临，气相得则和，不相得则病。

帝曰：气相得而病者何也？

岐伯曰：以下临上，不当位也。

帝曰：动静何如？

岐伯曰：上者右行，下者左行，左右周天，余而复会也。

帝曰：余闻鬼臾区曰：应地者静，今夫子乃言下者左行，不知其所谓也，愿闻何以生之乎？

岐伯曰：天地动静，五行迁复，虽鬼臾区其上候而已，犹不能遍明。

夫变化之用，天垂象，地成形，七曜纬虚，五行丽地。地者，所以载生成之形类也；虚者，所以列应天之精气也。形精之动，犹根本之与枝叶也，仰观其象，虽远可知也。

帝曰：地之为下否乎？

岐伯曰：地为人之下，太虚之中者也。

帝曰：冯乎？

岐伯曰：大气举之也。燥以干之，暑以蒸之，风以动之，湿以润之，寒以坚之，火以温之。故风寒在下，燥热在上，湿气在中，火游行其间，寒暑六入，故令虚而生化也。故燥胜则地干，暑胜则地热，风胜则地动，湿胜则地泥，寒胜则地裂，火胜则地固矣。

帝曰：天地之气，何以候之？

岐伯曰：天地之气，胜复之作，不形于诊也。《脉法》曰：天地之变，无以脉诊，此之谓也。

帝曰：间气何如？

岐伯曰：随气所在，期于左右。

帝曰：期之奈何？

岐伯曰：从其气则和，违其气则病。不当其位者病，迭移其位者病，失守其位者危，尺寸反者死，阴阳交者死。先立其年，以知其气，左右应见，然后乃可以言死生之逆顺。

帝曰：寒暑燥湿风火，在人合之奈何？其于万物何以生化？

岐伯曰：东方生风，风生木，木生酸，酸生肝，肝生筋，筋生心。

其在天为玄，在人为道，在地为化。化生五味，道生智，玄生神，化生气。神在天为风，在地为木，在体为筋，在气为柔，在脏为肝。

其性为暄，其德为和，其用为动，其色为苍，其化为荣，其虫毛，其政为散，其令宣发，其变摧拉，其眚为陨，其味为酸，其志为怒。怒伤肝，悲胜怒，风伤肝，燥胜风，酸伤筋，辛胜酸。

南方生热，热生火，火生苦，苦生心，心生血，血生脾。

其在天为热，在地为火，在体为脉，在气为息，在脏为心。

其性为暑，其德为显，其用为燥，其色为赤，其化为茂，其虫羽，其政为明，其令郁蒸，其变炎烁，其眚燔炳，其味为苦，其志为喜。喜伤心，恐胜喜；热伤气，寒胜热；苦伤气，咸胜苦。

中央生湿，湿生土，土生甘，甘生脾，脾生肉，肉生肺。

其在天为湿，在地为土，在体为肉，在气为充，在脏为脾。

其性静兼，其德为濡，其用为化，其色为黄，其化为盈，其虫倮，其政为谧，其令云雨，其变动注，其眚淫溃，其味为甘，其志为思。思伤脾，怒胜思；湿伤肉，风胜湿；甘伤脾，酸胜甘。

西方生燥，燥生金，金生辛，辛生肺，肺生皮毛，皮毛生肾。

其在天为燥，在地为金，在体为皮毛，在气为成，在脏为肺。

其性为凉，其德为清，其用为固，其色为白，其化为敛，其虫介，其政为劲，其令雾露，其变肃杀，其眚苍落，其味为辛，其志为忧。

忧伤肺，喜胜忧；热伤皮毛，寒胜热；辛伤皮毛，苦胜辛。

北方生寒，寒生水，水生咸，咸生肾，肾生骨髓，髓生肝。

其在天为寒，在地为水，在体为骨，在气为坚，在脏为肾。

其性为凛，其德为寒，其用为脏，其色为黑，其化为肃，其虫鳞，其政为静，其令霰雪，其变凝冽，其眚冰雹，其味为咸，其志为恐。

恐伤肾，思胜恐；寒伤血，燥胜寒；咸伤血，甘胜咸。

五气更立，各有所先。非其位则邪，当其位则正。

帝曰：病生之变何如？

岐伯曰：气相得则微，不相得则甚。

帝曰：主岁何如？

岐伯曰：气有余，则制己所胜，而侮所不胜；其不及，则己所不胜，侮而乘之，己所胜轻而侮之。侮反受邪，侮而受邪，寡于畏也。

帝曰：善。

🌀 六微旨大论篇第六十八

黄帝问曰：呜呼，远哉！天之道也，如迎浮云，若视深渊尚可测，迎浮云莫知其极。夫子数言谨奉天道，余闻而藏之，心私异之，不知其所谓也。愿夫子溢志尽言其事，令终不灭，久而不绝，天之道可得闻乎？

岐伯稽首再拜对曰：明乎哉问！天之道也，此因天之序，盛衰之时也。

帝曰：愿闻天道六六之节，盛衰何也？

岐伯曰：上下有位，左右有纪。故少阳之右，阳明治之；阳明之右，太阳治之；太阳之右，厥阴治之；厥阴之右，少阴治之；少阴之右，太阴治之；太阴之右，少阳治之。此所谓气之标，盖南面而待也。

故曰因天之序，盛衰之时，移光定位，正立而待之。此之谓也。

少阳之上，火气治之，中见厥阴；阳明之上，燥气治之，中见太阴；太阳之上，寒气治之，中见少阴；厥阴之上，风气治之，中见少阳。少阴之上，热气治之，中见太阳；太阴之上，湿气治之，中见阳明。所谓本也，本之下，中之见也，见之下，气之标也。本标不同，气应异象。

帝曰：其有至而至，有至而不至，有至而太过，何也？

岐伯曰：至而至者和；至而不至，来气不及也；未至而至，来气有余也。

帝曰：至而不至，未至而至，如何？

岐伯曰：应则顺，否则逆，逆则变生，变则病。

帝曰：善。请言其应。

岐伯曰：物生其应也，气，脉其应也。

帝曰：善。

愿闻地理之应六节，气位，何如？

岐伯曰：显明之右，君火之位也。君火之右，退行一步，相火治之；复行一步，土气治之；复行一步，金气治之；复行一步，水气治之；复行一步，木气治之；复行一步，君火治之。

相火之下，水气承之；水位之下，土气承之；土位之下，风气承之；风位之下，金气承之；金位之下，火气承之；君火之下，阴精承之。

帝曰：何也？

岐伯曰：亢则害，承乃制，制则生化，外列盛衰，害则败乱，生化大病。

帝曰：盛衰何如？

岐伯曰：非其位则邪，当其位则正，邪则变甚，正则微。

帝曰：何谓当位？

岐伯曰：木运临卯，火运临午，土运临四季，金运临酉，水运临子，所谓岁会，气之平也。

帝曰：非位何如？

岐伯曰：岁不与会也。

帝曰：土运之岁，上见太阴；火运之岁，上见少阳、少阴；金运之岁，上见阳明；木运之岁，上见厥阴；水运之岁，上见太阳；奈何？

岐伯曰：天之与会也，故《天元册》曰天符。

帝曰：天符岁会何如？

岐伯曰：太一天符之会也。

帝曰：其贵贱何如？

岐伯曰：天符为执法，岁位为行令，太一天符为贵人。

帝曰：邪之中也奈何？

岐伯曰：中执法者，其病速而危；中行令者，其病徐而持；中贵人者，其病暴而死。

帝曰：位之易也，何如？

岐伯曰：君位臣则顺，臣位君则逆。逆则其病近，其害速；顺则其病远，其害微；所谓二火也。

帝曰：善。

愿闻其步何如？

岐伯曰：所谓步者，六十度而有奇，故二十四步积盈百刻而成日也。

帝曰：六气应五行之变何如？

岐伯曰：位有终始，气有初中，上下不同，求之亦异也。

帝曰：求之奈何？

岐伯曰：天气始于甲，地气始于子，子甲相合，命曰岁立，谨候其时，气可与期。

帝曰：愿闻其岁，六气始终早晏何如？

岐伯曰：明乎哉问也。甲子之岁，初之气，天数始于水下一刻，终于八十七刻半。二之气，始于八十七刻六分，终于七十五刻；三之气，始于七十六刻，终于六十二刻半；四之气，始于六十二刻六分，终于五十刻；五之气，始于五十一刻，终于三十七刻半。六之气，始于三十七刻六分，终于二十五刻。所谓初六天之数也。

乙丑岁，初之气，天数始于二十六刻，终于一十二刻半；二之气始于一十二刻六分，终于水下百刻；三之气，始于一刻，终于八十七刻半；四之气，始于八十七刻六分，终于七十五刻；五之气，始于七十六刻，终于六十二刻半；六之气，始于六十二刻六分，终于五十刻。所谓六二天之数也。

丙寅岁，初之气，天数始于五十一刻，终于三十七刻半；二之气，始于三十七刻六分，终于二十五刻；三之气，始于二十六刻，终于一十二刻半；四之气，始于一十二刻六分，终于水下百刻；五之气，始于一刻，终于八十七刻半；六之气，始于八十七刻六分，终于七十五刻；所谓六三天之数也。

丁卯岁，初之气，天数始于七十六刻，终于六十二刻半；二之气，始于六十二刻六分，终于五十刻；三之气，始于五十一刻，终于三十七刻半；四之气，始于三十七刻六分，终于二十五刻；五之气，始于二十六刻，终于一十二刻半；六之气，始于一十二刻六分，刻于下水百刻。所谓六四天之数也。次戊辰岁初之气复，始于一刻，常如是无已，周而复始。

帝曰：愿闻其岁候何如？

岐伯曰：悉乎哉问也！日行一周，天气始于一刻。日行再周，天气始于二十六刻，日行三周，天气始于五十一刻，日行四周，天气始于七十六刻。日行五周，天气复始于一刻，所谓一纪也。

是故寅、午、戌、气会同，卯、未、亥、岁气会同，辰、申、子、岁气会同，己酉丑岁气会同，终而复始。

帝曰：愿闻其用也。

岐伯曰：言天者求之本，言地者求之位，言人者求之气交。

帝曰：何谓气交？

岐伯曰：上下之位，气交之中，人之居也。故曰：天枢之上，天气主之；天枢之下，地气主之；气交之分，人气从之，万物由之，此之谓也。

帝曰：何谓初中？

岐伯曰：初凡三十度而有奇，中气同法。

帝曰：初中何也。

岐伯曰：所以分天地也。

帝曰：愿卒闻之。

岐伯曰：初者地气也，中者天气也。

帝曰：其升降何如？

岐伯曰：气之升降，天地之更用也。

帝曰：愿闻其用何如？

岐伯曰：升已而降，降者谓天；降已而升，升者谓地。

天气下降，气流于地；地气上升，气腾于天，故高下相召，升降相因，而变作矣。

帝曰：善。

寒湿相遘，燥热相临，风火相值，其有闻乎？

岐伯曰：气有胜复，胜复之作，有德有化，有用有变，变则邪气居之。

帝曰：何谓邪乎？

岐伯曰：夫物之生，从于化，物之极，由乎变，变化之相薄，成败之所由也。故气有往复，用有迟速，四者之有，而化而变，风之来也。

帝曰：迟速往复，风所由生，而化而变，故因盛衰之变耳。成败倚伏游乎中，何也？

岐伯曰：成败倚伏，生乎动，动而不已，则变作矣。

帝曰：有期乎？

岐伯曰：不生不化，静之期也。

帝曰：不生化乎？

岐伯曰：出入废，则神机化灭；升降息，则气立孤危。故非出入，则无以生长壮老已；非升降，则无以生、长、化、收、藏。故器者，生化之宇，器散则分之，生化息矣。故无不出入，无不升降。化有小大，期有近远。四者之有而贵常守，反常则灾害至矣。故曰无形无患，此之谓也。

帝曰：善。有不生不化乎？

岐伯曰：悉乎哉问也？与道合同，惟真人也。

帝曰：善。

⚛ 气交变大论篇第六十九

黄帝问曰：五运更治，上应天期，阴阳往复，寒暑迎随，真邪相薄，内外分离，六经波荡，五气倾移，太过不及，专胜兼并，愿言其始，而有常名，可得闻乎？

岐伯稽首再拜对曰：昭乎哉问也！是明道也。此上帝所贵，先师传之，臣虽不敏，往闻其旨。

帝曰：余闻得其人不教，是谓失道；传非其人，慢泄天宝。余诚菲德，未足以受至道；然而众子哀其不终，愿夫子保于无穷，流于无极，余司其事，则而行之，奈何？

岐伯曰：请遂言之也。《上经》曰：夫道者，上知天文，下知地理，中知人事，可以长久，此之谓也。

帝曰：何谓也？

岐伯曰：本气，位也。位天者，天文也。地位者，地理也。通于人气之变化者，人事也。故太过者先天，不及者后天，所谓治化，而人应之也。

帝曰：五运之化，太过何如？

岐伯曰：岁木太过，风气流行，脾土受邪。民病飧泄，食减，体重，烦冤，肠鸣，腹支满，上应岁星。甚则忽忽善怒，眩冒巅疾。化气不政，生气独治，云物飞动，草木不宁，甚而摇落，反胁痛而吐甚，冲阳绝者，死不治，上应太白星。

岁火太过，炎暑流行，金肺受邪。民病疟，少气、咳喘、血溢、血泄，注下，嗌燥，耳聋，中热，肩背热。上应荧惑星。甚则胸中痛，胁支满胁痛、膺背肩胛间痛，两臂内痛，身热骨痛而为浸淫。收气不行，长气独明，雨水霜寒，上应辰星。上临少阴少阳，火燔焫，冰泉涸，物焦槁，病反谵妄狂越，咳喘息鸣，下甚，血溢泄不已，太渊绝者，死不治，上应荧惑星。

岁土太过，雨湿流行，肾水受邪。民病腹痛，清厥，意不乐，体重，烦冤，上应镇星。甚则肌肉萎，足痿不收，行善瘛，脚下痛，饮发中满，食减，四支不举。变生得位，藏气伏，化气独治之，泉涌河衍，涸泽生鱼，风雨大至，土崩溃，鳞见于陆。病腹满溏泄，肠鸣，反下甚而太谿绝者，死不治，上应岁星。

岁金太过，燥气流行，肝木受邪。民病两胁下，少腹痛，目赤痛、眦疡、耳无所闻。肃杀而甚，则体重，烦冤，胸痛引背，两胁满且痛引少腹，上应太白星。甚则喘咳逆气，肩背痛，尻、阴、股、膝、髀、腨、胻、足皆病，上应荧惑星。收气峻，生气下，草木敛，苍干凋陨，病反暴痛，胁不可反侧，咳逆甚而血溢，太冲绝者，死不治。上应太白星。

岁水太过，寒气流行，邪害心火。民病身热烦心，躁悸，阴厥，上下中寒，谵妄心痛，寒气早至，上应辰星。甚则腹大胫肿，喘咳，寝汗出，憎风，大雨至，埃雾朦郁，上应镇星。上临太阳，雨冰雪，霜不时降，湿气变物。病反腹满，肠鸣溏泄，食不化，渴而妄冒，神门绝者，死不治。上应荧惑辰星。

帝曰：善。

其不及何如？

岐伯曰：悉乎哉问也！岁木不及，燥乃大行，生气失应，草木晚荣，肃杀而甚，则刚木辟著，悉萎苍干，上应太白星。民病中清，胠胁痛，少腹痛，肠鸣、溏泄。凉雨时至，上应太白星，其谷苍。上临阳明，生气失政，草木再荣，化气乃急，上应太白镇星，其主苍早。复则炎暑流火，湿性燥，柔脆草木焦槁，下体再生，华实齐化。病寒热，疮疡，痱胗，痈痤。上应荧惑太白，其谷白坚。白露早降，收杀气行，寒雨害物，虫食甘黄，脾土受邪，赤气后化，心气晚治，上胜肺金，白气乃屈，其谷不成，咳而鼽，上应荧惑太白星。

岁火不及，寒乃大行，长政不用，物荣而下。凝惨而甚，则阳气不化，乃折荣美，上应辰星。民病胸中痛，胁支满，两胁痛，膺背肩胛间及两臂内痛，郁冒蒙昧，心痛暴瘖，胸腹大，胁下与腰背相引而痛，甚则屈不能伸，髋髀如别，上应荧惑、辰星，其谷丹。复则埃郁，大雨且至，黑气乃辱，病溏，腹满食饮不下，寒中，肠鸣泄注，腹痛，暴挛痿痹，足不任身，上应镇星辰星，玄谷不成。

岁土不及，风乃大行，化气不令，草木茂荣。飘扬而甚，秀而不实，上应岁星。民病飧泄霍乱，体重腹痛，筋骨繇复，肌肉瞤酸，善怒，脏气举事，蛰虫早附，咸病寒中，上应岁星镇星，其谷黅。复则收政严峻，名木苍雕，胸胁暴痛，下引少腹，善太息，虫食甘黄，气客于脾，黅谷乃减，民食少失味，苍谷乃损，上应太白岁星。上临厥阴，流水不冰，蛰虫来见，脏气不用，白乃不复，上应岁星，民乃康。

岁金不及，炎火乃行，生气乃用，长气专胜，庶物以茂，燥烁以行，上应荧惑星。民病肩背瞀重，鼽嚏、血便注下，收气乃后，上应太白荧惑星，其谷坚芒。复则寒雨暴至，乃零冰雹霜雪杀物，阴厥且格，阳反上行，头脑户痛，延及囟顶，发热，上应辰星丹谷不成，民病口疮，甚则心痛。

岁水不及，湿乃大行，长气反用，其化乃速，暑雨数至，上应镇星。民病腹满，身重濡泄，寒疡流水，腰股痛发，腘腨股膝不便，烦冤、足痿清厥，脚下痛，甚则跗肿藏气不政，肾气不衡，上应镇星，辰星，其谷秬。上临太阴，则大寒数举，蛰虫早藏，地积坚冰，阳光不治，民病寒疾于下，甚则腹满浮肿，上应镇星、荧惑，其主黅谷。复则大风暴发，草偃木零，生长不鲜，面色时变，筋骨并辟，肉瞤瘛，目视䀮䀮，物疏璺，肌肉胗发，气并膈中，痛于心腹，黄气乃损，其谷不登，上应岁星镇星。

帝曰：善。

愿闻其时也。

岐伯曰：悉乎哉问也！木不及，春有鸣条律畅之化，则秋有雾露清凉之政。春有惨凄残贼之胜，则夏有炎暑燔烁之复。其眚东，其脏肝，其病内舍胠胁，外在关节。

火不及，夏有炳明光显之化，则冬有严肃霜寒之政；夏有惨凄凝冽之胜，则不时有埃昏大雨之复。其眚南，其脏心，其病内舍膺胁，外在经络。

土不及，四维有埃云润泽之化，则春有鸣条鼓拆之政；四维发振拉飘腾之变，则秋有肃杀霖霪之复。其眚四维，其脏脾，其病内舍心腹，外在肌肉四支。

金不及，夏有光显郁蒸之令，则冬有严凝整肃之应，夏有炎烁燔燎之变，则秋有冰雹霜雪之复。其眚西，其脏肺，其病内舍膺胁肩背，外在皮毛。

水不及，四维有湍润埃云之化，则不时有和风生发之应；四维发埃昏骤注之变，则不时有飘荡振拉之复。其眚北，其脏肾，其病内舍腰脊骨髓，外在豀谷腨膝。

夫五运之政，犹权衡也，高者抑之，下者举之，化者应之，变者复之，此生长化成收藏之理，气之常也，失常则天地四塞矣。故曰天地之动静，神明为之纪，阴阳之往复，寒暑彰其兆，此之谓也。

帝曰：夫子之言五气之变，四时之应，可谓悉矣。夫气之动乱，触遇而作，发无常会，卒然灾合，何以期之？

岐伯曰：天气之动变，固不常在，而德化政令灾变，不同其候也。

帝曰：何谓也？

岐伯曰：东方生风，风生木，其德敷和，其化生荣，其政舒启，其令风，其变振发，其灾散落。

南方生热，热生火，其德彰显，其化蕃茂，其政明曜，其令热，其变销烁，其灾燔焫。

中央生湿，湿生土，其德溽蒸，其化丰备，其政安静，其令湿，其变骤注，其灾霖溃。

西方生燥，燥生金，其德清洁，其化紧敛，其政劲切，其令燥，其变肃杀，其灾苍陨。

北方生寒，寒生水，其德凄沧，其化清谧，其政凝肃，其令寒，其变冽，其灾冰雪霜雹。

是以察其动色，有德有化，有政有令，有变有灾，而物由之，而人应之也。

帝曰：夫子之言岁候不及，其太过而上应五星，今夫德化政令灾眚变易，非常而有也，卒然而动，其亦为之变乎？

岐伯曰：承天而行之，故无妄动，无不应也。卒然而动者，气之交变也，其不应焉。故曰：应常不应卒，此之谓也。

黄帝曰：其应奈何？

岐伯曰：各从其气化也。

黄帝曰：其行之徐疾逆顺何如？

岐伯曰：以道留久，逆守而小，是谓省下；以道而去，去而速来，曲而过之，是谓省遗过也；久留而环，或离或附，是谓议灾，与其德也；应近则小，应远则大。

芒而大，倍常之一，其化甚，大常之二，其眚即也；小常之一，其化减；小常之二，是谓临视，省下之过与其德也，德者福之，过者伐之。是以象之见也，高而远则小，下而近则大，故大则喜怒迩，小则祸福远。岁运太过，则运星北越。运气相得则各行以道。故岁运太过，畏星失色，而兼其母；不及则色兼其所不胜。肖者瞿瞿，莫知其妙，闵闵之当，孰者为良，妄行无征，示畏侯王。

帝曰：其灾应何如？

岐伯曰：亦各从其化也，故时至有盛衰，凌犯有逆顺，留守有多少，形见有善恶，宿属有胜负，征应有吉凶矣。

帝曰：其善恶何谓也？

岐伯曰：有喜有怒，有忧有丧，有泽有燥，此象之常也，必谨察之。

帝曰：六者高下异乎？

岐伯曰：象见高下，其应一也，故人亦应之。

帝曰：善。

其德化政令之动静损益皆何如？

岐伯曰：夫德化政令灾变，不能相加也；胜负盛衰不能相多也，往来小大不能相过也，用之升降不能相无也，各从其动而复之耳。

帝曰：其病生何如？

岐伯曰：德化者气之祥，政令者，气之章，变易者复之纪；灾眚者伤之始。气相胜者和，不相胜者病，重感于邪则甚也。

帝曰：善。

所谓精光之论，大圣之业，宣明大道，通于无穷，究于无极也。余闻之善言天者，必应于人；善言古者，必验于今，善言气者，必彰于物；善言应者，同天地之化，善言化言变者，通神明之理。非夫子孰能言至道欤！乃择良兆而藏之灵室，每旦读之，命曰《气交变》。非斋戒不敢发，慎传也。

⚛ 五常政大论篇第七十

黄帝问曰：太虚寥廓，五运回薄，盛衰不同，损益相从，愿闻平气，何如而名？何如而纪也？

岐伯对曰：昭乎哉问也！木曰敷和，火曰升明，土曰备化，金曰审平，水曰静顺。

帝曰：其不及奈何？

岐伯曰：木曰委和，火曰伏明，土曰卑监，金曰从革，水曰涸流。

帝曰：太过何谓？

岐伯曰：木曰发生，火曰赫曦，土曰敦阜，金曰坚成，水曰流衍。

帝曰：三气之纪，愿闻其候。

岐伯曰：悉乎哉问也！敷和之纪，木德周行，阳舒阴布，五化宣平。其气端，其性随，其用曲直，其化生荣，其类草木，其政发散，其候温和，其令风，其脏肝，肝其畏清；其主目，其谷麻，其果李，其实核，其应春，其虫毛，其畜犬，其色苍；其养筋，其病里急支满，其味酸，其音角，其物中坚，其数八。

升明之纪，正阳而治，德施周普，五化均衡。其气高，其性速，其用燔灼，其化蕃茂，其类火，其政明曜，其候炎暑，其令热，其藏心，心其畏寒，其主舌，其谷麦，其果杏，其实络，其应夏，其虫羽，其畜马，其色赤；其养血，其病瞤瘛，其味苦，其音徵，其物脉，其数七。

备化之纪，气协天休，德流四政，五化齐修。其气平，其性顺，其用高下，其化丰满，其类土，其政安静，其候溽蒸，其令湿，其脏脾，脾其畏风；其主口，其谷稷，其果枣，其实肉，其应长夏，其虫倮，其畜牛，其色黄，其养肉，其病否，其味甘，其音宫，其物肤，其数五。

审平之纪，收而不争，杀而无犯，五化宣明，其气洁，其性刚，其用散落，其化坚敛，其类金，其政劲肃，其候清切，其令燥，其藏肺，肺其畏热；其主鼻，其谷稻，其果桃，其实壳，其应秋，其虫介，其畜鸡，其色白，其养皮毛，其病咳，其味辛，其音商，其物外坚，其数九。

静顺之纪，藏而勿害，治而善下，五化咸整。其气明，其性下，其用沃衍，其化凝坚，其类水，其政流演，其候凝肃，其令寒，其脏肾，肾其畏湿；其主二阴，其谷豆，其果栗，其实濡，其应冬，其虫鳞，其畜彘，其色黑，其养骨髓，其病厥，其味咸，其音羽，其物濡，其数六。

故生而勿杀，长而勿罚，化而勿制，收而勿害，藏而勿抑，是谓平气。

委和之纪，是谓胜生，生气不政，化气乃扬，长气自平，收令乃早，凉雨时降，风云并兴，草木晚荣，苍干凋落，物秀而实，肤肉内充。其气敛，其用聚，其动緛戾拘缓，其发惊骇，其脏肝，其果枣李，其实核壳，其谷稷稻，其味辛酸，其色白苍，其畜犬鸡，其虫毛介，其主雾露凄沧，其声角商，其病摇动注恐，从金化也。少角与判商同，上角与正角同，上商与正商同。其病支废，痈肿疮疡，其甘虫，邪伤肝也。上宫与正宫同。萧瑟肃杀，则炎赫沸腾，眚于三，所谓复也，其主飞蠹蛆雉，乃为雷廷。

伏明之纪，是为胜长。长气不宣，脏气反布，收气自政，化令乃衡，寒清数举，暑令乃薄，承化物生，生而不长，成实而稚，遇化已老，阳气屈服，蛰虫早藏。其气郁，其用暴，其动彰伏变易，其发痛，其藏心，其果栗桃，其实络濡，其谷豆稻，其味苦咸，其色玄丹，其畜马彘，其虫羽鳞，其主冰雪霜寒，其声徵羽，其病昏惑悲忘。从水化也。少徵与少羽同，上商与正商同。邪伤心也。凝惨慄冽，则暴雨霖霪，眚于九，其主骤注，雷霆震惊，沉？淫雨。

卑监之纪，是谓减化。化气不令，生政独彰，长气整，雨乃愆，收气平，风寒并兴，草木荣美，秀而不实，成而粃也。其气散，其用静定，其动疡涌，分溃，痈肿，其发濡滞，其脏脾，其果李栗，其实濡核，其谷豆麻，其味酸甘，其色苍黄，其畜牛犬，其虫倮毛，其主飘怒振发，其声宫角，其病流满否塞，从木化也。少宫与少角同，上宫与正宫同，上角与正角同。其病飧泄，邪伤脾也。振拉飘扬，则苍干散落，其眚四维，其主败折虎狼，清气乃用，生政乃辱。

从革之纪，是谓折收。收气乃后，生气乃扬，长化合德，火政乃宣，庶类以蕃。其气扬，其用躁切，其动铿禁瞀厥，其发咳喘，其脏肺，其果李杏，其实壳络，其谷麻麦，其味苦辛，其色白丹，其畜鸡羊，其虫介羽，其主明曜炎烁，其声商徵，其病嚏咳鼽衄，从火化也。少商与少徵同，上商与正商同，上角与正角同，邪伤肺也。炎光赫烈，则冰雪霜雹，眚于七，其主鳞伏彘鼠，岁气早至，乃生大寒。

涸流之纪，是谓反阳。藏令不举，化气乃昌，长气宣布，蛰虫不藏，土润，水泉减，草木条茂，荣秀满盛。其气滞，其用渗泄，其动坚止，其发燥槁，其脏肾，其果枣杏，其实濡肉，其谷黍稷，其味甘咸，其色今玄，其畜彘牛，其虫鳞倮，其主埃郁昏翳，其声羽宫，其病痿厥坚下，从土化也。少羽与少宫同，上宫与正宫同，其病癃闭，邪伤肾也。埃昏骤雨，则振拉摧拔，眚于一，其主毛湿狐豿，变化不藏。

故乘危而行，不速而至，暴疟无德，灾反及之，微者复微，甚者复甚，气之常也。

发生之纪，是谓启陈。土疏泄，苍气达，阳和布化，阴气乃随，生气淳化，万物以荣。其化生，其气美，其政散，其令条舒，其动掉眩巅疾，其德鸣靡启坼，其变振拉摧拔，其谷麻稻，其畜鸡犬，其果李桃，其色青黄白，其味酸甘辛，其象春，其经足厥阴，少阳，其脏肝脾，其虫毛介，其物中坚外坚，其病怒。太角与上商同。上徵则其气逆，其病吐利。不务其德，则收气复，秋气劲切，甚则肃杀，清气大至，草木凋零，邪乃伤肝。

赫曦之纪，是谓蕃茂。阴气内化，阳气外荣，炎暑施化，物得以昌。其化长，其气高，其政动，其令鸣显，其动炎灼妄扰，其德喧暑郁蒸，其变炎烈沸腾，其谷麦豆，其畜羊彘，其果杏栗，其色赤白玄，其味苦辛咸，其象夏，其经手少阴太阳，手厥阴、少阳，其脏心、肺，其虫羽鳞，其物脉濡，其病笑、疟、疮疡、血流、狂妄、目赤。上羽与正徵同。其收齐，其病痓上徵而收气后也。暴烈其政，藏气乃复，时见凝惨，甚则雨水，霜雹、切寒、邪伤心也。

敦阜之纪，是谓广化。厚德清静，顺长以盈，至阴内实，物化充成。烟埃朦郁，见于厚土，大雨时行，湿气乃用，燥政乃辟。其化圆，其气丰，其政静，其令周备，其动濡积并蓄，其德柔润重淖，其变震惊飘骤、崩溃，其谷稷麻，其畜牛犬，其果枣李，其色黅玄苍，其味甘咸酸，其象长夏，其经足太阴、阳明，其脏脾肾，其虫倮毛，其物肌核，其病腹满，四支不举，大风迅至，邪伤脾也。

坚成之纪，是谓收引。天气洁，地气明，阳气随阴治化，燥行其政，物以司成，收气繁布，化洽不终。其化成，其气削，其政肃，其令锐切，其动暴折疡疰，其德雾露萧瑟，其变肃杀凋零，其谷稻黍，其畜鸡马，其果桃杏，其色白青丹，其味辛酸苦，其象秋，其经手太阴阳明，其脏肺肝，其虫介羽，其物壳络，其病喘喝，胸凭仰息。上徵与正商同。其生齐，其病咳。政暴变，则名木不荣，柔脆焦首，长气斯救，大火流，炎烁且至，蔓将槁，邪伤肺也。

流衍之纪，是谓封藏。寒司物化，天地严凝，藏政以布，长令不扬。其化凛，其气坚，其政谧，其令流注，其动漂泄沃涌，其德凝惨寒雾，其变冰雪霜雹，其谷豆稷，其畜彘牛，其果栗枣，其色黑丹黅，其味咸苦甘，其象冬，其经足少阴、太阳，其脏肾心，其虫鳞倮，其物濡满，其病胀，上羽而长气不化也。政过则化气大举，而埃昏气交，大雨时降，邪伤肾也。

故曰：天恒其德，则所胜来复，政恒其理，则所胜同化，此之谓也。

帝曰：天不足西北，左寒而右凉；地不满东南，右热而左温，其故何也？

岐伯曰：阴阳之气，高下之理，太少之异也。东南方，阳也；阳者，其精降于下，故右热而左温。西北方，阴也。阴者，其精奉于上，故左寒而右凉。是以地有高下，气有温凉。高者气寒，下者气热，故适寒凉者胀，之温热者疮，下之则胀已，汗之则疮已。此腠理开闭之常，太少之异耳。

帝曰：其于寿夭，何如？

岐伯曰：阴精所奉其人寿；阳精所降其人夭。

帝曰：善。

其病也，治之奈何？

岐伯曰：西北之气，散而寒之，东南之气，收而温之，所谓同病异治也。故曰：气寒气凉，治以寒凉，行水渍之；气温气热，治以温热，强其内守，必同其气，可使平也，假者反之。

帝曰：善。

一州之气，生化寿夭不同，其故何也。

岐伯曰：高下之理，地势使然也。崇高则阴气治之，污下则阳气治之，阳胜者先天，阴胜者后天，此地理之常，生化之道也。

帝曰：其有寿夭乎？

岐伯曰：高者其气寿，下者其气夭，地之大小异也。小者小异，大者大异，故治病者，必明天道地理，阴阳更胜，气之先后，人之寿夭，生化之期，乃可以知人之形气矣。

帝曰：善。

其岁有不病，而脏气不应不用者，何也？

岐伯曰：天气制之，气有所从也。

帝曰：愿卒闻之。

岐伯曰：少阳司天，火气下临，肺气上从，白起金用，草木眚，火见燔焫，革金且耗，大暑以行，咳嚏鼽衄，鼻窒曰疡，寒热胕肿。风行于地，尘沙飞扬，心痛，胃脘痛，厥逆，鬲不通，其主暴速。

阳明司天，燥气下临，肝气上从，苍起木用而立，土乃眚，凄沧数至，木伐草萎，胁痛目赤，掉振鼓慄，筋痿，不能久立。暴热至，土乃暑，阳气郁发，小便变，寒热如疟，甚则心痛。火行于槁，流水不冰，蛰虫乃见。

太阳司天，寒气下临，心气上从，而火且明。丹起金乃眚，寒清时举，胜则水冰，火气高明，心热烦，嗌干、善渴、鼽嚏、喜悲数欠，热气妄行，寒乃复，霜不时降，善忘，甚则心痛；土乃润，水丰衍，寒客至，沉阴化，湿气变物，水饮内稸，中满不食，皮㿷肉苛，筋脉不利，甚则肿，身后痈。

厥阴司天，风气下临，脾气上从，而土且隆，黄起，水乃眚，土用革，体重，肌肉萎，食减口爽，风行太虚，云物摇动，目转耳鸣；火纵其暴，地乃暑，大热消烁，赤沃下，蛰虫数见，流水不冰，其发机速。

少阴司天，热气下临，肺气上从，白起，金用，草木眚。喘，呕，寒热，嚏，鼽衄，鼻窒、大暑流行，甚则疮疡燔灼，金烁石流；地乃燥清，凄沧数至，胁痛、善太息，肃杀行，草木变。

太阴司天，湿气下临，肾气上从，黑起水变，火乃，埃冒云雨，胸中不利，阴痿，气大衰，而不起不用，当其时，反腰脽痛，动转不便也，厥逆；地乃藏阴，大寒且至，蛰虫早附，心下否痛，地烈冰坚，少腹痛，时害于食，乘金则止，水增，味乃咸，行水减也。

帝曰：岁有胎孕不育，治之不全，何气使然？

岐伯曰：六气五类，有相胜制也。同者盛之，异者衰之。此天地之道，生化之常也。

故厥阴司天，毛虫静，羽虫育，介虫不成；在泉，毛虫育，倮虫耗，羽虫不育。

少阴司天，羽虫静，介虫育，毛虫不成；在泉，羽虫育，介虫耗不育。

太阴司天，倮虫静，鳞虫育，羽虫不成；在泉，倮虫育，鳞虫不成。

少阳司天，羽虫静，毛虫育，倮虫不成；在泉，羽虫育，介虫耗，毛虫不育。

阳明司天，介虫静，羽虫育，介虫不成；在泉，介虫育，毛虫耗，羽虫不成。

太阳司天，鳞虫静，倮虫育；在泉，鳞虫耗，倮虫不育。

诸乘所不成之运，则甚也。故气主有所制，岁立有所生，地气制己胜，天气制胜己，天制色，地制形，五类衰盛，各随其气之所宜也。故有胎孕不育，治之不全，此气之常也。所谓中根也，根于外者亦五，故生化之别，有五气，五味，五色，五类，五宜也。

帝曰：何谓也？

岐伯曰：根于中者，命曰神机，神去则机息；根于外者，命曰气立，气止则化绝。故各有制，各有胜，各有生，各有成，故曰不知年之所加，气之同异，不足以言生化，此之谓也。

帝曰：气始而生化，气散而有形，气布而蕃育，气终而象变，其致一也。然而五味所资，生化有薄厚，成熟有多少，终始不同，其故何也？

岐伯曰：地气制之也，非天不生，地不长也。

帝曰：愿闻其道。

岐伯曰：寒热燥湿不同其化也，故少阳在泉，寒毒不生，其味辛，其治苦酸，其谷苍丹。

阳明在泉，湿毒不生，其味辛，其气湿，其治辛苦甘，其谷丹素。

太阳在泉，热毒不生，其味苦，其治淡咸，其谷黅秬。

厥阴在泉，清毒不生，其味甘，其治酸苦，其谷苍赤，其气专，其味正。

少阴在泉，寒毒不生，其味辛，其治辛苦甘，其谷白丹。

太阴在泉，燥毒不生，其味咸，其气热，其治甘咸，其谷黅秬。化淳则咸守，气专则辛化而俱治。

故曰：补上下者，从之，治上下者逆之，以所在寒热盛衰而调之。

故曰：上取下取，内取外取，以求其过；能毒者以厚药，不胜毒者以薄药，此之谓也。

气反者，病在上，取之下；病在下，取之上；病在中，傍取之。治热以寒，温而行之；治寒以热，凉而行中，旁取之。治热以寒，温而行之；治寒以热，凉而行之；治温以清，冷而行之；治清以温，热而行之。故消之，削之，吐之，下之，补之，泻之，久新同法。

帝曰：病在中而不实不坚，且聚且散，奈何？

岐伯曰：悉乎哉问也！无积者，求其藏，虚则补之，药以祛之，食以随之，行水渍之，和其中外，可使毕已。

帝曰：有毒无毒，服有约乎？

岐伯曰：病有久新，方有大小，有毒无毒，固宜常制矣。大毒治病，十去其六，常毒治病，十去其七，小毒治病，十去其八；无毒治病，十去其九。谷肉果菜，食养尽之。无使过之，伤其正也。

不尽，行复如法，必先岁气，无伐天和，无盛盛，无虚虚，而遗人天殃，无致邪，无失正，绝人长命！

帝曰：其久病者，有气从不康，病去而瘠，奈何？

岐伯曰：昭乎哉！圣人之问也，化不可代，时不可违。夫经络以通，血气以从，复其不足，与众齐同，养之和之，静以待时，谨守其气，无使倾移，其形乃彰，生气以长，命曰圣王。故《大要》曰无代化，无违时，必养必和，待其来复，此之谓也。

帝曰：善。

六元正纪大论篇第七十一

黄帝问曰：六化六变，胜复淫治，甘苦辛咸酸淡先后，余知之矣。夫五运之化，或从五气，或逆天气，或从天气而逆地气，或从地气而逆天气，或相得，或不相得，余未能明其事，欲通天之纪，从地之理，和其运，调其化，使上下合德，无相夺伦，天地升降，不失其宜，五运宣行，勿乖其政，调之正味，从逆奈何？

岐伯稽首再拜对曰：昭乎哉问也！此天地之纲纪，变化之渊源，非圣帝孰能穷其至理欤！臣虽不敏，请陈其道，令终不灭，久而不易。

帝曰：愿夫子推而次之，从其类序，分其部主，别其宗司，昭其气数，明其正化，可得闻乎？

岐伯曰：先立其年，以明其气，金木水火土运行之数，寒暑燥湿风火，临御之化，则天道可见，民气可调，阴阳卷舒，近而无惑，数之可数者，请遂言之。

帝曰：太阳之政奈何？

岐伯曰：辰戌之纪也。

太阳、太角、太阴、壬辰、壬戌，其运风，其化鸣紊启拆，其变振拉摧拔，其病眩掉目瞑。

太角、少徵、太宫、少商、太羽。

太阳、太徵、太阴、戊辰、戊戌同正徵。其运热，其化暄暑郁燠，其变炎烈沸腾，其病热郁。

太徵、少宫、太商、少羽、少角。

太阳、太宫、太阴、甲辰岁会、甲戌岁会其运阴埃，其化柔润重泽；其变震惊飘骤；其病湿下重。

太宫、少商、太羽、太角、少徵。

太阳、太商、太阴、庚辰、庚戌，其运凉，其化雾露萧瑟；其变肃杀凋零；其病燥，背瞀胸满。太商、少羽、少角、太征、少宫。

太阳、太羽、太阴、丙辰天符、丙戌天符，其运寒，其化凝惨冽，其变冰雪霜雹，其病大寒留于谿谷。

太羽、太角、少征、太宫、少商。

凡此太阳司天之政，气化运行先天，天气肃、地气静。寒临太虚，阳气不令，水土合德，上应辰星镇星。其谷玄黅，其政肃，其令徐。寒政大举，泽无阳焰，则火发待时。少阳中治，时雨乃涯。止极雨散，还于太阴，云朝北极，湿化乃布，泽流万物。寒敷于上，雷动于下，寒湿之气，持于气交，民病寒湿发，肌肉萎，足痿不收，濡泻血溢。

初之气，地气迁，气乃大温，草乃早荣，民乃厉，温病乃作，身热、头痛、呕吐、肌腠疮疡。

二之气，大凉反至，民乃惨，草乃遇寒，火气遂抑，民病气郁中满，寒乃始。

三之气，天政布，寒气行，雨乃降，民病寒，反热中，痈疽注下，心热瞀闷，不治者死。

四之气，风湿交争，风化为雨，乃长、乃化、乃成、民病大热少气，肌肉萎，足痿，注下赤白。

五之气，阳复化，草乃长，乃化、乃成，民乃舒。

终之气，地气正，湿令行。阴凝太虚，埃昏郊野，民乃惨凄，寒风以至，反者孕乃死。

故岁宜苦以燥之温之，必折其郁气，先资其化源，抑其运气，扶其不胜，无使暴过而生其疾，食岁谷以全真，避虚邪以安其正，适气同异，多少制之。同寒湿者燥热化，异寒湿者燥湿化，故同者多之，异者少之，用寒远寒，用凉远凉，用温远温，用热远热，食宜同法，有假者反常，反是者病，所谓时也。

帝曰：善。

阳明之政奈何？

岐伯说：卯酉之纪也。

阳明、少角、少阴、清热胜复同，同正商。丁卯、岁会、丁酉、其运风，清热。

少角、初正、太征、少宫、太商、少羽、阳明、少征、少阴、寒雨胜复同，同正商。癸卯、同岁会、癸酉、同岁会、其运热、寒雨。

少征、太宫、少商、太羽、太角、阳明、少宫、少阴、风凉胜复同。己卯、己酉、其运雨风凉。

少宫、太商、少羽、少角、太征。阳明、少商、少阴、风凉胜复同、同正商。乙卯天符、乙酉岁会、太一天符、其运凉、热寒。

少商、太羽、太角、少征、太宫。

阳明、少羽、少阴、雨风胜复同，辛卯少宫同。辛酉、辛卯、其运寒、雨风。

少羽、少角、太徵、太宫、太商。

凡此阳明司天之政，气化运行后天，天气急，地气明，阳专其令，炎暑大行，物燥以坚，淳风乃治。风燥横运，流于气交，多阳少阴，云趋雨府，湿化乃敷，燥极而泽。其谷白丹，间谷命太者，其耗白甲品羽。金火合德，上应太白荧惑。其政切，其令暴，蛰虫乃见，流水不冰。民病咳、嗌塞，寒热发暴，振癃闷，清先而劲，毛虫乃死，热后而暴，介虫乃殃，其发躁，胜复之作，扰而大乱，清热之气，持于气交。

初之气，地气迁，阴始凝，气始肃，水乃冰，塞雨化。其病中热大至，民善暴死。

二之气，阳乃布、民乃舒，物乃生荣。厉大至，民善暴死。

三之气，天政布，凉乃行，燥热交合，燥极而泽，民病寒热。

四之气，寒雨降，病暴仆，振慄、谵妄，少气，嗌干，引饮，及为心痛，痈肿疮疡，疟寒之疾，骨痿，血便。

五之气，春令反行，草乃生荣，民气和。

终之气，阳气布，候反温，蛰虫来见，流水不冰，民乃康平，其病温。

故食岁谷以安其气，食间谷以去其邪。岁宜以咸、以苦、以辛，汗之、清之、散之，安其运气，无使受邪，折其郁气，资其化源。以寒热轻重少多其制，同热者多天化，同清者多地化，用凉远凉，用热远热，用寒远寒，用温远温，食宜同法。有假者反之，此其道也，反是者，乱天地之经，扰阴阳之纪也。

帝曰：善。

少阳之政奈何？

岐伯曰：寅申之纪也。

少阳、太角、厥阴、壬寅、壬申、其运风鼓，其化鸣紊启拆，其变振拉摧拔，其病掉眩、支胁、惊骇。

太角、初正、少徵、太宫、少商、太羽、少阳、太征、厥阴、戊寅天符、戊申天符，其运暑，其化喧嚣郁懊，其变炎烈沸腾。其病上、热郁、血溢、血泄、心痛。太征、少宫、太商、少羽、少角。

少阳、太宫、厥阴、甲寅、甲申，其运阴雨，其化柔润重泽，其变震惊飘骤，其病体重，府肿、痞饮。

太宫、少商、太羽、太角、少徵、少阳、太商、厥阴、庚寅、庚申同正商，其运凉，其化雾露清切、其变肃杀凋零。其病肩背胸中。

太商、少羽、终、少角、初、太徵、少宫。

少阳、太羽、厥阴、丙寅、丙申，其运寒肃，其化凝惨慄冽，其变冰雪霜雹，其病寒，浮肿。

太羽、太角、少徵、太宫、少商。

凡此少阳司天之政，气化运行先天，天气正，地气扰，风乃暴举，木偃沙飞，炎火乃流，阴行阳化，雨乃时应，火木同德，上应荧惑岁星。其谷丹苍，其政严，其令扰。故风热参布，云物沸腾。太阴横流，寒乃时至，凉雨并起。民病寒中，外发疮疡，内为泄满，故经人遇之，和而不争，往复之作，民病寒热，疟，泄、聋、瞑、呕吐、上怫、肿色变。

初之气，地气迁，风胜乃摇，寒乃去，候乃大温，草木早荣。寒来不杀，温病乃起，其病气怫于上，血溢，目赤，咳逆头痛、血崩、胁满、肤腠中疮。

二之气，火反郁，白埃四起，云趋雨府，风不胜湿，雨乃零，民乃康。其病热郁于上，咳逆呕吐，疮发于中，胸嗌不利，头痛身热，昏愦脓疮。

三之气，天政布，炎暑至，少阳临上，雨乃涯。民病热中，聋瞑，血溢，咳、呕、鼽、衄、渴、嚏欠、喉痹，目赤，善暴死。

四之气，凉乃至，炎暑间化，白露降。民气和平，其病满，身重。

五之气，阳乃去，寒乃来，雨乃降，气门乃闭，刚木早凋。民避寒邪，君子周密。

终之气，地气正，风乃至，万物反生，雾以行，其病关闭不禁，心痛，阳气不藏而咳。

抑其运气，赞所不胜。必折其郁气，先取化源，暴过不生，苛疾不起。

故岁宜咸宜、辛、宜酸，渗之、泄之，渍之、发之，观气寒温以调其过，同风热者多寒化。异风热者少寒化，用热远热，用温远温，用寒远寒，用凉远凉，食宜同法，此其道也。有假者反之，反是者病之阶也。

帝曰：善。

太阴之政奈何？

岐伯曰：丑未之纪也。

太阴、少角、太阳、清热胜复同。同正宫。丁丑、丁未、其运风、清热。

少角、初正、太徵、少宫、太商、少羽。

太阴、少徵、太阳、寒雨胜复同。癸丑、癸未，其运热、寒雨。

少徵、太宫、少商、太羽、太角。

太阴、少宫、太阳、风清胜复同，同正宫。己丑太一天符、己未太一天符、其运雨、风清。

少宫、太商、少羽、少角、太徵。

太阴、少商、太阳、热寒胜复同。乙丑、乙未，其运凉、热寒。

少商、太羽、太角、少徵、太宫。

太阴、少羽、太阳、雨风胜复同，同正宫，辛丑、辛未，其运寒雨风。

少羽、少角、太徵、少宫、太商。

凡此太阴司天之政，气化运化运行后天。阴专其政，阳气退避，大风时起，天气下降，地气上腾，原野昏，白埃四起，云奔南极，寒雨数至，物成于差夏。民病寒湿腹满，身愤肿痈逆，寒厥拘急。湿寒合德，黄黑埃昏，流行气交，上应镇星辰星。其政肃，其令寂，其谷玄。故阴凝于上，寒积于下，寒水胜火则为冰雹，阳光不治，杀气乃行。故有余宜高，不及宜下，有余宜晚，不及宜早。土之利，气之化也。民气亦从之，间谷命其太也。

初之气，地气迁，寒乃去，春气正，风乃来，生布万物以荣，民气条舒，风湿相薄，雨乃后。民病血溢，筋络拘强，关节不利，身重筋痿。

二之气，大火正，物承化，民乃和。其病温厉大行，远近咸若，湿蒸相薄，雨乃时降。

三之气，天政布，湿气降，地气腾，雨乃时降，寒乃随之，感于寒湿，则民病身重、肿、胸腹满。

四之气，畏火临、溽蒸化，地气腾，天气否隔，寒风晓暮，蒸热相薄，草木凝烟，湿化不流，则白露阴布，以成秋令。民病腠理热，血暴溢、疟、心腹满热、胪胀、甚则胕肿。

五之气，惨令已行，寒露下，霜乃早降、草木黄落、寒气及体，君子周密，民病皮腠。

终之气，寒大举，湿大化，霜乃积，阴乃凝，水坚冰，阳光不治。感于寒，则病人关节禁固，腰脽痛，寒湿推于气交而为疾也。

必折其郁气，而取化源，益其岁气，无使邪胜。食岁谷以全其真，食间谷以保其精。故岁宜以苦燥之温之。甚者发之泄之，不发不泄，则湿气外溢，肉溃皮折，而水血交流。必赞其阳火，令御甚寒，从气异同，少多其判也。同寒者以热化，同湿者以燥化；异者少之，同者多之。用凉远凉，用寒远寒，用温远温，用热远热，食宜同法。假者反之，此其道也。反是者病也。

帝曰：善。少阴之政奈何？

岐伯曰：子午之纪也。

少阴、大角、阳明、壬子、壬午、其运风鼓，其化鸣紊启坼；其变振拉摧拔；其病支满。

太角、初正、少徵、太宫、少商、太羽。

太阴、太徵、阳阴、戊子天符、戊午太一天符，其运炎暑，其化暄曜郁燠，其变炎烈沸腾，其病上热，血溢。

太征、少宫、太商、少羽、少角。

少阴、太宫、阳明、甲子、甲午、其运阴雨，其化柔润时雨。其变震惊飘骤，其病中满身重。

太宫、少商、太羽、太角、少徵。

少阴、太商、阳明、庚子、同天符、庚午、同天符、同正商，其运凉劲，其化雾露萧色；其变肃凋零。其病下清。

太商、少羽、少角、太徵、少宫。

少阴、太羽、阳明、丙子岁会、丙午、其运寒、其化凝惨冽；其变冰雪霜雹，其病寒下。

太羽、太角、少徵、太宫、少商。

凡此少阴司天之政，气化运行先天，地气肃，天气明，寒交暑，热加燥，云驰雨府，湿化乃行，时雨乃降。金火合德，上应荧惑、太白。其政明，其令切，其谷丹白。水火寒热持于气交，而为病始也。热病生于上，清病生于下，寒热凌犯而争于中，民病咳喘，血溢血泄，鼽嚏，目赤，眦疡，寒厥入胃，心痛，腰痛，腹大，嗌干肿上。

初之气，地气迁，燥将去，寒乃始，蛰复藏，水乃冰，霜复降，风乃至，阳气郁，民反周密，关节禁固，腰脽痛，炎暑将起，中外疮疡。

二之气，阳气布，风乃行，春气以正，万物应荣，寒气时至，民乃和。其病淋，目瞑目赤，气郁于上而热。

三之气，天政布，大火行，庶类蕃鲜，寒气时至。民病气厥心痛，寒热更作，咳喘目赤。

四之气，溽暑至，大雨时行，寒热互至。民病寒热，嗌干、黄瘅、鼽衄、饮发。

五之气，畏火临，暑反至，阳乃化，万物乃生，乃长荣，民乃康。其病温。

终之气，燥令行，余火内格，肿于上，咳喘，甚则血溢。寒气数举，则霜雾翳。病生皮腠，内含于胁，下连少腹而作寒中，地将易也。

必抑其运气，资其岁胜，折其郁发，先取化源，无使暴过而生其病也。食岁谷以全真气，食间谷以避虚邪，岁宜咸以软之，而调其上，甚则以苦发之，以酸收之，而安其下，甚则以苦泄之，适气同异而多少之，同天气者以寒清化；同地气者以温热化。用热远热，用凉远凉，用温远温，用寒远寒，食宜同法。有假则反，此其道也，反是者病作矣。

帝曰：善。

厥阴之政奈何？

岐伯曰：巳亥之纪也。

厥阴、少角、少阳、清热胜复同，同正角。丁巳天符、丁亥天符、其运风 清热。少角、初正、太徵、少宫、太商、少羽。厥阴、少徵、少阳、寒雨胜复同、癸巳、同岁会、癸亥、同岁会、其运热、寒雨。少徵、太宫、少商、太羽、太角厥阴、少宫、少阳、风清胜复同、同正角、己巳、己亥、其运雨、风清。少宫、太商、少羽、少角、太徵。厥阴、少商、少阳、热寒胜复同、同正角、乙巳、乙亥、其运凉、热寒。少商、太羽、太角、少徵、太宫。厥阴、少羽、少阳、风雨胜复同、辛巳、辛亥、其运寒、雨风。少羽、少角、太征、少宫、太商。

凡此厥阴司天之政，气化运行后天，诸同正岁，气化运行同天，天气扰，地气正，风生高远，炎热从之，云趋雨府，湿化乃行，风火同德，上应岁星、荧惑。其政挠，其令速，其谷苍丹，间谷言太者。其耗文角品羽。风燥火热，胜复更作，蛰虫来见，流水不冰，热病行于下，风病行于上，风燥胜复，形于中。

初之气，寒始肃，杀气方至，民病寒于右之下。

二之气，寒不去，华雪水冰，杀气施化，霜乃降，名草上焦，寒雨数至，阳复化，民病热于中。

三之气，天政布，风乃时举。民病泣出，耳鸣，掉眩。

四之气，溽暑湿热相薄，争于左之上。民病黄瘅而为胕肿。

五之气，燥湿更胜，沉阴乃布，寒气及体，风雨乃行。

终之气，畏火司令，阳乃大化，蛰虫出见，流水不冰，地气大发，草乃生，人乃舒。其病温厉。

必折其郁气，资其化源，赞其运气，无使邪胜。

岁宜以辛调上，以咸调下，畏火之气，无妄犯之。用温远温，用热远热，用凉远凉，用寒远寒，食宜同法。有假反常，此之道也。反是者病。

帝曰：善。

夫子言可谓悉矣，然何以明其应乎？

岐伯曰：昭乎哉问也！夫六气者，行有次，止有位，故常以正月朔日平旦视之，睹其位而知其所在矣。运有余，其致先；运不及其至后。此天之道，气之常也。运非有余，非不足，是谓正岁，其至当其时也。

帝曰：胜复之气，其常在也，灾眚时至，候也奈何？

岐伯曰：非气化者，是谓灾也。

帝曰：天地之数，终始奈何？

岐伯曰：悉乎哉问也！是明道也。数之始，起于上而终于下。岁半之前，天气主之，岁半之后，地气主之，上下交互，气交主之，岁纪毕矣。故曰位明，气月可知乎，所谓气也。

帝曰：余司其事，则而行之，不合其数何也？

岐伯曰：气用有多少，化洽有盛衰，衰盛多有，同其化也。

帝曰：愿闻同化何如？

岐伯曰：风温春化同，热曛昏火夏化同，胜与复同，燥清烟露秋化同，云雨昏瞑埃长夏化同，寒气霜雪冰冬化同，此天地五运六气之化，更用盛衰之常也。

帝曰：五运行同天化者，命曰天符，余知之矣。愿闻同地化者何谓也？

岐伯曰：太过而同天化者三，不及而同天化者亦三，太过而同地化者三，不及而同地化者亦三，此凡二十四岁也。

帝曰：愿闻其所谓也？

岐伯曰：甲辰甲戌太宫下加太阴，壬寅壬申太角下加厥阴，庚子庚午太商下加阳明，如是者三。

癸巳癸亥少征下加少阳，辛丑辛未少羽下加太阳，癸卯癸酉少徵下加少阴，如是者三。

戊子戊午太徵上临少阴，戊寅戊申太徵上临少阳，丙辰丙戌太羽上临太阳，如是者三。

丁巳丁亥少角上临厥阴，乙卯乙酉少商上临阳明。己丑己未，少宫上临太阴。如是者三，

除此二十四岁，则不加不临也。

帝曰：加者何谓？

岐伯曰：太过而加同天符，不及而加同岁会也。

帝曰：临者何谓？

岐伯曰：太过不及，皆曰天符，而变行有多少，病形有微甚，生死有早晏耳！

夫子言用寒远寒，用热远热，余未知其然也。愿闻何谓远？

岐伯曰：热无犯热，寒无犯寒，从者和，逆者病，不可不敬畏而远之，所谓时兴六位也。

帝曰：温凉何如？

岐伯曰：司气以热，用热无犯，司气以寒，用寒无犯，司气以凉，用凉无犯，司气以凉，用温无犯。间气同其主无犯，异其主则小犯之，是谓四畏，必谨察之。

帝曰：善。

其犯者何如？

岐伯曰：天气反时，则可依时，反胜其主则可犯，以平为期，而不可过，是谓邪气反胜者。故曰：无失天信，无逆气宜，无翼其胜，无赞其复，是谓至治。

帝曰：善。

五运气行主岁之纪，其有常数乎？

岐伯曰：臣请次之。

甲子、甲午岁：

上少阴火，中太宫土运，下阳明金。热化二，雨化五，燥化四，所谓正化日也。其化上咸寒，中苦热，下酸热，所谓药食宜也。

乙丑、乙未岁：

上太阴土，中少商金运，下太阳水。热化寒化胜复同，所谓邪气化日也，灾七宫。湿化五，清化四，寒化六，所谓正化日也。其化上苦热，中酸和，下甘热，所谓药食宜也。

丙寅、丙申岁：

上少阳相火，中太羽水运，下厥阴木，火化二，寒化六，风化三，所谓正化日也，其化上咸寒，中咸温，下辛温，所谓药食宜也。

丁卯、丁酉岁：

上阳明金，中少角木运，下少阴火。清化热化胜复同，所谓邪气化日也，灾三宫，燥化九，风化三，热化七，所谓正化日也。其化上苦，小温，中辛和，下咸寒，所谓药食宜也。

戊辰、戊戌岁：

上太阳水，中太徵火运，下太阴土，寒化六，热化七，湿化五，所谓正化日也。其化上苦温，中甘和，下甘温，所谓药食宜也。

己巳、己亥岁：

上厥阴木，中少宫土运，下少阳相火，风化清化胜复同，所谓邪气化日也，灾五宫，风化三，湿化五，火化七，所谓正化日也。其化上辛凉，中甘和，下咸寒，所谓药食宜也。

庚午、庚子岁：

上少阴火，中太商金运，下阳明金，热化七，清化九，燥化九，所谓正化日也。其化上咸寒，中辛温，下酸温，所谓药食宜也。

辛未同岁会、辛丑岁同岁会：

上太阴土，中少羽水运，下太阳水，雨化风化胜复同，所谓邪气化日也。灾一宫，雨化五，寒化一，所谓正化日也。其化上苦热，中苦和，下苦热，所谓药食宜也。

壬申同天符、壬寅岁同天符：

上少阳相火，中太角木运，下厥阴木。火化二，风化八，所谓正化日也。其化上咸寒，中酸和，下辛凉，所谓药食宜也。

癸酉同岁会、癸卯岁同岁会：

上阳明金，中少徵火运，下少阴火。寒化雨化胜负同，所谓邪气化日也。灾九宫，燥化九，热化二，所谓正化日也。其化上苦小温，中咸温，下咸寒，所谓药食宜也。

甲戌岁会同天符、甲辰岁岁会同天符：

上太阳水，中太宫土运，下太阴土，寒化六，湿化五，正化日也。其化上苦热，中苦温，下苦温，药食宜也。

乙亥、乙巳岁：

上厥阴木，中少商金运，下少阳相火，热化寒化胜负同，邪气化日也。灾七宫，风化八，清化四，火化二，正化度也。其化上辛凉，中酸和，下咸寒，药食宜也。

丙子岁会、丙午岁：

上少阴火，中太羽水运，下阳明金，热化二，寒化六，清化四，正化度也，其化上咸寒，中咸热，下酸温，药食宜也。

丁丑、丁未岁：

上太阴土，中少角木运，下太阳水，清化热化胜负同，邪气化度也。灾三宫，雨化五，风化三，寒化一，正化度也。其化上苦温，中辛温，下甘热，药食宜也。

戊寅、戊申岁岁天符：

上少阳相火，中太徵火运，下厥阴木，火化七，风化三，正化度也。其化上咸寒，中甘和下辛凉，药食宜也。

己卯、己酉岁：

上阳明金，中少宫土运，下少阴火，风化清化胜负同，邪气化度也。灾五宫，清化九，雨化五，热化七，正化度也。其化上苦小温，中甘和，下咸寒，药食宜也。

庚辰、庚戌岁：

上太阳水，中太商金运，下太阴土，寒化一，清化九，雨化五，正化度也。其化上苦热，中辛温，下甘热，药食宜也。

辛巳、辛亥岁：

上厥阴木，中少羽水运，下少阳相火，雨化风化胜负同，邪气化度也。灾一宫，风化三，寒化一，火化七，正化度也。其化上辛凉，中苦和，下咸寒，药食宜也。

壬午、壬子岁：

上少阴火，中太角木运，下阳明金，热化二，风化八，清化四，正化度也。其化上咸寒，中酸凉，下酸温，药食宜也。

癸未、癸丑岁：

上太阴土，中少徵火运，下太阳水，寒化雨化胜负同，邪气化度也。灾九宫，雨化五，火化二，寒化一，正化度也。其化上苦温，中咸温，下甘热，药食宜也。

甲申、甲寅岁：

上少阳相火，中太宫土运，下厥阴木，火化二，雨化五，风化八，正化度也。其化上咸寒，中咸和，下辛凉，药食宜也。

乙酉太一天符、乙卯岁：

上阳明金，中少商金运，下少阴火，热化寒化胜负同，邪气化度也。灾七宫，燥化四，清化四，热化二，正化度也。其化上苦小温，中苦和，下咸寒，药食宜也。

丙戌天符、丙辰岁天符：

上太阳水，中太羽水运，下太阴土，寒化六，雨化五，正化度也。其化上苦热，中咸温，下甘热，药食宜也。

丁亥、丁巳岁天符：

上厥阴木，中少角木运，下少阳相火，清化热化胜负同，邪气化度也。灾三宫，风化三，火化七，正化度也。其化上辛凉，中辛和，下咸寒，药食宜也。

戊子太一天符、戊午岁太一天符：

上少阴火，中太徵火运，下阳明金，热化七，清化九，正化度也。其化上咸寒，中甘寒，下酸温，药食宜也。

己丑太一天符，己未岁太一天符，上太阴土，中少宫土运，下太阳水，风化清化胜负同，邪气化度也。灾五宫，雨化五，寒化一，正化度也。其化上苦热，中甘和，下甘热，药食宜也。

庚寅、庚申岁：

上少阳相火，中太商金运，下厥阴木，火化七，清化九，风化三，正化度也。其化上咸寒，中辛温，下辛凉，药食宜也。

辛卯、辛酉岁：

上阳明金，中少羽水运，下少阴火，雨化风化胜负同，邪气化度也。灾一宫，清化九，寒化一，热化七，正化度也。其化上苦小温，中苦和，下咸寒，药食宜也。

壬辰、壬戌岁：

上太阳水，中太角木运，下太阴土，寒化六，风化八，雨化五，正化度也。其化上苦温，中酸和，下甘温，药食宜也。

癸巳同岁会、癸亥岁同岁会：

上厥阴木，中少徵火运，下少阳相火，寒化雨化胜负同，邪气化度也。灾九宫，风化八，火化二，正化度也。其化上辛凉，中咸和，下咸寒，药食宜也。

凡此定期之纪，胜复正化，皆有常数，不可不察，故知其要者，一言而终，不知其要，流散无穷，此之谓也。

帝曰：善。

五运之气，亦复岁乎？

岐伯曰：郁极乃发，待时而作也。

帝曰：请问其所谓也。

岐伯曰：五常之气，太过不及，其发异也。

帝曰：愿卒闻之。

岐伯曰：太过者暴，不及者徐，暴者为病甚，徐者为病持。

帝曰：太过不及其数何如？

岐伯曰：太过者其数成，不及者其数生，土常以生也。

帝曰：其发也何如？

岐伯曰：土郁之发，岩谷震惊，雷殷气交，埃昏黄黑，化为白气，飘骤高深，击石飞空，洪水乃从，川流漫衍，田牧土驹。化气乃敷，善为时雨，始生始长，始化始成。故民病心腹胀，肠鸣而为数后，甚则心痛胁䐜，呕吐霍乱，饮发注下，胕肿身重。云奔雨府，霞拥朝阳，山泽埃昏，其乃发也。以其四气，云横天山，浮游生灭，怫之先兆。

金郁之发，天洁地明，风清气切，大凉乃举，草树浮烟，燥气以行，雾数起，杀气来至，草木苍干，金乃有声。故民病咳逆，心胁满引少腹，善暴痛，不可反侧，嗌干面尘，色恶。山泽焦枯，土凝霜卤，怫乃发也，其气五。夜零白露，林莽声凄，怫之兆也。

水郁之发，阳气乃避，阴气暴举，大寒乃至，川泽严凝，寒氛结为霜雪，甚则黄黑昏翳，流行气交，乃为霜杀，水乃见祥。故民病寒客心痛，腰脽痛，大关节不利，屈伸不便，善厥阴，痞坚，腹满。阳光不治，空积沉阴，白埃昏瞑，而乃发也。其气二火前后。太虚深玄，气犹麻散，微见而隐，色黑微黄，怫之先兆也。

木郁之发，太虚埃昏，云物以扰，大风乃至，屋发折木，木有变。故民病胃脘当心而痛，上支两胁，鬲咽不通，食饮不下，甚则耳鸣眩转，目不识人，善暴僵仆。太虚苍埃，天山一色，或气浊色黄黑郁若，横云不起雨，而乃发也。其气无常。长川草偃，柔叶呈阴，松吟高山，虎啸岩岫，怫之先兆也。

火郁之发，太虚肿翳，大明不彰，炎火行，大暑至，山泽燔燎，材木流津，广厦腾烟，土浮霜卤，止水乃减，蔓草焦黄，风行惑言，湿化乃后。故民病少气，疮疡痈肿，胁腹、胸、背、面、首、四支㥶，胪胀，疡痱，呕逆，骨痛，节乃有动，注下温疟，腹中暴痛，血溢流注，精液乃少，目赤心热，甚则瞀闷懊憹，善暴死。刻终大温，汗濡玄府，其乃发也。其气四。动复则静，阳极反阴，湿令乃化乃成，华发水凝，山川冰雪，焰阳午泽，怫之先兆也。

有怫之应而后报也，皆观其极而乃发也。木发无时，水随火也。谨候其时，病可与期，失时反岁，五气不行，生化收藏，政无恒也。

帝曰：水发而雹雪，土发而飘骤，木发而毁折，金发而清明，火发而曛昧何气使然？

岐伯曰：气有多少，发有微甚。微者当其气，甚者兼其下，征其下气，而见可知也。

帝曰：善。五气之发不当位者何也？

岐伯曰：命其差。

帝曰：差有数乎？

岐伯曰：后皆三十度而有奇也。

帝曰：气至而先后者何？

岐伯曰：远太过则其至先，远不及则其至后，此后之常也。

帝曰：当时而至者何也？

岐伯曰：非太过非不及，则至当时，非是者害也。

帝曰：善。

气有非时而化者何也？

岐伯曰：太过者当其时，不及者归其已胜也。

帝曰：四时之气，至有早晏高下左右，其候何如？

岐伯曰：行有逆顺，至有迟速，故太过者化先天，不及者化后天。

帝曰：愿闻其行何谓也？

岐伯曰：春气西行，夏气北行，秋气东行，冬气南行。故春气始于下，秋气始于上，夏气始于中。冬气始于标，春气始于左，秋气始于右，冬气始于后，夏气始于前，此四时正化之常。故至高之地，冬气常在，至下之地，春气常在。必谨察之。

帝曰：善。

黄帝问曰：五运六气之应见，六化之正，六变之纪何如？

岐伯对曰：夫六气正纪，有化有变，有胜有负，有用有病，不同其候，帝欲何乎？

帝曰：愿尽闻之。

岐伯曰：请遂言之。

夫气之所至也，厥阴所至为和平，少阴所至为暄，太阴所至为埃溽，少阳所至为炎暑，阳明所至为清劲，太阳所至为寒，时化之常也。

厥阴所至为风府，为璺启；少阴所至为火府，为舒荣；太阴所至为雨府，为员盈；少阳所至为热府，为行出；阳明所至为司杀府，为庚苍；太阳所至为寒府，为归藏，司化之常也。

厥阴所至为生，为风摇；少阴所至为荣，为形见；太阴所至为化，为云雨；少阳所至为长，为蕃鲜；阳明所至为收，为雾露；太阳所至为藏，为周密。气化之常也。

厥阴所至为风生，终为肃；少阴所至为热生，中为寒；太阴所至为湿生，终为注雨；少阳所至为火生，终为蒸溽；阳明所至为燥生，终为凉；太阳所至为寒生，中为温德化之常也。

厥阴所至为毛化，少阴所至为羽化，太阴所至为倮化，少阳所至为羽化，阳明所至为介化，太阳所至为鳞化，德化之常也。

厥阴所至为生化，少阴所至为荣化，太阴所至为濡化，少阳所至为茂化，阳明所至为坚化，太阳所至为藏化，布政之常也。

厥阴所至为飘怒太凉，少阴所至为太暄寒，太阴所至为雷霆骤注烈风，少阳所至为飘风燔燎霜凝，阳明所至为散落温，太阳所至为寒雪冰雹白埃，气变之常也。

厥阴所至为挠动，为迎随；少阴所至为高明焰，为曛；太阴所至为沉阴，为白埃，为晦暝；少阳所至为光显，为彤云，为曛；阳明所至为烟埃，为霜，为劲切，为凄鸣；太阳所至为刚固，为坚芒，为立，令行之常也。

厥阴所至为里急，少阴所至为疡胗身热，太阴所至为积饮否隔，少阳所至为嚏呕，为疮疡，阳明所至为浮虚，太阳所至为屈伸不利。病之常也。

厥阴所至为支痛，少阴所至为惊惑，恶寒战慄，谵妄，太阴所至为稸满，少阳所至惊躁，瞀昧暴病，阳明所至为鼽尻阴股膝髀腨胻足病，太阳所至为腰痛。病之常也。

厥阴所至为软戾，少阴所至为悲妄衄衊，太阴所至为中满霍乱吐下，少阳所至为喉痹耳鸣呕涌，阳明所至敛揭，太阳所至为寝汗痉，病之常也。

厥阴所至为胁痛、呕泄，少阴所至为语笑，太阴所至为重胕肿，少阳所至为暴注，瞤瘛暴死，阳明所至为鼽嚏，太阳所至为流泄，禁止。病之常也。

凡此十二变者，报德以德，报化以化，报政以政，报令以令，气高则高，气下则下，气后则后，气前则前，气中则中，气外则外，位之常也。故风胜则动，热胜则肿，燥热则干，寒胜则浮，湿胜则濡泄，甚则水闭胕肿，随气所在，以言其变耳。

帝曰：愿闻其用也。

岐伯曰：夫六气之用，各归不胜而为化，故太阴雨化，施于太阳；太阳寒化，施于少阴，少阴热化，施于阳明；阳明燥化，施于厥阴；厥阴风化，施于太阴，各命其所在以徵之也。

帝曰：自得其位何如？

岐伯曰：自得其位常化也。

帝曰：愿闻所在也。

岐伯曰：命其位而方月可知也。

帝曰：六位之气盈虚何如？

岐伯曰：太少异也。太者之至徐而常，少者暴而亡。

帝曰：天地之气盈虚何如？

岐伯曰：天气不足，地气随之；地气不足，天气从之，运居其中而常先也。恶所不胜，归所同和，随运归从，而生其病也。故上胜则天气降而下，下胜则地气迁而上。多少而差其分，微者小差，甚者大差，甚则位易气交，易则大变生而病作矣。《大要》曰：甚纪五分，微纪七分，其差可见，此之谓也。

帝曰：善。

论言热无犯热，寒无犯寒，余欲不远寒不远热奈何？

岐伯曰：悉乎哉问也。发表而不远热，攻里不远寒。

帝曰：不发不攻，而犯寒犯热何如？

岐伯曰：寒热内贼，其病益甚。

帝曰：愿闻无病者何如？

岐伯曰：无者生之，有者甚之。

帝曰：生者何如？

岐伯曰：不远热则热至，不远寒则寒至，寒至则坚否腹满痛急、下利之病生矣，热至则身热，吐下霍乱，痈疽疮疡，瞀郁，注下，瞤瘛，肿胀，呕，鼽衄，头痛，骨节变、肉痛、血溢、血泄、淋之病作矣。

帝曰：治之奈何？

岐伯曰：时必顺之，犯者治以胜也。

黄帝问曰：妇人重身，毒之何如？

岐伯曰：有故无损，亦无殒也。

帝曰：愿闻其故何谓也？

岐伯曰：大积大聚，其可犯也，衰其太半而止，过者死。

帝曰：善。郁之甚者，治之奈何？

岐伯曰：木郁达之，火郁发之，土郁夺之，金郁泄之，水郁折之，然调其气。过者折之，以其畏也，所谓泻之。

帝曰：假者何如？

岐伯曰：有假其气，则无禁也。所谓主气不足，客气胜也。

帝曰：至哉。圣人之道，天地大化，运行之节，临御之纪，阴阳之政，寒暑之令，非夫子孰能通之，请藏之灵兰之室，署曰《六元正纪》，非斋戒不敢示，慎传也。

◉ 刺法论篇第七十二（遗篇）

黄帝问曰：升降不前，气交有变，即成暴郁，余已知之。何如预救生灵，可得却乎？

岐伯稽首再拜对曰：昭乎哉问！臣闻夫子言，既明天元，须穷刺法，可以折郁扶运，补弱全真，写盛蠲余，令除斯苦。

帝曰：愿卒闻之。

岐伯曰：升之不前，即有甚凶也。

木欲升而天柱窒抑之，木欲发郁，亦须待时，当刺足厥阴之井。

火欲升而天蓬窒抑之，火欲发郁，亦须待时，君火相火同刺包络之荥。

土欲升而天冲窒抑之，土欲发郁，亦须待时，当刺足太阴之俞。

金欲升而天英窒抑之，金欲发郁，亦须待时，当刺手太阴之经。

水欲升而天芮窒抑之，水欲发郁，亦须待时，当刺足少阴之合。

帝曰：升之不前，可以预备，愿闻其降，可能先防。

岐伯曰：既明其升。必达其降也，升降之道，皆可先治也。

木欲降而地晶窒抑之，降而不入，抑之郁发，散而可得位，降而郁发，暴如天间之待时也。降而不下，郁可速矣，降可折其所胜也，当刺手太阴之所出，刺手阳明之所入。

火欲降而地玄窒抑之，降而不入，抑之郁发，散而可矣。当折其所胜，可散其郁，当刺足少阴之所出，刺足太阳之所入。

土欲降而地苍窒抑之，降而不下，抑之郁发，散而可入，当折其胜，可散其郁，当刺足厥阴之所出，刺足少阳之所入。

金欲降而地肜窒抑，降而不下，抑之郁发，散而可入，当折其胜，可散其郁，当刺心包络所出，制手少阳所入也。

水欲降而地阜窒抑之，降而不下，抑之郁发，散而可入，当折其土，可散其郁，当刺足太阴之所出，刺足阳明之所入。

帝曰：五运之至有前后，与升降往来，有所承抑之，可得闻乎刺法？

岐伯曰：当取其化源也。是故太过取之，不及资之。太过取之，次抑其郁，取其运之化源，令折郁气；不及扶资，以扶运气，以避虚邪也。资取之法，令出《密语》。

黄帝问曰：升降之刺，以知其要。愿闻司天未得迁正，使司化之失其常政，即万化之或其皆妄，然与民为病，可得先除，欲济群生，愿闻其说。

岐伯稽首再拜曰：悉乎哉问！言其至理，圣念慈悯，欲济群生，臣乃尽陈斯道，可申洞微。

太阳复布，即厥阴不迁正，不迁正，气塞于止，当写足厥阴之所流。

厥阴复布，少阴不迁正，不迁正，即气塞于上，当刺心包络脉之所流。

少阴复布，太阴不迁正，不迁正，即气留于上，当刺足太阴之所流。

太阴复布，少阳不迁正，不迁正，则气塞未通，当刺手少阳之所流。

少阳复布，则阳明不迁正，不迁正，则气未通上，当刺手太阴之所流。

阳明复布，太阳迁正，不迁正，则复塞其气，当刺足少阴之所流。

帝曰：迁正不前，以通其要。愿闻不退，欲折其余，无令过失，可得明乎？

岐伯曰：气过有余，复作布正，是名不退位也。使地气不得后化，新司天未可迁正，故复布化令如故也。

巳亥之岁，天数有余，故厥阴不退位也，风行于上，木化布天，当刺足厥阴之所入。

子午之岁，天数有余，故少阴不退位也，热行于上，火余化布天，当刺手厥阴之所入。

丑未之岁，天数有余，故太阴不退位也，湿行于上，雨化布天，当刺足太阴之所入。

寅申之岁，天数有余，故少阳不退位也，热行于上，火化布天，当刺手少阳所入。

卯酉之岁，天数有余，故阳明不退位也，金行于上，燥化布天，当刺手太阴之所入。

辰戍之岁，天数有余，故太阳不退位也，寒行于上，凛水化布天，当刺足少阴之所入。

故天地气逆，化成民病，以法刺之，预可平疴。

黄帝问曰：刚柔二干，失守其位，使天运之气皆虚乎？与民为病，可得平乎？

岐伯曰：深乎哉问！明其奥旨，天地迭移，三年化疫，是谓根之可见，必有逃门。

假令甲子刚柔失守，刚未正，柔孤而有亏，时序不令，即音律非从。如此三年，变大疫也。详其微甚。察其浅深，欲至而可刺，刺之当先补肾俞。次三日，可刺足太阴之所注。又有下位己卯不至，而甲子孤立者，次三年作土疠，其法补写，一如甲子同法也。其刺以毕，又不须夜行及远行，令七日洁，清静斋戒，所有自来。肾有久痛者，可以寅时面向南，净神不乱思，闭气不息七遍，以引颈咽气顺之，如咽甚硬物，如此七遍后，饵舌下津令无数。

假令丙寅刚柔失守，上刚干失守，下柔不可独主之，中水运非太过，不可执法而定之。布天有余，而失守上正，天地不合，即律吕音异，如此即天运失序，后三年变疫。详其微甚，差有大小，徐至即后三年，至甚即首三年，当先补心俞，次五日，可刺肾之所入。又有下位地甲子辛巳柔不附刚，亦名失守，即地运皆虚，后三年变水疠，即刺法皆如此矣。其刺如华，慎其大喜欲情于中，如不忌，即其气复散也，令静七日，心欲实，令少思。

假令庚辰刚柔失守，上位失守，下位无合，乙庚金运，故非相招，布天未退，中运胜来，上下相错，谓之失守，姑洗林钟，商音不应也。如此则天运化易，三年变大疫。详天数，差的微甚，微即微，三年至，甚即甚，三年至，当先补肝俞，次三日，可刺肺之所行。刺毕，可静神七日，慎勿大怒，怒必真气却散之。又或在下地甲子乙未失守者，即乙柔干，即上庚独治之，亦名失守者，即天运孤主之，三年变疠，名曰金疠，其至待时也。详其地数之等差，亦推其微甚，可知迟速耳。诸位乙庚失守，刺法同。肝欲平，即勿怒。

假令壬午刚柔失守，上壬未近正，下丁独然，即虽阳年，亏及不同，上下失守，相招其有期，差之微甚，各有其数也，律吕二角，失而不和，同音有日，微甚如见，三年大疫。当刺脾之俞，次三日，可刺肝之所出也。刺毕，静神七日，勿大醉歌乐，其气复散，又勿饱食，勿食生物，欲令脾实，气无滞饱，无久坐，食无太酸，无食一切生物，宜甘宜淡。又或地下甲子丁酉失守其位，未得中司，即气不当位，下不与壬奉合者，亦名失守，非名合德，故柔不附刚，即地运不合，三年变疠，其刺法亦如木疫之法。

假令戊申刚柔失守，戊癸虽火运，阳年不太过也，上失其刚，柔地独主，其气不正，故有邪干，迭移其位，差有浅深，欲至将合，音律先同，如此天运失时，三年之中，火疫至矣，当刺肺之俞。刺毕，静神七日，勿大悲伤也，悲伤即肺动，而其气复散也，人欲实肺者，要在息气也。又或地下甲子癸亥失守者，即柔失守位也，即上失其刚也，即亦名戊癸不相合德者也，即运与地虚，后三年变疠，即名火疠。

是故立地五年，以明失守，以穷法刺，于是疫之与疠，即是上下刚柔之名也，穷归一体也。即刺疫法，只有五法，即总其诸位失守，故只归五行而统之也。

黄帝曰：余闻五疫之至，皆相梁易，无问大小，病状相似，不施救疗，如何可得不相移易者？

岐伯曰：不相染者，正气存内，邪气可干，避其毒气，天牝从来，复得其往，气出于脑，即不邪干。气出于脑，即室先想心如日，欲将入于疫室，先想青气自肝而出，左行于东，化作林木；次想白气自肺而出，右行于西，化作戈甲；次想赤气自心而出，南行于上，化作焰明；次想黑气自肾而出，北行于下，化作水；次想黄气自脾而出，存于中央，化作土。五气护身之毕，以想头上如北斗之煌煌，然后可入于疫室。

又一法，于春分之日，日未出而吐之。

又一法，于雨水日后，三浴以药泄汗。又一法，小金丹方：辰砂二两，水磨雄黄一两，叶子雌黄一两，紫金半两，同入合中，外固，了地一尺筑地实，不用炉，不须药制，用火二十斤煅了也；七日终，候冷七日取，次日出合子埋药地中，七日取出，顺日研之三日，炼白沙蜜为丸，如梧桐子大，每日望东吸日华气一口，冰水一下丸，和气咽之，服十粒，无疫干也。

黄帝问曰：人虚即神游失守位，使鬼神外干，是致夭亡，何以全真？愿闻刺法。

岐伯稽首再拜曰：昭乎哉问！谓神移失守，虽在其体，然不致死，或有邪干，故令夭寿。

只如厥阴失守，天以虚，人气肝虚，感天重虚。即魂游于上，邪干，厥大气，身温犹可刺之，制其足少阳之所过，次刺肝之俞。人病心虚，又遇群相二火司天失守，感而三虚，遇火不及，黑尸鬼犯之，令人暴亡，可刺手少阳之所过，复刺心俞。

人脾病，又遇太阴司天失守，感而三虚，又遇土不及，青尸鬼邪，犯之于人，令人暴亡，可刺足阳明之所过，复刺脾之俞。

人肺病，遇阳明司天失守，感而三虚，又遇金不及，有赤尸鬼犯人，令人暴亡，可刺手阳明之所过，复刺肺俞。

人肾病，又遇太阳司天失守，感而三虚，又遇水运不及之年，有黄尸鬼，干犯人正气，吸人神魂，致暴亡，可刺足太阳之所过，复刺肾俞。

黄帝问曰：十二藏之相使，神失位，使神采之不圆，恐邪干犯，治之可刺？愿闻其要。

岐伯稽首再拜曰：悉乎哉问！至理道真宗，此非圣帝，焉穷斯源，是谓气神合道，契符上天。

心者，君主之官，神明出焉，可刺手少阴之源。

肺者，相傅之官，治节出焉，可刺手太阴之源。

肝者，将军之官，谋虑出焉，可刺足厥阴之源。

胆者，中正不官，决断出焉，可刺足少阳之源。

膻中者，臣使之官，喜乐出焉，可刺心包络所流。

脾为谏议之官，知周出焉，可刺脾之源。

胃为仓廪之官，五味出焉，可刺胃之源。

大肠者，传道之官，变化出焉，可刺大肠之源。

小肠者，受盛之官，化物出焉，可刺小肠之源。

肾者，作强之官，伎巧出焉，刺其肾之源。

三焦者，决渎之官，水道出焉，刺三焦之源。

膀胱者，州都之官，津液藏焉，气化则能出矣，刺膀胱之源。

凡此十二官者，不得相失也。是故刺法有全神养真之旨，亦法有修真之道，非治疾也。故要修养和神也，道贵常存，补神固根，精气不散，神守不分，然即神守而虽不去，亦能全真，人神不守，非达至真，至真之要，在乎天玄，神守天息，复入本元，命曰归宗。

❀ 本病论篇第七十三（遗篇）

黄帝问曰：天元九窒，余已知之，愿闻气交，何名失守？

岐伯曰：谓其上下升降，迁正退位，各有经论，上下各有不前，故名失守也。是故气交失易位，气交乃变，变易非常，即四失序，万化不安，变民病也。

帝曰：升降不前，愿闻其故，气交有变，何以明知？

岐伯曰：昭乎哉问，明乎道矣？气交有变，是谓天地机，但欲降而不得降者，地窒刑之。又有五运太过，而先天而至者，即交不前，但欲升而不得其升，中运抑之，但欲降而不得其降，中运抑之。于是有升之不前，降之不下者，有降之不下，升而至天者，有升降俱不前，作如此之分别，即气交之变。变之有异，常各各不同，灾有微甚者也。

帝曰：愿闻气交遇会胜抑之由，变成民病，轻重何如？

岐伯曰：胜相会，抑伏使然。是故辰戌之岁，木气升之，主逢天柱，胜而不前；又遇庚戌，金运先天，中运胜之忽然不前，木运升天，金乃抑之，升而不前，即清生风少，肃杀于春，露霜复降，草木乃萎。民病温疫早发，咽嗌乃干，四支满，肢节皆痛；久而化郁，即大风摧拉，折陨鸣紊。民病卒中偏痹，手足不仁。

是故巳亥之岁，君火升天，主室天蓬，胜之不前；又厥阴未迁正，则少阴未得升天，水运以至其中者，君火欲升，而中水运抑之，升之不前，即清寒复作，冷生旦暮。民病伏阳，而内生烦热，心神惊悸，寒热间作；日久成郁，即暴热乃至，赤风瞳翳，化疫，温疠暖作，赤气彰而化火疫，皆烦而燥渴，渴甚，治之以泄之可止。

是故子午之岁，太阴升天，主室天冲，胜之不前；又或遇壬子，木运先天而至者，中木运抑之也，升天不前，即风埃四起，时举埃昏，雨湿不化。民病风厥涎潮，偏痹不随，胀满；久而伏郁，即黄埃化疫也。民病夭亡，脸肢府黄疸满闭。湿令弗布，雨化乃微。

是故丑未之年，少阳升天，主窒天蓬，胜之不前；又或遇太阴未迁正者，即少阴未升天也，水运以至者，升天不前，即寒冰反布，凛洌如冬，水复涸，冰再结，暄暖乍作，冷夏布之，寒暄不时。民病伏阳在内，烦热生中，心神惊骇，寒热间争；以久成郁，即暴热乃生，赤风气肿翳，化成疫疠，乃化作伏热内烦，痹而生厥，甚则血溢。

是故寅申之年，阳明升天，主窒天英，胜之不前；又或遇戊申戊寅，火运先天而至；金欲升天，火运抑之，升之不前。即时雨不降，西风数举，咸卤燥生。民病上热，喘嗽，血溢；久而化郁，即白埃翳雾，清生杀气，民病胁满，悲伤，寒鼽嚏，嗌干，手坼皮肤燥。

是故卯酉之年，太阳升天，主窒天芮，胜之不前；又遇阳明未迁正者，即太阳未升天也，土运以至，水欲升天，土运抑之，升之不前，即湿而热蒸，寒生两间。民病注下，食不及化；久而成郁，冷来客热，冰雹卒至。民病厥逆而哕，热生于内，气痹于外，足胫酸疼，反生心悸，懊热，暴烦而复厥。

黄帝曰：升之不前，余已尽知其旨，愿闻降之不下，可得明乎？

岐伯曰：悉乎哉问也！是之谓天地微旨，可以尽陈斯道。所谓升已必降也，至天三年，次岁必降，降而入地，始为左间也。如此升降往来，命之六纪也。

是故丑未之岁，厥阴降地，主窒地晶，胜而不前；又或遇少阴未退位，即厥阴未降下，金运以至中，金运承之，降之未下，抑之变郁，木欲降下，金运承之，降而不下，苍埃远见，白气承之，风举埃昏，清燥行杀，霜露复下，肃杀布令。久而不降，抑之化郁，即作风燥相伏，暄而反清，草木萌动，杀霜乃下，蛰虫未见，惧清伤脏。

是故寅申之岁，少阴降地，主窒地玄，胜之不入；又或遇丙申丙寅，水运太过，先天而至，君火欲降，水运承之，降而不下，即形云才见，黑气反生，暄暖如舒，寒常布雪，凛洌复作，天云惨凄。久而不降，伏之化郁，寒胜复热，赤风化疫，民病面赤、心烦、头痛、目眩也，赤气彰而温病欲作也。

是故卯酉之岁，太阴降地，主窒地苍，胜之不入；又或少阳未退位者，即太阴未得降；或木运以至，木运承之，降而不下，即黄云见而青霞彰，郁蒸作而大风，雾翳埃胜，折陨乃作。久而不降也，伏之化郁，天埃黄气，地布湿蒸。民病四支不举、昏眩、肢节痛、腹满填臆。

是故辰戌之岁，少阳降地，主窒地玄，胜之不入；又或遇水运太过，先天而至也，水运承之，降而不下，即形云才见，黑气反生，暄暖欲生，冷气卒至，甚则冰雹也。久而不降，伏之化郁，冰气复热，赤风化疫，民病面赤、心烦、头痛、目眩也，赤气彰而热病欲作也。

是故巳亥之岁，阳明降地，主窒地形，胜而不入；又或遇太阳未退位，即阳明未得降；即火运以至之，火运承之不下，即天清而肃，赤气乃彰，暄热反作。民皆昏倦，夜卧不安，咽乾引饮，懊热内烦，天清朝暮，暄还复作；久而不降，伏之化郁，天清薄寒，远生白气。民病掉眩，手足直而不仁，两胁作痛，满目然。

是故子午之年，太阳降地，主窒地阜胜之，降而不入；又或遇土运太过，先天而至，土运承之，降而不入，即天彰黑气，瞑暗凄惨，才施黄埃而布湿，寒化令气，蒸湿复令。久而不降，伏之化郁，民病大厥，四支重怠，阴痿少力，天布沉阴，蒸湿间作。

帝曰：升降不前，晰知其宗，愿闻迁正，可得明乎？

岐伯曰：正司中位，是谓迁正位。司天不得其迁正者，即前司天，以过交司之日，即遇司天太过有余日也，即仍旧治天数，新司天未得迁正也。

厥阴不迁正，即风暄不时，花卉萎瘁。民病淋溲，目系转，转筋，喜怒，小便赤。风欲令而寒由不去，温暄不正，春正失时。

少阴不迁正，即冷气不退，春冷后寒，暄暖不时。民病寒热，四支烦痛，腰脊强直。木气虽有余，而位不过于君火也。

太阴不迁正，即云雨失令，万物枯焦，当生不发。民病手足肢节肿满，大腹水肿，填臆不食，飧泄胁满，四支不举。雨化欲令，热犹治之，温煦于气，亢而不泽。

少阳不迁正，即炎灼弗令，苗莠不荣，酷暑于秋，肃杀晚至，霜露不时。民病疟，骨热，心悸，惊骇；甚时血溢。

阳明不迁正，则暑化于前，肃杀于后，草木反荣。民病寒热，鼽嚏，皮毛折，爪甲枯焦；甚则喘嗽息高，悲伤不乐。热化乃布，燥化未令，即清劲未行，肺金复病。

阳明不迁正，即冬清反寒，易令于春，杀霜在前，寒冰于后，阳光复治，凛冽不作，民病温疠至，喉闭嗌干，烦躁而渴，喘息而有音也。寒化待燥，犹治天气，过失序，与民作灾。

帝曰：迁正早晚，以命其旨，愿闻退位，可得明哉？

岐伯曰：所谓不退者，即天数未终，即天数有余，名曰复布政，故名曰再治天也。即天令如故，而不退位也。

厥阴不退位，即大风早举，时雨不降，湿令不化，民病温疫，疵废，风生，皆肢节痛，头目痛，伏热内烦，咽喉干引饮。

少阴不退位，即温生春冬，蛰虫早至，草木发生，民病膈热，咽干，血溢，惊骇，小便赤涩，丹瘤，疮疡留毒。

太阴不退位，而取寒暑不时，埃昏布作，湿令不去，民病四支少力，食饮不下，泄注淋满，足胫寒，阴痿，闭塞，失溺，小便数。

少阳不退位，即热生于春，暑乃后化，冬温不冻，流水不冰，蛰虫出见，民病少气，寒热更作，便血，上热，小腹坚满，小便赤沃，甚则血溢。

阳明不退位，即春生清冷，草木晚荣，寒热间作。民病呕吐，暴注，食饮不下，大便干燥，四支不举，目瞑掉眩。

太阳不退位，即春寒夏作，冷雹乃降，沉阴昏翳，二之气寒犹不去。民病痹厥，阴痿，失溺，腰膝皆痛，温疠晚发。

帝曰：天岁早晚，余已知之，愿闻地数，可得闻乎？

岐伯曰：地下迁正、升天及退位不前之法，即地土产化，万物失时之化也。

帝曰：余闻天地二甲子，十干十二支，上下经纬天地，数有迭移，失守其位，可得昭乎？

岐伯曰：失之迭位者，谓虽得岁正，未得正位之司，即四时不节，即生大疫。注《玄珠密语》：阳年三十年，除六年天刑，计有太过二十四年，除此六年，皆作太过之用，令不然之旨，今言迭支迭位，皆可作其不及也。

假令甲子阳年，土运太窒，如癸亥天数有余者，年虽交得甲子，厥阴犹尚治天，地已迁正，阳明在泉，去岁少阳以作右间，即厥阴之地阳明，故不相和奉者也。癸巳相会，土运太过，虚反受木胜，故非太过也，何以言土运太过，况黄钟不应太窒，木即胜而金还复，金既复而少阴如至，即木胜如火而金复微，如此则甲巳失守，后三年化成土疫，晚至丁卯，早至丙寅，土疫至也，大小善恶，推其天地，详乎太乙。

又只如甲子年，如甲至子而合，应交司而治天，即下己卯未迁正，而戊寅少阳未退位者，亦甲巳下有合也，即土运非太过，而木乃乘虚而胜土也，金次又行复胜之，即反邪化也。阴阳天地殊异尔，故其大小善恶，一如天地之法旨也。

假令丙寅阳年太过，如乙丑天数有余者，虽交得丙寅，太阴尚治天也。地已迁正，厥阴司地，去岁太阳以作右间，即天太阴而地厥阴，故地不奉天化也。乙辛相会，水运太虚，反受土胜，故非太过，即太簇之管，太羽不应，土胜而雨化，木复即风，此者丙辛失守其会，后三年化成水疫，晚至己巳，早至戊辰，甚即速，微即徐，水疫至也，大小善恶，推其天地数乃太乙游宫。

又只如丙寅年，丙至寅且合，应交司而治天，即辛巳未得迁正，而庚辰太阳未退位者，亦丙辛不合德也，即水运亦小虚而小胜，或有复，后三年化疬，名曰水疬，其状如水疫。治法如前。

假令庚辰阳年太过，如己卯天数有余者，虽交得庚辰年也，阳明犹尚治天，地已迁正，太阴司地，去岁少阴以作右间，即天阳明而地太阴也，故地不奉天也。乙巳相会，金运太虚，反受火胜，故非太过也，即姑洗之管，太商不应，火胜热化，水复寒刑，此乙庚失守，其后三年化成金疫也，速至壬午，徐至癸未，金疫至也，大小善恶，推本年天数及太乙也。

又只如庚辰，如庚至辰，且应交司而治天，即下乙未得迁正者，即地甲午少阴未退位者，且乙良不合德也，即下乙未柔干失刚，亦金运小虚也，有小胜或无复，且三年化疬，名曰金疬，其状如金疫也。治法如前。

假令壬午阳年太过，如辛巳天数有余者，虽交得壬午年也，厥阴犹尚治天，地已迁正，阳明在泉，去岁丙申少阳以作右间，即天厥阴而地阳明，故地不奉天者也。丁辛相合会，木运太虚，反受金胜，故非太过也，即蕤宾之管，太角不应，金行燥胜，火化热复，甚即速，微即徐。疫至大小善恶，推疫至之年天数及太乙。

又只如壬至午，且应交司而治之，即下丁酉未得迁正者，即地下丙申少阳未得退位者，见丁壬不合德也，即丁柔干失赐，亦木运小虚也，有小胜小复。后三年化疬，名曰木疬，其状如风疫也。治法如前。

假令戊申阳年太过，如丁未天数太过者，虽交得戊申年也。太阴犹尚司天，地已迁正，厥阴在泉，去岁壬戌太阳以退位作右间，即天丁未，地癸亥，故地不奉天化也。丁癸相会，火运太虚，反受水胜，故非太过也，即夷则之管，上太徵不应，此戊癸失守其会，后三年化疫也，速至庚戌，大小善恶，推疫至之年天数及太乙。

又只如戊申，如戊至申，且应交司治天，即下癸亥未得迁正者，即地下壬戌太阳未退者，见戊癸亥未合德也，即下癸柔干失刚，见火运小虚，有小胜或无复也，后三年化疬，名曰火疬也。治法如前；治之法，可寒之泄之。

黄帝曰：人气不足，天气如虚，人神失守，神光不聚，邪鬼干人，致有天亡，可得闻乎？

岐伯曰：人之五脏，一脏不足，又会天虚，感邪之至也，人忧愁思虑即伤心，又或遇少阴司天，天数不及，太阴作接间至，即谓天虚也，此即人气天气同虚也。又遇惊而夺精，汗出于心，因而三虚，神明失守。心为群主之官，神明出焉，神失守位，即神游上丹田，在帝太一帝群泥丸宫一下。神既失守，神光不聚，却遇火不及之岁，有黑尸鬼见之，令人暴亡。

人饮食、劳倦即伤脾，又或遇太阴司天，天数不及，即少阳作接间至，即谓之虚也，此即人气虚而天气虚也。又遇饮食饱甚，汗出于胃，醉饱行房，汗出于脾，因而三虚，脾神失守，脾为谏议之官，智周出焉。神既失守，神光失位而不聚也，却遇土不及之年，或己年或甲年失守，或太阴天虚，青尸鬼见之，令人卒亡。

人久坐湿地，强力入水即伤肾，肾为作强之官，伎巧出焉。因而三虚，肾神失守，神志失位，神光不聚，却遇水不及之年，或辛不会符，或丙年失守，或太阳司天虚，有黄尸鬼至，见之令人暴亡。

人或恚怒，气逆上而不下，即伤肝也。又遇厥阴司天，天数不及，即少阴作接间至，是谓天虚也，此谓天虚人虚也。又遇疾走恐惧，汗出于肝。肝为将军之官，谋虑出焉。神位失守，神光不聚，又遇木不及年，或丁年不符，或壬年失守，或厥阴司天虚也，有白尸鬼见之，令人暴亡也。

已上五失守者，天虚而人虚也，神游失守其位，即有五尸鬼干人，令人暴亡也，谓之曰尸厥。人犯五神易位，即神光不圆也。非但尸鬼，即一切邪犯者，皆是神失守位故也。此谓得守者生，失守者死。得神者昌，失神者亡。

🌸 至真要大论篇第七十四

黄帝问曰：五气交合，盈虚更作，余知之矣。六气分治，司天地者，其至何如？

岐伯再拜对曰：明乎哉问也。天地之大纪，人神之通应也。

帝曰：愿闻上合昭昭，下合冥冥，奈何？

岐伯曰：此道之所主，工之所疑也。

帝曰：愿闻其道也。

岐伯曰：厥阴司天，其化以风；少阴司天，其化以热；太阴司天，其化以湿；少阳司天，其化以火；阳明司天，其化以燥；太阳司天，其化以寒，以所临藏位，命其病者也。

帝曰：地化奈何？

岐伯曰：司天同候，间气皆然。

帝曰：间气何谓？

岐伯曰：同左右者，是谓间气也。

帝曰：何以异之？

岐伯曰：主岁者纪岁，间气者纪步也。

帝曰：善。

岁主奈何？

岐伯曰：厥阴司天为风化，在泉为酸化，司气为苍化，间气为动化；少阴司天为热化，在泉为苦化，不司气化，居气为灼化；太阴司天为湿化，在泉为甘化，司气为今化，间气为柔化；少阳司天为火化，在泉为苦化，司气为丹化，间气为明化；阳明司天为燥化，在泉为辛化，司气为素化，间气为清化；太阳司天为寒化，在泉为咸化，司气为玄化，间气为藏化。

故治病者，必明六化分治，五味五色所生，五脏所宜，乃可以言盈虚病生之绪也。

帝曰：厥阴在泉而酸化先，余知之矣。风化之行也何如？

岐伯曰：风行于地，所谓本也，余气同法。本乎天者，天之气也；本乎地者，地之气也。天地合气，六节分而万物化生矣。故曰：谨候气宜，无失病机，此之谓也。

帝曰：其主病何如？

岐伯曰：司岁备物，则无遗主矣。

帝曰：先岁物何也？

岐伯曰：天地之专精也。

帝曰：司气者何如？

岐伯曰：司气者主岁同然，有余不足也。

帝曰：非司岁物何谓也？

岐伯曰：散也，故质同而升等也。气味有薄厚，性用有躁静，治保有多少，力化有浅深，此之谓也。

帝曰：岁主藏害何谓？

岐伯曰：以所不胜命之，则其要也。

帝曰：治之奈何？

岐伯曰：上淫于下，所胜平之；外淫于内，所胜治之。

帝曰：善。

平气何如？

岐伯曰：谨察阴阳所在而调之，以平为期。正者正治，反者反治。

帝曰：夫子言察阴阳所在而调之，论言人迎与寸口相应，若引绳小大齐等，命曰平。阴之所在寸口何如？

岐伯曰：视岁南北可知之矣。

帝曰：愿卒闻之。

岐伯曰：北政之岁，少阴在泉，则寸口不应；厥阴在泉，则右不应；太阴在泉，则左不应。南政之岁，少阴司天，则寸口不应；厥阴司天，则右不应；太阴司天，则左不应。诸不应者，反其诊则见矣。

帝曰：尺候何如？

岐伯曰：北政之岁，三阴在下，则寸不应，三阴在上，则尺不应。南政之岁，三阴在天，则寸不应；三阴在泉，则尺不应，左右同。故曰知其要者，一言而终，不知其要，流散无穷，此之谓也。

帝曰：善。天地之气，内淫而病何如？

岐伯曰：岁厥阴在泉，风淫所胜，则地气不明，平野昧，草乃早秀。民病洒洒振寒，善伸数欠，心痛支满，两胁里急，饮食不下，鬲咽不通，食则呕，腹胀善噫，得后与气，则快然如衰，身体皆重。

岁少阴在泉，热淫所胜，则焰浮川泽，阴处反明。民病腹中常鸣，气上冲胸，喘、不能久立，寒热皮肤痛，目瞑齿痛颇肿，恶寒发热如疟，少腹中痛、腹大、蛰虫不藏。

岁太阴在泉，草乃早荣，湿淫所胜，则埃昏岩谷，黄反见黑，至阴之交。民病饮积心痛，耳聋，浑浑焞焞，嗌肿喉痹，阴病血见，少腹痛肿，不得小便，病冲头痛，目似脱，项似拔，腰似折，髀不可以回，腘如结，腨如别。

岁少阳在泉，火淫所胜，则焰明郊野，寒热更至。民病注泄赤白，少腹痛，溺赤，甚则血便，少阴同候。

岁阳明在泉，燥淫所胜，则雾雾清瞑。民病喜呕，呕有苦，善太息，心胁痛不能反侧，甚则嗌干，面尘，身无膏泽，足外反热。

岁太阳在泉，寒淫所胜，则凝肃惨慄。民病少腹控睾引腰脊，上冲心痛，血见，嗌痛颔肿。

帝曰：善。

治之奈何？

岐伯曰：诸气在泉，风淫于内，治以辛凉，佐以苦，以甘缓之，以辛散之；热淫于内，治以咸寒，佐以甘苦，以酸收之，以苦发之；湿淫于内，治以苦热，佐以酸淡，以苦燥之，以淡泄之，火淫于内，治以咸冷，佐以苦辛，以酸收之，以苦发之；燥淫于内，治以苦温，佐以甘辛，以苦下之；寒淫于内，治以甘热，佐以苦辛，以咸泻之，以辛润之，以苦坚之。

帝曰：善。

天气之变何如？

岐伯曰：厥阴司天，风淫所胜，则太虚埃昏，云物以扰，寒生春气，流水不冰，蛰虫不去。民病胃脘当心而痛，上肢两胁，鬲咽不通，饮食不下，舌本强，食则呕，冷泄腹胀，溏泄瘕水闭，病本于脾。冲阳绝，死不治。

少阴司天，热淫所胜，怫热至，火行其政，大雨且至。民病胸中烦热，嗌干、右胠满、皮肤痛，寒热咳喘，唾血血泄，鼽衄、嚏呕，溺色变，甚则疮疡胕肿，肩背臂及缺盆中痛，心痛膜肺，腹大满，膨膨而喘咳，病本于肺，尺泽绝，死不治。

太阴司天，湿淫所胜，则沉阴且布，雨变枯槁，胕肿骨痛，阴痹。阴痹者按之不得，腰脊头项痛，时眩，大便难，阴气不用，饥不欲食，咳唾则有血，心如悬，病本于肾，太溪绝，死不治。

少阳司天，火淫所胜，则温气流行，金政不平。民病头痛，发热恶寒而疟，热上皮肤痛，色变黄赤，传而为水，身面肿、腹满仰息、泄注赤白、疮疡、咳唾血、烦心，胸中热，甚则鼽衄，病本于肺。天府绝，死不治。

阳明司天，燥淫所胜，则木乃晚荣，草乃晚生，筋骨内变。民病左胠胁痛，寒清于中感而疟，咳、腹中鸣，注泄鹜溏，心胁暴痛，不可反侧，嗌干面尘，腰痛，丈夫疝，妇人少腹痛，目昧眦疡，疮痤痛，病本于肝。太冲绝，死不治。

太阳司天，寒淫所胜，则寒气反至，水且冰，运火炎烈，雨暴乃雹。血变于中，发为痈疡，民病厥心痛，呕血、血泄、鼽衄，善悲，时眩仆。胸腹满、手热肘挛、腋肿、心澹澹大动，胸胁胃脘不安、面赤目黄、善噫、嗌干，甚则色炲，渴而欲饮，病本于心。神门绝，死不治。所谓动气，知其藏也。

帝曰：善。治之奈何？

岐伯曰：司天之气，风淫所胜，平以辛凉，佐以苦甘，以甘缓之，以酸泻之。热淫所胜，平以咸寒，佐以苦甘，以酸收之。湿淫所胜，平以苦热，佐以酸辛，以苦燥之，以淡泄之。湿上甚而热，治以苦温，佐以甘辛，以汗为故而止。火淫所胜，平以酸冷，佐以苦甘，以酸收之，以苦发之，以酸复之。热淫同。燥淫所胜，平以苦湿，佐以酸辛，以苦下之。寒淫所胜，平以辛热，佐以甘苦，以咸泻之。

帝曰：善。

邪气反胜，治之奈何？

岐伯曰：风司于地，清反胜之，治以酸温，佐以苦甘，以辛平之。热司于地，寒反胜之，治以甘热，佐以苦辛，以咸平之。湿司于地，热反胜之，治以苦冷，佐以咸甘以苦平之；火司于地，寒反胜之，治以甘热，佐以苦辛，以咸平之。燥司于地，热反胜之，治以平寒，佐以苦甘，以酸平之，以和为利。寒司于地，热反胜之，治以咸冷，佐以甘辛，以苦平之。

帝曰：其司天邪胜何如？

岐伯曰：风化于天，清反胜之，治以酸温，佐以甘苦。热化于天，寒反胜之，治以甘温，佐以苦酸辛。湿化于天，热反胜之，治以苦寒，佐以苦酸。火化于天，寒反胜之，治以甘热，佐以苦辛。燥化于天，热反胜之，治以辛寒，佐以苦甘。寒化于天，热反胜之，治以咸冷，佐以苦辛。

帝曰：六气相胜奈何？

岐伯曰：厥阴之胜，耳鸣头眩，愦愦欲吐，胃鬲如寒。大风数举，倮虫不滋，胁气并，化而为热，小便黄赤，胃脘当心而痛，上支两胁，肠鸣飧泄，少腹痛，注下赤白，甚则呕吐，鬲咽不通。

少阴之胜，心下热，善饥，齐下反动，气游三焦。炎暑至，木乃津，草乃萎。呕逆躁烦、腹满痛、溏泄，传为赤沃。

太阴之胜，火气内郁，疮疡于中，流散于外，病在胁，甚则心痛，热格，头痛、喉痹、项强。独胜则湿气内郁，寒迫下焦，痛留顶，互引眉间，胃满。雨数至，燥化乃见。少腹满，腰椎重强，内不便，善注泄，足下温，头重，足胫肿，饮发于中，胕于上。

少阳之胜，热客于胃，烦心、心痛、目赤、欲呕、呕酸、善饥、耳痛、溺赤、善惊、谵妄。暴热消烁，草萎水涸，介虫乃屈。少腹痛，下沃赤白。

阳明之胜，清发于中，左胠胁痛、溏泄、内为嗌塞、外发㿗疝。大凉肃杀，华英改容，毛虫乃殃。胸中不便，嗌塞而咳。

太阳之胜，凝溧且至，非时水冰，羽乃后化。痔疟发，寒厥入胃则内生心痛，阴中乃疡，隐曲不利，互引阴股，筋肉拘苛，血脉凝泣，络满色变，或为血泄，皮肤否肿，腹满食减，热反上行，头项囟顶脑户中痛，目如脱；寒入下焦，传为濡泻。

帝曰：治之奈何？

岐伯曰：厥阴之胜，治以甘清，佐以苦辛，以酸泻之。少阴之胜，治以辛寒，佐以苦咸，以甘泻之，太阴之胜，治以咸热，佐以辛甘，以苦泻之。少阳之胜，治以辛寒，佐以甘咸，以甘泻之。阳明之胜，治以酸温，佐以辛甘，以苦泄之。太阳之胜，治以甘热，佐以辛酸，以咸泻之。

帝曰：六气之复何如？

岐伯曰：悉乎哉问也。厥阴之复，少腹坚满，里急暴痛。偃木飞沙，倮虫不荣。厥心痛，汗发呕吐，饮食不入，入而复出，筋骨掉眩清厥，甚则入脾，食痹而吐。冲阳绝，死不治。

少阴之复，燠热内作，烦躁鼽嚏，少腹绞痛，火见燔焫，嗌燥，分注时止，气动于左，上行于右，咳，皮肤痛，暴喑，心痛，郁冒不知人，乃洒淅恶寒，振慄，谵妄，寒已而热，渴而欲饮，少气骨痿，隔肠不便，外为浮肿，哕噫。赤气后化，流水不冰，热气大行，介虫不复。病痱胗疮疡、痈疽痤痔，甚则入，肺，咳而鼻渊。天府绝，死不治。

太阴之复，湿度乃举，体重中满，食饮不化，阴气上厥，胸中不便，饮发于中，咳喘有声。大雨时行，鳞见于陆，头顶痛重，而掉瘈尤甚，呕而密默，唾吐清液，甚则入肾窍，泻无度。太豀绝，死不治。

少阳之复，大热将至，枯燥燔蒸，介虫乃耗。惊瘛咳衄，心热烦躁，便数憎风，厥气上行，面如浮埃，目乃瞤瘛；火气内发，上为口糜、呕逆、血溢、血泄，发而为疟，恶寒鼓慄，寒极反热，溢络焦槁，渴引水浆，色变黄赤，少气脉萎，化而为水，传为胕肿，甚则入肺，咳而血泄。尺泽绝，死不治。

阳明之复，清气大举，森木苍干，毛虫乃厉。病生胠胁，气归于左，善太息，甚则心痛，否满腹胀而泄，呕苦咳哕烦心，病在膈中，头痛，甚则入肝，惊骇筋挛。太冲绝，死不治。

太阳之复，厥气上行，水凝雨冰，羽虫乃死。心胃生寒，胸膈不利，心痛否满，头痛善悲，时眩仆食减，腰脽反痛，屈伸不便，地裂冰坚，阳光不治，少腹控睪，引腰脊，上冲心，唾出清水，及为哕噫，甚则入心，善忘善悲。神门绝，死不治。

帝曰：善。治之奈何？

岐伯曰：厥阴之复，治以酸寒，佐以甘辛，以酸泻之，以甘缓之。

少阴之复，治以咸寒，佐以苦辛，以甘泻之，以酸收之，辛苦发之，以咸软之。

太阴之复，治以苦热，佐以酸辛，以苦泻之，燥之、泄之。

少阳之复，治以咸冷，佐以苦辛，以咸软之，以酸收之，辛苦发之；发不远热，无犯温凉。少阴同法。

阳明之复，治以辛温，佐以苦甘，以苦泄之，以苦下之，以酸补之。

太阳之复，治以咸热，佐以甘辛，以苦坚之。

治诸胜复，寒者热之，热者寒之，温者清之，清者温之，散者收之，抑者散之，燥者润之，急者缓之，坚者软之，脆者坚之，衰者补之，强者写之，各安其气，必清必静，则病气衰去，归其所宗，此治之大体也。

帝曰：善。气之上下何谓也？

岐伯曰：身半以上其气三矣，天之分也，天气主之；身半以下，其气三矣，地之分也，地气主之。以名命气，以气命处，而言其病。半，所谓天枢也。

故上胜而下俱病者，以地名之；下胜而上俱病者，以天名之。所谓胜至，报气屈服而未发也。复至则不以天地异名，皆如复气为法也。

帝曰：胜复之动，时有常乎？气有必乎？

岐伯曰：时有常位，而气无必也。

帝曰：愿闻其道也。

岐伯曰：初气终三气，天气主之，胜之常也；四气尽终气，地气主之，复之常也。有胜则复，无胜则否。

帝曰：善。复已而胜何如？

岐伯曰：胜至而复，无常数也，衰乃止耳。复已而胜，不复则害，此伤生也。

帝曰：复而反病何也？

岐伯曰：居非其位，不相得也。大复其胜，则主胜之，故反病也，所谓火燥热也。

帝曰：治之何如？

岐伯曰：夫气之胜也，微者随之，甚者制之；气之复也，和者平之，暴者夺之。皆随胜气，安其屈服，无问其数，以平为期，此其道也。

帝曰：善。客主之胜复奈何？

岐伯曰：客主之气，胜而无负也。

帝曰：其逆从何如？

岐伯曰：主胜逆，客胜从，天之道也。

帝曰：其生病何如？

岐伯曰：厥阴司天，客胜则耳鸣掉眩，甚则咳，主胜则胸胁痛，舌难以言。

少阴司天，客胜则鼽、嚏、颈项强、肩背瞀热、头痛、少气，发热、耳聋、目暝，甚则肿、血溢、疮疡、咳喘。主胜则心热烦躁，甚则胁痛支满。

太阴司天，客胜则首面肿，呼吸气喘。主胜则胸腹满，食已而瞀。

少阳司天，客胜则丹胗外发，及为丹熛疮，呕逆、喉痹、头痛、嗌肿，耳聋，血溢，内为瘛疭；主胜则胸满、咳、仰息，甚而有血，手热。

阳明司天，清复内余，则咳、衄、嗌塞、心鬲中热，咳不止，而白血出者死。

太阳司天，客胜则胸中不利，出清涕，感寒则咳，主胜则喉嗌中鸣。

厥阴在泉，客胜则大关节不利，内为痉强拘，外为不便；主胜则筋骨繇并，腰腹时痛。

少阴在泉，客胜则腰痛，尻股膝髀腨胻足痛，瞀热以酸，肿不能久立，溲便变。主胜则厥气上行，心痛发热，鬲中，众痹皆作，发于胠胁，魄汗不藏，四逆而起。

太阴在泉，客胜则足痿下重，便溲不时；湿客下焦，发而濡泻及为肿隐曲之疾。主胜则寒气逆满，食饮不下，甚则为疝。

少阳在泉，客胜则腰腹痛而反恶寒，甚则下白溺白；主胜则热反上行，而客于心，心痛发热，格中而呕，少阴同候。

阳明在泉，客胜则清气动下，少腹坚满，而数便泻。主胜则腰重腹痛，少腹生寒，下为鹜溏，则寒厥于肠，上冲胸中，甚则喘，不能久立。

太阳在泉，寒复内余，则腰尻痛，屈伸不利，股胫足膝中痛。

帝曰：善。治之奈何？

岐伯曰：高者抑之，下者举之，有余折之，不足补之，佐以所利，和以所宜，必安其主客，适其寒温，同者逆之，异者从之。

帝曰：治寒以热，治热以寒，气相得者逆之，不相得者从之，余以知之矣。其于正味何如？

岐伯曰：木位之主，其泻以酸，其补以辛；火位之主，其泻以甘，其补以咸；土位之主，其泻以苦，其补以甘；金味之主，其泻以辛，其补以酸；水位之主，其泻以咸，其补以苦。

厥阴之客，以辛补之，以酸泻之，以甘缓之，少阴之客，以咸补之，以甘泻之，以咸收之；太阴之客，以甘补之，以苦泻之，以甘缓之。少阳之客，以咸补之，以甘泻之，以咸软之。阳明之客，以酸补之，以辛泻之，以苦泄之；太阳之客，以苦补之，以咸泻之，以苦坚之，以辛润之，开发腠理，致津液通气也。

帝曰：善。愿闻阴阳之三也。何谓？

岐伯曰：气有多少异用也。

帝曰：阳明何谓也？

岐伯曰：两阳合明也。

帝曰：厥阴何也？

岐伯曰：两阴交尽也。

帝曰：气有多少，病有盛衰，治有缓急，方有大小，愿闻其约奈何？

岐伯曰：气有高下，病有远近，证有中外，治有轻重，适其至所为故也。

《大要》曰：君一臣二，奇之制也；君二臣四，偶之制也；君二臣三，奇之制也；君二臣六，偶之制也。故曰近者奇之，远者偶之；汗者不以奇，下者不以偶；补上治上制以缓，补下治下制以急；急则气味厚，缓则气味薄，适其至所。此之谓也。

病所远而中道气味之者，食而过之，无越其制度也。是故平气之道，近而奇偶，制小其服也；远而奇偶，制大其服也；大则数少，小则数多，多则九之，少则二之。

奇之不去则偶之，是谓重方；偶之不去则反佐以取之，所谓寒热温凉反从其病也。

帝曰：善。

病生于本，余知之矣。生于标者，治之奈何？

岐伯曰：病反其本，得标之病，治反其本，得标之方。

帝曰：善。

六气之胜，何以候之？

岐伯曰：乘其至也；清气大来，燥之胜也，风木受邪，肝病生焉；热气大来，火之胜也，金燥受邪，肺病生焉；寒气大来，水之胜也，火热受邪，心病生焉；湿气大来，土之胜也，寒水受邪，肾病生焉；风气大来，木之胜也，土湿受邪脾病生焉。所谓感邪而生病也。乘年之虚，则邪甚也。失时之和亦邪甚也。遇月之空，亦邪甚也。重感于邪，则病危矣。有胜之气，其来必复也。

帝曰：其脉至何如？

岐伯曰：厥阴之至其脉弦，少阴之至其脉钩，太阴之至其脉沉，少阳之至大而浮，阳明之至短而濇，太阳之至大而长。至而和则平，至而甚则病，至而反者病，至而不至者病，未至而至者病。阴阳易者危。

帝曰：六气标本所从不同奈何？

岐伯曰：气有从本者，有从标本者，有不从标本者也。

帝曰：愿卒闻之。

岐伯曰：少阳太阴从本，少阴太阳从本从标，阳明厥阴不从标本，从乎中也。故从本者化生于本，从标本者有标本之化，从中者以中气为化也。

帝曰：脉从而病反者，其诊何如？

岐伯曰：脉至而从，按之不鼓，诸阳皆然。

帝曰：诸阴之反，其脉何如？

岐伯曰：脉至而从，按之鼓甚而盛也。

是故百病之起有生于本者，有生于标者，有生于中气者，有取本而得者，有取标而得者，有取中气而得者，有取标本而得者，有逆取而得者，有从取而得者。逆，正顺也，若顺，逆也。

故曰知标与本，用之不殆，明知逆顺，正行无问，此之谓也。不知是者，不足以言诊，足以乱经。

故《大要》曰粗工嘻嘻，以为可知，言热末已，寒病复始，同气异形，迷诊乱经，此之谓也。

夫标本之道要而博，小而大，可以言一而知百病之害，言标与本，易而无损，察本与标，气可令调，明知胜复，为万民式，天之道毕矣。

帝曰：胜复之变，早晏何如？

岐伯曰：夫所胜者胜至已病，病已愠愠而复已萌也。夫所复者，胜尽而起，得位而甚，胜有微甚，复有少多，胜和而和，胜虚而虚，天之常也。

帝曰：胜复之作，动不当位，或后时而至，其故何也？

岐伯曰：夫气之生与其化衰盛异也。寒暑温凉盛衰之用，其在四维，故阳之动始于温，盛于暑；阴之动始于清，盛于寒；春夏秋冬各差其分。故《大要》曰：彼春之暖，为夏之暑；彼秋之忿，为冬之怒。谨按四维，斥候皆归，其终可见，其始可知，此之谓也。

帝曰：差有数乎？

岐伯曰：又凡三十度也。

帝曰：其脉应皆何如？

岐伯曰：差同正法，待时而去也。

《脉要》曰春不沉，夏不弦，冬不涩，秋不数，是谓四塞。沉甚曰病，弦甚曰病，涩甚曰病，数甚曰病，参见曰病，复见曰病，未去而去曰病，去而不去曰病，反者死。

故曰气之相守司也，如权衡之不得相失也。夫阴阳之气清净，则生化治，动则苛疾起，此之谓也。

帝曰：幽明何如？

岐伯曰：两阴交尽故曰幽，两阳合明故曰明。幽明之配，寒暑之异也。

帝曰：分至何如？

岐伯曰：气至之谓至，气分之谓分。至则气同，分则气异，所谓天地之正纪也。

帝曰：夫子言春秋气始于前，冬夏气始于后，余已知之矣。然六气往复，主岁不常也，其补泻奈何？

岐伯曰：上下所主，随其攸利，正其味，则其要也。左右同法。《大要》曰：少阳之主，先甘后咸；阳明之主，先辛后酸；太阳之主，先咸后苦；厥阴之主，先酸后辛；少阴之主，先甘后咸；太阴之主，先苦后甘。佐以所利，资以所生，是谓得气。

帝曰：善。夫百病之生也，皆生于风寒暑湿燥火，以之化之变也。经言盛者泻之，虚则补之，余锡以方士，而方士用之尚未能十全，余欲令要道必行，桴鼓相应，犹拔刺雪污，工巧神圣，可得闻乎？

岐伯曰：审察病机，无失气宜，此之谓也。

帝曰：愿闻病机何如？

岐伯曰：诸风掉眩，皆属于肝；诸寒收引，皆属于肾。诸气膹郁，皆属于肺；诸湿肿满，皆属于脾；诸热瞀瘛，皆属于火；诸痛痒疮，皆属于心；诸厥固泄，皆属于下；诸痿喘呕，皆属于上，诸禁鼓栗。如丧神守，皆属于火；诸痉项强，皆属于湿；诸逆冲上，皆属于火；诸腹胀大，皆属于热；诸躁狂越，皆属于火；诸暴强直，皆属于风；诸病有声，鼓之如鼓，皆属于热；诸病胕肿，疼酸惊骇，皆属于火；诸转反戾，水液浑浊，皆属于热；诸病水液，澄澈清冷，皆属于寒，诸呕吐酸，暴注下迫，皆属于热。

故《大要》曰：谨守病机，各司其属，有者求之，无者求之，盛者责之，虚者责之，必先五胜，疏其血气，令其调达，而致和平，此之谓也。

帝曰：善。五味阴阳之用何如？

岐伯曰：辛甘发散为阳，酸苦涌泄为阴，咸味涌泄为阴，淡味渗泄为阳。六者或收或散，或缓或急，或燥或润或软或坚，以所利而行之，调其气使其平也。

帝曰：非调气而得者，治之奈何？有毒无毒，何先何后，愿闻其道。

岐伯曰：有毒无毒，所治为主，适大小为制也。

帝曰：请言其制？

岐伯曰：君一臣二，制之小也；君一臣三佐五，制之中也，君一臣三佐九，制之大也。

寒者热之，热者寒之，微者逆之，甚者从之，坚者削之，客者除之，劳者温之，结者散之，留者攻之，燥者濡之，急者缓之，散者收之，损者温之，逸者行之，惊者平之，上之下之，摩之浴之，薄之劫之，开之发之，适事为故。

帝曰：何谓逆从？

岐伯曰：逆者正治，从者反治，从少从多，观其事也。

帝曰：反治何谓？

岐伯曰：热因寒用，寒因热用，塞因塞用，通因通用，必伏其所主，而先其所因，其始则同，其终则异，可使破积，可使溃坚，可使气和，可使必已。

帝曰：善。气调而得者何如？

岐伯曰：逆之从之，逆而从之，从而逆之，疏气令调，则其道也。

帝曰：善。病之中外何如？

岐伯曰：从内之外者，调其内，从外之内者，治其外；从内之外而盛于外者，先调其内而后治其外，从外之内而盛于内者，先治其外而后调其内；中外不相及，则治主病。

帝曰：善。火热复，恶寒发热，有如疟状，或一日发，或间数日发，其故何也？

岐伯曰：胜复之气，会遇之时，有多少也。阴气多而阳气少，则其发日远；阳气多而阴气少，则其发日近。此胜复相薄，盛衰之节，疟亦同法。

帝曰：论言治寒以热，治热以寒，而方士不能废绳墨而更其道也。有病热者寒之而热，有病寒者热之而寒，二者皆在，新病复起，奈何治？

岐伯曰：诸寒之而热者，取之阴；热之而寒者，取之阳；所谓求其属也。

帝曰：善。服寒而反热，服热而反寒，其故何也？

岐伯曰：治其王气是以反也。

帝曰：不治王而然者何也？

岐伯曰：悉乎哉问也。不治五味属也。夫五味入胃，各归所喜，攻酸先入肝，苦先入心，甘先入脾，辛先入肺，咸先入肾，久而增气，物化之常也。气增而久，夭之由也。

帝曰：善。方制君臣，何谓也？

岐伯曰：主病之谓君，佐君之谓臣，应臣之谓使，非上下三品之谓也。

帝曰：三品何谓？

岐伯曰：所以明善恶之殊贯也。

帝曰：善。病之中外何如？

岐伯曰：调气之方，必别阴阳，定其中外，各守其乡。内者内治，外者外治，微者调之，其次平之，盛者夺之，汗者下之，寒热温凉，衰之以属，随其攸利，谨道如法，万举万全，气血正平，长有天命。

帝曰：善。

◉ 著至教论篇第七十五

黄帝坐明堂召雷公而问之曰：子知医之道乎？

雷公对曰：诵而颇能解，解而未能别，别而未能明，明而未能彰，足以治群僚，不足至侯王。愿得受树天之度，四时阴阳合之，别星辰与日月光，以彰经衡，后世益明，上通神农，著至教，疑于二皇。

帝曰：善。无失之，此皆阴阳、表里、上下、雌雄相输应也。而道上知天文，下知地理，中知人事，可以长久，以教众庶，亦不疑殆，医道论篇，可传后世，可以为宝。

雷公曰：请受道，讽诵用解。

帝曰：子不闻《阴阳传》乎？

帝曰：不知。

曰：夫三阳天为业，上下无常，合而病至，偏害阴阳。

雷公曰：三阳莫当，请闻其解。

帝曰：三阳独至者，是三阳并至，并至如风雨，上为巅疾，下为漏病，外无期，内无正，不中经纪，诊无上下，以书别。

雷公曰：臣治疏愈，说意而已。

帝曰：三阳者，至阳也，积并则为惊，病起疾风，至如礔砺，九窍皆塞，阳气滂溢，干嗌喉塞。并于阴，则上下无常，薄为肠澼。此谓三阳直心，坐不得起卧者，便身全三阳之病。且以知天下，何以别阴阳，应四时，合之五行。

雷公曰：阳言不别，阴言不理，请起受解，以为至道。

帝曰：子若受传，不知合至道以惑师教，语子至道之要，病伤五脏，筋骨以消。子言不明不别，是世主学尽矣。肾且绝，惋惋日暮，从容不出，人事不殷。

🏵 示从容论第七十六

黄帝燕坐，召雷公而问之曰：汝受术诵书者，若能览观杂学，及于比类，通合道理，为余言子所长，五藏六府，胆胃大小肠脾胞膀胱，脑髓涕唾，哭泣悲哀，水所从行，此皆人之所生，治之过失，子务明之，可以十全，即不能知，为世所怨。

雷公曰：臣请诵《脉经上下篇》，甚众多矣。别异比类，犹未能以十全，又安足以明之！

帝曰：子别试通五脏之过，六腑之所不和，针石之败，毒药所宜，汤液滋味，具言其状，悉言以对，请问不知。

雷公曰：肝虚、肾虚、脾虚皆令人体重烦冤，当投毒药，刺灸砭石汤液，或已或不已，愿闻其解。

帝曰：公何年之长，而问之少，余真问以自谬也。吾问子窈冥，子言《上下篇》以对，何也？

夫脾虚浮似肺，肾小浮似脾，肝急沉散似肾，此皆工之所时乱也，然从容得之。若夫三脏土木水参居，此童子之所知，问之何也？

雷公曰：于此有人，头痛、筋挛、骨重，怯然少气，哕噫腹满，时惊，不嗜卧，此何脏之发也？脉浮而弦，切之石坚，不知其解，复问所以三脏者，以知其比类也。

帝曰：夫从容之谓也，夫年长则求之于腑，年少则求之于经，年壮则求之于脏。今子所言，皆失。八风菀热，五脏消烁，传邪相受。夫浮而弦者，是肾不足也；沉而石者，是肾气内著也；怯然少气者，是水道不行，形气消索也；咳嗽烦冤者，是肾气之逆也。一人之气，病在一脏也。若言三脏俱行，不在法也。

雷公曰：于此有人，四支解堕，喘咳血泄，而愚诊之以为伤肺，切脉浮大而紧，愚不敢治。粗工下砭石，病愈多出血，血止身轻，此何物也？

帝曰：子所能治，知亦众多，与此病失矣。譬以鸿飞、亦冲于天。夫经人之治病，循法守度，援物比类，化之冥冥，循上及下，何必守经。

今夫脉浮大虚者，是脾气之外绝，去胃外归阳明也。夫二火不胜三水，是以脉乱而无常也。四支解堕，此脾精之不行也。喘咳者，是水气并阳明也。血泄者，脉急血无所行也。若夫以为伤肺者，由失以狂也。不引比类，是知不明也。

夫伤肺者，脾气不守，胃气不清，经气不为使，真脏坏决，经脉傍绝，

— 361 —

五脏漏泄，不衄则呕，此二者不相类也。

譬如天之无形，地之无理，白与黑相去远矣。

是失吾过矣，以子知之，故不告子，明引比类从容，是以名曰诊轻，是谓至道也。

◉ 疏五过论篇第七十七

黄帝曰：呜呼！远哉！闵闵乎若视深渊，若迎浮云，视深渊尚可测，迎浮云莫知其际。圣人之术，为万民式，论裁志意，必有法则，循经守数，按循医事，为万民副。故事有五过四德，汝知之乎？

雷公避席再拜曰：臣年幼小，蒙愚以惑，不闻五过与四德，比类形名，虚引其经，心无所对。

帝曰：凡诊病者，必问尝贵后贱，虽不中邪，病从内生，名曰脱营；尝富后贫，名曰失精。五气留连，病有所并。

医工诊之，不在脏腑，不变躯形，诊之而疑，不知病名；身体日减，气虚无精，病深无气，洒洒然时惊。病深者，以其外耗于卫，内夺于荣。良工所失，不知病情，此亦治之一过也。

凡欲诊病者，必问饮食居处，暴乐暴苦，始乐后苦，皆伤精气。精气竭绝，形体毁沮。暴怒伤阴，暴喜伤阳。厥气上行，满脉去形。愚医治之，不知补泻，不知病情，精华日脱，邪气乃并，此治之二过也。

善为脉者，必以比类、奇恒，从容知之，为工而不知道，此诊之不足贵，此治之三过也。

诊有三常，必问贵贱，封君败伤，及欲侯王。故贵脱势，虽不中邪，精神内伤，身必败亡。

始富后贫，虽不伤邪，皮焦筋屈，痿躄为挛，医不能严，不能动神，外为柔弱，乱至失常，病不能移，则医事不行。此治之四过也。

凡诊者，必知终始，有知余绪，切脉问名，当合男女。离绝菀结，忧恐喜怒，五脏空虚，血气离守，工不能知，何术之语。尝富大伤，斩筋绝脉，身体复行，令泽不息，故伤败结，留薄归阳，脓积寒炅。粗工治之，亟刺阴阳，身体解散，四肢转筋，死日有期，医不能明，不问所发，唯言死日，亦为粗心，此治之五过也。

凡此五者，皆受术不通，人事不明也。

故曰：圣人之治病也，必知天地阴阳，四时经纪，五脏六腑，雌雄表里。刺灸砭石，毒药所主；从容人事，以明经道，贵贱贫富，各异品理，问年少长，勇怯之理。审于分部，知病本始，八正九候，诊必副矣。

治病之道，气内为宝，循求其理，求之不得，过在表里。守数据治，无失俞理。能行此术，终身不殆。不知俞理，五脏菀热，痈发六腑。诊病不审，是谓失常，谨守此治，与经相明。《上经》《下经》，揆度阴阳，奇恒五中，决以明堂，审于始终，可以横行。

徵四失论篇第七十八

黄帝在明堂，雷公侍坐。

黄帝曰：夫子所通书受事众多矣。试言得失之意，所以得之？所以失之。

雷公对曰：循经受业，皆言十全，其时有过失者，请闻其事解也。

帝曰：子年少，智未及邪，将言以杂合耶？夫经脉十二，络脉三百六十五，此皆人之所明知，工之所循用也。所以不十全者。精神不专，志意不理，外内相失，故时疑殆。

诊不知阴阳逆从之理，此治之一失矣。

受师不卒，妄作杂术，谬言为道，更名自功，妄用砭石，后遗身咎，此治之二失也。

不适贫富贵贱之居，坐之薄厚，形之寒温，不适饮食之宜，不别人之勇怯，不知比类，足以自乱，不足以自明，此治之三失也。

诊病不问其始，忧患饮食之失节，起居之过度，或伤于毒，不先言此，卒持寸口，何病能中，妄言作名，为粗所穷，此治之四失也。

是以世人之语者，驰千里之外，不明尺寸之论，诊无人事，治数之道。从容之葆，坐持寸口，诊不中五脉，百病所起，始以自怨，遗师其咎。是故治不能循理，弃术于市，妄治时愈，愚心自得。

呜呼，窈窈冥冥，孰知其道？道之大者，拟于天地，配于四海，汝不知道之谕，受以明为晦。

阴阳类论篇第七十九

孟春始至，黄帝燕坐，临观八极，正八风之气，而问雷公曰：阴阳之类，经脉之道，五中所主，何脏最贵？

雷公对曰：春甲乙青，中主肝，治七十二日，是脉之主时，臣以其脏最贵。

帝曰：却念《上下经》，阴阳从容，子所言贵，最其下也。

雷公至斋七日，旦复侍坐。

帝曰：三阳为经，二阳为维，一阳为游部，此知五脏终始。三阳为表，二阴为里，一阴至绝，作朔晦，却具合以正其理。

雷公曰：受业未能明。

帝曰：所谓三阳者，太阳为经。三阳脉至手太阴，弦浮而不沉，决以度，察以心，合之阴阳之论。所谓二阳者，阳明也，至手太阴，弦而沉急不鼓，炅至以病皆死。一阳者少阳也，至手太阴，上连人迎，弦急悬不绝，此少阳之病也，专阴则死。

三阴者，六经之所主也，交于太阴、伏鼓不浮，上空志心。二阴至肺，其气归膀胱，外连脾胃。一阴独至，经绝，气浮不鼓，钩而滑。

此六脉者，乍阴乍阳，交属相并，缪通五脏，合于阴阳。先至为主，后至为客。

雷公曰：臣悉尽意，受传经脉，颂得从容之道，以合《从容》，不知阴阳，不知雌雄。

帝曰：三阳为父，二阳为卫，一阳为纪；三阴为母，二阴为雌，一阴为独使。

二阳一阴，阳明主病，不胜一阴，软而动，九窍皆沉。

三阳一阴，太阳脉胜，一阴不为止，内乱五脏，外为惊骇。

二阴二阳病在肺，少阴脉沉，胜肺伤脾，外伤四支。

二阴二阳皆交至，病在肾，骂詈妄行，巅疾为狂。

二阴一阳，病出于肾。阴气客游于心，脘下空窍，堤闭塞不通，四支别离。

一阴一阳代绝，此阴气至心，上下无常，出入不知，喉咽干燥，病在土脾。

二阳三阴，至阴皆在，阴不过阳，阳气不能止阴，阴阳并绝，浮为血，沉为脓。阴阳皆壮，下至阴阳，上合昭昭，下合冥冥，诊决死生之期，遂合岁首。

雷公曰：请问短期。

黄帝不应。雷公复问，黄帝曰：在经论中。

雷公曰：请问短期？

黄帝曰：冬三月之病，病合于阳者，至春正月脉有死徵，皆归出春。

冬三月之病，在理已尽，草与柳叶皆杀，春阴阳皆，绝期在孟春。

春三月之病曰阳杀，阴阳皆绝，期在草干。

夏三月之病，至阴不过十日阴阳交，期在水。秋三月之病，三阳俱起，不治自已。

阴阳交合者，立不能坐，坐不能起。三阳独至，期在石水。二阴独至，期在盛水。

◉ 方盛衰论篇第八十

雷公请问：气之多少，何者为逆，何者为从？

黄帝答曰：阳从左，阴从右。老从上，少从下。是以春夏归阳为生，归秋冬为死。反之则归秋冬为生。是以气多少，逆皆为厥。

问曰：有余者厥耶？

答曰：一上不下，寒厥到膝，少者秋冬死，老者秋冬生。气上不下，头痛巅疾，求阳不得，求阴不审。五部隔无徵，若居旷野，若伏空室，绵绵乎属不满日。

是以少气之厥，令人妄梦，其极至迷。三阳绝，三阴微，是为少气。

是以肺气虚则使人梦见白物，见人斩血籍。得其时则梦见兵战。

肾气虚则使人梦见舟船溺人，得其时则梦伏水中，若有畏恐。

肝气虚则梦见菌香生草，得其时则梦伏树下不敢起。

心气虚则梦救火阳物，得其时则梦燔灼。

脾气虚则梦饮食不足，得其时则梦筑垣盖屋。

此皆五脏气虚，阳气有余，阴气不足，合之五诊，调之阴阳，以在《经脉》。

诊有十度，度人脉度、脏度、肉度、筋度、俞度。阴阳气尽，人病自具。脉动无常，散阴颇阳，脉脱不具，于无常行。诊必上下，度民君卿。受师不卒，使术不明，不察逆从，是为妄行，持雌失雄，弃阴附阳，不知并合，诊故不明。传之后世，反论自章。

至阴虚，天气绝；至阳盛，地气不足。阴阳并交，至人之所行。阴阳并交者，阳气先至，阴气后至。

是以经人持诊之道，先后阴阳而持之，《奇恒之势》乃六十首，诊合微之事，追阴阳之变，章五中之情，其中之论，圣虚实之要，定五度之事，知此，乃足以诊。

是以切阴不得阳，诊消亡；得阳不得阴，守学不湛。知左不知右，知右不知左，知上不知下，知先不知后，故治不久。知丑知善，知病知不病，知高知下，知坐知起，知行知止，用之有纪，诊道乃具，万世不殆。

起所有余，知所不足，度事上下，脉事因格。是以形弱气虚，死，形气有余，脉气不足，死；脉气有余，形气不足，生。

是以诊有大方，坐起有常，出入有行，以转神明，必清必净，上观下观，司八正邪，别五中部，按脉动静，循尺滑涩寒温之意，视其大小，合之病能，逆从以得，复知病名，诊可十全，不失人情。故诊之或视息视意，故不失条理，道甚明察，故能长久；不知此道，失经绝理，亡言妄期，此谓失道。

解精微论篇第八十一

黄帝在明堂，雷公请曰：臣受业传之，行教以经论，从容形法，阴阳刺灸，汤液所滋，行治有贤不肖，未必能十全。若先言悲哀喜怒，燥湿寒暑，阴阳妇女，请问其所以然者。卑贱富贵，人之形体所从，群下通使，临事以适道术，谨闻命矣。请问有諓愚仆漏之问，不在经者，欲闻其状。

帝曰：大矣。

公请问：哭泣而泪不出者，若出而少涕，其故何也？

帝曰：在经有也。

复问：不知水所从生，涕所出也。

帝曰：若问此者，无益于治也，工之所知，道之所生也。夫心者，五脏之专精也，目者其窍也，华色者其荣也。是以人有德也，则气和于目，有亡，忧知于色。

是以悲哀则泣下，泣下水所由生。水宗者，积水也；积水者，至阴也；

至阴者，肾之精也，宗精之水所以不出者，是精持之也，辅之裹之，故水不行也。夫水之精为志，火之精为神，水火相感，神志俱悲，是以目之水生也。故谚言曰：心悲名曰志悲。志与心精共凑于目也。

是以俱悲则神气传于心，精上不传于志，而志独悲，故泣出也。泣涕者，脑也，脑者阴也。髓者骨之充也，故脑渗为涕。

志者骨之主也，是以水流而涕从之者，其行类也。夫涕之与泣者，譬如人之兄弟，急则俱死，生则俱生，其志以早悲，是以涕泣俱出而横行也。夫人涕泣俱出而相从者，所属之类也。雷公曰：大矣。

请问人哭泣而泪不出者，若出而少，涕不从之，何也？

帝曰：夫泣不出者，哭不悲也。不泣者，神不慈也。神不慈，则志不悲，阴阳相持，泣安能独来？

夫志悲者惋，惋则冲阴，冲阴则志去目，志去则神不守精，精神去目，涕泣出也。且子独不诵不念夫经言乎？厥则目无所见。夫人厥则阳气并于上，阴气并于下，阳并于上则火独光也；阴并于下则足寒，足寒则胀也。夫一水不胜五火，故目眦盲。

是以冲风泣下而不止。夫风之中目也，阳气内守于精。是火气燔目，故见风则泣下也。有以比之，夫火疾风生，乃能雨，此之类也。